JOACHIM GREHN – JOACHIM KRAUSE

Metzler Physik 11

Ausgabe Bayern

DR. SYLVIA BECKER, FLORIAN BELL
JOACHIM GREHN, DR. ANDREAS KRATZER
JOACHIM KRAUSE, GOTTFRIED WOLFERMANN, RALPH ZIERKE

Schroedel

Metzler Physik 11
Ausgabe Bayern

herausgegeben von
Joachim Grehn und Joachim Krause

bearbeitet von:
Florian Bell, München
Joachim Grehn, Kiel
Dr. Andreas Kratzer, München
Joachim Krause, Neumünster
Gottfried Wolfermann, Schwabach
Ralph Zierke, Planegg

Unter Mitarbeit von
Dr. Sylvia Becker, Niederroth

Druck A [1] / Jahr 2009

Alle Drucke der Serie A sind im Unterricht parallel verwendbar.
Redaktion: Bernd Trambauer
Herstellung: Dirk Walter - von Lüderitz
Fotos: Michael Fabian, Hans Tegen
Grafik: New Vision, Bernhard Peter; Günter Schlierf; 2&3d. design, R. Diener, W. Gluszak; take five, J. Seifried
Computergrafik: Dr. Joachim Bolz; Joachim Krause; Dr. Monika Scholz-Zemann; Dr. Heiner Schwarze
Umschlaggestaltung: Janssen Kahlert Design & Kommunikation GmbH, Hannover
Satz: Cross Media Solutions GmbH, Würzburg
Druck und Bindung: westermann druck GmbH, Braunschweig

ISBN 978-3-507-**10705**-2

Vorwort

Liebe Schülerin, lieber Schüler!

Die bayerische Ausgabe der „Metzler Physik", von der hier der Band für die Klassenstufe 11 vorliegt, möchte Ihnen ein verlässlicher und hilfreicher Begleiter sein.

In Ihrem bisherigen Unterricht haben Sie eine Fülle von grundlegenden Erscheinungen, mit denen sich die Physik befasst, und deren technische Anwendungen kennengelernt. Sie haben erfahren, dass die Naturwissenschaft Physik zur Erklärung der Phänomene vereinfachende Modelle benutzt, die eine mathematische Beschreibung ermöglichen. Dies macht einerseits die besondere Leistungsfähigkeit der Physik aus, lässt sie aber andererseits zu einem recht anspruchsvollen Unterrichtsfach werden.

Die Vielfalt der Phänomene aus den verschiedenen Teilgebieten wird für Sie übersichtlich durch die **Methode der Physik,** denn es werden einige wenige einheitliche Konzepte verwendet: Das *Teilchenkonzept* mit den Größen Impuls und Energie, das *Feldkonzept* mit den Größen Feldstärke und Potential und das *Wellenkonzept*, mit dem Erscheinungen in der Mechanik, der Elektrizitätslehre und der Atomphysik beschrieben werden. Diese einheitliche Struktur der Physik wird in der „Metzler Physik" betont und hervorgehoben und erleichtert Ihnen so das Erfassen und Verstehen der behandelten Phänomene.

Besonderer Wert wird in der „Metzler Physik" darauf gelegt, den Gedankengang vom Experiment oder von einer Problemstellung aus bis zu den Gesetzmäßigkeiten begründend und auch nachvollziehbar darzustellen.
Es ist allerdings nicht einfach, Physik allein durch das Studium eines Buches zu begreifen. Nach wie vor ist daher der Unterricht, in dem experimentiert und über Beobachtungen und Erklärungen diskutiert wird, unverzichtbar für den Erkenntnisprozess, der zu einem Verstehen der Physik führt.

So soll Ihnen dieses Buch einerseits zum Nacharbeiten und Vertiefen des im Unterricht Behandelten dienen und andererseits als Anregung und Vorbereitung auf den Unterricht oder zu seiner Ergänzung.

Ziel ist es, dass Sie mithilfe der Physik unsere komplizierte Welt, die von Naturwissenschaft und Technik geprägt ist, besser begreifen lernen und Nutzen und Gefahren, die aus ihnen resultieren, kompetent beurteilen können.

Wir wünschen Ihnen dabei Freude und Gewinn.

Zu diesem Buch

Das vorliegende Buch ist Teil des dreibändigen Unterrichtswerks „Metzler Physik Ausgabe Bayern" für die Oberstufe des Gymnasiums. Das Unterrichtswerk umfasst die „Physik"-Bände für die 11. und die 12. Jahrgangsstufe sowie einen Band „Astrophysik" für die Lehrplanalternative Astrophysik der 12. Jahrgangsstufe.
Hervorgegangen sind diese Bände aus dem seit vielen Jahren bewährten einbändigen Oberstufenlehrbuch „Metzler Physik" des Schroedel Verlages.

Kennzeichen dieser Bearbeitung der „Metzler Physik", die sich streng an den neuen bayerischen Lehrplan hält, ist die an Experimenten orientierte Konzeption. Besonderer Wert ist auf die exakte Definition der verwendeten Begriffe gelegt. Damit wird auf eine der wesentlichen Schwierigkeiten im Physikunterricht reagiert, dass die Schülerinnen und Schüler sich häufig nicht im Klaren sind über die Bedeutung eines physikalischen Begriffs.

Jedem Kapitel ist eine *Einführung* vorangestellt, die keine abschließenden Informationen enthält, sondern die für die folgenden Darstellungen notwendigen Inhalte der Mittelstufe. Jedes Unterkapitel behandelt in abgeschlossener Form ein Thema. Die *verbindlichen Inhalte* des bayerischen Lehrplans sind in größerer Schrift gesetzt. Definitionen, Begriffsbildungen und Gesetze sind mit einem grünen Balken an der Seite versehen. *Weiterführende Kenntnisse* und *Ergänzungen* erscheinen in kleinerer Schrift und grüner Punktung am Rand. Durch grüne Umrandung sind Anwendungen aus Umwelt und Technik sowie historische und erkenntnistheoretische Betrachtungen der Physik als *Exkurse* vom verbindlichen Sachtext abgehoben. *Methodenbildungen* sind als solche gekennzeichnet und von den Sachtexten durch grüne Linien abgesetzt. Am Schluss eines Kapitels wird das Grundwissen zusammengefasst. Aufgaben stehen am Ende der Sachtexte und Kapitel, vernetzende Aufgaben am Ende des Buches. Musteraufgaben mit Lösungen sollen helfen, Strategien für das Lösen von Aufgaben zu entwickeln.

Dank gilt dem Verlag für die intensive Betreuung und die hervorragende Ausstattung des Werkes. Dank gilt ebenso allen, die mit Rat und Auskunft geholfen haben.

München im Sommer 2009

Joachim Grehn und *Joachim Krause*

INHALTSVERZEICHNIS

1 Statisches elektrisches Feld

2 Statisches magnetisches Feld

3 Bewegung von Teilchen in Feldern; relativistische Effekte

4 Elektromagnetische Induktion

5 Elektromagnetische Schwingungen und Wellen

6 Anhang

1 STATISCHES ELEKTRISCHES FELD

Bereits im Altertum war bekannt, dass ein Stück Bernstein nach dem Reiben kleine Strohhalme anzieht. Um 1600 prägte der Leibarzt von Königin Elisabeth I von England, William GILBERT (1544–1603), nach dem griechischen Wort „elektron“ für Bernstein den Begriff Elektrizität. Elektrizität bezeichnet alle Erscheinungen, die mit ruhenden elektrischen Ladungen und elektrischen Strömen, also fließenden elektrischen Ladungen, verbunden sind.

Die elektrische Ladung stellt eine fundamentale Eigenschaft jeglicher Materie dar. Alle Kräfte, denen Menschen im Alltag begegnen – außer der Schwerkraft bzw. der Gravitation –, beruhen auf elektrischen Kräften. Atome bzw. Moleküle, aus denen feste Körper bestehen, werden von elektrischen Kräften zusammengehalten. Auch das Verhalten von Flüssigkeiten und Gasen bestimmen elektrische Kräfte, die zwischen ihren atomaren bzw. molekularen Bestandteilen wirken.

Es gibt zwei unterschiedliche Arten elektrischer Ladung, was daran zu erkennen ist, dass zwischen geladenen Körpern entweder anziehende oder abstoßende Kräfte existieren. Die Ladungsarten werden als *positive elektrische Ladung* oder als *negative elektrische Ladung* bezeichnet.

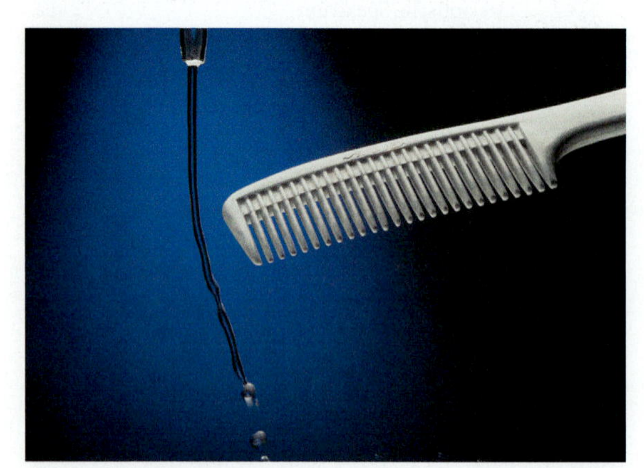

6.1 Ein durch Reiben elektrisch geladener Kamm zieht ausfließendes Wasser an.

Besitzt ein Körper gleich viele positive wie negative Ladungen, so ist er *elektrisch neutral.* Er erfährt von elektrisch geladenen Körpern keine Kraft, wenn die Ladungen in ihm gleichmäßig verteilt sind.

Ein Überschuss einer der beiden Ladungsarten auf einem Körper macht diesen nach außen entweder elektrisch positiv oder elektrisch negativ.

Körper, die *unterschiedliche Ladungen* tragen, üben aufeinander *anziehende* Kräfte aus.
Körper, die *gleiche Ladungen* tragen, üben aufeinander *abstoßende* Kräfte aus.

Werden zwei metallische Körper mit entgegengesetzten, aber betragsmäßig gleichen Ladungen durch einen elektrischen Leiter miteinander verbunden, so fließt in dem Leiter so lange ein elektrischer Strom, bis beide Körper elektrisch neutral sind. Der Strom im Leiter macht sich nach außen durch ein ihn umgebendes magnetisches Feld bemerkbar, mit dessen Hilfe die *Stärke I des Stromes* gemessen werden kann. Fließt ein konstanter elektrischer *Strom der Stärke I* während der *Zeit t*, so ist die Größe der geflossenen *Ladung Q* proportional zur *Stromstärke I* und der *Zeit t*.

Die elektrische *Ladung Q* ist definiert durch das Produkt aus *Stromstärke I* und *Zeit t*: $Q = I\,t$.
Die Einheit der elektrischen Ladung ist die abgeleitete Einheit
$[Q]$ = 1 As (1 Amperesekunde) = 1 C (1 Coulomb).

Charles de COULOMB (1736–1806) untersuchte die Kräfte ruhender Ladungen mithilfe empfindlicher Torsionswaagen. André Marie AMPÈRE (1775–1836) entwickelte eine Theorie über die magnetischen Kräfte auf stromdurchflossene Leiter.

Neben dem *dynamischen* Messverfahren der fließenden elektrischen Ladung durch Messung von Stromstärke und Zeit gibt es das *statische* Messverfahren einer ruhenden Ladung über die Kraft, die Ladungen aufeinander ausüben.

In der Umgebung eines Körpers mit der elektrischen Ladung Q erfährt ein anderer Körper mit der elektrischen Ladung q in jedem Punkt des Raumes eine Kraft. Diese Kraft hat einen bestimmten *Betrag* und eine bestimmte *Richtung*, die beide von Punkt zu Punkt im Raum unterschiedlich sein können. Sie wirkt ohne Vermittlung von Materie, z. B. Luft. Diese Kraftwirkung wird dem *elektrischen Feld* des Körpers mit der Ladung Q zugeschrieben.

Ein Körper, der die elektrische Ladung Q trägt, erzeugt in seiner räumlichen Umgebung ein *elektrisches Feld*. Durch dieses Feld erfährt ein anderer Körper, der die elektrische Ladung q trägt, in jedem Punkt des Feldes eine Kraft. Diese Kraft ist durch Betrag und Richtung bestimmt.

7.1 Während sich die abgebildete Frau auf einer geerdeten Aussichtsplattform im Sequoia-Nationalpark aufhielt, hoben sich plötzlich ihre Haare und standen frei in der Luft. Minuten später, nachdem die Frau die Plattform verlassen hatte, schlug ein Blitz in die Plattform ein.

Abb. 7.1 zeigt die Kraftwirkung eines elektrischen Feldes zwischen Gewitterwolken und der Erde. Die in unterschiedlichen Richtungen abstehenden Haare der Frau weisen in die unterschiedlichen Richtungen der Kräfte. Sowohl die in **Abb. 7.1** als auch die in **Abb. 6.1** gezeigten Kräfte beruhen auf der Wirkung eines elektrischen Feldes auf Ladungen in leitender oder nichtleitender Materie.

In leitender Materie sind elektrische Ladungen, im Allgemeinen negative Ladung tragende Elektronen, frei beweglich. **Abb. 7.2** zeigt, wie in einem anfangs neutralen metallischen Leiter unter dem Einfluss des elektrischen Feldes eines negativ geladenen Stabes die negativ geladenen Elektronen verdrängt werden, sodass eine Ladungstrennung entsteht.

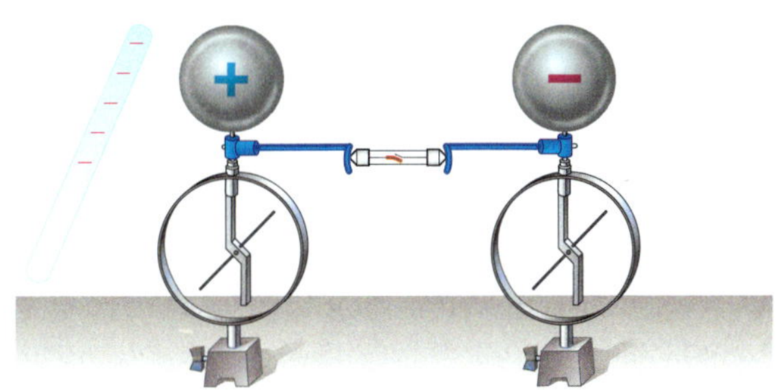

7.2 Unter dem Einfluss der Kräfte des elektrischen Feldes des geladenen Stabes werden die Ladungen des insgesamt neutralen Leiters getrennt. Negative Elektronen fließen von dem in der Nähe des Stabes befindlichen Leiterteil zu dem entfernteren Leiterteil.

Die räumliche Ladungstrennung in einem leitenden Körper unter dem Einfluss der von einem elektrischen Feld ausgeübten Kräfte wird als *elektrische Influenz* bezeichnet.

In nichtleitender Materie gibt es keine oder nur wenige frei bewegliche Ladungen. Aber entweder sind in den neutralen Molekülen die elektrischen Ladungen unsymmetrisch verteilt oder sie können unter dem Einfluss des äußeren elektrischen Feldes in eine unsymmetrische Lage gebracht werden.

Das Ausrichten der Moleküle mit unsymmetrischer Ladungsverteilung (Dipole) unter dem Einfluss der von einem elektrischen Feld ausgeübten Kräfte wird als elektrische Polarisation bezeichnet (**Abb. 7.3**).

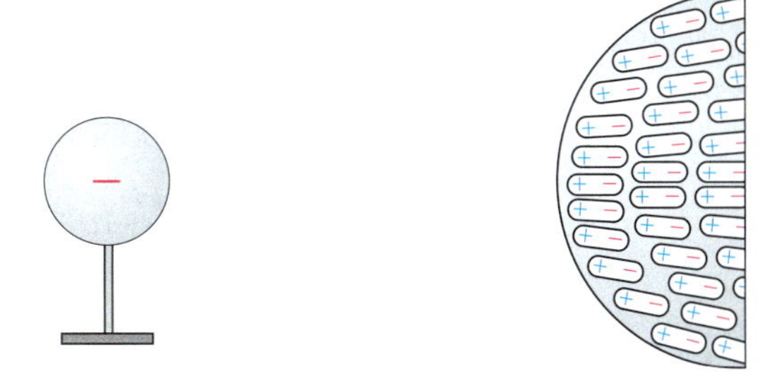

7.3 Unter dem Einfluss der Kräfte des elektrischen Feldes der negativ geladenen Kugel richten sich die Teilchen mit unsymmetrischer Ladungsverteilung (Dipole) aus.

Die Anziehung des Wasserstrahls in **Abb. 6.1** beruht auf der Polarisation der Wassermoleküle, das Abstehen der Haare in **Abb. 7.1** auf der Polarisation der Haarmoleküle.

1.1 Beschreibung des elektrischen Feldes

In der Umgebung elektrisch geladener Körper existieren elektrische Felder. Elektrische Felder werden durch die Kräfte, die sie auf kleine Körper mit nur geringer elektrischer Ladung ausüben, untersucht. Diese sogenannten „Probeladungen" reagieren sehr empfindlich auf elektrische Felder, verändern sie aber wegen ihrer geringen Größe und Ladung nicht messbar. Größere Ladungen können dagegen durch Influenz andere Ladungen verschieben und damit das zu untersuchende Feld verändern.

Eine **Probeladung** ist ein elektrisch geladener Körper, dessen elektrisches Feld so schwach ist, dass es nicht in der Lage ist, ein äußeres elektrisches Feld merklich zu verändern.

1.1.1 Die elektrische Feldstärke

Im folgenden Versuch wird die Kraft gemessen, die ein elektrisches Feld auf eine Probeladung ausübt. Für die Probeladung wird das Symbol q verwendet, um sie von der felderzeugenden Ladung Q zu unterscheiden.

Versuch 1: Eine kleine Metallkugel, die isoliert an einem Kraftmesser angebracht ist, wird aufgeladen und in das Feld einer großen geladenen Kugel gebracht. Die durch das Feld auf die kleine Metallkugel ausgeübte Kraft F und ihre Ladung q werden gemessen (**Abb. 8.1**). Die Messung wird an derselben Stelle des Feldes für verschiedene Probeladungen q wiederholt.
Ergebnis: Die Kraft F ist zur Ladung q des Körpers proportional: $F \sim q$. ◂

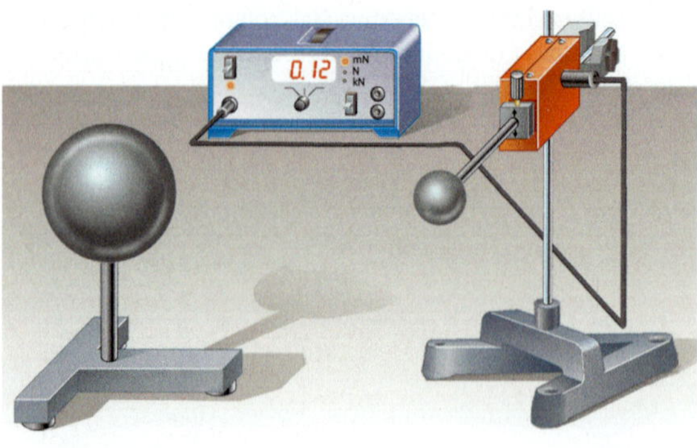

q in nC	160	77	38	18
F in mN	1,05	0,51	0,25	0,12
F/q in kN/C	6,6	6,6	6,6	6,7

8.1 Versuchsanordnung zur Messung der Kraft F, die das elektrische Feld in der Umgebung der großen Kugel auf eine Probeladung ausübt, und die Messwerte

Da die Kraft F auf eine Probeladung von der Größe der Ladung q abhängt, folgt aus der Proportionalität die Konstanz des Quotienten F/q und damit die Unabhängigkeit dieses Wertes von der in das Feld gebrachten Ladung q. Seine Größe kann das Feld an dem betrachteten Punkt beschreiben: Das Feld wird als „stärker" bezeichnet, wenn auf die gleiche Probeladung eine größere Kraft wirkt, wenn also F/q einen größeren Wert hat.

Die **elektrische Feldstärke** E ist der Quotient aus der elektrostatischen Kraft F, die eine positive Probeladung q im betrachteten Punkt des Feldes erfährt, und der Ladung q:

$$E = \frac{F}{q}$$

Die Einheit der elektrischen Feldstärke ist $[E] = 1\ \text{N/C}$.

Die elektrische Feldstärke $\vec{E}$ ist eine vektorielle Größe, deren Richtung mit der Richtung der Kraft $\vec{F}$ auf einen positiv geladenen Körper übereinstimmt; für negativ geladene Körper sind $\vec{E}$ und $\vec{F}$ entgegengerichtet.

Ist die elektrische Feldstärke $\vec{E}$ an einem Ort bekannt, so kann die Kraft $\vec{F}$ auf eine positive oder negative Ladung q, die sich an diesem Ort befindet, berechnet werden:

$$\vec{F} = q\vec{E}$$

Aufgaben

1. Berechnen Sie die elektrische Feldstärke E an einem Ort, an dem auf einen Körper mit der Ladung $q = 26$ nC die Kraft $F = 37$ µN wirkt.
2. Berechnen Sie die Kraft, die ein Körper mit der Ladung $q = 78$ nC in einem Feldpunkt mit der Feldstärke $E = 810$ kN/C erfährt.
3. Ein elektrisches Feld der Stärke 180 N/C sei senkrecht zur Erdoberfläche nach unten gerichtet.
   a) Vergleichen Sie die elektrostatische Kraft auf ein Elektron ($q = -1{,}6 \cdot 10^{-19}$ C, $m = 9{,}1 \cdot 10^{-31}$ kg) mit der nach unten gerichteten Gravitationskraft und bestimmen Sie den Betrag und die Richtung der Beschleunigung des Elektrons.
   b) Bestimmen Sie die Ladung einer Münze der Masse $m = 3{,}0$ g, sodass die durch dieses Feld bewirkte Kraft die Gravitationskraft ausgleicht.

*4. **a)** Berechnen Sie die Beschleunigung, die Elektronen ($q = -1{,}6 \cdot 10^{-19}$ C, $m = 9{,}1 \cdot 10^{-31}$ kg) im elektrischen Feld der Feldstärke $E = 0{,}10$ kN/C in einer Leuchtstoffröhre erfahren.
   b) Bestimmen Sie die Strecke s, die ein Elektron benötigt, um die kinetische Energie $W = 7{,}8 \cdot 10^{-19}$ J aufzunehmen. (Die Energie ist nötig, um ein Quecksilberatom der Gasfüllung zum Leuchten anzuregen.)

Exkurs

Die Entstehung von Gewittern

Gewitter entstehen, wenn die Wolken gegenüber der Erde oder Wolkenteile gegeneinander so stark aufgeladen sind, dass die Durchschlagfeldstärke feuchter Luft (etwa 10 kN/C) überschritten wird.
Der Mechanismus der Ladungstrennung ist bis heute nicht vollständig geklärt. Folgende Vorgänge spielen dabei jedoch eine wesentliche Rolle:
Durch das Zusammentreffen warmer und kalter Luftmassen in der Erdatmosphäre entstehen starke vertikale Luftströmungen. Sie transportieren elektrisch geladene Staub- und Eispartikel und vor allem auch Wassertropfen. Die Teilchen werden im normalen elektrischen Erdfeld (Feldstärke etwa 100 N/C) zu Dipolen influenziert, deren positive Ladung sich wegen der negativen Aufladung der Erde auf der Unterseite befindet. Größere Tropfen und Hagelkörner fallen aufgrund ihres Gewichtes nach unten. Dabei lagern sich an der in Fallrichtung positiv gelade nen Fläche überwiegend negative Ionen an. Die positiven Ionen werden abgestoßen; ihre Beweglichkeit ist jedoch nicht groß genug, um die Rückseite der vorbeifallenden Tröpfchen zu erreichen. Kleinere Partikel, wie auch Eiskristalle, werden von der vertikalen Luftströmung nach oben befördert und laden sich aus gleichem Grund positiv auf. Daher werden obere Wolkenschichten vornehmlich positiv, untere meistens negativ aufgeladen, wobei jedoch auch an der Basis der Wolken positiv geladene Bereiche auftreten. Ladungen in erdnahen Wolken erzeugen durch Influenz auf der Erdoberfläche entgegengesetzt geladene Gebiete, sogenannte „Schatten".

Die Entladung wird entweder von einer Wolke zur Erde oder von Wolke zu Wolke durch einen Funken ausgelöst, der sich zu zackig verzweigten Kanälen ausweitet (Bild oben links). Die Abwärtsentladung initiiert häufig einen Rückschlag, der von einer exponierten Stelle der Erdoberfläche als Aufwärtsentladung verzweigt nach oben wächst (Bild oben rechts). Es kommt zu einer Überhitzung und plötzlichen Expansion der Luft. Dadurch werden Stoßwellen und damit der Donner erzeugt.
Ein Blitz transportiert im Mittel etwa 10 C Ladung. Bei einer Blitzdauer von 0,1 ms entspricht das einem kurzzeitigen Strom von 100 kA. Es kommt im Blitzkanal zu Spitzentemperaturen von 30 000 °C.

1.1.2 Darstellung von Feldern

Im elektrischen Feld erfährt jede elektrische Ladung eine Kraft. Die Richtung der Feldkraft verläuft längs sogenannter Feldlinien, die sich mithilfe einfacher Versuche sichtbar machen lassen.

Versuch 1: Zwischen zwei parallel zueinander aufgestellten Metallplatten großer Querschnittsfläche, die entgegengesetzte Ladungen gleicher Größe tragen, werden kleine Watteflocken, Styroporkügelchen oder Papierstückchen als Probekörper gebracht (**Abb. 10.1 a**).

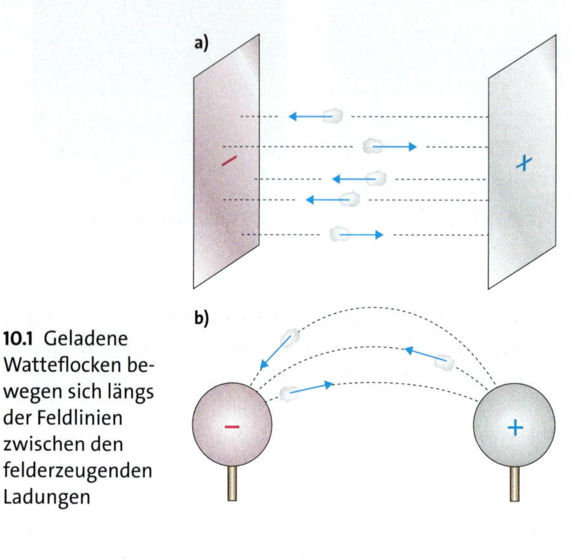

10.1 Geladene Watteflocken bewegen sich längs der Feldlinien zwischen den felderzeugenden Ladungen

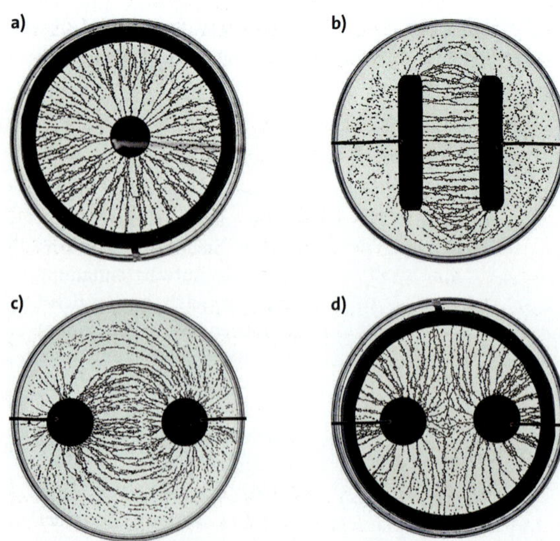

10.2 Ketten von Grießkörnern ordnen sich längs der Feldlinien an und zeigen die Strukturen elektrischer Felder: **a)** Feld einer Punktladung; **b)** Feld zweier ungleichnamig geladener Platten; **c)** Feld zweier ungleichnamiger Punktladungen; **d)** Feld zweier gleichnamiger Punktladungen.

Die Probekörper bewegen sich zwischen den Platten hin und her. Der gleiche Versuch lässt sich auch mit geladenen Metallkugeln durchführen (**Abb. 10.1 b**).
Erklärung: Die Watteflocken werden z. B. an der positiven Metalloberfläche aufgeladen, senkrecht zur Oberfläche abgestoßen und bewegen sich dann als positive Probeladung zur negativen Platte bzw. Kugel. Dort wiederholt sich der Vorgang nach kurzer Verweildauer mit umgekehrtem Vorzeichen und in umgekehrter Richtung.
Ergebnis: Die Kraftwirkung des elektrischen Feldes zeigt offenbar nicht immer längs des räumlich kürzesten Weges, sondern sie folgt mitunter gebogenen Linien, den sogenannten **Feldlinien**. ◂

Versuch 2: Auf dem Boden einer flachen, mit Rizinusöl gefüllten Glasschale sind Metallplättchen angebracht. Diese Metallplättchen werden aufgeladen und die Ölschicht mit Grieskörnern bestreut. Der Versuch kann mit unterschiedlichen Anordnungen und Formen der Metallplättchen wiederholt werden (**Abb. 10.2**).
Erklärung: In den elektrisch neutralen Grießkörnern werden durch das elektrische Feld die vorhandenen positiven und negativen Ladungen in entgegengesetzte Richtungen gezogen (*Polarisation*). Die Grieskörner bilden dann kleine elektrische Dipole (**Abb. 10.3**). Durch die im Feld wirkenden Kräfte werden die Dipole ausgerichtet und schließen sich zu Ketten längs der Kraftrichtungen zusammen. ◂

Diese Versuche führen zu der von Michael FARADAY (1791 – 1867) entwickelten Vorstellung der **elektrischen Feldlinien** (**Abb. 11.1**).

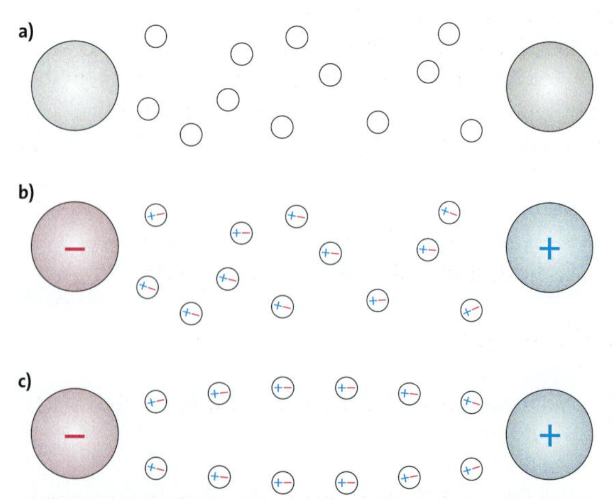

10.3 Die ungeladenen und zunächst regellos verteilten Grießkörner **a)** bilden bei Anlegen eines elektrischen Feldes Dipole **b)** Nach einiger Zeit schließen sich die polarisierten Grießkörner zu Ketten zusammen, die entlang der Feldlinien ausgerichtet sind **c)**.

Für die Darstellung elektrischer Felder durch Feldlinienbilder gelten folgende Festlegungen:

- In jedem Punkt des Feldes gibt die Richtung der elektrischen Kraft auf eine positive Probeladung die Lage der Tangente an die Feldlinie und die Richtung der Feldlinie an.

- Die elektrischen Feldlinien beginnen auf positiven Ladungen und enden auf negativen (wobei sich die Ladungen auch im Unendlichen befinden können).

- Die Größe einer felderzeugenden Ladung wird durch die Anzahl der Feldlinien, die von ihr ausgehen oder auf ihr enden, dargestellt.
Dabei enthält jede Abbildung nur eine angemessene Anzahl der prinzipiell unendlich vielen Feldlinien.

Elektrische Feldlinien besitzen keine physikalische Realität; sie sind jedoch ein Mittel, elektrische Felder grafisch darzustellen. Ausgehend von den Festlegungen lassen sich Feldlinienbilder zeichnen, die nicht nur der Veranschaulichung der qualitativen Eigenschaften der dargestellten Felder dienen, sondern aus denen sich auch quantitative Aussagen gewinnen lassen. **Abb. 11.1** zeigt die Feldlinienbilder der elektrischen Felder aus **Abb. 10.2**.

Gehen beispielsweise von einer positiven Ladung n (gedachte) Feldlinien aus (**Abb. 11.1 a**), so durchsetzen alle diese Feldlinien die Oberfläche einer gedachten konzentrischen Kugel mit der Ladung im Kugelmittelpunkt und dem Radius r. Die Anzahl der Feldlinien pro Fläche, die *Feldliniendichte* $n/A = n/(4\pi r^2)$, nimmt also proportional zum Abstandsquadrat ab. Es erscheint plausibel, dass die Feldstärke eines von einer Punktladung erzeugten Feldes ebenfalls mit zunehmendem Abstand zur felderzeugenden Ladung kleiner wird. Eine genauere Untersuchung des Feldes einer Ladung erfolgt in → 1.3.

> Je dichter die Feldlinien an einer Stelle verlaufen, desto stärker ist dort das elektrische Feld.

Außerdem gilt:

> Auf Leiteroberflächen stehen Feldlinien stets senkrecht.

Andernfalls würde die Feldstärke eine Komponente parallel zur Leiteroberfläche besitzen und könnte die im Leiter leicht verschiebbaren Ladungen so lange bewegen, bis keine Parallelkomponente mehr vorhanden ist.

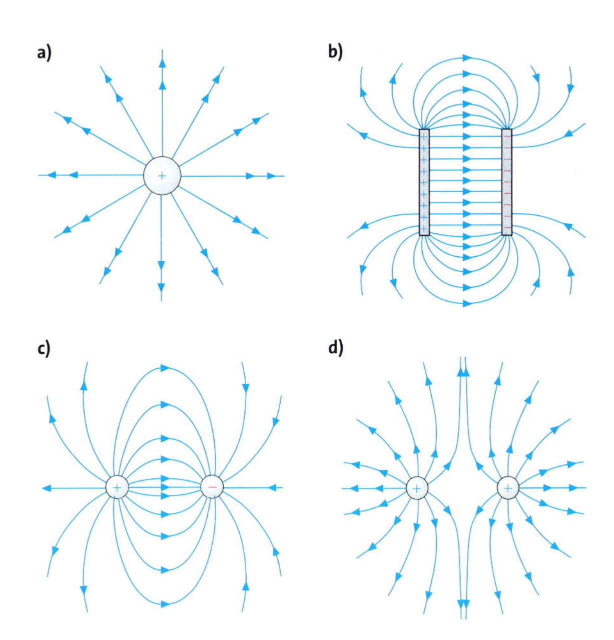

11.1 Feldlinienbilder für die elektrischen Felder aus **Abb. 10.2**

Da in jedem Punkt auch eines von mehreren Ladungen erzeugten Feldes auf eine Probeladung stets nur genau eine resultierende Kraft wirkt, folgt:

> In einem elektrischen Feld schneiden sich Feldlinien nicht.

Das elektrische Feld zwischen zwei geladenen Metallplatten hat besonders gleichmäßige Gestalt: Im Unterschied zu den anderen Feldern verlaufen die Feldlinien dort parallel und in gleichen Abständen zueinander.

> Das Feld zwischen zwei parallelen einander gegenüberstehenden, entgegengesetzt geladenen Metallplatten ist abgesehen von den Randbereichen **homogen.** In ihm ist die Kraft auf eine feste Probe ladung dem Betrage und der Richtung nach überall gleich (**Abb. 11.1 b**).
> Im **Feld einer Punktladung** (**Abb. 11.1 a**) nimmt die Feldliniendichte und damit auch die Feldkraft nach außen hin ab.

Aufgaben

1. Skizzieren Sie das Feldlinienbild für eine positiv geladene Kugel, der eine **a)** negativ und **b)** positiv geladene Metallplatte gegenübersteht.
2. In welchen Bereichen der Felder in den **Abb. 11.1 a)** bis **c)** ist die Kraftwirkung auf eine positive Probeladung jeweils besonders groß bzw. besonders klein? Äußern Sie auch Vermutungen für **Abb. 11.1 d)**.

1.2 Energie im elektrischen Feld

Das elektrische Feld übt auf einen geladenen Körper eine Kraft aus. Dadurch wird der Körper beschleunigt, d. h. er nimmt kinetische Energie auf. Der Energieerhaltungssatz fordert, dass die kinetische Energie nach der Beschleunigung zuvor in Form von potentieller Energie vorgelegen haben muss. Bei der Untersuchung der potentiellen Energie im elektrischen Feld zeigt sich, dass diese eng mit dem bekannten Begriff der Spannung verbunden ist.

1.2.1 Potential und Spannung im homogenen elektrischen Feld

Befindet sich ein Körper mit der positiven Ladung q im homogenen Feld zwischen zwei parallelen, geladenen Platten (**Abb. 12.1**), so wirkt auf ihn an jedem Ort des homogenen elektrischen Feldes die konstante Feldkraft

$$\vec{F}_{el} = q\vec{E}.$$

Durch diese Kraft wird der Körper in Richtung der Feldlinien (wie die Watteflocken in → **Abb. 10.1**) z. B. vom Punkt P_1 bis zur negativ geladenen Platte beschleunigt. Er legt dabei den Weg $\vec{s}_1$ zurück, der parallel zur Feldkraft verläuft. Die kinetische Energie, die der Probekörper dabei aufnimmt, stammt aus dem elektrischen Feld und kann durch

$$W_1 = F_{el}\, s_1 = q\,E\,s_1$$

berechnet werden. (Hier wird die Energie mit dem Symbol W bezeichnet, um Verwechslungen mit der elektrischen Feldstärke E auszuschließen.) Für den Weg vom Punkt P_2 zur negativen Platte gilt entsprechend

$$W_2 = F_{el}\, s_2 = q\,E\,s_2.$$

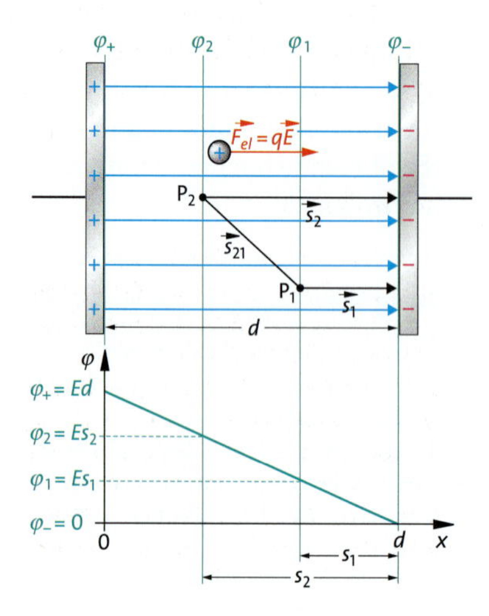

12.1 Ein positiv geladener Körper bewegt sich in Feldrichtung und nimmt dabei Energie aus dem Feld auf.

Wird der gesamte Weg von der positiv zur negativ geladenen Platte zurückgelegt, so gilt

$$W = F_{el}\, d = q\,E\,d.$$

Ein Körper mit der Ladung q, der in einem homogenen Feld durch die Kraft $\vec{F} = q\vec{E}$ längs des Weges $\vec{s}$ in Richtung der Kraft beschleunigt wird, nimmt aus dem elektrischen Feld die Energie W auf:
$W = q\,E\,s$

Der Quotient $W/q = E\,s$ hängt nur von der Feldstärke E und dem Weg s im Feld, jedoch nicht mehr von der Ladung q des Körpers ab. Wird (willkürlich) festgelegt, dass alle Wege s auf der negativ geladenen Platte enden (**Abb. 12.1**), so ist der Quotient W/q nur vom Anfangspunkt P der Bewegung im Feld abhängig. Im homogenen Feld kann also jedem Punkt P_i, der von der negativen Platte den Abstand s_i hat, eindeutig der Wert $\varphi_i = E\,s_i$ zugeordnet werden.

Nimmt ein Körper mit der Ladung q bei der Bewegung vom Punkt P_i zur negativen Platte längs der Strecke s_i die kinetische Energie W_i auf, so heißt $\varphi_i = W_i/q = E\,s_i$ das **Potential** des Punktes P_i gegenüber der negativen Platte.
Das Potential φ ist der Quotient aus Energie W und Ladung q:
$\varphi = W/q.$

Die negative Platte erhält so das Potential null. Diese Wahl ist allerdings willkürlich; ebenso ist ein beliebiger anderer Bezugspunkt für das Nullniveau denkbar.

Der Potentialverlauf im homogenen Feld zwischen zwei Metallplatten ist in **Abb. 12.1** dargestellt. Alle Punkte, die das gleiche Potential φ besitzen, liegen auf einer Ebene parallel zu den Platten. Diese Ebenen heißen **Äquipotentialflächen.** Speziell sind die geladenen Platten Äquipotentialflächen, die positive für das Potential $\varphi_+ = E\,d$, die negative für das Potential $\varphi_- = 0$.

Wird nun ein Körper mit der Ladung q von einem Punkt P_2 zu einem Punkt P_1 im homogenen Feld eines Plattenkondensators längs des Weges s_{21} bewegt (**Abb. 12.1**), indem er z. B. auf einer Schiene geführt wird, so beschleunigt ihn die zur Wegrichtung parallele Kraftkomponente des Feldes $F_{||} = F_{el} \cos(\vec{F}_{el}; \vec{s}_{21})$:
$\Delta W = F_{||}\, s_{21} = F_{el}\, s_{21} \cos(\vec{F}_{el}; \vec{s}_{21})$. Mit $F = q\,E$ folgt:

$$\Delta W = q\,E\,(s_2 - s_1) = q\,(\varphi_2 - \varphi_1)$$

Die Strecke $s_2 - s_1$ ist die Komponente des Weges $\vec{s}_{21}$ in Richtung der Kraft $\vec{F}_{el}$ auf den geladenen Körper.

Diese Energie ist für positive Ladungen positiv, wenn φ_2 ein höheres Potential als φ_1 ist; ist dagegen $\varphi_2 < \varphi_1$, so ist diese Energie negativ. Die potentielle Energie, die pro Ladungseinheit zwischen zwei Punkten im elektrischen Feld zur Verfügung steht, hängt nur von dem Unterschied der Potentiale in diesen Punkten ab.
In der Mittelstufe wurde der Quotient aus Energie und Ladung als elektrische **Spannung *U*** definiert. Der Spannungsbegriff lässt sich nun auf eine Potentialdifferenz zurückführen:

Die **Potentialdifferenz** $\Delta\varphi = \varphi_2 - \varphi_1 = U_{12} = \Delta W/q$ heißt **elektrische Spannung** eines Punktes P_2 mit dem Potential φ_2 gegenüber einem Punkt P_1 mit dem Potential φ_1.

Die Einheit der elektrischen Spannung stimmt mit der Einheit des Potentials überein und wird zu Ehren des italienischen Physikers Alessandro VOLTA (1745–1827) Volt genannt: $[U] = [\Delta\varphi] = [\Delta W]/[q] = 1\ \text{J/(As)} = 1\ \text{V}$.

Mit der elektrischen Spannung zwischen zwei Punkten lässt sich also die Energie $\Delta W = q\,U_{12}$ ermitteln, die eine positive Ladung q in einem elektrischen Feld bei ihrer Bewegung von einem Punkt mit dem Potential φ_2 zu einem Punkt mit dem Potential φ_1 aufnimmt (falls $U_{12} > 0$) oder abgibt (falls $U_{12} < 0$).

Da die elektrische Spannung zwischen zwei Punkten nur von der Differenz ihrer Potentiale abhängt, ist sie unabhängig davon, auf welchen *Bezugspunkt* sich die Potentiale beziehen. Wird z. B. in der Anordnung von **Abb. 12.1** das Potential der Punkte auf der positiven Platte gleich null gesetzt, so liegt das Potential der negativen Platte wie zuvor um $\Delta\varphi = Ed$ niedriger, also ist dann $\varphi_- = -Ed$. Der Potentialverlauf in **Abb. 12.1** ist um Ed nach unten verschoben. An der Potentialdifferenz zwischen den Punkten ändert sich nichts.

Besteht zwischen zwei parallelen, geladenen Platten, die den Abstand d voneinander haben, ein elektrisches Feld der Stärke E, so ist die elektrische Spannung U zwischen den Platten

$$U = \Delta\varphi = \frac{\Delta W}{q} = \frac{q\,E\,d}{q} = E\,d.$$

Ein Feld wird also beschrieben durch die Feldstärke als Quotient aus Kraft und Ladung oder durch das Potential als Quotient aus Energie und Ladung.
Da elektrische Spannungen leicht gemessen werden können, lässt sich durch $E = U/d$ die elektrische Feldstärke in homogenen Feldern bestimmen.
Mithilfe eines Spannungsmessers können die Äquipotentiallinien in einem Modellversuch gezeigt werden:

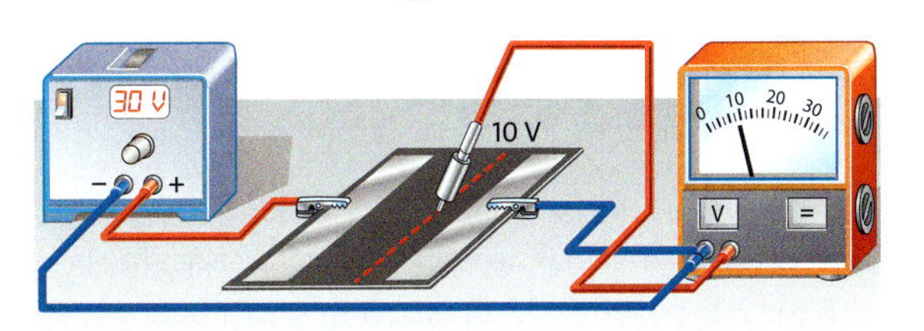

13.1 Messung elektrischer Spannungen und Aufzeichnung von Äquipotentiallinien

Versuch 1: Auf schwach leitendes Kohlepapier werden zwei Metallplatten gelegt, die einen Plattenkondensator im Querschnitt darstellen (**Abb. 13.1**). Zwischen den Platten entsteht nach dem Anlegen einer Spannung ein elektrisches Feld, das von dem kleinen Strom durch das Kohlepepier nicht beeinflusst wird. Ein hochohmiger Spannungsmesser zeigt die Potentialdifferenz zwischen der negativen Platte und einem Punkt im elektrischen Feld an, das mit einer Kontaktspitze abgefahren wird.
Ergebnis: Die Äquipotentiallinien sind zu den Platten parallele Geraden. Gleiche Potentialdifferenzen (z. B. $\Delta\varphi = 10\ \text{V}$) ergeben Linien in gleichen Abständen. ◂

Verläuft die x-Achse eines Koordinatensystems (wie in **Abb. 12.1**) parallel zum elektrischen Feld $\vec{E}$ zwischen zwei geladenen Metallplatten mit Abstand d, so nimmt das elektrische Potential eines Punktes P bezogen auf die negativ geladene Platte mit seiner Entfernung x von der positiv geladenen Platte linear ab:

$$\varphi(x) = E(d - x)$$

Die Steigung der Potentialfunktion ergibt dann:

$$\varphi'(x) = \frac{\mathrm{d}}{\mathrm{d}x}E(d - x) = -E$$

Die Steigung des Potentials an einem Ort des elektrischen Feldes ist gleich der negativen Feldstärke. Die Potentialfunktion nimmt in Richtung der elektrischen Feldstärke ab. Je steiler der Potentialverlauf, desto größer ist die Feldkraft auf eine Probeladung.

Aufgaben

1. Zwischen zwei parallelen Metallplatten liegt die Spannung $U = 1{,}5\ \text{kV}$. Berechnen Sie die Energie, die ein Körper mit der Ladung $Q = 8{,}2\ \text{nC}$ auf dem Weg von der positiven zur negativen Platte aufnimmt.
2. Zeichnen Sie den Verlauf des Potentials nach **Abb. 12.1**, wenn $\varphi_+ = 0\ \text{V}$ bzw. $\varphi_1 = 0\ \text{V}$ oder $\varphi_2 = 0\ \text{V}$ gesetzt wird, und geben Sie jeweils die Gleichung der s-φ-Funktion an.
3. Das Feld zwischen zwei parallelen geladenen Platten (Abstand $d = 1{,}8\ \text{cm}$) hat die Feldstärke $E = 85\ \text{kN/C}$. Die negative Platte ist geerdet. Berechnen Sie das Potential der positiven Platte.

1.2.2 Das elektrische Feld als Energiespeicher

Bewegt sich ein geladener Körper unter dem Einfluss der elektrischen Kraft in einem elektrischen Feld, so nimmt er aus dem Feld Energie auf. Der Energiebetrag, der in dem homogenen elektrischen Feld eines Plattenkondensators gespeichert ist, wird im Folgenden durch die beim Entladen frei werdende Energie bestimmt.

Der Kondensator als Ladungsspeicher

Ein **Plattenkondensator,** also eine Anordnung aus zwei parallelen Metallplatten im Abstand d voneinander, der klein im Vergleich zu den Abmessungen der Platten ist, sei mit der (positiven) Ladung Q aufgeladen, das bedeutet, dass sich auf der einen Platte des Kondensators die positive Ladung Q befindet. In diesem Fall trägt die andere, geerdete Platte aufgrund von Influenz die gleich große negative Ladung $-Q$. Das elektrische Feld zwischen den Platten ist (bis auf die Randbereiche) ein homogenes elektrisches Feld. Im Folgenden wird zunächst die Abhängigkeit der Ladung, die ein Plattenkondensator speichern kann, von dem Abstand d seiner Platten und der anliegenden Spannung U untersucht.

Versuch 1: Die Platten eines Kondensators werden mit den Polen einer Spannungsquelle verbunden (**Abb. 14.1**). Der Kondensator lädt sich auf. Nachdem die eine Verbindung zur Spannungsquelle unterbrochen ist, wird der Kondensator über ein Ladungsmessgerät entladen. Die Messung wird mit unterschiedlichen Spannungen U und bei verschiedenen Plattenabständen d wiederholt. Bei kreisförmigen Platten mit einem Radius von $r = 0{,}13$ m ergeben sich die Messwerte der unten stehenden Tabelle.

Ergebnis: Die Messwerte zeigen, dass bei konstantem Abstand die Ladung Q zur Spannung U proportional und bei konstanter Spannung die Ladung Q zum Plattenabstand d umgekehrt proportional ist. ◂

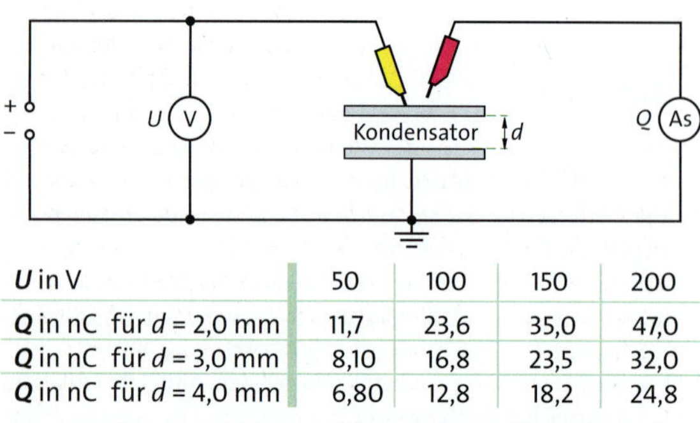

U in V	50	100	150	200
Q in nC für $d = 2{,}0$ mm	11,7	23,6	35,0	47,0
Q in nC für $d = 3{,}0$ mm	8,10	16,8	23,5	32,0
Q in nC für $d = 4{,}0$ mm	6,80	12,8	18,2	24,8

14.1 Anordnung und Messwerte zur Untersuchung der Aufnahmefähigkeit eines Plattenkondensators von Ladungen

Die in einem Kondensator gespeicherte Ladung Q ist umso größer, je größer die angelegte Spannung U und je kleiner der Plattenabstand d ist.

Der von der Spannung unabhängige und für eine bestimmte Plattenfläche und einen bestimmten Plattenabstand konstante Quotient $C = Q/U$ kennzeichnet die Fähigkeit des Kondensators, Ladungen zu speichern.

Die **Kapazität C** eines Kondensators ist der Quotient aus der (positiven) *Ladung* Q, mit der der Kondensator aufgeladen wird, und der Spannung U zwischen seinen Platten:

$$C = \frac{Q}{U}$$

Die Einheit der Kapazität ist 1 Farad: $[C] = 1$ C/V $= 1$ F, benannt nach FARADAY.
Ein Kondensator hat die Kapazität 1 F, wenn er bei einer Spannung 1 V die Ladung 1 C aufnimmt. In der Praxis werden oft kleinere Einheiten verwendet: 1 mF $= 10^{-3}$ F, 1 µF $= 10^{-6}$ F, 1 nF $= 10^{-9}$ F, 1 pF $= 10^{-12}$ F.

Da bei konstanter Spannung die Ladung umgekehrt proportional zum Plattenabstand d ist, ist auch die Kapazität C umgekehrt proportional zu d.

Messungen an Plattenkondensatoren mit Platten unterschiedlicher Fläche A zeigen, dass die Kapazität C eines Plattenkondensators proportional zur Plattenfläche A ist. Für eine Konstante k gilt also $C = kA/d$. Aus den Messwerten ergibt sich z. B. für $U = 100$ V und $d = 2{,}0$ mm.

$$k = C\frac{d}{A} = \frac{Qd}{Ur^2\pi} = \frac{23{,}6\ \text{nC} \cdot 0{,}0020\ \text{m}}{100\ \text{V} \cdot (0{,}13\ \text{m})^2 \cdot \pi} = 8{,}9 \cdot 10^{-12}\ \frac{\text{As}}{\text{Vm}}$$

Diese Konstante heißt **elektrische Feldkonstante ε_0.** Ihr Literaturwert beträgt **$\varepsilon_0 = 8{,}85 \cdot 10^{-12}$ As/(Vm).**

Die Kapazität C eines Plattenkondensators, dessen Platten die Fläche A und den Abstand d haben, ist

$$C = \varepsilon_0 \frac{A}{d}.$$

Aus der Gleichung für die Kapazität des Plattenkondensators $C = \varepsilon_0 A/d$ folgt mit $C = Q/U$:

$$\frac{Q}{U} = \varepsilon_0 \frac{A}{d} \quad \text{oder} \quad \frac{Q}{A} = \varepsilon_0 \frac{U}{d} = \varepsilon_0 E$$

$\sigma = Q/A$ heißt **Flächenladungsdichte.** Damit gilt:

$$\sigma = \varepsilon_0 E$$

Die elektrische Feldstärke E im Kondensator ist also durch die Flächenladungsdichte σ auf den Kondensatorplatten bestimmt und umgekehrt.

Exkurs

Bauformen von Kondensatoren

In der Schaltungstechnik werden Kondensatoren als Energiespeicher oder als Zeitbasis eingesetzt. Wegen des kleinen Wertes der elektrischen Feldkonstanten ergibt sich für einen luftgefüllten Kondensator, z. B. den Drehkondensator (a), eine sehr kleine Kapazität $C < 1$ nF. Durch Einbringen von nichtleitenden Materialien, sogenannter **Dielektrika**, in den Zwischenraum der Platten kann die Kapazität C erheblich vergrößert werden. Der Quotient aus der Kapazität C mit Dielektrikum und der Kapazität C_0 mit evakuiertem Zwischenraum heißt **(relative) Dielektrizitätszahl** $\varepsilon_r = C/C_0$ des Materials zwischen den Kondensatorplatten. Die Dielelektrizitätszahl von Luft beträgt $\varepsilon_{r,\,Luft} = 1{,}006$. Mit speziellen Keramiken können fünfstellige Dielektrizitätszahlen erreicht werden.

Drehkondensatoren (a)

Ein beweglicher Plattensatz kann in einen fest stehenden hineingedreht werden. Es besteht eine Proportionalität zwischen Drehwinkel und Kapazität. Drehkondensatoren werden zur Abstimmung von elektrischen Verstärkerschaltungen eingesetzt ($100\text{ pF} \leq C \leq 1000\text{ pF}$).

Blockkondensatoren (b)

Zwei dünne Aluminiumstreifen und zwei Streifen dünner Kunststofffolie werden im Wechsel aufeinandergeschichtet und aufgewickelt. So wird auf engem Raum eine große Plattenfläche und ein kleiner Plattenabstand erreicht (Kapazitäten: 0,1 µF bis 1 F). Eine Sonderform ist der metallisierte Filmkondensator: Direkt auf den Dielektrikumsfilm (bis zu 1 µm dünn) werden bis zu 0,01 µm dünne Metallschichten aufgedampft. Bei einem etwaigen Durchschlag verdampft die Metallbelegung rings um die Durchschlagstelle und die Isolierung bleibt erhalten („Selbstheilung").

Keramikkondensatoren (c)

Sie besitzen als Dielektrikum eine keramische Masse, die mit Metallbelägen aus Silber oder Nickel versehen ist. Es lässt sich eine Dielektrizitätszahl bis $\varepsilon_r \approx 16\,000$ erreichen. Der Schichtdicke des Dielektrikums sind durch die Korngröße des keramischen Stoffes (einige Mikrometer) nach unten Grenzen gesetzt.

a)

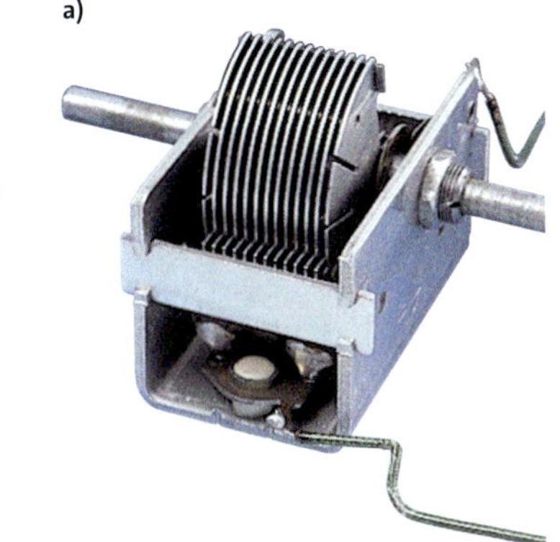

b)

c)

d)

e)

Elektrolytkondensatoren (d)

Sie bestehen aus einer Aluminiumfolie als Anode (Pluspol), einer darauf elektrolytisch aufgebrachten Oxidschicht als Dielektrikum und einem Elektrolyten als Katode (Minuspol). Der Elektrolyt befindet sich in einem saugfähigen Papier. Wird der Elektrolytkondensator falsch gepolt, so wird die Oxidschicht abgebaut. Es entstehen Gase, der Kondensator wird durch Explosion zerstört. Im Vergleich zu anderen Bauformen haben Elektrolytkondensatoren bei gleichem Volumen sehr hohe Kapazitäten, weil die Anode aus stark aufgeätzter Aluminiumfolie oder aus gesintertem Metallpulver mit kleiner Körnung hergestellt wird und ihr Metallbelag daher eine sehr große „innere Oberfläche" hat.

Superkondensatoren (Gold Caps) (e)

Sie sind die neuesten Bauformen und zeichnen sich durch sehr große Kapazitäten (100 bis 1500 F) bei kleinem Raumbedarf aus. Als Trägermaterial für den Elektrolyten wird Aktivkohle verwendet. Nur 1 g Aktivkohle verfügt über eine innere Oberfläche von etwa 1000 m^2. Sie ersetzen bereits heute in einigen Geräten mit geringer Leistungsaufnahme die störanfälligen Akkus.

Speicherbausteine

Kondensatoren finden auch beim Bau von Speicherchips Verwendung. So besteht etwa eine DRAM-Speicherzelle aus einem Speicherkondensator und einem Auswahltransistor. In diesen dynamischen Schreib-/Lesespeichern wird die Information in Form elektrischer Ladung im Kondensator gespeichert. Da die Kondensatoren sich im Laufe der Zeit entladen, verlieren derartige Speicherbausteine nach einer gewissen Zeit die in ihnen gespeicherte Information. Um diesen Datenverlust zu verhindern, wird die Information von Zeit zu Zeit wieder dynamisch aufgefrischt, d. h. der Kondensator wird gemäß seiner Aufladung nachgeladen. Übliche DRAM-Chips werden je nach Bauart alle 1 ms bis 32 ms oder 64 ms nachgeladen. Der Nachladevorgang wird als Refresh bezeichnet. Für einen Refresh werden die Daten in einem Blindlesezyklus ausgelesen und durch Nachladung ergänzt.

Energie und Energiedichte im homogenen elektrischen Feld

Zum Entladen eines Plattenkondensators mit dem Plattenabstand d, der bei der angelegten Spannung U_0 die Ladung Q_0 trägt, wird zwischen den beiden Platten eine leitende Verbindung hergestellt. Dann fließen so lange Elektronen von der negativen zur positiven Platte, bis beide elektrisch neutral sind, der Kondensator also die Ladung 0 trägt. Der Entladevorgang lässt sich als Transport negativer Ladungen ΔQ von der negativen zur positiven Platte des Kondensators auffassen. Dabei werden die Ladung des Kondensators, die elektrische Spannung und das elektrische Feld zwischen seinen Platten schrittweise abgebaut. Die negativen Ladungen nehmen dabei kinetische Energie aus dem Feld auf. Um die Energie, die vor der Entladung im elektrischen Feld gespeichert war, zu bestimmen, wird die Energie berechnet, die die negativen Ladungen während des gesamten Entladevorgangs dem Feld entnehmen.

Ist bereits i-mal ein Transport der negativen Ladung ΔQ erfolgt, so trägt der Kondensator nur noch die Ladung $Q_i < Q_0$ und zwischen seinen Platten herrschen nur noch die Spannung $U_i = Q_i/C < U_0$ sowie ein elektrisches Feld der Feldstärke $E_i = U_i/d$. Durch die Abnahme der Ladung Q um ΔQ fällt die Spannung U_i; sie ist also veränderlich mit Q. Werden die Ladungsportionen ΔQ so klein gewählt, dass der Spannungswert während der Abnahme der Ladung um ΔQ dennoch als näherungsweise konstant angesehen werden kann, so nimmt die negative Ladung ΔQ bei ihrer Bewegung um die Wegstrecke d in Richtung der anziehenden Feldkraft $\vec{F}_{el}$ aus dem Feld die Energie

$$\Delta W_i = -\Delta Q\, E_i\, d = -\Delta Q\, U_i \quad (>0)$$

auf (**Abb. 16.1**). Die gesamte, aus dem elektrischen Feld des Kondensators entnommene Energie W ist dann gleich der Summe $\sum_i \Delta W_i$ bzw. der Dreiecksfläche unter dem Q-U-Diagramm (→ S. 17), das beim Entladen von rechts nach links durchlaufen wird:

$$W = \sum_i \Delta W_i = \frac{1}{2} Q_0\, U_0$$

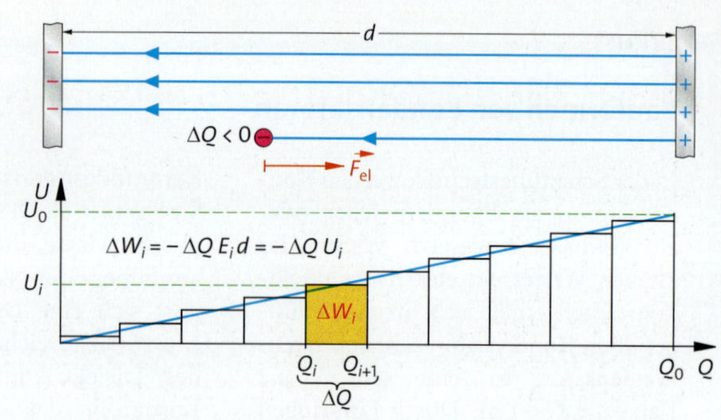

16.1 Die Entladung eines Kondensators kann als Transport negativer Ladungen $\Delta Q = Q_{i+1} - Q_i < 0$ von einer Platte zur anderen durch die anziehende Kraft F_{el} gedacht werden. Mit jeder Teilladung nimmt die Spannung U zwischen den Platten und damit auch die Feldstärke E ab.

In dieser Gleichung lässt sich über $C = Q/U$ die Ladung Q_0 oder die Spannung U_0 eliminieren:

$$W = \frac{1}{2}\frac{Q_0^2}{C} \quad \text{oder} \quad W = \frac{1}{2} C\, U_0^2$$

Um den Zusammenhang der gespeicherten Energie W mit der elektrischen Feldstärke E zu verdeutlichen, werden $C = \varepsilon_0 A/d$ und $U_0 = E\,d$ eingesetzt. Es folgt:

$$W = \frac{\varepsilon_0 A\, E^2 d^2}{2d} = \frac{1}{2}\varepsilon_0 E^2 A\, d$$

In diesem Term für die Energie ist $A\,d$ das Volumen V des Raumes zwischen den Platten, in dem das elektrische Feld besteht. Damit ergibt sich die *Energiedichte* $\rho_{el} = W/V$ des elektrischen Feldes zu

$$\rho_{el} = \frac{W}{V} = \frac{W}{A\,d} = \frac{1}{2}\varepsilon_0 E^2.$$

Im homogenen elektrischen Feld eines Plattenkondensators mit der Kapazität C, zwischen dessen Platten die Spannung U herrscht, ist die Energie

$$W = \frac{1}{2} C\, U_0^2$$

gespeichert.
Die Energiedichte dieses Feldes beträgt

$$\rho_{el} = \frac{1}{2}\varepsilon_0 E^2.$$

Aufgaben

1. Ein Plattenkondensator wird aufgeladen und dann von der Spannungsquelle getrennt. Beschreiben Sie, wie sich die Feldstärke E und die Spannung U ändern, wenn der Plattenabstand halbiert, gedrittelt, geviertelt wird.
2. Begründen Sie: Wird der Plattenabstand eines von der Spannungsquelle getrennten Plattenkondensators verdoppelt, so verdoppelt sich der Energieinhalt des Feldes. Erläutern Sie, woher die gewonnene Energie kommt und wie sich die Spannung am Kondensator ändert.
3. Berechnen Sie die Ladung, mit der ein Plattenkondensator ($A = 314\ \text{cm}^2$, $d = 0{,}50\ \text{mm}$) bei einer Spannung $U = 230\ \text{V}$ aufgeladen wird, und welche Energie in diesem Fall in seinem Feld gespeichert ist.
4. Bestimmen Sie die Plattenfläche A eines luftgefüllten Plattenkondensators, der bei einem Plattenabstand von $d = 1{,}0\ \text{mm}$ und einer Spannung von $U = 230\ \text{V}$ die gleiche Energie speichert wie eine Autobatterie von 12 V und 88 Ah.

Methode

Interpretation physikalischer Größen als Flächeninhalte

Physikalische Vorgänge werden oft durch Größen beschrieben, die von der Zeit t oder dem Ort s abhängen. So ist z. B. für die bei einer Bewegung mit konstanter Geschwindigkeit zurückgelegte Strecke Δs die benötigte Zeit Δt maßgeblich, für die bei einer beschleunigten Bewegung zugeführte Energie ΔW die Strecke Δs von Belang, längs der die Beschleunigungskraft wirkt. Solche Vorgänge lassen sich oft mithilfe sehr einfacher Formeln beschreiben: $\Delta s = v\,\Delta t$ oder $\Delta W = F\,\Delta s$. Diese Gleichungen haben allerdings nur Gültigkeit, solange die Geschwindigkeit v bzw. die Kraft F im Produkt konstant ist.

Werden die beiden Größen auf der rechten Seite grafisch gegeneinander aufgetragen, bilden sie im Diagramm die Seiten eines Rechtecks und somit kann ihr Produkt, also die Größe auf der linken Seite, als Flächeninhalt dieses Rechtecks aufgefasst werden. Die zurückgelegte Strecke $\Delta s = v\,\Delta t$ ist dann gleich der Fläche des Rechtecks unter der $v(t)$-Kurve; analog ist die Energieänderung gleich der Fläche unter der $F(s)$-Kurve.

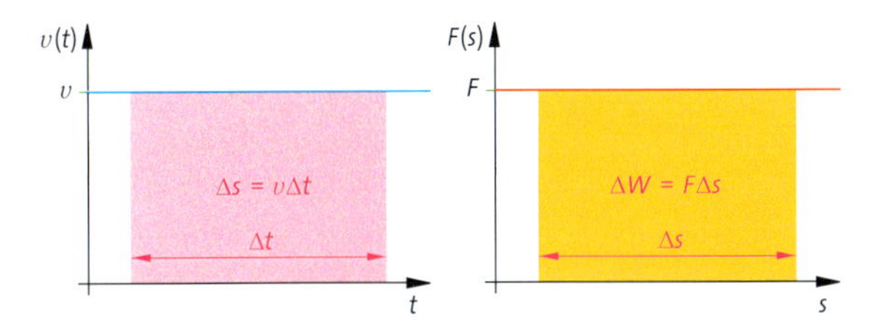

Diese Interpretation gilt auch für solche Fälle, in denen die an der Hochachse aufgetragene Größe, z. B. die Momentangeschwindigkeit $v(t)$, nicht mehr konstant ist, sondern linear von $v_1 = v(t_1)$ bis $v_2 = v(t_2)$ ansteigt oder fällt. Dann ist der zurückgelegte Weg Δs mithilfe der Durchschnittsgeschwindigkeit $\bar{v} = (v_1 + v_2)/2$, dem arithmetischen Mittel von v_1 und v_2 während des Zeitintervalls $\Delta t = t_2 - t_1$, zu berechnen:

$$\Delta s_{12} = \bar{v}\,\Delta t = \frac{1}{2}(v_1 + v_2)(t_2 - t_1)$$

Wieder ergibt sich der Inhalt der Fläche unter der $s(t)$-Kurve (in diesem Beispiel ein Trapez) für den zurückgelegten Weg.

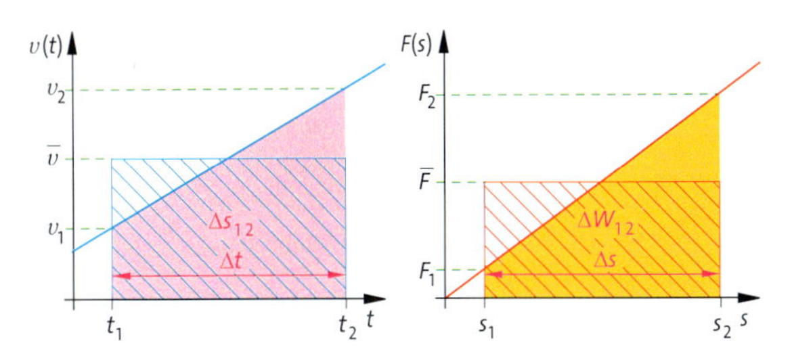

Analog lässt sich die Energieänderung ΔW_{12} bei linear nach dem Hooke'schen Gesetz $F = D\,s$ ansteigender Kraft berechnen. Das Produkt des *arithmetischen Mittels* aus F_1 und F_2 und dem Weg Δs ergibt die Fläche unter der $F(s)$-Kurve, also die Energieänderung ΔW_{12} beim Dehnen der Feder:

$$\Delta W_{12} = \frac{1}{2}(F_1 + F_2)(s_2 - s_1)$$

Für den in der Physik besonders bedeutsamen Fall, dass eine Kraft F umgekehrt proportional zum Quadrat der Entfernung r ist, dass also die Kurve der Graph der Funktionsgleichung von der Form $y(x) = a/x^2$ ist, kann der Wert der Fläche mithilfe des *geometrischen Mittels* berechnet werden:

Der mit dem arithmetischen Mittel $\bar{y} = (y_1 + y_2)/2$ berechnete Flächeninhalt

$$A_{\text{arithm}} = \frac{1}{2}(y_1 + y_2)(x_2 - x_1)$$

des rot umrandeten Trapezes ist ersichtlich größer als der blaue Flächeninhalt unter der Kurve.

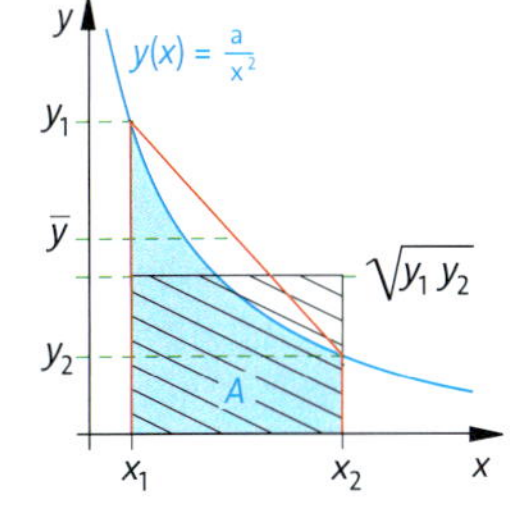

Das geometrische Mittel $\sqrt{y_1\,y_2}$ von y_1 und y_2 ist jedoch stets kleiner oder gleich dem arithmetischen Mittel, wie sich durch Quadrieren der beiden Terme leicht zeigen lässt. Damit ergibt sich der Flächeninhalt zu

$$A_{\text{geom}} = \sqrt{y_1\,y_2}\,(x_2 - x_1)$$

Die Abbildung macht plausibel, dass der blaue Flächeninhalt unter der Kurve gleich dem schwarz schraffierten ist.
Für die Funktion $y(x) = a/x^2$ ist also der Flächeninhalt

$$A = \sqrt{\frac{a}{x_1^2}\,\frac{a}{x_2^2}}\,(x_2 - x_1) = a\,\frac{(x_2 - x_1)}{x_1\,x_2} = \frac{a}{x_1} - \frac{a}{x_2}.$$

Die Integrationsmethode

Ist der Flächeninhalt unter einer beliebigen Kurve zwischen den Stellen x_1 und x_2 zu bestimmen, so kann die Fläche näherungsweise durch schmale Rechtecke ersetzt werden, deren Flächeninhalt sich leicht berechnen lässt:

$$A \approx \sum_i \mathrm{f}(x_i)\,\Delta x$$

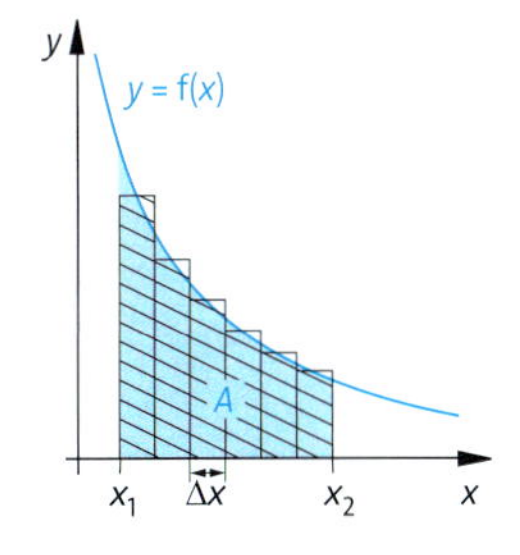

Dieses Verfahren bildet die Grundlage der Integralrechnung im Mathematikunterricht der 12. Klasse, die schließlich einen genauen Wert für den gesuchten Flächeninhalt liefert.
Für eine Funktion mit der Gleichung $y = \mathrm{f}(x)$ ist der Flächeninhalt unter dem Graphen von f in den Grenzen von x_1 bis x_2 stets gegeben durch das Integral

$$A = \int_{x_1}^{x_2} \mathrm{f}(x)\,\mathrm{d}x = \mathrm{F}(x_2) - \mathrm{F}(x_1),$$

wobei $\mathrm{f}(x)$ die erste Ableitung der Funktion $\mathrm{F}(x)$ ist.

Eine Anwendung der Integrationsmethode auf die Funktion mit der Gleichung $\mathrm{f}(x) = a/x^2$ ergibt, dass die Funktion

$$\mathrm{F}(x) = -\frac{a}{x} = -a\,x^{-1}$$

als erste Ableitung $\mathrm{f}(x) = \mathrm{F}'(x) = a\,x^{-2} = a/x^2$ hat, sodass

$$\mathrm{F}(x_2) - \mathrm{F}(x_1) = -\frac{a}{x_2} - \left(-\frac{a}{x_1}\right) = \frac{a}{x_1} - \frac{a}{x_2} = A$$

ist. Dies bestätigt das für diese Funktion mithilfe des geometrischen Mittels gefundene Ergebnis.

1.3 Feld einer Punktladung

Elektrische Felder von sehr kleinen geladenen Körpern, die als **Punktladungen** bezeichnet werden, sind in der Physik von besonderer Bedeutung. Sie sind **radialsymmetrisch** und können als Felder geladener Kugeln dargestellt und experimentell untersucht werden.

1.3.1 Radialsymmetrische Felder

Versuch 1: Zwei gleiche, kleine Metallkugeln (Radius 2 cm) werden mit gleicher positiver Ladung ($q = Q = 43$ nC) aufgeladen. Die eine ist isoliert an einem Kraftmesser angebracht, die andere kann in unterschiedliche Abstände r zur ersten gebracht werden. Durch den empfindlichen Kraftsensor lässt sich die abstoßende Kraft messen, die das elektrische Feld der einen Kugel auf die andere ausübt (**Abb. 18.1**). Da für kleine Abstände durch Influenz anziehende Kräfte auftreten, werden die Messungen nur bis zu einem Mittelpunktsabstand von etwa 10 cm durchgeführt.

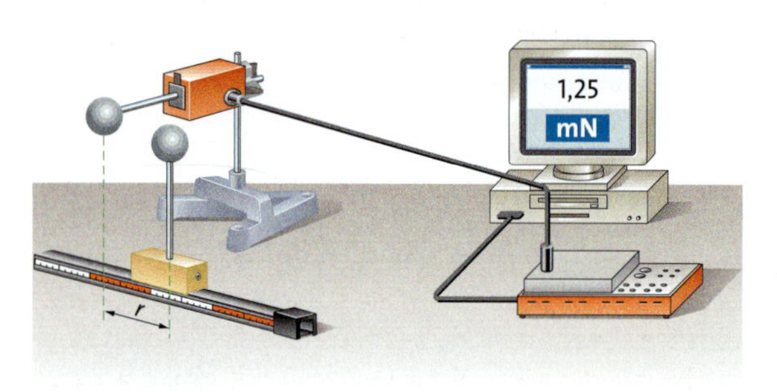

18.1 Messung der Kraft, die das elektrische Feld einer Kugel auf eine zweite ausübt, in Abhängigkeit vom Abstand r

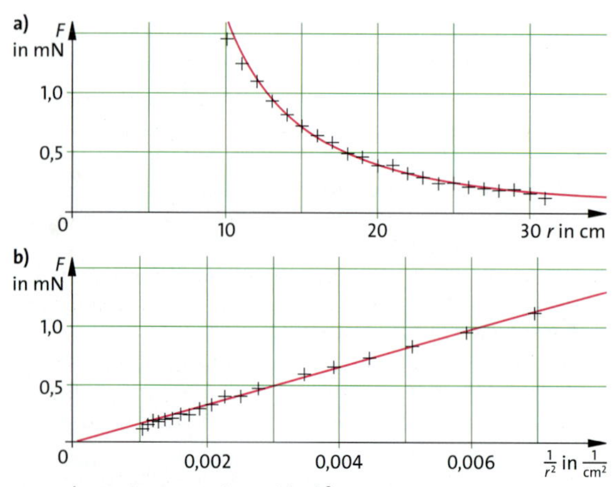

18.2 a) r-F-Diagramm bzw. **b)** $1/r^2$-F-Diagramm für jeweils $q = Q = 43$ nC

Beobachtung: Den gemessenen Zusammenhang zwischen dem Abstand r der Kugelmittelpunkte und dem Betrag F der abstoßenden Kraft gibt **Abb. 18.2 a)** wieder. In **Abb. 18.2 b)** ist F über $1/r^2$ aufgetragen, wobei sich ein proportionaler Zusammenhang ergibt.

Ergebnis: Die Kraft F, die eine geladene Kugel im elektrischen Feld einer anderen erfährt, ist zum Quadrat des Abstandes r ihrer Mittelpunkte umgekehrt proportional: $F \sim 1/r^2$. Für $q = Q = 43$ nC ergibt sich aus den Messwerten $F = 1{,}6 \cdot 10^{-5}\ \mathrm{Nm}^2 \cdot \frac{1}{r^2}$. ◂

Im Folgenden wird die Abhängigkeit der Kraft F von der Größe der felderzeugenden Ladung Q untersucht.

Versuch 2: Mit der Anordnung aus Versuch 1 wird der Betrag F der Kraft auf die Probeladung q in Abhängigkeit von der felderzeugenden Ladung Q gemessen. Dabei bleiben q und der Abstand r zu Q unverändert.

Ergebnis: Die Kraft F, die vom Feld einer Ladung Q auf einen Körper mit der Ladung q ausgeübt wird, ist der felderzeugenden Ladung Q proportional: $F \sim Q$ (**Tab. 18.3**). Da nach → 1.1.1 die Kraft F bei konstanter felderzeugender Ladung Q auch zur Größe der Probeladung q proportional ist, ist die Kraft F zum Produkt der Ladungen Q und q proportional: $F \sim Qq$. ◂

Damit ist die Kraft F, die das Feld einer geladenen Kugel mit der Ladung Q auf eine Probeladung mit der Ladung q ausübt, deren Mittelpunkt sich im Abstand r vom Mittelpunkt der Kugel befindet, durch

$$F = \frac{kQq}{r^2}$$

gegeben. Die Feldstärke am Ort der Probeladung ist

$$E = \frac{F}{q} = \frac{kQ}{r^2}.$$

Die Feldstärke E, die von der auf einer Kugel sitzenden *felderzeugenden Ladung* Q hervorgerufen wird, hat für alle Punkte im Abstand r vom Kugelmittelpunkt den gleichen Wert. Das elektrische Feld einer geladenen Kugel heißt deshalb **radialsymmetrisch**.

Den Einfluss der Größe der Kugel, die die felderzeugende Ladung trägt, auf das sie umgebende radialsymmetrische Feld untersucht der folgende Versuch.

Q in nC	180	91	45	22
F in mN	1,18	0,60	0,30	0,14

18.3 Abhängigkeit der Kraft F von der Größe Q der felderzeugenden Ladung bei konstanten Werten für q und r

Versuch 3: Eine Kugel mit der felderzeugende Ladung Q wird von zwei hohlen, isolierten, ungeladenen, metallischen Halbkugeln mit dem Radius R umschlossen (**Abb. 19.1**). Die Ladungen im Inneren der Halbkugelschalen sind gebunden, die Ladungen auf der Außenseite können über ein empfindliches Ladungsmessgerät abfließen und gemessen werden.
Ergebnis: Die Ladung Q' auf der umschließenden Hohlkugel ist gleich der Ladung Q auf der inneren Kugel.
Erklärung: Durch Influenz werden die Ladungen auf der Kugelschale so lange getrennt, bis das elektrische Feld im Metall zwischen Innen- und Außenfläche verschwunden ist. Nach außen wirkt nur die influenzierte Ladung Q' auf der Außenfläche der umschließenden Kugelschale. Damit kann das Feld im Abstand $r > R$ als durch die Ladung Q' auf der Kugelschale mit dem Radius R erzeugt angesehen werden. ◂

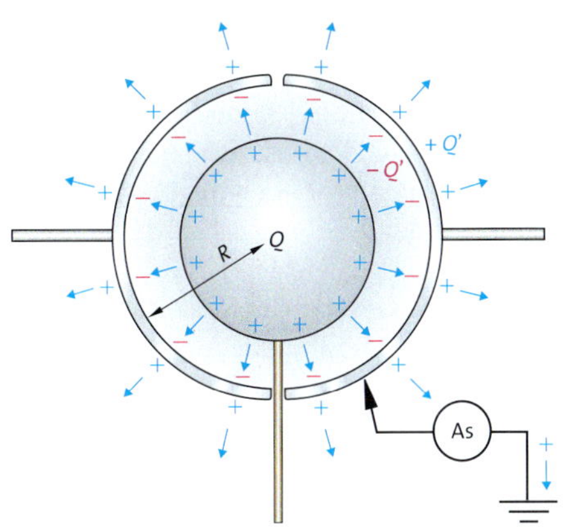

19.1 Bestimmung der Flächenladungsdichte auf einer Kugelschale mit Radius R

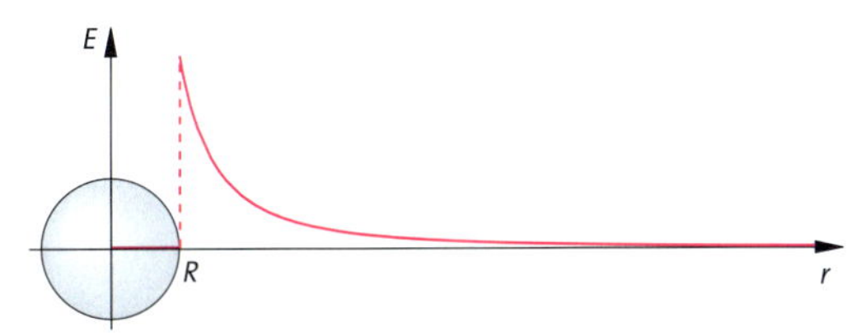

19.2 Die Feldstärke des radialsymmetrischen Feldes nimmt mit dem Quadrat der Entfernung ab.

Das von der Ladung Q erzeugte radialsymmetrische Feld ist für Abstände $r > R$ identisch mit dem Feld, das von der gleichgroßen Ladung Q' auf der Kugelschale mit dem Radius R erzeugt wird. Dies gilt auch dann, wenn die innere Kugel mit der Ladung Q immer kleiner wird und sogar als **Punktladung** angesehen werden kann.

> Das elektrische Feld einer Kugel mit Radius R und der Ladung Q, ist für Abstände $r > R$ identisch mit dem Feld einer Punktladung Q im Mittelpunkt der Kugel.
>
> Befindet sich also eine Ladung Q auf einer Kugel mit dem Radius R, so ist diese Ladung gleichmäßig über die gesamte Oberfläche der Kugel mit $A = 4\pi r^2$ verteilt. Die Flächenladungsdichte auf der Kugel beträgt
>
> $$\sigma = \frac{Q}{4\pi r^2}.$$

Das Feld im unmittelbaren Raum vor der Kugel kann in kleinem Bereich als nahezu homogen angesehen werden. Für homogene elektrische Felder gilt zwischen der Flächenladungsdichte σ und der Feldstärke E die Beziehung $\sigma = \varepsilon_0 E$ (→ 1.2.2).
Unter der Annahme, dass diese Beziehung auch für inhomogene Felder gilt, ergibt sich durch Einsetzen von $\sigma = Q/(4\pi r^2)$ und $E = k\,Q/r^2$ in die Gleichung $\sigma = \varepsilon_0 E$:

$$\frac{Q}{(4\pi r^2)} = \frac{\varepsilon_0 k\,Q}{r^2}$$

Hieraus folgt für die Konstante $k = 1/(4\pi\varepsilon_0)$ und damit für die Feldstärke:

> Im radialsymmetrischen Feld einer punktförmigen Ladung Q ist die Feldstärke E im Abstand r von der Ladung
>
> $$E = \frac{1}{4\pi\varepsilon_0}\,\frac{Q}{r^2}.$$

Für die Funktion der elektrischen Feldstärke E in Abhängigkeit vom Abstand r außerhalb der Kugel ergibt sich also eine Hyperbel 2. Ordnung (**Abb. 19.2**). Eine Verdopplung des Abstandes zum Kugelmittelpunkt bewirkt eine Verminderung der elektrischen Feldstärke auf ein Viertel des Ausgangswertes.
Die Dichte der von Q ausgehenden Feldlinien (→ 1.1.2) ist direkt proportional zur elektrischen Feldstärke, da sie ebenfalls mit dem Abstandsquadrat abnimmt ($A_{\text{Kugel}} \sim r^2$).

Aufgaben

1. Begründen Sie: Im Inneren einer Vollkugel aus Metall, auf der die Ladung Q sitzt, ist die elektrische Feldstärke null. Geben Sie die Voraussetzung an, unter der sich diese Aussage auf Hohlkugeln verallgemeinern lässt.
2. Ermitteln Sie aus den Diagrammen in **Abb. 18.2** den Wert für die elektrische Feldkonstante ε_0.
3. Bestimmen Sie die elektrische Kraft, die auf eine Punktladung $q = -2{,}0$ nC im elektrischen Feld der 2,0 cm entfernten Punktladung $Q = 10$ nC wirkt.

*4. Die Durchbruchfeldstärke in trockener Luft beträgt $3{,}0 \cdot 10^6$ N/C. Bestimmen Sie die Ladung Q, die ein leitend beschichteter Tischtennisball (Radius 2,0 cm; Masse 3,0 g) höchstens tragen kann.
Erörtern Sie, ob es möglich ist, den Ball mithilfe eines äußeren elektrischen Feldes zum Schweben zu bringen.

Feld einer Punktladung

1.3.2 Das Coulomb'sche Gesetz

Das von der Punktladung Q_1 erzeugte radialsymmetrische Feld $E_1 = \frac{1}{4\pi\varepsilon_0}\frac{Q_1}{r^2}$ übt auf eine zweite Punktladung Q_2 im Abstand r von Q_1 die Kraft $F = Q_2 E_1$ aus. Damit ergibt sich das

Coulomb'sche Gesetz: Die Kraft des radialsymmetrischen Feldes einer Punktladung Q_1 auf eine zweite Punktladung Q_2 ist dem Produkt der Ladungen direkt und dem Quadrat ihres Abstandes umgekehrt proportional:

$$F = \frac{1}{4\pi\varepsilon_0}\frac{Q_1 Q_2}{r^2}$$

Wegen der Gegengleichheit von actio und reactio ist die Kraft, die das Feld der Ladung Q_1 auf die Ladung Q_2 ausübt, entgegengesetzt gleich der Kraft, die das Feld der Ladung Q_2 auf die Ladung Q_1 ausübt. Haben Q_1 und Q_2 ungleiche Vorzeichen, so sind diese Kräfte anziehend, haben sie gleiche Vorzeichen, so sind sie abstoßend. Die Kräfte wirken parallel zur Verbindungslinie der beiden Punktladungen. Das Coulomb'sche Gesetz gilt im makroskopischen Bereich ebenso wie im Atom, wo es z. B. die Kräfte zwischen dem positiv geladenen Kern und den negativ geladenen Elektronen beschreibt.

Dieses Kraftgesetz wurde 1785 von COULOMB mithilfe einer Torsionswaage gefunden, bei der die Kräfte durch einen sich verdrehenden Fadens gemessen werden. Es hat die gleiche mathematische Form wie das Newton'sche Gravitationsgesetz (→ 1.3.3) und ist hinsichtlich der beiden elektrischen Ladungen symmetrisch.

Die Coulombkraft ist wie die elektrische Feldstärke eine vektorielle Größe, d. h. sie ist nicht nur durch einen Betrag, sondern auch durch eine Richtung bestimmt. Dabei zeigt die von der Ladung Q_1 ausgeübte Kraft $\vec{F}$ in Richtung von Q_1 nach Q_2, wenn beide Ladungen gleiches Vorzeichen haben, bzw. in entgegengesetzte Richtung, wenn die beiden Ladungen verschiedenes Vorzeichen haben (**Abb. 20.1**).

Beide Fälle sind mit der vektoriellen Schreibweise des Coulomb'schen Gesetzes erfasst, in der $\vec{r_0}$ ein Vektor vom Betrag 1 mit der Richtung von Q_1 nach Q_2 ist:

$$\vec{F} = \frac{1}{4\pi\varepsilon_0}\frac{Q_1 Q_2}{r^2}\vec{r_0}$$

Ebenso eindeutig ist die vektorielle Schreibweise der elektrischen Feldstärke, wenn $\vec{r_0}$ wieder der Einheitsvektor vom Mittelpunkt der Ladung Q zu einem beliebigen Punkt P ist (**Abb. 20.2**):

$$\vec{E} = \frac{1}{4\pi\varepsilon_0}\frac{Q}{r^2}\vec{r_0}$$

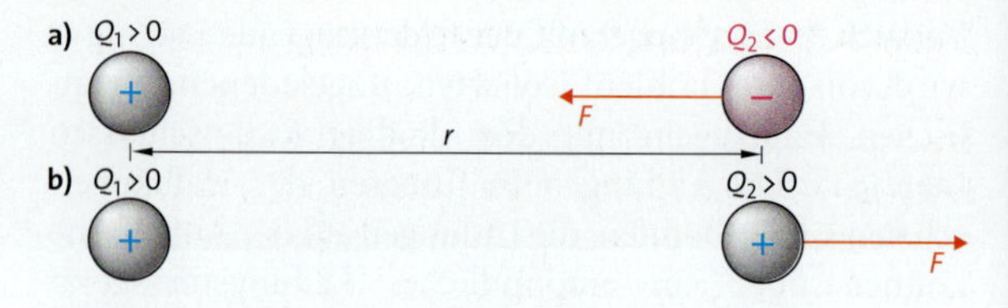

20.1 Kraft im Feld einer positiven Ladung Q_1 auf eine
a) negative Ladung Q_2 (Anziehung)
b) positive Ladung Q_2 (Abstoßung)

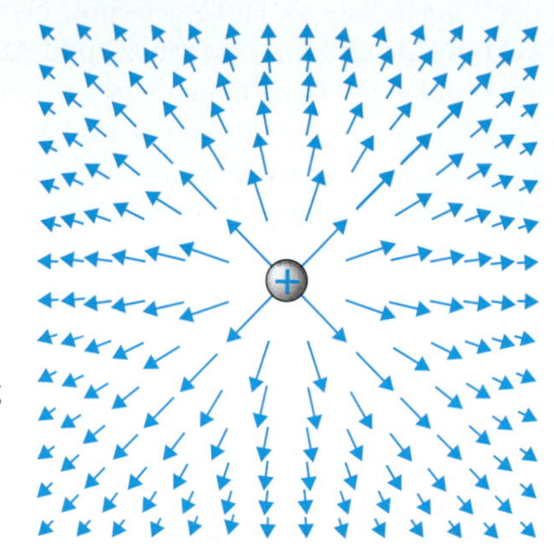

20.2 Darstellung des elektrischen Feldes einer positiven Punktladung

Aufgaben

1. Berechnen Sie die Kraft, mit der ein geladener Körper im Feld eines gleich geladenen Körpers mit der Ladung
   a) $Q = 35\ \mu C$ im Abstand $r = 12$ cm,
   b) $Q = 1{,}0$ C im Abstand $r = 1{,}0$ m abgestoßen wird.
2. Zwei kleine, identische Metallkugeln tragen beide die elektrische Ladung Q. Analog zu Versuch 1 auf → S. 18 wird die Kraft F zwischen den beiden Kugeln im Mittelpunktsabstand $r = 15$ cm zu $F = 0{,}05$ N gemessen.
   Berechnen Sie die Ladung Q der beiden Kugeln.
3. An einer Kugel ist ein vertikaler Faden befestigt, auf dem eine weitere Kugel ($m_2 = 2{,}0$ g) reibungsfrei verschiebbar ist. Beide Kugeln tragen die Ladung $Q_1 = Q_2 = 1{,}0 \cdot 10^{-7}$ C. Bestimmen Sie den Abstand, der sich zwischen den Kugelmittelpunkten einstellt.

*4. Zwei kleine Metallkugeln mit gleicher Masse m und gleicher Ladung Q hängen an zwei isolierenden, masselosen Fäden der Länge l.
   Leiten Sie eine Formel für den Abstand $d \ll l$ her, den die Kugeln im Gleichgewichtszustand voneinander haben und bestimmen Sie für $l = 1{,}0$ m, $m = 1{,}0$ g und $d = 3{,}0$ cm die Ladung Q der Kugeln.

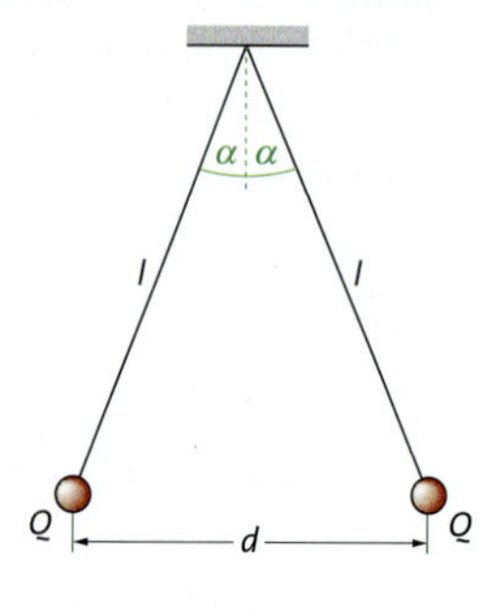

1.3.3 Analogien zur Gravitation

Das Coulomb'sche Gesetz für die Kraft zwischen zwei Körpern mit den elektrischen Ladungen Q_1 und Q_2 hat die gleiche Struktur wie das Newton'sche Gravitationsgesetz für die Kraft zwischen zwei Körpern mit den Massen m_1 und m_2:

$$F_{el} = \frac{1}{4\pi\varepsilon_0}\frac{Q_1 Q_2}{r^2} \qquad F_G = G\frac{m_1 m_2}{r^2}$$

$$\varepsilon_0 = 8{,}85 \cdot 10^{-12}\ \text{As/(Vm)} \qquad G = 6{,}674 \cdot 10^{-11}\ \text{m}^3/(\text{s}^2\,\text{kg})$$

Beide Kräfte sind proportional zum Produkt der Ladungen bzw. zum Produkt der Massen und nehmen mit dem Quadrat des Abstandes zwischen den beteiligten Körpern ab, wobei die Coulombkraft auf Körper mit der Eigenschaft „Ladung" und die Gravitation auf Körper mit der Eigenschaft „Masse" wirkt. Die Kraft wird in beiden Fällen durch ein Feld vermittelt, welches von einer Ladung bzw. Masse erzeugt wird und das auf die andere Ladung bzw. Masse wirkt. Beide Kräfte sind in Bezug auf die felderzeugende Ladung bzw. Masse symmetrisch.

Felderzeugung durch

Ladung Q_1 bzw. Q_2	Masse m_1 bzw. m_2

Wirkung des Feldes auf

Ladung Q_2 bzw. Q_1	Masse m_2 bzw. m_1

Feldkraft

elektrische Kraft F_{el}	Gravitationskraft F_G

In beiden Feldern verläuft die Kraftwirkung entlang von Feldlinien, deren Verlauf im elektrischen Feld in geeigneten Experimenten sichtbar wird (→ 1.1.2).
Das Gravitationsfeld der Erde erscheint von der Ferne aus betrachtet radialsymmetrisch wie das elektrische Feld einer geladenen Kugel bzw. einer Punktladung (**Abb. 21.1 a**). Nahe an der Erdoberfläche ist die Krümmung der Erdoberfläche so gering, dass es als homogen wie das Feld eines Plattenkondensators angesehen werden kann (**Abb. 21.1 b**).

Die Stärke E des elektrischen Feldes ist gegeben durch $E = F_{el}/q$, also durch den Quotienten aus Feldkraft/Probeladung. Für die entsprechenden Größen des Gravitationsfeldes ergibt sich $g = F_G/m$.

> Die Feldstärke eines Kraftfeldes ist gegeben durch den Quotienten aus Kraft und Probeladung bzw. Probemasse.
>
> **Elektrische Feldstärke** $E = \frac{F_{el}}{q}$
>
> **Gravitationsfeldstärke** $g = \frac{F_G}{m}$

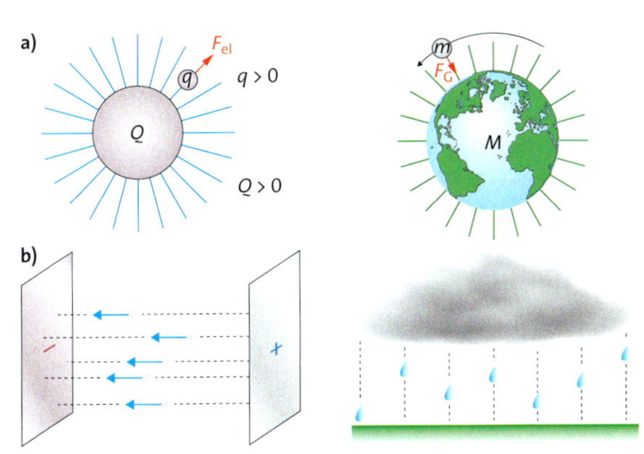

21.1 a) Radialsymmetrisches Feld einer geladenen Kugel im Vergleich mit dem Gravitationsfeld der Erde; **b)** homogenes Feld eines Plattenkondensators im Vergleich mit dem Gravitationsfeld in Erdnähe mit Regentropfen als „Probemassen"

Auf der Erdoberfläche beträgt die Gravitationsfeldstärke demnach $g_E = 9{,}8$ N/kg. Sie ist wegen der Erdrotation ungefähr so groß wie die Erdbeschleunigung.

Die Weiterführung der dargestellten Analogien kann zur Veranschaulichung des Potentialbegriffs dienen: Werden in der Gleichung für das homogene elektrische Feld $\varphi_{el} = W_{el}/q = E\,\Delta s$ (→ 1.2.1) die elektrischen Größen durch die entsprechenden Größen des Gravitationsfeldes ersetzt, ergibt sich für den homogenen Feldbereich nahe der Erdoberfläche:

$$\varphi_G = \frac{W_G}{m} = \frac{m g \Delta h}{m} = g\,\Delta h$$

Die Potentialdifferenz zweier Punkte im homogenen Gravitationsfeld ist somit proportional zu ihrem Höhenunterschied Δh. Die elektrische Spannung, die z. B. zwischen den Anschlüssen eines Bauteils anliegt, wird deshalb auch gerne als Höhendifferenz dargestellt.

Es gibt allerdings auch einen grundsätzlichen Unterschied zwischen den beiden Naturkräften: Im Gegensatz zur Gravitation werden in elektrischen Feldern aufgrund der Existenz zweier unterschiedlicher Ladungsarten anziehende und abstoßende Kräfte beobachtet. Elektrische Felder lassen sich deshalb abschirmen sowie an- und ausschalten.

Aufgaben

1. Zeigen Sie, dass für die Gravitationsfeldstärke gilt $g = GM/r^2$, und berechnen Sie damit die Gravitationsfeldstärke auf dem Mond ($M_M = 7{,}35 \cdot 10^{22}$ kg, $r_M = 1738$ km) und auf der Sonne ($M_s = 1{,}99 \cdot 10^{30}$ kg, $r_S = 7{,}0 \cdot 10^8$ m).
2. Berechnen Sie die von einem Wasserstoffkern erzeugte Gravitations- und elektrische Feldstärke im Abstand $0{,}5 \cdot 10^{-10}$ m.

1.3.4 Potential im radialsymmetrischen Feld

In der Atomphysik spielt das radialsymmetrische Feld um einen positiv geladenen Atomkern eine wichtige Rolle. Die Kraft auf eine positive Probeladung q im radialsymmetrischen Feld einer positiven Punktladung Q nimmt mit dem Abstandsquadrat ab:

$$F(r) = \frac{qQ}{4\pi\varepsilon_0}\frac{1}{r^2}$$

Befindet sich eine positive Probeladung q am Ort P_2 im Abstand r_2 von Q, so wird sie durch die Feldkraft $\vec{F}$ radial beschleunigt und nimmt auf ihrem Weg bis zum Punkt P_1 im Abstand r_1 von Q aus dem elektrischen Feld die Energie W_{21} auf. Im Unterschied zur Bewegung in einem homogenen Feld ist bei der Bewegung im inhomogenen Feld die Feldstärke E und damit die Kraft F auf die Ladung nicht konstant, da ihr Betrag vom Abstand r zur felderzeugenden Ladung abhängt (**Abb. 22.1**). Nach → S. 16 entspricht die längs der Strecke Δr von r_2 nach r_1 aufgenommene Energie W_{21} dem Inhalt des Flächenstücks unter der $F(r)$-Kurve. Dieses ist flächengleich zum Rechteck mit den Seitenlängen $(r_1 - r_2)$ und dem geometrischen Mittel $\sqrt{F(r_1)F(r_2)}$ aus $F(r_1)$ und $F(r_2)$:

$$W_{21} = (r_1 - r_2)\sqrt{F(r_1)F(r_2)} = (r_1 - r_2)\sqrt{\frac{(qQ)^2}{(4\pi\varepsilon_0)^2 r_1^2 r_2^2}}$$

$$W_{21} = \frac{qQ}{4\pi\varepsilon_0}\frac{r_1 - r_2}{r_1 r_2} = \frac{qQ}{4\pi\varepsilon_0}\left(\frac{1}{r_2} - \frac{1}{r_1}\right)$$

> Wird ein Körper mit der positiven Ladung q im radialsymmetrischen Feld einer anderen positiven Ladung Q von einem Punkt im Abstand r_2 zu einem Punkt im Abstand r_1 beschleunigt, so nimmt er aus dem Feld die Energie W_{21} auf:
>
> $$W_{21} = \frac{qQ}{4\pi\varepsilon_0}\left(\frac{1}{r_2} - \frac{1}{r_1}\right)$$

Wie beim homogenen Feld kann jedem Punkt des radialsymmetrischen Feldes eindeutig ein Potential zugeordnet werden. Da das radialsymmetrische Feld bis ins Unendliche reicht, wird die Probeladung auch bis ins Unendliche beschleunigt. Dabei nimmt sie die Energie

$$W(r_2) = \lim_{r_1 \to \infty} \frac{qQ}{4\pi\varepsilon_0}\left(\frac{1}{r_2} - \frac{1}{r_1}\right) = \frac{qQ}{4\pi\varepsilon_0}\frac{1}{r_2}$$

aus dem Feld auf. Bezogen auf einen unendlich fernen Punkt mit Potential null ergibt sich für das Potential $\varphi(r)$ der felderzeugenden Ladung Q eine besonders einfache mathematische Form.

> Das Potential eines Punktes, der sich im Abstand r von der felderzeugenden Ladung Q befindet, ist bezogen auf unendlich gegeben durch
>
> $$\varphi(r) = \frac{W(r)}{q} = \frac{Q}{4\pi\varepsilon_0}\frac{1}{r}.$$
>
> Im radialsymmetrischen elektrischen Feld sind die Äquipotentialflächen Kugelflächen, auf denen der Vektor der elektrischen Feldstärke senkrecht steht.

Ebenso wie beim homogenen elektrischen Feld ist die Ableitung des Potentials gleich der negativen elektrischen Feldstärke (→ 1.2.1):

$$\varphi'(r) = \frac{-Q}{4\pi\varepsilon_0 r^2} = -E(r)$$

Für jeden Punkt eines radialsymmetrischen Feldes lässt sich eine eindeutig bestimmte Energie $W(r) = q\varphi(r)$ angeben, die ein Körper mit der positiven Ladung q vom Abstand r bis ins Unendliche aufnehmen kann. Diese Energie $W(r)$ wird potentielle Energie des Körpers im radialsymmetrischen Feld genannt.

> Ein Körper mit der Ladung q hat im radialsymmetrischen Feld einer Ladung Q die potentielle Energie
>
> $$W_{pot}(r) = \frac{qQ}{4\pi\varepsilon_0}\frac{1}{r}.$$

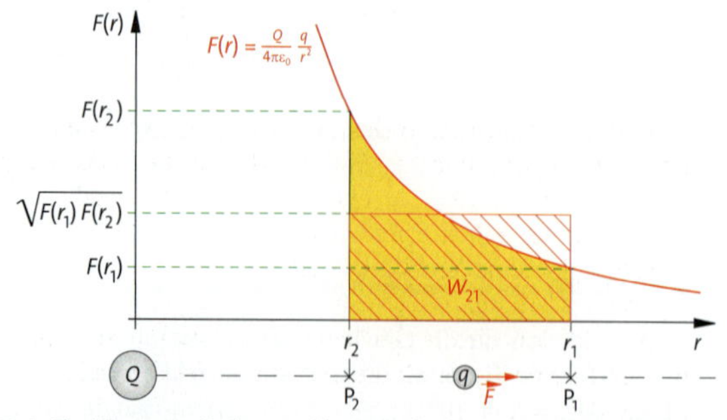

22.1 Ein Körper mit der positiven Ladung q nimmt im radialsymmetrischen Feld der positiven Ladung Q auf seinem Weg von P_2 nach P_1 die Energie W_{21} auf. W_{21} entspricht der gelben Fläche unter dem r-F-Diagramm, die flächengleich zur schraffierten Rechtecksfläche ist.

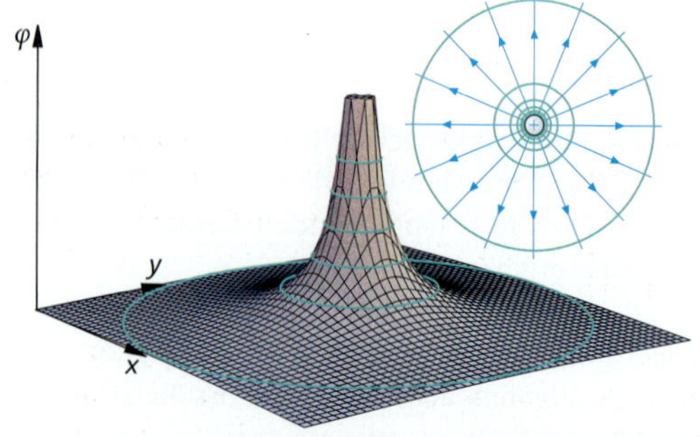

22.2 Darstellung des Potentials eines radialsymmetrischen Feldes in einem ebenen Schnitt, der in seiner Mitte die felderzeugende Ladung enthält. Die Äquipotentialflächen schneiden diese Ebene in Kreisen mit der Mitte der Ladung als Zentrum. Sie bilden die „Höhenlinien" des dargestellten Potentialgebirges.

1.3.5 Überlagerung von Feldern

Erzeugen zwei Punktladungen Q_1 und Q_2, die sich an verschiedenen Orten befinden, ein elektrisches Feld, so stellt sich die Frage nach der Gestalt der resultierendenden Feldstärke $\vec{E}$ und des Gesamtpotentials φ. Die resultierende Feldkraft $\vec{F}$ auf eine Probeladung q, die sich am Punkt P in diesem Feld befindet, ist gleich der vektoriellen Summe der von den felderzeugenden Ladungen ausgeübten Kräfte $\vec{F_1}$ und $\vec{F_2}$:

$$\vec{F} = \vec{F_1} + \vec{F_2} = q\left(\vec{E_1} + \vec{E_2}\right) = q\vec{E}$$

Diese Überlegung lässt sich auf beliebig viele Ladungen verallgemeinern.

> Die resultierende Feldstärke $\vec{E}$ eines von mehreren Ladungen $Q_1, \ldots, Q_n$ erzeugten elektrischen Feldes ergibt sich an jedem Ort des Feldes aus der vektoriellen Summe der Einzelfeldstärken an diesem Ort:
>
> $$\vec{E} = \vec{E_1} + \ldots + \vec{E_n}$$

Zur Untersuchung des Gesamtpotentials φ in einem Punkt P wird die Energie W_P betrachtet, die eine Probeladung q bei der Bewegung von P bis ins Unendliche aufnimmt (→ 1.3.4). Dabei bewirken nur die zum Weg parallelen Kraftkomponenten $\vec{F_{1\parallel}}$ und $\vec{F_{2\parallel}}$ der von den felderzeugenden Ladungen Q_1 und Q_2, auf q ausgeübten Kräfte $\vec{F_1}$ und $\vec{F_2}$ eine Energieänderung der Probeladung. Da $\vec{F_{1\parallel}}$ und $\vec{F_{2\parallel}}$ in jedem Punkt des Feldes parallel sind, können ihre Beträge einfach addiert bzw. subtrahiert werden: $\left|\vec{F_{\text{ges}\parallel}}\right| = \left|\vec{F_{1\parallel}}\right| + \left|\vec{F_{2\parallel}}\right|$.

Die Gesamtenergie W_P und damit auch das Gesamtpotential φ ergibt sich also durch einfache – skalare Addition – vorausgesetzt, die beteiligten Potentiale haben den gleichen Bezugspunkt. Meist wird $\varphi = 0$ im Unendlichen gesetzt. Auch diese Überlegungen lassen sich auf beliebig viele Ladungen ausdehnen.

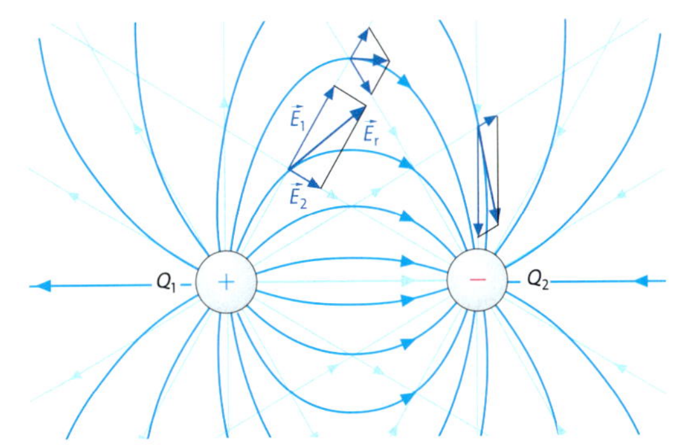

23.1 Das Feldlinienbild kann punktweise aus zwei (oder mehr) radialsymmetrischen Feldern konstruiert werden.

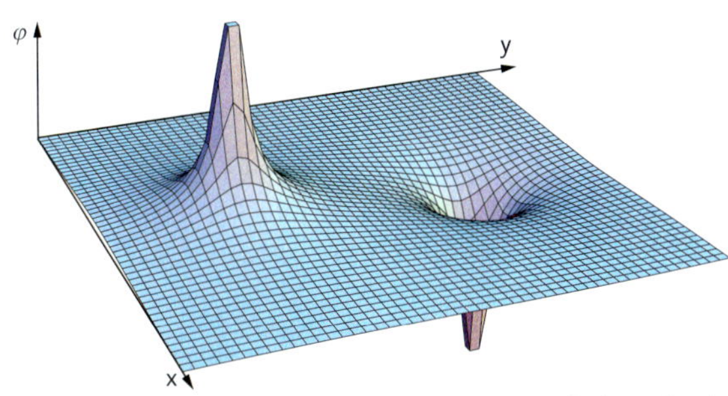

23.2 Darstellung des Potentials eines ebenen Schnittes durch das Feld von zwei entgegengesetzt geladenen Kugeln

> Das Gesamtpotential φ eines von mehreren Ladungen $Q_1, \ldots, Q_n$, erzeugten elektrischen Feldes E ergibt sich an jedem Ort des Feldes durch skalare Addition der Einzelpotentiale an diesem Ort:
> $\varphi = \varphi_1 + \ldots + \varphi_n$

In **Abb. 23.1** ist die Konstruktion des Feldverlaufs für den Fall zweier ungleichnamiger Ladungen mit $Q_2 = -Q_1$ dargestellt. **Abb. 23.2** zeigt das entsprechende Gesamtpotential.

Aufgaben

*1. Zwei Kugeln mit Radius $R = 2{,}0$ cm mit Mittelpunktsabstand $d = 10$ cm werden positiv aufgeladen, sodass jede Kugel die Ladung $Q = 1{,}5 \cdot 10^{-7}$ C trägt. Beide Kugeln haben eine Masse von $m = 4{,}0$ g. Eine Kugel ist ortsfest, die andere reibungsfrei verschiebbar.
a) Berechnen Sie die potentielle Energie des Systems.
b) Bestimmen Sie die Energie, die nötig ist, um die bewegliche Kugel der anderen bis zur Berührung anzunähern.
c) Die beiden Kugeln werden bei $d = 5{,}0$ cm entgegengesetzt mit $+Q$ bzw. $-Q$ geladen. Die bewegliche Kugel wird so angestoßen, dass sie sich von der ortsfesten Kugel wegbewegt. Bestimmen Sie die Geschwindigkeit der beweglichen Kugel, damit sie sich beliebig weit entfernen kann.

2. Auf einer Geraden (x-Achse) befinden sich zwei Ladungen im Abstand $a = 1{,}0$ m. Im Nullpunkt sitzt die Ladung $2Q$, bei $x = a$ die Ladung $-Q$ ($Q = 1{,}0 \cdot 10^{-9}$ C). Es werden nur Punkte auf der x-Achse betrachtet.
a) Zeigen Sie ohne Rechnung, dass
① das Gesamtpotential $\varphi > 0$ für alle $x < 0$;
② die elektrische Feldstärke für $x < a$ nicht null werden kann.
b) Berechnen Sie das Gesamtpotential und die elektrische Feldstärke für $x = -a$.
c) Berechnen Sie, für welche $x \in \,]0; a[$ und $x \in \,]a; \infty[$ das Gesamtpotential null ist.
d) Berechnen Sie, für welche $x \in \,]a; \infty[$ die elektrische Feldstärke null ist.

Exkurs

Der Laserdrucker

Laserdrucker, die 1971 erstmals von G. STARKWEATHER konstruiert wurden, basieren auf dem Prinzip der Elektrofotografie, das bereits 1938 von CH. F. CARLSON zum Bau von Kopiergeräten verwendet wurde (Xerografie).
Das Kernstück eines Laserdruckers ist eine metallische Bildtrommel, die mit einem lichtempfindlichen Halbleiter beschichtet ist.

a) Diese Schicht wird bei hohen elektrischen Feldstärken gleichmäßig negativ aufgeladen. Dies geschieht mithilfe eines dünnen Drahts, um den eine so hohe Feldstärke herrscht, dass negative Ladungen aus dem Draht austreten (→ 3.1.1).
b) Wird die lichtempfindliche Halbleiterschicht von Licht getroffen, so wird sie an diesen Stellen entladen. Bei kostengünstigen Geräten zeichnet das Licht einer LED-Zeile, bei teureren Geräten das eines durch ein elektronisch gesteuertes Spiegelsystem umgelenkten Laserstrahls das Druckbild auf die Bildtrommel. Die belichteten Stellen sind elektrisch neutral.
c) Negativ geladene, feine Tonerpartikel aus Kohlestaub und thermoplastischem Kunststoff haften nun auf den belichteten Stellen der Bildtrommel und werden von den nicht belichteten negativ geladenen Stellen abgestoßen.
d) Die Tonerpartikel werden von dem positiv vorgeladenen Papier abgegriffen, anschließend in einer Fixiereinheit bei hoher Temperatur verflüssigt und schließlich dauerhaft mit dem Papier verbunden.
e) Abschließend wird die Bildtrommel durch vollständige Belichtung und Entladung für den nächsten Druckvorgang vorbereitet. Bei Farblaserdruckern muss dieser Vorgang für jede Grundfarbe durchlaufen werden.

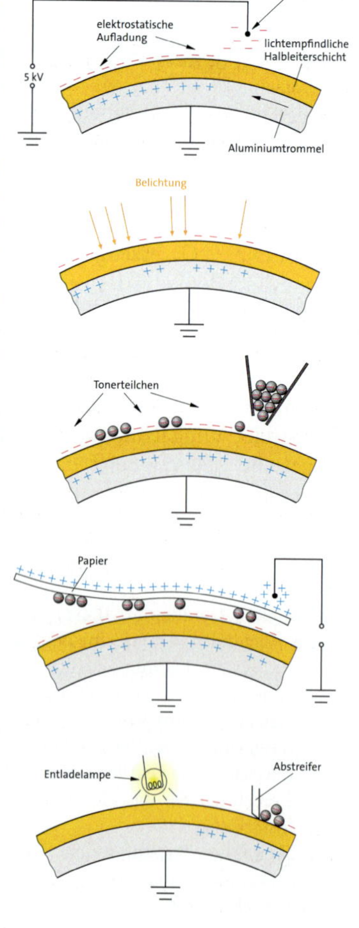

Der Tintenstrahldrucker

Druckköpfe von Tintenstrahldruckern versprühen durch mehrere Düsen sehr feine Tintentröpfchen zielgenau in einem feinen Raster auf das Papier. Die Fixierung erfolgt einfach durch Trocknung der Tinte. Es ist keine Bildtrommel und keine Fixiereinheit erforderlich. Für den Tintenauftrag gibt es zahlreiche unterschiedliche Verfahren, in den gängigen Geräten für Privatanwender kommt entweder die Technik mit Heizelement („bubble jet") oder das Piezoverfahren zum Einsatz.

Beim **Bubble-jet-Verfahren** befindet sich in jeder Düse ein Heizdraht, der bei Bedarf blitzschnell auf mehrere hundert Grad Celsius aufgeheizt wird. Dabei verdampft Tinte im hinteren Teil des Düsenkanals und durch den Druck der Gasblase wird die restliche Tinte nach vorne aus der Düse auf das Papier gepresst.

Beim **Piezoverfahren** wird die Umkehrung des von Jaques und Pierre CURIE 1880 entdeckten Piezoeffektes (griech. *πιέζειν* (piezein) – pressen, drücken) genutzt. Die beiden Brüder fanden heraus, dass einige Kristalle wie Turmalin oder Quarz Dipole bilden, wenn sie in einer bestimmten Richtung gestaucht werden.

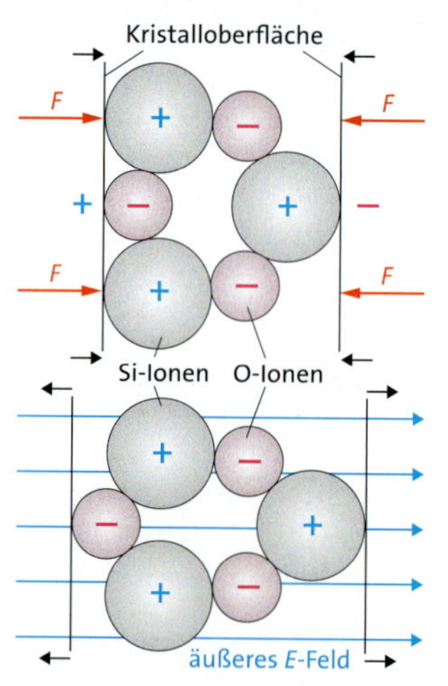

In der oberen Teilabbildung verschiebt sich der von den Si-Ionen gebildete Schwerpunkt der positiven Ladungen nach links, der der negativen O-Ionen nach rechts, wenn von außen eine Kraft auf den Kristall wirkt. Dadurch entsteht eine Spannung.
Auch die Umkehrung dieses Effektes gibt es: Piezoelektrische Kristalle lassen sich durch ein äußeres elektrisches Feld verformen (untere Teilabbildung).

Im Piezodrucker wird an einen Piezokristall eine Spannung gelegt, unter deren Einfluss sich der Kristall verformt und dabei die Tinte aus der Düse presst bzw. aus dem Reservoir ansaugt. Das geschieht in aktuellen Piezodruckern in 5 Mikrosekunden. Da thermische Vorgänge mehr Zeit benötigen als das Ändern einer Spannung, erreichen Piezodrucker in der Regel höhere Arbeitsgeschwindigkeiten als thermische Tintenstrahldrucker.

Die ersten Tintenstrahldrucker für dem Massenmarkt kamen Mitte der 1980er Jahre auf den Markt und besaßen zwölf Druckdüsen. Ein Tintentröpfchen hatte ein Volumen von 180 Pikolitern. Moderne Geräte haben 400 Düsen, die Tintentröpfchen von 5 pl Volumen auf das Papier schleudern.

Exkurs

Reizleitung in Nervenzellen

Nervenzellen (*Neuronen*) bestehen aus

- einem Zellkörper, der den gesamten biochemischen Apparat zur Synthese der Enzyme und anderer lebenswichtiger Substanzen enthält,
- zwei Sorten von Fortsätzen, den dünnen, röhrenförmigen und vielfach verzweigten *Dendriten*, die Nervenimpulse empfangen,
- und dem *Axon*, das als Leitungsbahn für Signale dient, die von einer Nervenzelle zur nächsten übermittelt werden sollen. Das Axon unterscheidet sich in der Struktur von den Dendriten. Es ist eine lange dünne Röhre, die von einer Membran umschlossen wird und die mit einer Flüssigkeit, dem *Axoplasma*, gefüllt ist. Dort, wo das Axon mit anderen Nervenzellen in Kontakt kommt, verästelt es sich.

Die Verbindungsstellen zu anderen Nervenzellen bilden die *Synapsen*, von denen es je Nervenzelle einige tausend besitzt. Die Synapse enthält kleine Bläschen, in denen der *Neurotransmitter*, eine Überträgersubstanz, gespeichert ist. Erreicht ein Signal die Synapse, so schütten einige dieser Bläschen ihren Inhalt in den Spalt zwischen der Membran der Synapse und der des angrenzenden Dendriten. Die Moleküle des Neurotransmitters gelangen so an Rezeptoren in der Membran des Dendriten und verändern dessen Struktur, was zu weiteren Reaktionen in der Nervenzelle führt.

Die Reizleitung erfolgt elektrisch. Das Axon besitzt einen hohen elektrischen Widerstand von $2{,}5 \cdot 10^8\ \Omega/\text{cm}$.

Die Nervenfasermembran trennt Flüssigkeitsbereiche, die sich durch die Konzentration von Kalium- und Natriumionen unterscheiden. Die Konzentration von Kaliumionen (K^+) in der Zelle beträgt etwa das 30-Fache der Konzentration im Außenraum, während die Konzentration von Natriumionen (Na^+) außen rund 10-fach höher ist als innen. Für beide Ionensorten ist die Zellmembran etwas durchlässig, sodass wegen des Konzentrationsunterschieds ständig einige Na^+-Ionen in sie hinein- und K^+-Ionen aus ihr herausdiffundieren. Um das Konzentrationsgefälle aufrechtzuerhalten, transportieren Proteinmoleküle, die als *Ionenpumpen* fungieren, die Na^+-Ionen wieder aus der Zelle heraus und K^+-Ionen in die Zelle hinein.

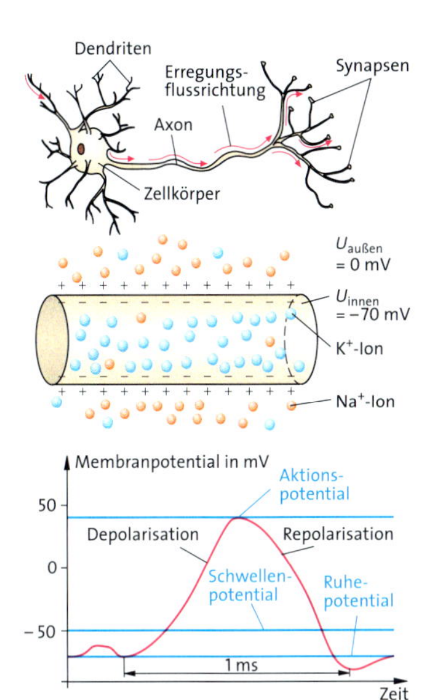

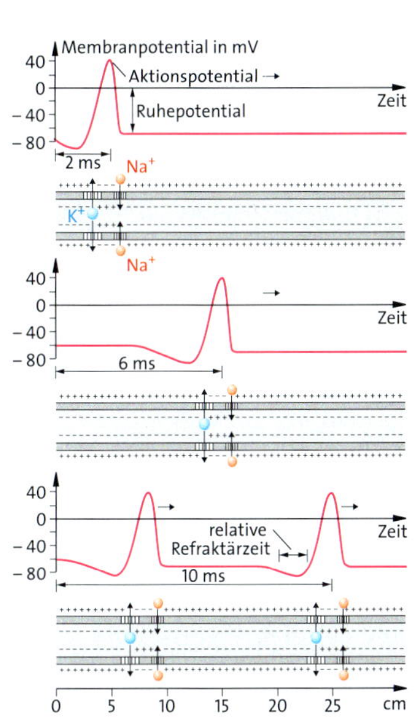

Da der Konzentrationsunterschied für K^+-Ionen besonders groß ist, wandern mehr K^+-Ionen aus der Zelle heraus als umgekehrt Na^+-Ionen in die Zelle hinein. Jedes K^+-Ion lässt ein negativ geladenes Ion zurück, das in der Zelle verbleibt, da die Zellmembran für diese Ionen undurchlässig ist. Auf diese Art entsteht ein elektrisches Feld, das den Austritt von K^+-Ionen aus der Zelle zum Erliegen bringt. Das elektrische Potential der Innenseite der Zelle bezogen auf ihre Außenseite wird *Membranpotential* genannt; es erreicht im Gleichgewichtszustand das *Ruhepotential* von ca. −70 mV.

Durch eine Reizung der Nervenzelle wird lokal das Membranpotential verändert. Wird dabei ein gewisser Schwellenwert (−50 mV) überschritten, so öffnen sich in der Membran Transportkanäle für Na^+-Ionen, die daraufhin in die Zelle strömen und an der gereizten Stelle für eine Polarisationsumkehr sorgen, bei der das Membranpotential kurzzeitig auf das *Aktionspotential* +40 mV ansteigt. Dieser Vorgang heißt *Depolarisation*.

Ist die Polarisationsumkehr erreicht, so schließen sich die Na^+-Ionenkanäle wieder. Die K^+-Ionenkanäle reagieren erst kurze Zeit (1 ms) später auf die Änderung des Membranpotentials und lassen vermehrt die K^+-Ionen nach außen strömen, was zur Wiederherstellung des Ruhepotentials führt. Dieser Vorgang heißt *Repolarisation*. Kurz vor Erreichen des Ruhepotentials sinkt das Membranpotential aufgrund des gewaltigen Austritts der K^+-Ionen etwas unter das Ruhepotential. Ist die Repolarisation erreicht, so bleiben die Na^+-Ionenkanäle noch eine Weile geschlossen, sodass in dieser Zeit die Zelle nicht neu erregt werden kann.

Ist es aufgrund einer Reizung lokal zu einer Depolarisation gekommen, so strömen die Na^+-Ionen auch in direkt benachbarte Regionen und rufen dort ebenfalls Depolarisationen hervor. Der Reiz breitet sich wie eine Welle längs des Axons aus. Da bereits erregte Regionen nicht sofort wieder erregbar sind (Refraktärzeit), vollzieht sich diese Ausbreitung in einer Richtung. Der rechten Abbildung kann die Ausbreitungsgeschwindigkeit von ca. 25 cm/(10 ms) = 25 m/s für die Reizausbreitung im Axon eines Tintenfischs entnommen werden.

Grundwissen Statisches elektrisches Feld

Elektrische Feldstärke

Die *elektrische Feldstärke* $\vec{E}$ ist der Quotient aus der Kraft $\vec{F}$, die ein positiv geladener Körper im betrachteten Punkt des Feldes erfährt, und seiner Ladung q:

$$E = \frac{F}{q} \text{ oder vektoriell } \vec{E} = \frac{\vec{F}}{q}$$

Die Richtung der elektrischen Feldstärke $\vec{E} = \vec{F}/q$ stimmt in jedem Punkt des Feldes mit der Richtung der Kraft auf einen im Feld befindlichen positiv geladenen Körper überein. Ist die Ladung q negativ, so sind $\vec{E}$ und $\vec{F}$ antiparallel zueinander.

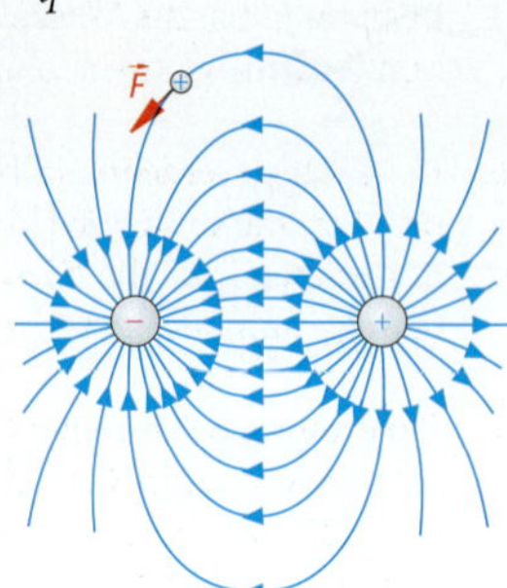

Elektrische Felder werden durch Feldlinien dargestellt. In jedem Punkt des Feldes gibt die Kraft auf einen positiv geladenen Körper die Lage der Tangente an die Feldlinie und die Richtung der Feldlinie an. Die Feldlinien beginnen an einer positiven Ladung und enden an einer negativen.

Elektrisches Potential und elektrische Spannung

Das *elektrische Potential* eines Punktes P_2 (in Bezug auf den Punkt P_1) im elektrischen Feld ist der Quotient aus der Energie W_{21}, die ein positiv geladener Probekörper auf dem Weg vom Punkt P_2 zum Punkt P_1 aus dem Feld aufnimmt, und seiner Ladung q:

$$\varphi_{21} = \frac{W_{21}}{q}$$

Ein elektrisches Feld kann durch Flächen gleichen Potentials charakterisiert werden, die sich im ebenen Schnitt als Linien darstellen. Die elektrischen Feldlinien zeigen in Richtung abnehmenden Potentials und stehen stets senkrecht auf den Äquipotentialflächen.

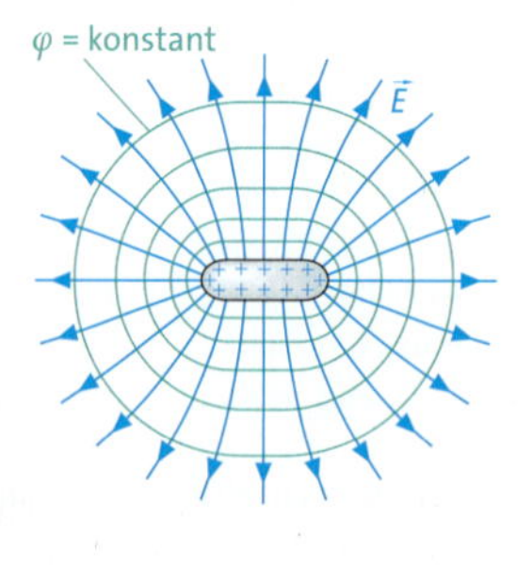

Die *elektrische Spannung* U_{12} zwischen zwei Punkten P_1 und P_2 ist die Differenz ihrer Potentiale:

$$U_{12} = \varphi_2 - \varphi_1$$

Die Energie $\Delta W_{12} = q(\varphi_2 - \varphi_1) = q\,U_{12}$ wird benötigt, um einen geladenen Probekörper vom Punkt P_1 zum Punkt P_2 zu bewegen.

Die Änderung der potentiellen Energie eines in einem zeitlich unveränderlichen elektrischen Feld bewegten geladenen Körpers ist nur vom Anfangs- und Endpunkt der Bewegung abhängig, nicht aber vom Weg, auf dem der Körper transportiert wird.

Homogenes und radialsymmetrisches Feld

Ein elektrisches Feld heißt *homogen*, wenn die elektrische Feldstärke $\vec{E}$ an allen Orten im Feld gleich ist. Näherungsweise ist das elektrische Feld im Inneren eines Plattenkondensators homogen. Liegt zwischen den Platten die Spannung U, so gilt für die elektrische Feldstärke E des Feldes zwischen den Platten:

$$U = E\,d$$

Im *radialsymmetrischen Feld* einer Kugel mit der Ladung Q (bzw. einer Punktladung Q) ist die Feldstärke im Abstand r vom Mittelpunkt der Kugel:

$$E = \frac{1}{4\pi\varepsilon_0}\frac{Q}{r^2} \quad \text{mit } \varepsilon_0 = 8{,}85 \cdot 10^{-12} \text{ As/(Vm)}$$

Das Potential im radialsymmetrischen Feld ist

$$\varphi = \frac{1}{4\pi\varepsilon_0}\frac{Q}{r} \text{ (Bezugspunkt im Unendlichen).}$$

Coulomb'sches Gesetz:
Die Kraft des Radialfeldes einer Punktladung Q_1 auf eine zweite Punktladung Q_2 ist dem Produkt der Ladungen direkt und dem Quadrat ihres Abstandes umgekehrt proportional:

$$F = \frac{1}{4\pi\varepsilon_0}\frac{Q_1 Q_2}{r^2}$$

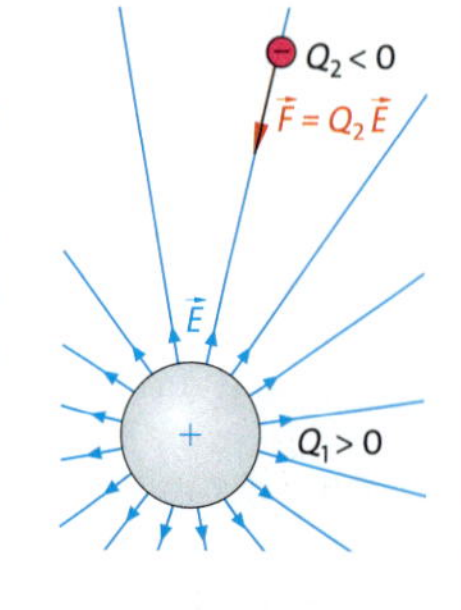

Kapazität
Die Kapazität $C = Q/U$ eines Plattenkondensators mit der Plattenfläche A und dem Plattenabstand d, zwischen dessen Platten sich ein Dielektrikum mit der Dielektrizitätskonstanten ε_r befindet, ist

$$C = \varepsilon_r \varepsilon_0 \frac{A}{d}.$$

Energie im elektrischen Feld

Die Energie im elektrischen Feld eines mit der Spannung U geladenen Kondensators der Kapazität C ist

$$W = \frac{1}{2} C U^2.$$

Die *Energiedichte* in einem Punkt eines elektrischen Feldes ist gegeben durch

$$\rho_{el} = \frac{1}{2}\varepsilon_r \varepsilon_0 E^2.$$

Wissenstest Statistisches elektrisches Feld

1. Begründen Sie, dass elektrische Felder die folgenden Eigenschaften haben:
a) Alle Äquipotentialflächen werden stets von den elektrischen Feldlinien senkrecht geschnitten.
b) Die Feldlinien zeigen in Richtung abnehmenden elektrischen Potentials.
c) Im elektrostatischen Gleichgewicht ist eine Leiteroberfläche stets eine Äquipotentialfläche.
d) Die Energie, die erforderlich ist, um einen geladenen Körper auf einer geschlossen Kurve zu bewegen, ist null.
e) Im elektrostatischen Gleichgewicht treten keine geschlossenen elektrischen Feldlinien auf.

2. In der Mitte zwischen zwei großen parallelen Metallplatten, die einen Abstand von $d = 10$ cm haben, hängt an einem isolierenden Seidenfaden von $l = 60$ cm Länge eine kleine leitende Kugel der Masse $m = 1{,}0$ g, Radius $r = 1{,}0$ cm. Die Kugel trägt eine Ladung von $Q = 6{,}7 \cdot 10^{-9}$ C. Bei Anlegen einer Spannung an die Platten wird die Kugel um die Strecke $s = 24{,}5$ mm horizontal ausgelenkt. Bestimmen Sie die elektrische Feldstärke zwischen den Platten.

***3.** An zwei parallele kreisförmige Metallplatten vom Radius $r = 5{,}0$ cm, die einen Abstand von $d = 2{,}0$ mm haben, werden verschiedene Spannungen gelegt. Die Kraft F, mit der sich die Platten anziehen, wird gemessen:

U in V	400	600	800	1000
F in 10^{-3} N	1,4	3,2	5,7	8,9

a) Zeigen Sie mithilfe einer geeigneten grafischen Darstellung, dass der Zusammenhang von Kraft und Spannung durch die Gleichung $F = k\,U^2$ richtig wiedergegeben wird und bestimmen Sie den Wert von k aus der Grafik.
b) Begründen Sie die Annahme, dass die Kraft auf eine Platte durch ein Feld der Stärke $E/2$ hervorgerufen wird und zeigen Sie, dass sich k auch durch

$k = \frac{\varepsilon_0 A}{2\,d^2}$ berechnen lässt. Vergleichen Sie das Ergebnis für k mit dem aus a).

c) Wird die Plattenanordnung mit $U = 1\,000$ V aufgeladen, von der elektrischen Energiequelle getrennt und der Abstand der Platten vom Anfangswert 2,0 mm auf 3,0 mm erhöht, so steigt die Spannung zwischen den Platten an. Begründen Sie ihren Anstieg der Spannung und berechnen Sie den neuen Wert der Spannung und den Energiezuwachs.

***4.** **a)** Zeigen Sie, dass für die Kapazität $C = Q/U_{r\infty}$ einer metallischen Kugel mit Radius r gilt: $C = 4\,\pi\,\varepsilon_0\,r$.
b) Bestimmen Sie die Ladung Q einer Kugel mit $r = 2{,}0$ cm, wenn sie das Potential $\varphi = 6000$ V gegenüber unendlich hat.
c) Zwei Kugeln mit leitender Oberfläche, deren Radien sich zueinander wie 1 : 2 verhalten, sind weit voneinander entfernt aufgestellt. Die kleinere Kugel trägt die Ladung Q, die größere ist zunächst ungeladen.
Bestimmen Sie die Ladungen auf beiden Kugeln, wenn diese leitend durch Draht miteinander verbunden werden.
d) Berechnen Sie das Verhältnis der Flächenladungsdichten auf beiden Kugeln.
e) Begründen Sie, weshalb an Kanten oder Spitzen von Leitern besonders große elektrische Feldstärken auftreten.

5. Elektronen mit der Geschwindigkeit $\upsilon_0 = 2{,}0 \cdot 10^6$ m/s werden in Richtung eines elektrischen Feldes der Feldstärke $E = 1000$ V/m geschossen.
Berechnen Sie die Wegstrecke, die die Elektronen in diesem Feld zurücklegen, bis sie vollständig abgebremst sind.

6. Ein Proton werde in ein homogenes elektrisches Feld mit der Feldstärke $E = 5{,}0$ kN/C gebracht und losgelassen. Bestimmen Sie die Geschwindigkeit, mit der es sich bewegt, nachdem es 4,0 cm zurückgelegt hat.

7. Ein Proton wird mit einer Geschwindigkeit von $3{,}0 \cdot 10^4$ m/s auf den Kern eines Goldatoms geschossen, der die Ladung $Q = 1{,}27 \cdot 10^{-17}$ C trägt. Berechnen Sie den Mindestabstand (Abstand der Mittelpunkte beider Teilchen) auf den sich das Proton dem ruhenden Goldatomkern mit der anfangs vorhandenen kinetischen Energie nähern könnte.

***8.** Zwei kleine Metallkugeln mit den Massen $m_1 = 5{,}0$ g und $m_2 = 10$ g, die von einem masselosen Faden in einem Abstand $r = 1{,}0$ m voneinander gehalten werden, tragen beide die positive Ladung $q = 5{,}0 \cdot 10^{-6}$ C.
a) Berechnen Sie die potentielle Energie dieses Systems.
b) Bestimmen Sie die Beschleunigung der Kugeln im Augenblick ihrer Trennung.
c) Bestimmen Sie die Geschwindigkeit beider Kugeln, wenn sich beide in sehr großer Entfernung voneinander befinden. (Hinweis: Energie- und Impulserhaltungssatz)

9. Bestimmen Sie Betrag und Richtung des elektrischen Feldes, das von zwei punktförmigen Ladungen $+q$ und $-q$, die voneinander den Abstand d haben, im Punkt P erzeugt wird. Der Punkt P liegt in der Entfernung r auf der Mittelsenkrechten zu d, die groß gegenüber d ist (dann ist r in guter Näherung gleich dem Abstand der Ladungen zu P).

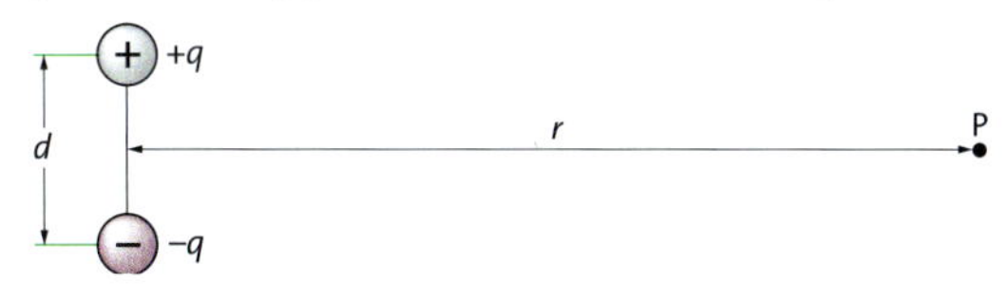

***10.** Vier dem Betrage nach gleiche Ladungen ($|Q| = 5{,}0 \cdot 10^{-9}$ C) mit paarweise unterschiedlichen Vorzeichen sind symmetrisch zum Ursprung des Koordinatensystems angeordnet.

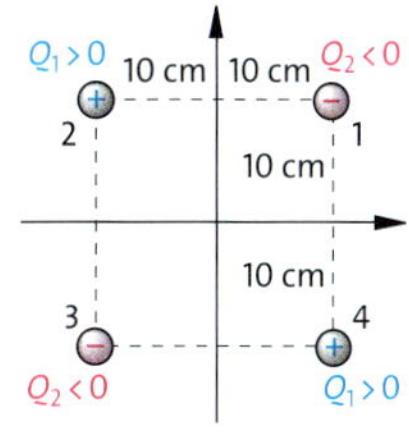

a) Geben Sie Betrag und Richtung der elektrischen Feldkraft auf Ladung ④ an.
b) Bestimmen Sie die Änderung der potentiellen Energie, wenn Ladung ④ zum Koordinatenursprung verschoben wird.
Kann diese Energie aus dem elektrischen Feld entnommen werden oder muss sie von außen zugeführt werden?

2 STATISCHES MAGNETISCHES FELD

Bereits die Griechen kannten die Erscheinung des Magnetismus beim sogenannten *Magnetstein* oder *Magnetit,* der auf Eisen eine anziehende Wirkung ausübt. Die Verwendung von Magneten in der Seefahrt wurde erstmals in China im 10. Jahrhundert und in Europa im 12. Jahrhundert erwähnt.

Die wissenschaftliche Untersuchung des Magnetismus wurde durch Pierre DE MARICOURT begründet, der 1269 in einer Abhandlung beschreibt, dass sich eine Nadel in der Nähe eines Magneten entlang von Linien ausrichtet, die an einander gegenüberliegenden Punkten des Magneten, den **Polen,** zusammenlaufen (**Abb. 28.1**). Im Jahre 1600 stellte William GILBERT fest, dass die Erde selbst ein Magnet ist, dessen Pole sich in der Nähe der geografischen Pole befinden. Die erste quantitative Untersuchung der anziehenden Kraft zwischen zwei ungleichnamigen Polen bzw. der abstoßenden zwischen zwei gleichnamigen Polen wurde von John MITCHELL 1750 durchgeführt. Seine Experimente ergaben, dass die Kraft zwischen zwei Magneten umgekehrt proportional zum Quadrat des Abstandes ihrer Pole ist. Demnach würde die Kraft zwischen zwei Magneten die gleiche Abstandsabhängigkeit zeigen wie die Kraft zwischen zwei elektrischen Ladungen, die durch das Coulomb'sche Gesetz beschrieben wird.

So wie die Kraft zwischen zwei elektrischen Ladungen durch die Wirkung des elektrischen Feldes der einen Ladung auf die andere entsteht, wird auch die Kraft zwischen zwei Magnetpolen der Wirkung eines *Magnetfeldes* zugeschrieben, welches vom einen Pol erzeugt wird und auf den anderen Pol wirkt.

Das Magnetfeld besitzt wie das elektrische Feld eine Struktur, die sich in den **Feldlinien** zeigt. Magnetische Feldlinien sind stets in sich geschlossen. Dies zeigt sich beim Magnetfeld eines stromdurchflossenen Leiters (**Abb. 29.1**). Die Feldlinien im Feld eines Stabmagneten sind ebenfalls geschlossen und verlaufen durch das Innere des Magneten (**Abb. 28.2**).

Trotz der Ähnlichkeit zwischen elektrischem und magnetischem Feld gibt es einen wesentlichen Unterschied zwischen elektrischen Ladungen und magnetischen Polen:

Magnetische Pole treten stets paarweise auf. Dabei bilden zwei ungleichnamige Pole einen **Dipol.** Elektrische Ladungen können dagegen auch einzeln vorkommen, als **Monopol.** Im Magnetismus sind Monopole nicht möglich. Wird ein Stabmagnet in der Mitte auseinander gebrochen, so haben die Bruchstücke jeweils wieder einen eigenen Nord- und Südpol.

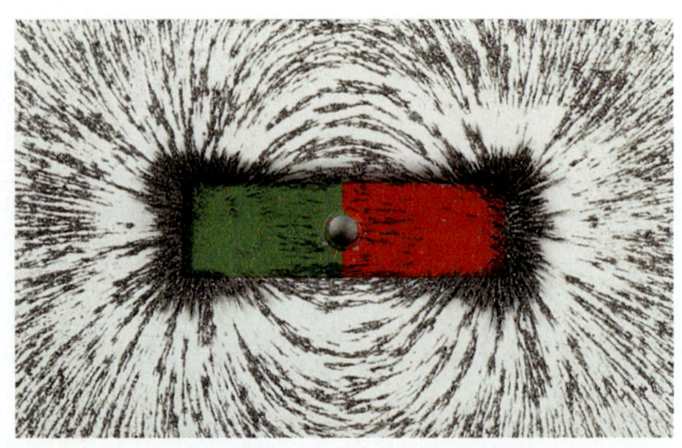

28.1 Das magnetische Feld eines Stabmagneten ähnelt in seiner Struktur einem elektrischen Dipolfeld. Es lässt sich durch Eisenfeilspäne sichtbar machen. Gelangen die Eisenfeilspäne ins Feld, so werden sie magnetisiert und selbst zu kleinen Dipolen, die sich aneinanderhängen und zu Linien anordnen.

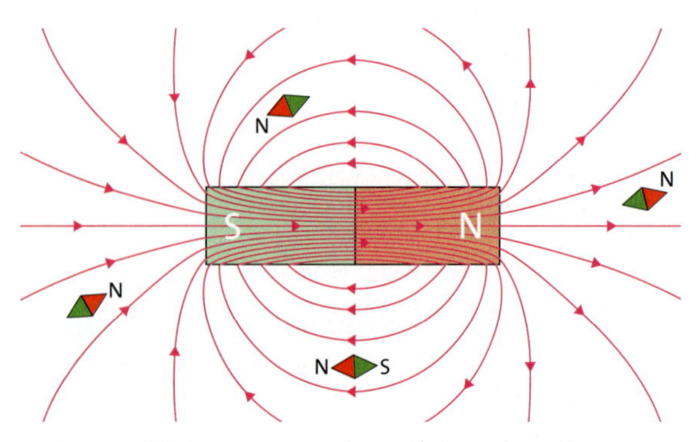

28.2 Das Feld eines magnetischen Dipols: Während beim elektrischen Dipol die Feldlinien an einem Pol beginnen und am anderen Pol enden, sind die Feldlinien beim magnetischen Dipol geschlossene Linien, die auch durch das Innere des Magneten verlaufen.

Einen Zusammenhang zwischen elektrischen und magnetischen Kraftwirkungen fand der dänische Physiker Hans Christian OERSTED (1777–1851), als er 1820 entdeckte, dass ein *elektrischer Strom* in einem Leiter eine Kraft auf eine Magnetnadel ausübt, also ein magnetisches Feld besitzt (**Abb. 29.1**).

29.1 Ein stromdurchflossener Leiter erzeugt ein Magnetfeld, dessen kreisförmige, geschlossene Linien in Ebenen senkrecht zu dem Leiter liegen.

Aufgrund seiner Entdeckung, dass zwei parallele von Strömen durchflossene Leiter je nach Richtung der Ströme anziehende bzw. abstoßende Kräfte aufeinander ausüben, entwickelte AMPÈRE auch etwa um 1820 ein Modell zur Erklärung des Magnetismus: Ursache aller magnetischen Wirkungen sind elektrische Ströme. Auch der Dauermagnetismus ist auf diese Weise erklärbar: In der Materie bilden molekulare Ringströme elementare Magnete (→ S. 34).

Ein elektrischer Strom beruht auf bewegten elektrischen Ladungen. Also ist die magnetische Wechselwirkung eine Kraftwirkung zwischen *bewegten* elektrischen Ladungen.

Exkurs

Erdmagnetismus

Der englische Arzt und Naturforscher GILBERT stellte im Jahre 1600 fest, dass die Erde ein Magnet ist, dessen magnetische Pole in der Nähe der geografischen liegen. Aufgrund der Festlegung, dass der Nordpol einer Kompassnadel nach Norden zeigt, handelt es sich im Norden der Erde um einen magnetischen Südpol und im Süden um einen magnetischen Nordpol. Dabei ist die magnetische Achse gegen die Rotationsachse der Erde geneigt. 1831 ergaben erste Messungen einer britischen Polarexpedition für den arktischen Magnetpol im Norden Amerikas eine nördliche Breite von 70,1° und eine westliche Länge von 96,9°. Regelmäßige Messungen in den letzten 150 Jahren, die ihren Höhepunkt 1980 in dem Satellitenprojekt MAGSAT fanden, zeigen, dass sich der magnetische Nordpol inzwischen um mehrere hundert Kilometer nach Nordwesten verschoben hat. Die Messungen ergaben außerdem, dass das Erdmagnetfeld jährlich um 0,7 Promille abnimmt. Hält diese Abnahme an, wird das Feld in 4000 Jahren verschwunden sein. Diese räumlichen und zeitlichen Änderungen des Erdfeldes werden als Säkularvariation bezeichnet.

Auch die Gesteine der Erdkruste geben Auskunft über die Vergangenheit des Magnetfeldes. Werden das Alter eines Gesteins und die Orientierung seiner magnetischen Einschlüsse bestimmt, so können Rückschlüsse auf die Richtung des Magnetfeldes zur Zeit der Gesteinsbildung gezogen werden. Solche Messungen zeigen, dass die Erde seit mindestens 2,7 Milliarden Jahren ein Magnetfeld besitzt.

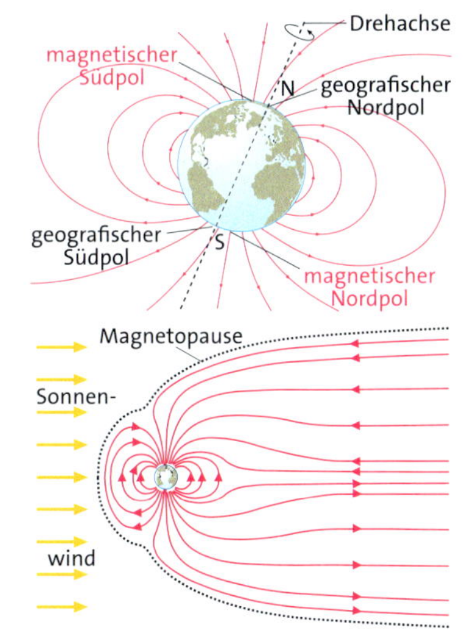

Die Stärke des Feldes hat sich mehrfach geändert und etwa einmal in einer Million Jahren kehrte sich die Richtung des Erdfeldes um.

Die Stärke des Erdfeldes ist mit maximal 30 μT (→ 2.1.1) an den Polen sehr viel schwächer als das Feld eines kleinen Hufeisenmagneten. Durch die von der Sonne ausgesandten elektrisch geladenen Teilchen, die den sogenannten Sonnenwind bilden, kommt es zur Deformation des Erdfeldes: Auf der sonnenzugewandten Seite reicht die Magnetosphäre bis etwa 12 Erdradien in den Weltraum, auf der sonnenabgewandten bis zu 80 Erdradien. Sonneneruptionen rufen kurzzeitige Störungen des Erdmagnetfeldes hervor. Sehr starke Schwankungen werden als magnetische Stürme bezeichnet. Sie werden häufig von Polarlichtern begleitet (→ S. 46).

Der Erdmagnetismus kann seine Ursache nicht in einer permanenten Magnetisierung von Mineralien haben (→ S. 34); denn schon ab 30 km Tiefe herrschen Temperaturen höher als 780 °C, die jegliche Magnetisierung zerstören. Gewaltige Materieströme im flüssigen Erdkern, der von 1220 km bis 3485 km reicht, rufen das Magnetfeld der Erde hervor. Flüssiges Gestein, welches sich über dem sehr heißen Erdkern erwärmt hat, steigt an bestimmten Stellen nach oben, sich an der Erdkruste abkühlendes Gestein sinkt nach unten. Die sich dabei ausbildenden Konvektionsströme aus geladenen Teilchen wirken wie ein Generator, der mechanische Energie in magnetische umwandelt. Vermutlich spielen neben thermodynamischen Effekten auch die Erdrotation und die Schwerkraft beim Antrieb dieses „Geodynamos" eine Rolle.

2.1 Beschreibung des magnetischen Feldes

Zu einer genaueren Beschreibung eines Magnetfeldes gehört neben dem Verlauf der Feldlinien eine Angabe der Stärke des Magnetfeldes. Da Magnete jedoch im Gegensatz zu elektrischen Ladungen stets als Dipole auftreten, kann nicht das zur elektrischen Feldstärke analoge Verfahren der Kraft auf eine Ladung verwendet werden, sondern es wird die Kraft auf einen stromdurchflossenen Leiter benutzt.

2.1.1 Die magnetische Flussdichte

Im Magnetfeld wirkt auf stromdurchflossene Leiter eine Kraft, wie der folgende Versuch zeigt.

Versuch 1: Ein zylindrischer Aluminiumstab befindet sich, auf zwei waagerechten Schienen liegend, im vertikal gerichteten Feld eines Hufeisenmagneten. Die Schienen sind an eine Spannungsquelle angeschlossen, sodass durch den Stab ein Strom fließt (**Abb. 30.1**).
Beobachtung: Der Stab rollt zur Seite. Wird die Stromrichtung umgekehrt, rollt der Stab in die entgegengesetzte Richtung. Das Vertauschen der Magnetpole kehrt ebenfalls die Bewegungsrichtung um.
Erklärung: Ursache für das Wegrollen ist eine Kraft auf den Stab, die sowohl senkrecht zur Stromrichtung (von ⊕ nach ⊖) als auch senkrecht zur Feldrichtung wirkt.

Auf einen im Magnetfeld senkrecht zur Feldrichtung befindlichen stromdurchflossenen Leiter wirkt eine Kraft, die senkrecht zum Leiter und senkrecht zum Feld gerichtet ist.

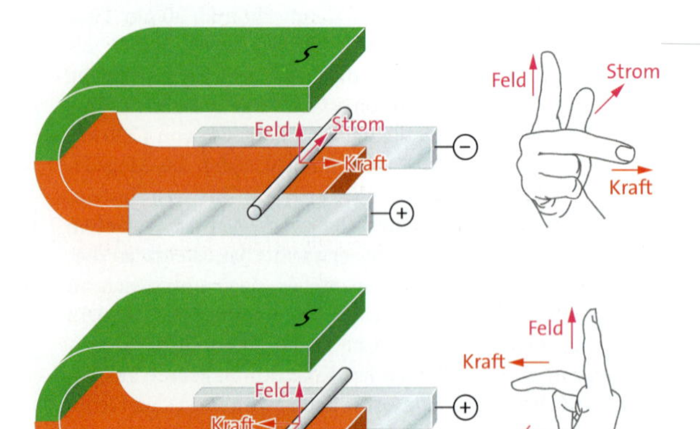

30.1 Ein stromdurchflossener Aluminiumstab rollt im Magnetfeld eines Hufeisenmagneten zur Seite, weil eine Kraft senkrecht zum Feld und senkrecht zum Leiter wirkt. Die Kraftrichtung ergibt sich aus der Drei-Finger-Regel der rechten Hand.

Die Richtung der Kraft kann mit der Drei-Finger-Regel der rechten Hand angegeben werden:

Drei-Finger-Regel: Daumen, Zeigefinger und Mittelfinger der rechten Hand werden so abgespreizt, dass sie senkrecht zueinander stehen. Zeigt der Daumen in Stromrichtung und der Zeigefinger in Feldrichtung, so gibt der Mittelfinger die Kraftrichtung an (**Abb. 30.1**).

Diese Regel wird auch **UVW-Regel** genannt. U steht für die Ursache, den Strom, V für die Vermittlung, das Magnetfeld, und W für die Wirkung, die Kraft.

Versuch 2: Zwei nebeneinander angeordnete Hufeisenmagnete erhalten Polschuhe aus Eisen, wodurch zwischen ihnen ein homogenes Magnetfeld entsteht. In das Feld wird der untere Teil eines rechteckigen Drahtbügels gebracht. Der Bügel ist an einem (elektronischen) Kraftmesser angebracht, der die Kraft F misst, die auf das vom Strom I durchflossene untere Leiterstück der Länge l wirkt. Bügel mit verschiedenen Leiterlängen l können eingesetzt werden (**Abb. 31.1a**).
Ergebnis: Die Messdiagramme in **Abb. 31.1b)** zeigen, dass die Kraft F sowohl proportional zum Strom I (bei konstanter Leiterlänge l) als auch proportional zur Leiterlänge l (bei konstantem Strom I) ist. Weitere Experimente ergeben, dass die Kraft von anderen Eigenschaften des Leiterstücks unabhängig ist.
Folgerung: Die Kraft F ist proportional zum Produkt aus Stromstärke I und Leiterlänge l, d.h. der Quotient $F/(Il)$ ist konstant. Der Quotient $F/(Il)$ heißt **magnetische Flussdichte *B*.** Da der Wert von B allein durch das Feld des Magneten bestimmt ist, ist die magnetische Flussdichte ein Maß für die Stärke des Magnetfeldes. ◂

Ruft ein Magnetfeld auf einen Leiter der Länge l, der senkrecht zu den Feldlinien liegt und vom Strom I durchflossen ist, die Kraft F hervor, so hat das Feld die **magnetische Flussdichte *B*:**

$$B = \frac{F}{Il}$$

Die Einheit der magnetischen Flussdichte B heißt *Tesla* (nach Nicola TESLA, 1856–1943):
$[B] = 1\ \text{T (Tesla)} = 1\ \text{N/Am} = 1\ \text{Vs/m}^2$

Anmerkung: Die Bezeichnung „Flussdichte" beruht darauf, dass bei der elektromagnetischen Induktion (→ Kap. 4) der „Fluss" $\Phi = B A$ des Magnetfeldes durch eine Fläche A entscheidend ist, sodass $B = \Phi / A$ die Flussdichte ist.

Die elektrische Feldstärke E ist mithilfe der Kraft F auf die Ladung q definiert: $E = F/q$ (→ 1.1.1). Die magnetische Flussdichte B ist in analoger Weise mittels der Kraft F auf einen vom Strom I durchflossenen Leiter der Länge l festgelegt. Ist die magnetische Flussdichte B bekannt, so folgt:

Die Kraft F auf einen vom Strom I durchflossenen Leiter der Länge l, der senkrecht zu den Feldlinien eines Magnetfeldes der Flussdichte B verläuft, ist gegeben durch $F = I\,l\,B$.

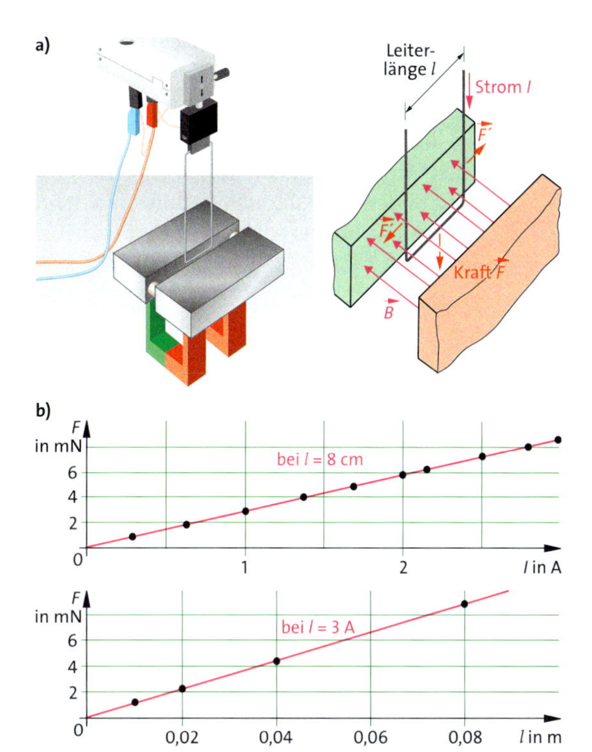

31.1 a) Im homogenen Feld, das von zwei Permanentmagneten erzeugt wird, befindet sich ein stromdurchflossener Leiter der Länge l, der Teil eines rechteckigen Bügels ist. Der Bügel ist an einem elektronischen Kraftmesser befestigt, der die Kraft F misst.
b) Oben: Kraft F als Funktion des Stroms I (bei l = 8 cm); unten: Kraft F als Funktion der Leiterlänge l (bei I = 3 A)

Die vektorielle Beschreibung der Kraft

Wie die elektrische Feldstärke $\vec{E}$ ist auch die magnetische Flussdichte $\vec{B}$ ein Vektor. Um die Kraft $\vec{F}$ auf einen stromdurchflossenen Leiter vollständig zu kennen, ist noch die Abhängigkeit vom Winkel α zwischen der Magnetfeldrichtung und der Richtung des stromdurchflossenen Leiters zu messen.

Versuch 3: In Versuch 2 (**Abb. 31.1 a**) wird das Leiterstück mit der Länge $l = 1$ cm eingesetzt. Der Magnet wird horizontal gedreht und F als Funktion von α gemessen.
Ergebnis: Der Betrag der Kraft $\vec{F}$ ist proportional zum Sinus des Winkels α: $F \sim \sin\alpha$. Die Richtung der Kraft ändert sich nicht. Sie wirkt weiterhin senkrecht zum Magnetfeld und senkrecht zum Leiter.
Mit $F = I\,l\,B$ für $\alpha = 90°$ folgt für die Kraft auf den stromdurchflossenen Leiter:

$$F = I\,l\,B \sin\alpha$$ ◂

Als Vektorprodukt geschrieben lautet diese Gleichung:

$\vec{F} = I\,\vec{l} \times \vec{B}$ mit dem Betrag $F = I\,l\,B \sin\alpha$

Dabei ist $I\,\vec{l}$ ein Vektor, der parallel zum Leiter der Länge l liegt und dessen Richtung gleich der Richtung des Stroms I (von ⊕ nach ⊖) ist.

Methode

Das Vektorprodukt

Das Vektorprodukt $\vec{a} \times \vec{b}$ (lies: a Kreuz b) zweier Vektoren ist gleich einem Vektor $\vec{c}$, der senkrecht auf der von $\vec{a}$ und $\vec{b}$ aufgespannten Ebene steht. Ist α der Winkel zwischen den Vektoren $\vec{a}$ und $\vec{b}$ mit $0° < \alpha < 180°$, so ist der Betrag des Vektors $|\vec{c}| = c$ wie folgt definiert: $c = a\,b \sin\alpha$.

Die Richtung von $\vec{c}$ lässt sich mit der Drei-Finger-Regel angeben, wobei Daumen und Zeigefinger im Allgemeinen nicht mehr senkrecht zueinander stehen, sondern den Winkel $0° < \alpha < 180°$ einschließen: Zeigt der Daumen in Richtung des ersten Vektors $\vec{a}$ und der Zeigefinger in Richtung des zweiten Vektors $\vec{b}$, so gibt der abgespreizte Mittelfinger die Richtung von $\vec{c}$ an. Für das Vektorprodukt gilt

$\vec{c} = \vec{a} \times \vec{b}$ mit dem Betrag $c = a\,b \sin\alpha$.

Aufgaben

1. Ermitteln Sie aus den Diagrammen in **Abb. 31.1 b)** die Steigungen der Ursprungsgeraden und berechnen Sie die Flussdichte B im Luftspalt der im Versuch eingesetzten Permanentmagnete. Geben Sie B in der häufig benutzten Einheit Millitesla (mT) an. Überprüfen Sie mit der Drei-Finger-Regel die in **Abb. 31.1 a)** angegebenen Richtungen von Strom I, Magnetfeld B und Kraft F.
2. Das an einem Ort nach Norden verlaufende magnetische Erdfeld hat die Horizontalkomponente $B_H = 19\ \mu$T.
   a) Ermitteln Sie die Richtung der Kraft, die das horizontale Feld auf eine in Ost-West-Richtung verlaufende Freileitung ausübt, wenn der Strom nach Osten fließt.
   b) Berechnen Sie die Kraft, wenn $I = 100$ A und der Abstand zwischen zwei Masten $a = 150$ m betragen.
3. Ein waagerechter Draht der Masse $m = 50$ g und der Länge $l = 1{,}0$ m, durch den ein Strom von $I = 30$ A fließt, wird von einem Magnetfeld in der Schwebe gehalten. Berechnen Sie die Stärke B des Magnetfeldes.
4. Ein von einem Strom $I = 4{,}0$ A durchflossener Leiter der Länge $l = 5{,}0$ cm erfährt in einem homogenen Magnetfeld der Feldstärke $B = 0{,}30$ T die Kraft $F = 40$ mN. Bestimmen Sie den Winkel zwischen Leiter und Feldlinien.

2.2 Ströme als Ursache von Magnetfeldern

Der dänische Physiker OERSTED hatte 1820 entdeckt, dass Ströme Magnetfelder erzeugen. Mit Eisenfeilspänen, die den Verlauf magnetischer Feldlinien angeben, und Hall-Sonden (→ 3.2.3), die die Flussdichte B messen, können Magnetfelder untersucht werden.

2.2.1 Magnetfeld eines geraden stromdurchflossenen Leiters

Versuch 1: Eisenfeilspäne werden auf eine Platte gestreut, durch die senkrecht ein Leiter tritt. Im Leiter fließt ein Strom von unten nach oben (**Abb. 32.1**).
Beobachtung: Die Eisenfeilspäne ordnen sich zu konzentrischen Kreisen um den stromdurchflossenen Leiter. Aufgestellte Magnetnadeln zeigen, dass die Feldlinien den nach oben gerichteten Strom I im mathematisch positiven Umlaufsinn (Gegenuhrzeigersinn) umschließen. ◂

Ein langer, gerader, stromdurchflossener Leiter ist von magnetischen Feldlinien in Form von konzentrischen Kreisen umgeben. Es gilt die **Rechte-Hand-Regel:** Umfasst die rechte Hand den Leiter so, dass der Daumen in Stromrichtung zeigt, so zeigen die Finger in Feldrichtung (**Abb. 32.1**).

Versuch 2: Die magnetische Flussdichte B um einen stromdurchflossenen Leiter wird mit einer Hall-Sonde gemessen. Von Interesse ist dabei die Abhängigkeit von der Stromstärke I und vom Abstand r. Experimentiert wird mit einer Spule, deren 30 Windungen längs des Randes einer großen rechteckigen Plexiglasscheibe gewickelt sind (**Abb. 32.2**). Gemessen wird in der Mitte einer Rechteckseite. Die großen Abmessungen der Spule sorgen dafür, dass die Felder der drei restlichen Seiten am Messort der Sonde klein sind. Außerdem wird die Hall-Sonde so aufgestellt, dass sowohl die von den benachbarten Seiten als auch die von der gegenüberliegenden Seite des Rechtecks herrührenden Felder parallel zur Oberfläche des Hall-Plättchens verlaufen. Diese Felder werden nicht gemessen, da nur senkrechte Feldkomponenten eine Hall-Spannung hervorrufen (→ 3.2.3). Das Experiment lässt sich deshalb als Messung an 30 parallel zueinander verlaufenden geraden Leitern auffassen. Das Magnetfeld am Ort der Messung ist demnach 30-mal so groß wie bei einem einzelnen geraden Leiterstück.
Ergebnis:
- An einem bestimmten Ort im Abstand r vom Leiter ist die Flussdichte B proportional zur Stromstärke I.
- Bei konstantem Strom I ist die Flussdichte B indirekt proportional zum Abstand r vom Leiter. ◂

Für die magnetische Flussdichte B um einen langen, geraden, vom Strom I durchflossenen Leiter gilt demnach im Abstand r:

$$B \sim \frac{I}{r} \quad \text{oder} \quad B = \mu_0 \frac{I}{2\pi r}$$

Die Konstante μ_0 heißt **magnetische Feldkonstante**. Aus den Messungen ergibt sich $\mu_0 = 1{,}26 \cdot 10^{-6}$ Vs/Am.

> Die magnetische Flussdichte B eines langen, geraden, vom Strom I durchflossenen Leiters hat im Abstand r den Wert
>
> $$B = \mu_0 \frac{I}{2\pi r}$$
>
> mit der **magnetischen Feldkonstante**
>
> $$\mu_0 = 4\pi \cdot 10^{-7} \frac{\text{Vs}}{\text{Am}} \approx 1{,}26 \cdot 10^{-6} \frac{\text{Vs}}{\text{Am}}.$$

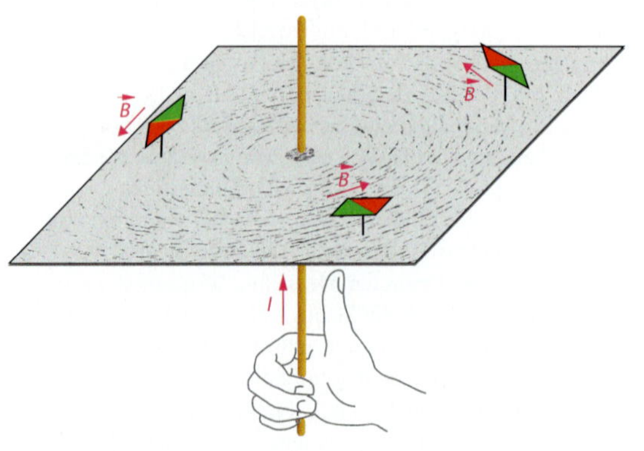

32.1 Um einen stromdurchflossenen Leiter ordnen sich Eisenfeilspäne zu konzentrischen Kreisen an. Die Richtung der Feldlinien kann mit der Rechte-Hand-Regel angegeben werden.

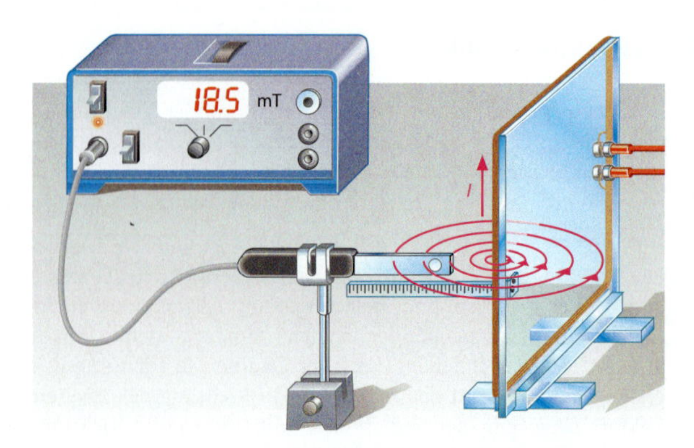

32.2 Mit einer Hall-Sonde wird die Abhängigkeit der magnetischen Flussdichte B eines geraden Leiters von der Stromstärke I und vom Abstand r gemessen.

2.2.2 Magnetfeld einer langen Spule

Versuch 3a: Eine *langgestreckte* Spule (Spule, deren Länge l deutlich größer als ihr Durchmesser d ist), deren Länge l durch Auseinanderziehen der n Windungen verändert werden kann, ist von einem Strom I durchflossen. Mit einer Hall-Sonde wird das magnetische Feld innerhalb und außerhalb der Spule untersucht (**Abb. 33.1 a**).
Ergebnis: Innerhalb der Spule wird ein *homogenes* Magnetfeld in Richtung der Spulenachse gemessen. Außerhalb der Spule ist das Feld wesentlich schwächer und ähnelt dem eines Stabmagneten (**Abb. 33.1 b**).
Erklärung: Jedes kleine Teilstück der Windungen ist von einem kreisförmigen, konzentrischen Feld umgeben. Die Überlagerung dieser Felder liefert das Feld der Spule: Während sich die Felder im Innern zu einem homogenen Feld addieren, löschen sie sich außerhalb der Spule weitgehend aus. ◂

Versuch 3b: Untersucht wird die Abhängigkeit der Flussdichte B in einer Spule von der Stromstärke I, der Spulenlänge l und der Windungszahl n.
Ergebnis: Die Flussdichte B ist proportional zur Stromstärke I, indirekt proportional zur Spulenlänge l und proportional zur Windungszahl n. Demnach ist die Flussdichte B proportional zur *Windungsdichte* n/l. Wird eine Spule also verlängert, ohne dass dabei die Dichte der Windungen verändert wird, so ergibt sich bei gleicher Stromstärke die gleiche magnetische Flussdichte B.
Die zahlenmäßige Auswertung ergibt als Proportionalitätsfaktor die magnetische Feldkonstante μ_0. ◂

Experimente mit Spulen gleicher Windungsdichte, aber unterschiedlichem Durchmesser, ergeben, dass die Flussdichte vom Durchmesser unabhängig ist.

> Die magnetische Flussdichte B des homogenen Feldes im Innern einer langgestreckten Spule ist proportional zur Stromstärke I und zur Windungsdichte n/l. Mit der magnetischen Feldkonstante μ_0 berechnet sich die magnetische Flussdichte B zu:
>
> $$B = \mu_0 I \frac{n}{l}$$

a)

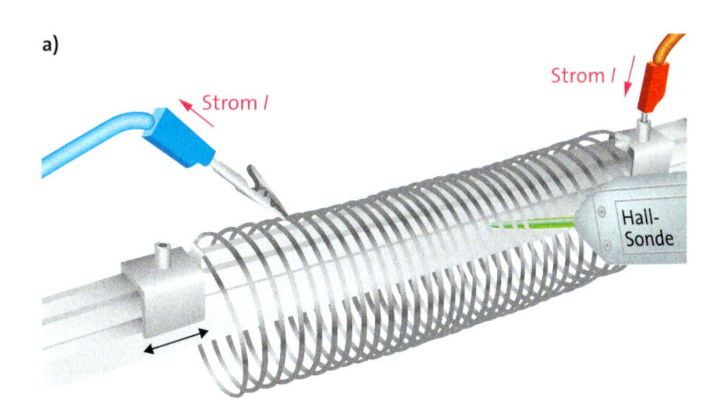

b)

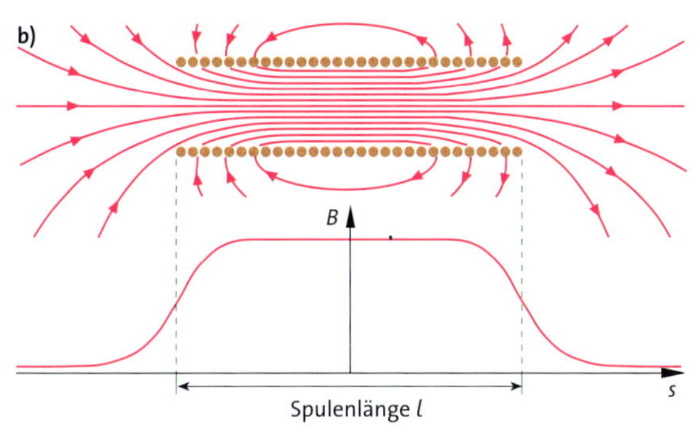

33.1 a) Eine Spule veränderlicher Windungszahl und veränderlicher Länge; **b)** Feldlinien und Flussdichte B längs der Spulenachse bei konstanter Stromstärke, Windungszahl und Länge

Die Konstante μ_0 aus der Ampere-Definition

Die magnetische Feldkonstante μ_0 ist durch die gesetzliche Ampere-Definition festgelegt, wie die folgende Rechnung zeigt. Aus der Definition „Die Basiseinheit 1 Ampere (1 A) ist die Stärke eines elektrischen Stroms, der, durch zwei parallel im Abstand von einem Meter angeordnete Leiter fließend, die Kraft $F = 2 \cdot 10^{-7}$ N hervorruft" folgt für die Kraft F:
Der Leiter 1 erzeugt am Ort des Leiters 2 im Abstand $r_{12} = 1$ m ein Magnetfeld der Flussdichte

$$B_1 = \mu_0 \frac{I_1}{2\pi r_{12}}.$$

Der parallele Leiter 2 erfährt in dem Feld B_1 pro Leiterlänge $l_2 = 1$ m die Kraft

$$F = I_2 l_2 B_1 = I_2 l_2 \mu_0 \frac{I_1}{2\pi r_{12}}.$$

Auflösen dieser Gleichung nach μ_0 ergibt:

$$\mu_0 = \frac{2\pi r_{12} F}{I_1 I_2 l_2} = \frac{2\pi \cdot 1\ \text{m} \cdot 2 \cdot 10^{-7}\ \text{N}}{1\ \text{A} \cdot 1\ \text{A} \cdot 1\ \text{m}} = 4\pi \cdot 10^{-7}\ \frac{\text{Vs}}{\text{Am}}$$

Aufgaben

1. Durch einen langen Leiter fließt ein Strom von $I = 6{,}0$ A. Berechnen Sie die magnetische Flussdichte B in einem Punkt, der 2,5 cm vom Leiter entfernt ist.
2. Zwei parallele, im Abstand von 10 cm verlaufende gerade Leiter werden in entgegengesetzter Richtung von den Strömen $I_1 = 15$ A und $I_2 = 25$ A durchflossen. Berechnen Sie die magnetische Flussdichte B in einem Punkt in der von den Leitern aufgespannten Ebene, der
   a) von beiden Leitern gleich weit entfernt ist,
   b) 2,0 cm von Leiter 1 und 8,0 cm von Leiter 2 entfernt ist,
   c) 2,0 cm von Leiter 1 und 12 cm von Leiter 2 entfernt ist.
   d) Bestimmen Sie, in welchen Punkten die magnetische Flussdichte null ist.

Exkurs

Permanentmagnete und Weiß'sche Bezirke

Magnetische Eigenschaften wurden zuerst bei magnetisiertem Gestein, dem sogenannten Magnetit, beobachtet. Dieses metallisch glänzende, schwarze Mineral gab nach Berichten des Römers LUCRETIUS dem Phänomen seinen Namen. Der hierbei auftretende Magnetismus ist dauerhaft und wird als **Permanentmagnetismus** bezeichnet.

Ist ein Stoff magnetisch, so kann in seiner Umgebung ein Magnetfeld nachgewiesen werden. Ursache für dieses Feld ist die Bewegung von Elektronen in den Atomen dieses Stoffes (atomare Kreisströme; → 2.2.1) oder alternativ der Eigendrehimpuls der Elektronen, der als *Elektronenspin* bezeichnet wird. Einer vereinfachten Vorstellung gemäß verhalten sich die Elektronen dabei so, als würden sie sich um die eigene Achse drehen. Mit dieser „Eigendrehung" des negativ geladenen Elektrons ist ein magnetischer Dipol verbunden (→ S. 28): Das Elektron stellt einen *Elementarmagneten* dar. Beim Eisen sind es die Elektronen in der nicht vollständig gefüllten 3d-Schale (→ Band 12, 2.3.2), welche das Fe-Atom zu einem Elementarmagneten machen.

Bei den meisten Stoffen führt dies allerdings nur zu schwachem *Paramagnetismus,* denn aufgrund der Temperaturbewegung sind die atomaren Elementarmagnete weitgehend ungeordnet. Bei *Ferromagneten* kommt jedoch ein neuer (quantenphysikalischer) Effekt hinzu: Benachbarte Atome tauschen ihre Elektronen aus, was zu einer parallelen Ausrichtung ihrer Elementarmagnete führt. Hätten tatsächlich sämtliche Elementarmagnete in dem jeweiligen Körper eine einheitliche Ausrichtung, so wäre dies allerdings mit einem sehr starken magnetischen Feld im Innern des Stoffs verbunden und auch außerhalb des Stoffs würde ein starkes Feld existieren. Wie im elektrischen Feld ist auch im Magnetfeld Energie gespeichert (→ 4.2.2). Daher ist es energetisch günstiger, wenn außerhalb des Stoffes möglichst kein Feld auftritt. Innerhalb des Kristalls bilden sich deshalb einzelne Bezirke, die einheitlich magnetisiert sind, sich untereinander aber so orientieren, dass sich die magnetischen Wirkungen aufheben und der Kristall nach außen unmagnetisch erscheint (**Abb. a**).

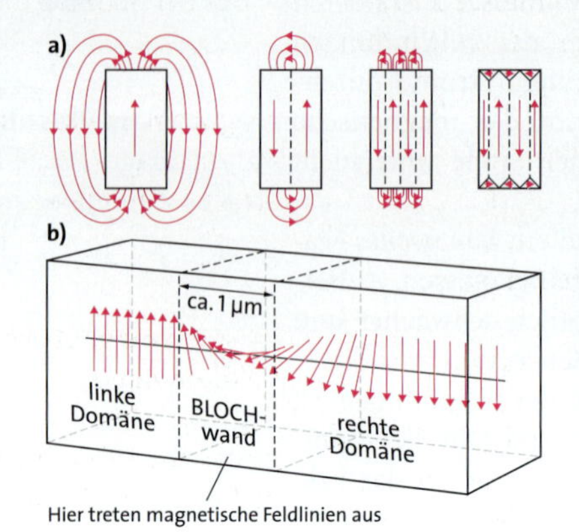

a) Bei einem unmagnetisierten ferromagnetischen Stoff sind die Weiß'schen Bezirke so orientiert, dass sich die magnetischen Feldlinien innerhalb des Kristalls schließen und der Kristall nach außen hin unmagnetisch erscheint.
b) In den Bloch-Wänden drehen sich die magnetischen Momente der Atome schrittweise in eine andere Richtung.

Die Bezirke, die etwa 0,1 mm groß sind, werden als *ferromagnetische Domänen* oder **Weiß'sche Bezirke** bezeichnet. Zwischen benachbarten, in verschiedenen Richtungen orientierten Domänen treten sogenannte *Bloch-Wände* auf, in denen sich die Elementarmagnete schrittweise von der einen in die andere Richtung drehen (**Abb. b**). An diesen Stellen muss das Magnetfeld geringfügig nach außen treten. Dadurch können mit aufgeschwemmten kleinsten magnetischen Teilchen die *Bloch-Wände* unter dem Mikroskop sichtbar gemacht werden (**Abb. c**) und **d**).

Wird der Kristall einem Magnetfeld ausgesetzt, verschieben sich die Bloch-Wände, indem zufällig in Richtung des Feldes orientierte Domänen anwachsen. Es kommt zu einer einheitlicheren Ausrichtung der Elementarmagnete, weshalb der Kristall nun nach außen hin magnetisch erscheint. Er ist magnetisiert.
Nach Entfernen des Feldes kehrt sich dieser Prozess nur teilweise wieder um, deshalb bleibt die Magnetisierung zu einem gewissen Grad bestehen. Die zurückbleibende Magnetisierung wird als *Remanenz* bezeichnet. Wesentlich verstärkt wird dieser Effekt durch Verunreinigungen im Kristall (z. B. durch Kohlenstoffatome), wodurch magnetisch harte Materialien entstehen, aus denen sich Permanentmagnete herstellen lassen.

c) Rasterelektronenmikroskop-Aufnahme der Oberfläche eines Fe-3 % Si-Kristalls: Bei gleichzeitig durchgeführter Polarisationsanalyse lassen sich den Magnetisierungsrichtungen bestimmte Farben zuordnen. Erkennbar ist die Ausbildung der Weiß´schen Bezirke.

d) Bloch-Wände unter dem Mikroskop: Kleinste magnetische Teilchen lagern sich dort an, wo die Weiß´schen Bezirke voneinander getrennt sind, weil dort das Magnetfeld geringfügig nach außen tritt. Auf diese Weise werden die Bloch-Wände sichtbar gemacht.

Magnetische Felder

Das magnetische Feld ist ein Raum, in dem Kräfte auf Permanentmagnete und auf stromdurchflossene Leiter ausgeübt werden. Die magnetischen Feldlinien stellen die Struktur des magnetischen Feldes dar. Es sind geschlossene Kurven, deren Dichte an einem Ort ein Maß für die dort vorhandene Stärke des Feldes ist.

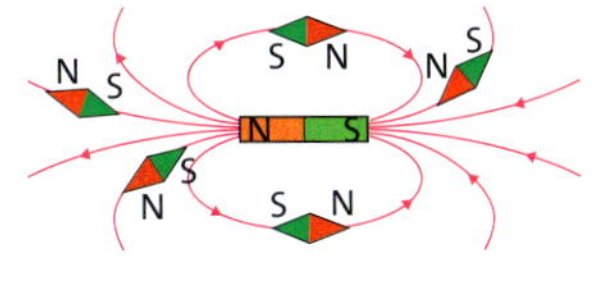

Magnetische Flussdichte B

Die magnetische Flussdichte ist definiert mit der Kraft F auf einen Leiter der Länge l, der senkrecht zu den Feldlinien liegt und vom Strom I durchflossen ist:

$$B = \frac{F}{Il}$$

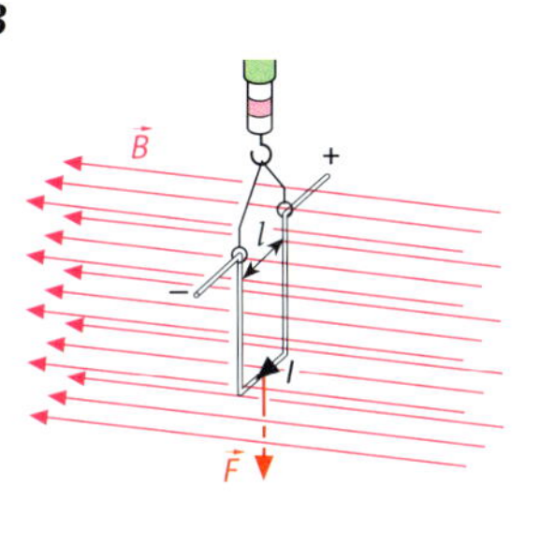

Die Richtung der Kraft ergibt sich aus der **Drei-Finger-Regel** der rechten Hand.

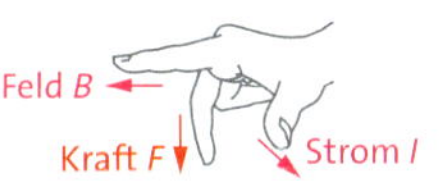

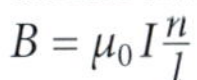

Für die **Kraft F** auf einen vom Strom I durchflossenen Leiter der Länge l, der mit der Richtung des Magnetfeldes der Stärke B den Winkel α einschließt, gilt

$F = IlB \sin\alpha$;   vektoriell $\vec{F} = I\vec{l} \times \vec{B}$.

Magnetische Flussdichte von Leiter und Spule

Für die magnetische Flussdichte B eines geraden, vom Strom I durchflossenen Leiters gilt im Abstand r

$$B = \mu_0 \frac{I}{2\pi r} \quad \text{mit} \quad \mu_0 = 4\pi \cdot 10^{-7}\,\frac{\text{Vs}}{\text{Am}}.$$

μ_0 ist die **magnetische Feldkonstante.**
Die Richtung der konzentrischen Feldlinien ergibt sich aus der **Rechte-Hand-Regel.**

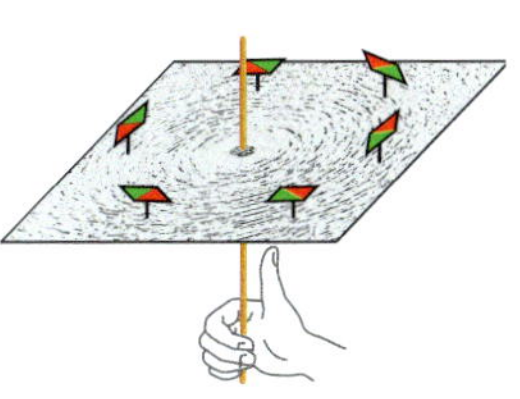

Die **magnetische Flussdichte B** des homogenen Feldes im Innern einer langgestreckten Zylinderspule ist proportional zur Stromstärke I und zur Windungsdichte n/l:

$$B = \mu_0 I \frac{n}{l}$$

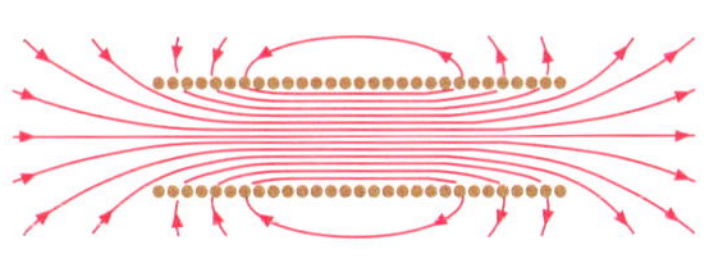

Vergleich von magnetischem und elektrischem Feld

Gemeinsamkeiten

- Beide Felder werden mithilfe von Feldlinien beschrieben, die die Richtung der Kraftwirkung auf Ladungen bzw. auf magnetische Dipole angeben.
- Die Dichte der Feldlinien beschreibt die Stärke der Kräfte.
- In beiden Feldern ist Energie gespeichert.

Unterschiede

- Im elektrischen Feld erfahren ruhende und bewegte Ladungen eine Kraft *längs* der Feldlinien, im magnetischen nur *bewegte* Ladungen *senkrecht* zu den Feldlinien und senkrecht zur Stromrichtung (von ⊕ nach ⊖).
- Elektrische Feldlinien beginnen und enden auf Ladungen, magnetische Feldlinien sind geschlossen.

Wissenstest Statisches magnetisches Feld

1. Mit einem Kompass kann die Himmelsrichtung bestimmt werden. Erörtern Sie, ob eine 65 cm über der Nadel gelegene, von einem Gleichstrom $I = 15$ A durchflossene Leitung die Messung stört. Die Horizontalkomponente des Erdfeldes beträgt $B = 35$ μT.
2. Zwei lange, gerade Drähte, die im Abstand $d = 1{,}2$ m parallel zueinander verlaufen, werden von den Strömen $I_1 = 1{,}0$ A bzw. $I_2 = 0{,}40$ A durchflossen. Berechnen Sie die Flussdichte in der Mitte M zwischen den beiden Drähten, wenn die Ströme in den beiden Drähten **a)** die gleiche Richtung haben, **b)** in entgegengesetzte Richtung fließen.

   Geben Sie jeweils auch die Richtung des Flussdichte-Vektors und damit die Richtung der durch M verlaufenden Feldlinie an.
3. Ein rechtwinkliges Dreieck mit den Katheten $a = 3{,}0$ cm und $b = 4{,}0$ cm ist aus einem Metalldraht geformt. Das Dreieck soll in der Blattebene liegen, die senkrecht von einem nach unten zeigenden Magnetfeld der Flussdichte $B = 760$ mT durchsetzt wird. Durch den Draht fließt im Uhrzeigersinn der Strom $I = 8{,}5$ A. Berechnen Sie die Kräfte, die durch dieses äußere Magnetfeld jeweils auf die drei Dreiecksseiten ausgeübt werden, und zeigen Sie anhand einer maßstabsgetreuen Skizze, dass sich diese Kräfte aufheben.

3 BEWEGUNG VON TEILCHEN IN FELDERN RELATIVISTISCHE EFFEKTE

In Flüssigkeiten, sogenannten Elektrolyten, und in verdünnten Gasen ist zwischen zwei Elektroden ein Stromfluss möglich, der von geladenen Teilchen bewirkt wird.

In *Elektrolyten* ist die Bewegung negativ und positiv geladener Ionen die Ursache für den Strom. Dabei zeigt sich, dass dieselbe Stoffmenge von einwertigen Ionen stets dieselbe elektrische Ladung transportiert. Für die Stoffmenge 1 mol ergeben sich etwa 96 500 As (*Faraday-Konstante*). Mithilfe der Avogadro-Zahl ($N_A = 6{,}022 \cdot 10^{23}$ 1/mol) lässt sich damit die Ladung e eines einwertigen Ions zu $e = 1{,}602 \cdot 10^{-19}$ As berechnen. Zweiwertige Ionen tragen eine doppelt so große Ladung.

In einem *verdünnten Gas* gehen von einer negativen Elektrode sogenannte *Katodenstrahlen* aus, die eine negative elektrische Ladung tragen. Dabei handelt es sich um Teilchen, *Elektronen*, deren Masse etwa 2000-mal kleiner ist als die Masse eines Wasserstoff-Ions (Protons).

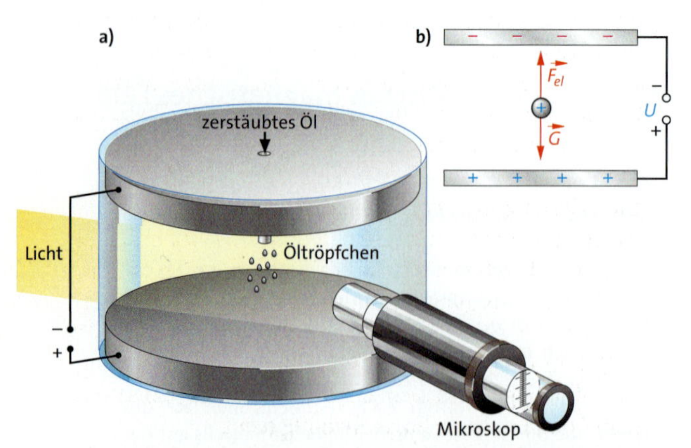

36.1 a) Versuchsanordnung nach MILLIKAN: Zerstäubte Öltröpfchen driften in den Raum, in dem zwischen zwei Metallplatten ein elektrisches Feld besteht. **b)** Im Gleichgewichtszustand sind elektrische Kraft F_{el} und Gewichtskraft G gegengleich.

Der direkte Nachweis, dass alle einwertigen Ionen stets genau eine Ladung der Größe $e = 1{,}602 \cdot 10^{-19}$ As tragen, dass dieser Wert also kein Mittelwert ist, und alle z-wertigen Ionen eine Ladung der Größe z tragen, gelang dem amerikanischen Physiker Robert A. MILLIKAN (1868–1953) in seinen berühmten **Öltröpfchen-Experimenten** in den Jahren 1910 bis 1913. **Abb. 36.1 a)** zeigt die von MILLIKAN verwendete Versuchsanordnung schematisch.

Zwischen die Platten eines horizontal angeordneten Plattenkondensators werden Öltröpfchen gesprüht. Die Öltröpfchen werden dabei positiv oder negativ geladen. Mithilfe eines Mikroskops werden die Tröpfchen bei seitlicher Beleuchtung beobachtet. Wird nun eine elektrische Spannung U an den Kondensator gelegt, so steigen oder sinken die Tröpfchen im homogenen elektrischen Feld zwischen den Platten. Dies hängt von der Ladung der Öltröpfchen und der Stärke des elektrischen Feldes ab. Durch eine entsprechende Einstellung der elektrischen Feldstärke können Teilchen einer bestimmten Ladung im Schwerefeld der Erde in Schwebe gehalten werden (**Abb. 36.1 b**). Die elektrische Kraft F_{el} ist dann genausogroß wie die Gewichtskraft G, sodass gilt:

$$F_{el} = qE = G = mg$$

Ein zweiter Schritt dient der Bestimmung der Masse m. Das elektrische Feld wird abgeschaltet und das Tröpfchen fällt bald mit einer konstanten Geschwindigkeit, da die geschwindigkeitsabhängige Reibungskraft F_R im Gleichgewicht mit der Gewichtskraft G ist. Aus beiden Messungen zusammen lassen sich Masse und Ladung des Tröpfchens berechnen.

Die Beobachtung einer großen Zahl unterschiedlich geladener Öltröpfchen ergibt, dass die Ladung auf einem Tröpfchen in jedem Fall gegeben ist durch

$$Q = ne$$

mit $e = 1{,}602 \cdot 10^{-19}$ As und $n = \pm 1, \pm 2, \pm 3, \ldots$

Alle elektrischen Ladungen sind Vielfache einer kleinsten Ladung, der sogenannten **Elementarladung** $e = 1{,}602 \cdot 10^{-19}$ As. Die elektrische Ladung ist eine gequantelte Größe.

MILLIKAN erhielt 1923 für den Nachweis der Quantelung der elektrischen Ladung den Nobelpreis.

Elektronen tragen die elektrische Ladung $-e$, die Protonen im Atomkern die elektrische Ladung $+e$.

Elektrisch geladene Teilchen erzeugen beim Durchgang durch eine Nebelkammer, die übersättigten Dampf enthält, oder durch eine Blasenkammer, in der sich z. B. flüssiger Wasserstoff befindet, eine Spur von feinen Nebeltröpfchen oder Dampfblasen. 1932 entdeckte C. D. ANDERSON in Nebelkammeraufnahmen mit Teilchenspuren, die durch Höhenstrahlung erzeugt worden waren, das *Positron*, ein Teilchen mit der Masse des Elektrons, aber mit der Ladung $+e$. Die Nebelkammer befand sich in einem Magnetfeld, sodass sich die Bahnen von Elektronen und Positronen wegen ihrer entgegengesetzten Ladung in der Krümmung unterschieden, ähnlich wie die Bahnen in **Abb. 37.1** oben.

Die Methode, aus den Bahnen elektrisch geladener Teilchen in einem Magnetfeld die Eigenschaften dieser Teilchen, insbesondere ihre Masse, zu erschließen, wird auch in den heutigen modernen Forschungsanlagen wie DESY oder CERN genutzt. Das Interesse gilt hier den fundamentalen Teilchen und Kräften. Dazu wird die Kollisionen von Teilchen wie z. B. Protonen und Elektronen beobachtet und die dabei entstehenden Reaktionsprodukte werden durch Vermessung ihrer Bahnen bestimmt. Allerdings werden die Bahnen der Teilchen nicht mehr mithilfe von Nebel- oder Blasenkammern registriert.

Bewegt sich ein geladenes Teilchen in einem Magnetfeld nicht in Richtung der Feldlinien, so erfährt es eine Kraft, die *Lorentz-Kraft*, deren Betrag von der magnetischen Flussdichte B des Magnetfeldes und der Geschwindigkeit v abhängt.

Ist die Geschwindigkeit v senkrecht zur Richtung der Flussdichte B, so wirkt die Lorentz-Kraft für das Teilchen mit der Masse m als Zentripetalkraft $F = m v^2 / r$ und zwingt es auf eine Kreisbahn.

In den Forschungsanlagen wie DESY oder CERN werden elektrisch geladene Teilchen, z. B. Elektronen, erzeugt und durch elektrische Felder auf hohe Energien beschleunigt. Dabei wirkt in einem elektrischen Feld der Feldstärke E auf ein Teilchen mit der Ladung q die Kraft $F_{el} = q E$. Diese Kraft ruft nach der Grundgleichung der Mechanik $F = m a$ die Beschleunigung a hervor und erhöht die Geschwindigkeit v der Teilchen. Dadurch wächst ihre kinetische Energie.

37.1 Kleine Dampfblasen markieren in der von einem Magnetfeld durchsetzten Blasenkammer die Spuren von Elektronen (grün gefärbt) und Positronen (rot gefärbt). Beide Teilchen wurden in der Blasenkammer, die mit Wasserstoff gefüllt war, von energiereicher Gammastrahlung erzeugt.

In Teilchenbeschleunigern können heute sehr hohe Energien erreicht werden, doch führt dies nicht nur zu einem Zuwachs der Geschwindigkeit der Teilchen. Albert EINSTEIN (1879–1955) hat in seiner *speziellen Relativitätstheorie* gezeigt, dass es in der Natur eine „Höchstgeschwindigkeit" gibt, die Vakuum-Lichtgeschwindigkeit $c = 300\,000$ km/s. Kein Träger von Energie oder Information kann diese Geschwindigkeit überschreiten. Massebehaftete Körper können die Lichtgeschwindigkeit nicht einmal erreichen, so stark sie auch beschleunigt werden. EINSTEIN hat ferner gezeigt, dass Masse und Energie äquivalente Größen sind, was in seiner berühmten Formel $E = m c^2$ zum Ausdruck kommt. Das bedeutet für Teilchen, dass bei Zunahme ihrer kinetischen Energie auch ihre Masse wächst.

Eine Bestätigung der Äquivalenz von Masse und Energie zeigt **Abb. 37.1**. Im unteren Teil der Abbildung scheinen zwei Teilchen aus dem Nichts zu entstehen. Es findet hier der Vorgang der *Paarbildung* statt: Ein γ-Quant erzeugt ein Elektron-Positron-Paar. Die Energie des γ-Quants entspricht der Summe aus den (geschwindigkeitsabhängigen) Massen der Teilchen multipliziert mit dem Quadrat der Lichtgeschwindigkeit c^2.
Die Abbildung zeigt zugleich, dass die elektrische Ladung erhalten bleibt: Wenn bei einem Vorgang z. B. eine positive Ladung (Positron) erzeugt wird, so entsteht zugleich eine gleich große negative Ladung (Elektron).

3.1 Bewegung geladener Teilchen in homogenen elektrischen Feldern

In elektrischen Feldern wirken Kräfte auf elektrisch geladene ruhende oder bewegte Körper. In magnetischen Feldern erfahren geladene Körper nur dann eine Kraft, wenn sie sich bewegen und die Bewegungsrichtung nicht mit der Richtung der Feldlinien übereinstimmt. Von besonderer Bedeutung sind die Kräfte auf Elektronen. Daher wird zunächst eine Methode zur Erzeugung freier Elektronen behandelt.

3.1.1 Austritt von Elektronen aus Leiteroberflächen

Versuch 1 – Glühelektrischer Effekt: In einer evakuierten Röhre ist eine Elektrode als Spirale, die andere als eine ihr gegenüberstehende Platte ausgebildet. Wird eine Spannung angelegt, so fließt kein messbarer Strom, auch nicht nach dem Umpolen. Der nahezu luftleere Raum zwischen den Elektroden enthält keine Ladungsträger. Nun wird die Wendel durch einen Heizstrom zum Glühen gebracht (**Abb. 38.1**).
Beobachtung: Wird die glühende Wendel als Katode geschaltet, zeigt sich ein (von der Temperatur der Glühwendel abhängiger) Strom der Stärke I. Bei umgekehrter Polung fließt kein Strom.
Erklärung: Aus dem glühenden Draht der Wendel sind negative Ladungsträger (Elektronen) ausgetreten, die einen Strom durch die Röhre hindurch bewirken. Diese Erscheinung wird als **glühelektrischer Effekt oder Glühemission** bezeichnet und wurde im Jahre 1883 von Thomas Edison (1847–1931) entdeckt. ◂

> **Glühelektrischer Effekt:** Aus glühenden Metalloberflächen treten Elektronen aus.

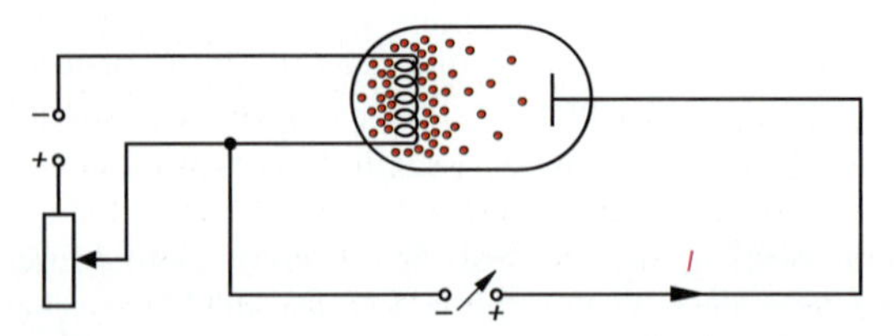

38.1 Die aus dem glühenden Metalldraht austretenden Elektronen bilden vor der Katode eine negative Ladungswolke.

Stoff	E_A in eV	Stoff	E_A in eV
Caesium	1,94	Zink	4,27
Kalium	2,25	Kupfer	4,48
Silicium	3,59	Wolfram	4,53
Aluminium	4,20	Silber	4,70

38.2 Austrittsenergien verschiedener Stoffe

Der glühelektrische Effekt ist mit dem Austreten von Wassermolekülen aus einer Wasseroberfläche vergleichbar: Um Anziehungskräfte zu überwinden, muss das Wassermolekül eine bestimmte kinetische Energie besitzen. Bei normaler Temperatur haben nur wenige Moleküle die zum Austreten erforderliche Geschwindigkeit (Verdunsten). Erst wenn die Temperatur des Wassers und damit die kinetische Energie der Moleküle erhöht wird, treten mehr von ihnen aus. Bei jeder Temperatur stellt sich über der Flüssigkeitsoberfläche ein dynamischer Gleichgewichtszustand zwischen austretenden und wieder eintretenden Molekülen ein.

Der glühelektrische Effekt legt die Vorstellung nahe, dass beim Austritt von Elektronen eine Kraft überwunden werden muss, die das Elektron an den Kristall bindet.

> Um ein Elektron aus einer Metalloberfläche herauszulösen, muss die **Austrittsenergie** E_A aufgewendet werden.

Die Austrittsenergie wird beim glühelektrischen Effekt als elektrische Energie zugeführt und erhöht die innere Energie des Heizdrahtes. Dabei erhöht sich auch die kinetische Energie der Elektronen, sodass Elektronen an der Oberfläche das Metall verlassen können.

Die Austrittsenergie der Elektronen wird in einer auf die Elementarladung bezogenen Einheit angegeben. Die Energie einer Ladung Q beim Durchlaufen einer Spannung U im elektrischen Feld ist allgemein $W_{el} = Q\,U$ (→ 1.2.1). Durchläuft eine Elementarladung die Spannung 1 V, so nimmt sie die Energie $W_{el} = e \cdot 1\text{ V} = 1{,}602 \cdot 10^{-19}\text{ As} \cdot 1\text{ V} = 1{,}602 \cdot 10^{-19}\text{ J}$ auf. Diese Energie wird als 1 eV (Elektronvolt) bezeichnet und als Energieeinheit bei Prozessen benutzt, in denen Ladungen von der Größe der Elementarladung beteiligt sind.

> Das **Elektronvolt 1 eV** ist die Energie, die ein Elektron beim Durchlaufen einer Potentialdifferenz (Spannung) von 1 V gewinnt oder verliert:
> $1\text{ eV} = 1{,}602 \cdot 10^{-19}\text{ J}$

Der Betrag der Austrittsenergie hängt von der Art des Metalles ab (**Tab. 38.2**). Metalle mit besonders kleinen Austrittsenergie werden in Geräten verwendet, in denen der glühelektrische Effekt praktisch genutzt wird. Ein Beispiel sind die Glühkatoden in Elektronenstrahlröhren (→ 3.1.2). Dabei werden die emittierten Elektronen anschließend durch eine Hochspannung beschleunigt. Die Glühwendel ist die Katode und wird deshalb auch als *Glühkatode* bezeichnet.

Die zum Auslösen von Elektronen nötige Austrittsenergie kann auch in anderer Weise als durch elektrisches Heizen zugeführt werden.

Versuch 2 – Lichtelektrischer Effekt: Auf einem Elektroskop befindet sich eine (blank geschmirgelte) Zinkplatte. Das Elektroskop wird negativ aufgeladen und die Zinkplatte mit dem Licht einer Quecksilberdampflampe bestrahlt.
Beobachtung: Der Ausschlag geht schnell zurück. Wird das Elektroskop positiv aufgeladen und die Platte wieder bestrahlt, so bleibt der Ausschlag erhalten. ◂

Versuch 3: Zwischen einer Zinkplatte und einem davor aufgestellten Metallgitter liegt eine hohe Spannung (**Abb. 39.1**).
Beobachtung: Wird die Zinkplatte bestrahlt, so weist der Messverstärker einen Strom nach, wenn die Zinkplatte mit dem negativen Pol der Spannungsquelle verbunden ist. Das Metallgitter ist dann positiv geladen. Bei umgekehrter Polung fließt kein Strom.
Erklärung: Diese Beobachtungen lassen sich mit dem Austritt von Elektronen aus der Zinkplatte deuten; die Elektronen wandern zum positiv geladenen Metallgitter. Die Austrittsenergie wird von dem auf die Zinkplatte auftreffenden Licht geliefert. ◂

Das Auslösen von Elektronen durch Lichtbestrahlung wird als (äußerer) **lichtelektrischer Effekt** oder kurz **Fotoeffekt** bezeichnet. Er wurde 1887 von Heinrich HERTZ (1857–1894) entdeckt und 1900 von Philipp LENARD (1862–1947) näher untersucht. Durch die Untersuchung des lichtelektrischen Effektes lassen sich wichtige Aufschlüsse über die Vorstellung von der Natur des Lichtes und seiner Wechselwirkung mit Materie gewinnen (→ Band 12 Kap. 1).

> Durch Licht können Elektronen aus Metalloberflächen herausgelöst werden.

Es gibt noch weitere Möglichkeiten, Elektronen aus metallischen Oberflächen auszulösen. Ausreichend hohe elektrische Feldstärken führen zur **Feldemission** (→ Exkurs).

Die Austrittsenergie kann auch durch den Aufprall von Teilchen mit hoher kinetischer Energie übertragen werden. Elektronen können beim Auftreffen auf Metalloberflächen neue Elektronen (Sekundärelektronen) auslösen. Dies wird in *Sekundärelektronenvervielfachern* (Fotomultipliern) angewendet. In diesen Lichtdetektoren werden die durch Fotoeffekt ausgelösten primären Elektronen durch das Auslösen von Sekundärelektronen vervielfacht (Verstärkung).

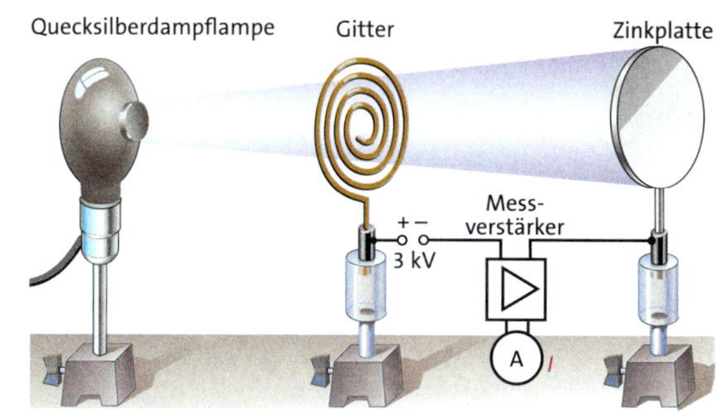

39.1 Aus der Zinkplatte treten Elektronen aus, wenn sie mit Licht einer Quecksilberdampflampe bestrahlt wird.

Aufgaben

1. Erörtern Sie die Unterschiede und die Gemeinsamkeiten, wenn der Austritt von Elektronen aus Metalloberflächen mit dem Austritt von Wassermolekülen aus Wasseroberflächen verglichen wird.
2. Erklären Sie, weshalb in einer Elektronenröhre bei konstanter Anodenspannung die Anodenstromstärke größer wird, wenn die Heizspannung erhöht wird.

Exkurs

Das Feldemissionsmikroskop

Aufgrund hoher elektrischer Feldstärken kann es zur Feldemission kommen. Die Flächenladungsdichte (und damit die Feldstärke) hängt dabei von der Krümmung der Oberfläche ab. An feinen Spitzen ist folglich die elektrische Feldstärke besonders hoch (Spitzeneffekt). Dies wird im Feldemissionsmikroskop genutzt.
Im Zentrum einer hoch evakuierten Glaskugel, deren Innenwand mit einem Leuchtstoff beschichtet ist, befindet sich eine sehr feine als Einkristall ausgebildete Wolframspitze. Diese Spitze emittiert nach Anlegen einer sehr hohen Spannung (bis 8 kV) Elektronen durch „Feldemission". Das kugelsymmetrische elektrische Feld wirkt wie eine Elektronenlinse mit einer äußerst kurzen Brennweite. Da die Austrittsenergie variiert, also vom Ort auf der Oberfläche abhängt, entsteht auf dem Leuchtschirm ein stark vergrößertes Bild des Einkristalls (ca. 500 000-fach). Die Abbildung zeigt das Bild, das durch ein Feldemissionsmikroskop von einer mit Barium bedampften Wolframspitze erzeugt wird.

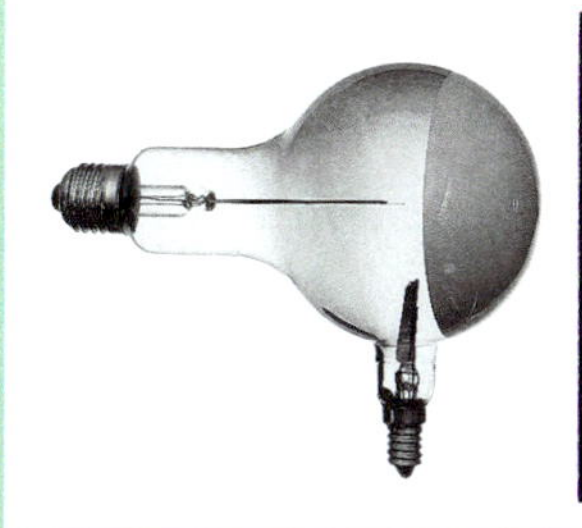

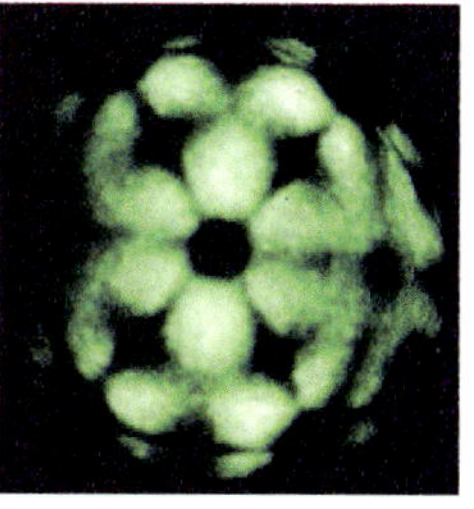

3.1.2 Die Elektronenstrahlröhre

Versuch 1: In eine *Elektronenstrahlröhre* ist ein Plattenpaar so eingebaut, dass die beschleunigten Elektronen senkrecht zur Feldrichtung in ein homogenes elektrisches Feld eintreten. Zwischen den Platten befindet sich ein schräg gestellter Leuchtschirm, auf dem der Verlauf des Elektronenstrahls sichtbar wird (**Abb. 40.1**).
Beobachtung: Wird eine Spannung U an die Platten gelegt, so wird der Elektronenstrahl in Richtung auf die positive Platte abgelenkt, da Elektronen eine negative Ladung tragen. Die Ablenkung wird mit wachsender Ablenkspannung größer.
Erklärung: Auf die Elektronen wirkt im elektrischen Feld zwischen den Platten eine Kraft senkrecht zu ihrer ursprünglichen Bewegungsrichtung. ◂

Um die Ablenkung eines Elektrons der Masse m und der Ladung e, das mit der Geschwindigkeit v_0 senkrecht zu den Feldlinien in ein homogenes Feld eintritt, zu berechnen, wird ein Koordinatensystem eingeführt, in dessen x-Richtung die Anfangsgeschwindigkeit v_0 und in dessen y-Richtung die elektrische Feldstärke E und damit auch die Kraft $F_{el} = -eE$ sowie die Beschleunigung $a = -(e/m)E$ des Elektrons zeigen. Es überlagern sich die gleichförmige Bewegung in x-Richtung mit $x(t) = v_0 t$ und die gleichmäßig beschleunigte Bewegung in y-Richtung mit $y(t) = -\frac{1}{2}(e/m)(U/d)\,t^2$. Die Elektronen vollführen also eine dem waagerechten Wurf ähnliche Bewegung im homogenen elektrischen Feld. Wird der Parameter t aus diesen beiden Gleichungen eliminiert, so ergibt sich die Gleichung der Bahnkurve für $0 \leq x \leq s$:

$$y(x) = -\frac{1}{2}\frac{e}{m}\frac{U}{d}\frac{1}{v_0^2}x^2$$

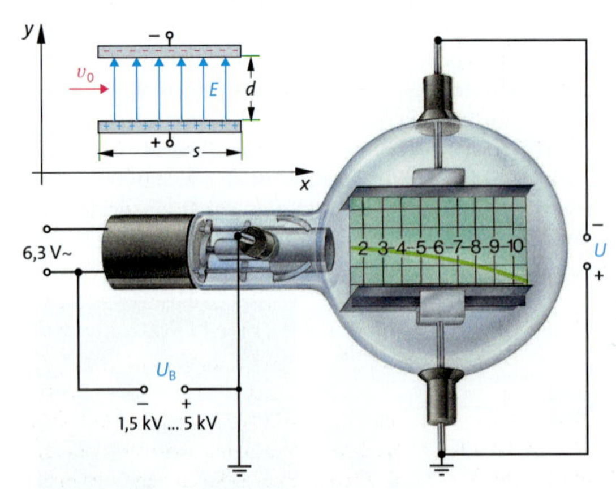

40.1 Elektronenstrahlröhre: Eine Glühkatode (links) emittiert Elektronen, die durch die Spannung U_B beschleunigt werden. Die Ablenkspannung U liegt senkrecht zur ursprünglichen Bewegungsrichtung an.

Ein Elektron mit konstanter Horizontalgeschwindigkeit bewegt sich innerhalb eines vertikalen homogenen elektrischen Feldes auf einer Parabelbahn. Die Parabel ist wegen der negativen Ladung des Elektrons gegen die Richtung des Feldes geöffnet.
Die Ablenkung y eines Elektronenstrahls, der senkrecht zu den Feldlinien in ein homogenes elektrisches Feld eintritt, ist proportional zur Ablenkspannung U.

In dem Ausdruck für die Ablenkung sind alle Größen außer der spezifischen Elektronenladung e/m und der Anfangsgeschwindigkeit v_0 direkt messbar. Da die Elektronen vor ihrem Eintritt in das vertikale homogene Feld die Beschleunigungsspannung U_B durchlaufen, haben sie beim Eintritt die kinetische Energie

$$\frac{1}{2}m v_0^2 = e\,U_B$$

und damit die Geschwindigkeit

$$v_0 = \sqrt{2\frac{e}{m}U_B}.$$

Wird dieser Wert für v_0 in den Ausdruck für $y(x)$ eingesetzt, so ergibt sich

$$y(x) = -\frac{1}{4}\frac{U}{d}\frac{1}{U_B}x^2.$$

Die Ablenkung y ist also von Ladung und Masse unabhängig, sodass mit diesem Versuch die spezifische Ladung e/m eines Elektrons nicht bestimmt werden kann. Möglich wird dies erst, wenn sich Elektronen auch durch magnetische Felder bewegen (→ 3.2).

Aufgaben

1. Berechnen Sie die Geschwindigkeit und die kinetische Energie von Elektronen, die eine Beschleunigungsspannung U_B = 300 V im Vakuum durchlaufen haben.
2. Geben Sie die Geschwindigkeit eines Elektrons mit der kinetischen Energie W_{kin} = 230 eV in km/s an.
*3. Erläutern Sie, wie sich die Bahn geladener Teilchen in der Elektronenstrahlröhre ändert, wenn sich statt der Elektronen **a)** Teilchen mit dreifacher Masse, **b)** Teilchen mit dreifacher Ladung oder **c)** Teilchen mit dreifacher Masse und Ladung bewegen.
Erläutern Sie, ob sich mit der Elektronenstrahlröhre die Masse oder die Ladung der Elektronen bestimmen lässt.
*4. Beschreiben Sie die Änderung der Elektronenbahn, wenn die Beschleunigungsspannung und die Ablenkspannung an einer Elektronenstrahlröhre im gleichen Verhältnis variiert werden.
5. Ein Elektron, das die Beschleunigungsspannung U_B = 150 V durchlaufen hat, fliegt senkrecht zum elektrischen Feld in die Mitte zwischen zwei parallele geladene Platten mit dem Abstand d = 1,5 cm. Zwischen den Platten liegt die Spannung U = 250 V. Berechnen Sie, **a)** wie lange es dauert, bis das Elektron auf eine der beiden Platten aufschlägt, **b)** wie weit der Auftreffpunkt vom Rand der Platte entfernt ist.

Exkurs

Das Oszilloskop

Als Katodenstrahlen wurden im 19. Jahrhundert geheimnisvolle Strahlen bezeichnet, die von geheizten Katoden ausgingen und bei Anlegen einer Hochspannung in verdünnten Gasen zu Leuchterscheinungen führten. Eine genaue Untersuchung durch J. J. Thomson (1856–1940) ergab, dass es sich bei den Strahlen um Elektronen handelt. Stoßen die Elektronen mit den Gasatomen zusammen, so regen sie diese zum Leuchten an.

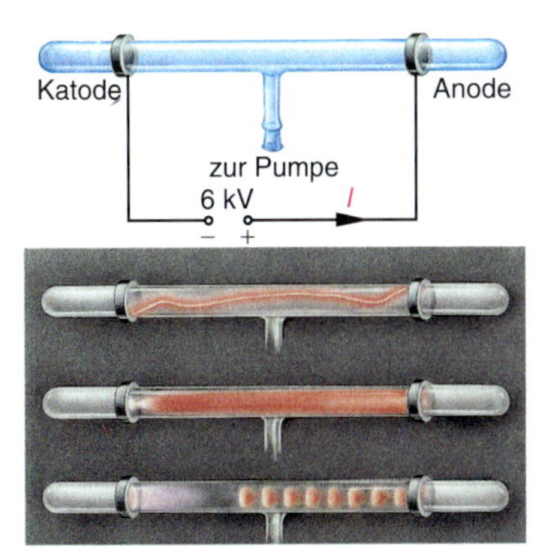

Zur Untersuchung der Strahlen wurden Röhren entwickelt, die einen gebündelten Elektronenstrahl erzeugen konnten. Dies führte schließlich zu den *Katodenstrahlröhren* (oder moderner **Elektronenstrahlröhren**), die Einrichtungen zur Intensitätssteuerung, zur Fokussierung und zur Ablenkung des Elektronenstrahls haben. Wesentliche Beiträge zur Entwicklung dieser Röhren lieferte K. F. Braun (1850–1918). Röhren mit elektrostatischen Ablenksystemen werden deshalb oft auch als **Braun'sche Röhren** bezeichnet. Meist erzeugt der Strahl einen Leuchtpunkt auf einem Schirm, die Röhre selbst ist evakuiert.

In Fernsehbildröhren werden magnetische Ablenkeinheiten benutzt. Sie erlauben große Ablenkwinkel bei nicht allzu hoher Frequenz der Ablenkspannung (→ 3.2).

Die elektrostatische Ablenkung wird für schnelle Ablenkung mit kleinem Winkel verwendet. Eine typische Anwendung stellen analoge Oszilloskope dar.
Das Oszilloskop ist eines der universellsten Messinstrumente, da es elektrische Spannungen von Sensoren, Verstärkern und anderen Signalquellen in Abhängigkeit von der Zeit messen kann.

Dabei werden die Proportionalität von Ablenkung und Ablenkspannung in einer Elektronenstrahlröhre zur Messung von Spannungen und die wegen der kleinen Elektronenmasse sehr geringe Trägheit des Ablenkvorganges zum Aufzeichnen zeitlicher Verläufe bis hin zu hochfrequenten periodischen Spannungsschwankungen ausgenutzt.

Die von der Glühkatode ausgehenden Elektronen werden durch den sogenannten Wehnelt-Zylinder zum Strahl gebündelt. Der Wehnelt-Zylinder hat gegenüber der Katode ein negatives Potential. Je größer die negative Vorspannung des Wehnelt-Zylinders gegenüber der Katode ist, desto kleiner ist die Anzahl der Elektronen, die den Wehnelt-Zylinder passieren können. Damit wird die Helligkeit des Leuchtflecks auf dem Leuchtschirm gesteuert. Durch die Anodenspannung (500 V–10 000 V, je nach Verwendungszweck) werden die Elektronen in Richtung auf den Leuchtschirm beschleunigt. Das elektrische Feld von Fokussierelektrode und Anode wirkt als sogenannte elektrische Linse; es gibt dem Elektronenstrahl die gewünschte scharfe Bündelung im Auftreffpunkt auf dem Leuchtschirm. Da dies vergleichbar mit der Wirkung einer Linse auf Lichtbündel ist, wird von einer *Elektronenoptik* gesprochen.
Durch zwei senkrecht zueinander stehende elektrische Felder kann der Strahl horizontal (x-Richtung) und vertikal (y-Richtung) abgelenkt werden. Wird an die x-Ablenkplatten eine sogenannte Sägezahnspannung U_x angelegt, so läuft der Leuchtfleck auf dem Schirm gleichförmig in horizontaler Richtung und springt dann in die Ausgangslage zurück. Da der Leuchtschirm nachleuchtet, erscheint als Bild bei entsprechender Frequenz der Sägezahnspannung eine still stehende, horizontale Linie. Wird gleichzeitig eine Messspannung U_y an die y-Ablenkplatten gelegt, so wird sie als Funktion der Zeit (in x-Richtung) dargestellt. Die zeitliche Auflösung wird auch durch die Frequenz der Sägezahnspannung bestimmt. Bei modernen Oszilloskopen kann diese mehr als 500 MHz betragen.

Periodische Messspannungen stehen für das Auge still, wenn die Auslenkung in x-Richtung immer an derselben Stelle des periodischen Signals startet. Dazu dient die Trigger-(Auslöser-)Einrichtung, die den Start der Sägezahnspannung in Abhängigkeit vom Messsignal steuert.

Da die Ablenkplatten von den Elektronen nicht zu schnell durchlaufen werden dürfen, da sonst die Ablenkung und damit die Empfindlichkeit sinkt, dient eine Nachbeschleunigungselektrode der zusätzlichen Energiesteigerung der Elektronen, wodurch die Helligkeit des Leuchtpunktes steigt.

3.2 Bewegung geladener Teilchen in homogenen magnetischen Feldern

Experimente von OERSTED und AMPERE zeigten die makroskopische Wirkung magnetischer Felder. Heute ist bekannt, dass die Wechselwirkungen mikroskopisch auf magnetische Kräfte zurückzuführen sind, die auf bewegte Ladungsträger wirken.

3.2.1 Die Lorentz-Kraft

Versuch 1: Über den Hals einer Elektronenstrahlröhre wird ein Hufeisenmagnet gehalten, sodass der Elektronenstrahl senkrecht zu den Feldlinien des Magneten gerichtet ist (**Abb. 42.1a**).
Beobachtung: Der Leuchtpunkt auf dem Schirm verschiebt sich.
Erklärung: Im Magnetfeld zwischen den Polen wirkt auf die Elektronen eine Kraft, sodass der Elektronenstrahl abgelenkt wird. ◂

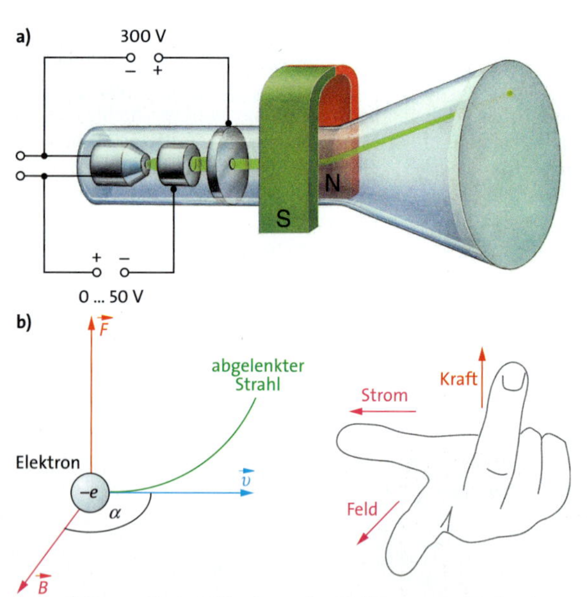

42.1 a) Magnetische Ablenkung des Elektronenstrahls in einer Elektronenstrahlröhre. **b)** Mit der *Drei-Finger-Regel* kann die Richtung der Lorentz-Kraft bestimmt werden.

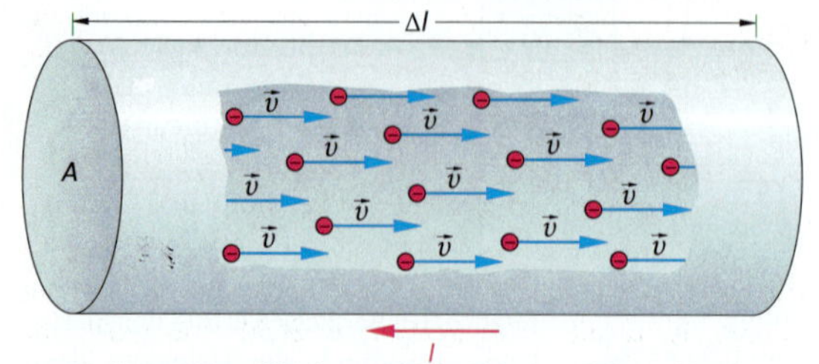

42.2 In einem metallischen Leiterstück der Länge Δl bewegen sich N Elektronen entgegen der Stromrichtung mit der Driftgeschwindigkeit v.

Es zeigt sich, dass die beobachtete Kraft auf alle bewegten Teilchen wirkt, die elektrisch geladen sind. Sie ist stets so gerichtet, dass sie senkrecht auf der Ebene steht, die Bewegungsrichtung und Feldrichtung aufspannen. Sie ist am größten, wenn sich die Ladungsträger senkrecht zu den Feldlinien bewegen, und ist nicht vorhanden bei einer Bewegung parallel zu den Feldlinien.

Nach dem niederländischen Physiker Hendrik Antoon LORENTZ (1853–1928) wird die Kraft auf bewegte geladene Körper im Magnetfeld als **Lorentz-Kraft F_L** bezeichnet.

Die Richtung der Lorentz-Kraft kann mit der schon bekannten *Drei-Finger-Regel der rechten Hand* (→ 2.1.1) angegeben werden. Dazu wird der Strahl als elektrischer Strom aufgefasst. Der Daumen zeigt in die Richtung des von bewegten Ladungsträgern hervorgerufenen Stroms. Da die Ladung q der Elektronen negativ ist und die Richtung eines Stroms vom Pluspol zum Minuspol definiert ist, zeigt der Daumen in die entgegengesetzte Bewegungsrichtung der Elektronen. Mit dem Zeigefinger in Feldrichtung gibt der Mittelfinger die Richtung der Lorentz-Kraft an (**Abb. 42.1b**).

> Auf Ladungsträger, die sich im Magnetfeld bewegen, wirkt die **Lorentz-Kraft.** Sie steht senkrecht auf der von der Bewegungsrichtung und der Feldrichtung aufgespannten Ebene und ist am größten, wenn Bewegung und Feld senkrecht zueinander gerichtet sind, und null, wenn sie parallel sind.
> Die Richtung der Lorentz-Kraft wird mit der *Drei-Finger-Regel* bestimmt.

Die Kraft auf einen stromdurchflossenen Leiter(→ 2.1.1) erweist sich als Summe der Lorentz-Kräfte auf die im Leiter bewegten Elektronen.

Aus dem Betrag der Kraft auf einen stromdurchflossenen Leiter lässt sich also auf den Betrag der Lorentz-Kraft auf ein einzelnes Elektron schließen. Dazu wird ein Leiterstück der Länge Δl betrachtet, in dem sich N frei bewegliche Elektronen befinden (**Abb. 42.2**). Im Leiterstück ist also die bewegliche Ladung mit dem Betrag $\Delta Q = Ne$ vorhanden. Unter dem Einfluss des elektrischen Feldes, das aufgrund einer angelegten Spannung im Leiter herrscht, bewegen sich die Elektronen mit einer bestimmten *Driftgeschwindigkeit* v entgegen der Feldrichtung. Die Bezeichnung *Driftgeschwindigkeit* weist darauf hin, dass diese Bewegung der Temperaturbewegung der Elektronen und deren Streuung an den Gitteratomen überlagert ist. Aufgrund der Driftgeschwindigkeit v der Elektronen fließt ein Strom der Stärke I durch den Leiter. Ist Δt die Zeit, in der die gesamte, in der Leiterlänge Δl frei bewegliche Ladung $\Delta Q = Ne$ durch den Leiterquerschnitt fließt, so gilt für die Stromstärke

$$I = \frac{\Delta Q}{\Delta t} = \frac{Ne}{\Delta t} = \frac{Ne}{\Delta l}\frac{\Delta l}{\Delta t} = \frac{Ne}{\Delta l}v$$

mit der Driftgeschwindigkeit $v = \Delta l / \Delta t$.

Dieser Term wird in die Formel $F = IlB$ für die Kraft auf den stromdurchflossenen Leiter eingesetzt (→ 2.1.1):

$$F = \frac{Ne}{\Delta l} v \Delta l B = NevB \text{ und daraus } F_L = \frac{F}{N} = evB$$

F_L ist die Lorentz-Kraft auf ein einzelnes Elektron.

Die **Lorentz-Kraft** F_L, die in einem Magnetfeld auf bewegte Teilchen mit der Ladung q wirkt, wenn sie sich mit der Geschwindigkeit v senkrecht zu den Feldlinien eines Magnetfeldes der Flussdichte B bewegen, ergibt sich zu
$F_L = qvB$.
Da die Lorentz-Kraft in jedem Moment senkrecht zur Geschwindigkeit v wirkt, ändert sie nur die Richtung und nicht den Betrag der Geschwindigkeit.

Die Lorentz-Kraft als Vektorprodukt

Die Lorentz-Kraft kann in Vektorschreibweise dargestellt werden. Da keine Beträge betrachtet werden, muss natürlich auch bei Ladungen das Vorzeichen berücksichtigt werden. Für die Lorentz-Kraft $\vec{F_L}$ auf ein Teilchen mit der Ladung q, das sich mit der Geschwindigkeit $\vec{v}$ im Magnetfeld mit der magnetischen Flussdichte $\vec{B}$ bewegt, gilt:

$$\vec{F_L} = q\vec{v} \times \vec{B} \text{ mit } |F_L| = qvB\sin\alpha.$$

Für $\alpha = 90°$ ergibt sich das bekannte Ergebnis $F_L = qvB$.

Aufgaben

1. Eine Kugel mit der Ladung $q = -2{,}0$ nC fliegt in einem waagerecht nach Süden gerichteten Magnetfeld der Flussdichte $B = 500$ mT mit der Geschwindigkeit $v = 300$ m/s in westlicher Richtung. Ermitteln Sie Betrag und Richtung der magnetischen Kraft auf die Kugel.
2. Ermitteln Sie die Richtung und den Betrag der magnetischen Flussdichte B, mit der die Gewichtskraft eines Elektrons, das waagerecht nach Westen mit der Geschwindigkeit $v = 2{,}0$ cm/s fliegt, kompensiert wird.
3. Ein Elektron fliegt mit der Geschwindigkeit v senkrecht zu den Feldlinien eines homogenen Magnetfeldes. Erklären Sie, warum das Elektron auf einer Kreisbahn fliegt, und berechnen Sie dessen Geschwindigkeit v für den Kreisbahnradius $r = 15$ cm und die magnetische Flussdichte $B = 2{,}8$ mT.

Exkurs

Supraleitende Magnete

Am Genfer See liegt das berühmte europäische Forschungsinstitut CERN (Centre European de la Recherche Nucleaire). Die neueste Experimentiereinrichtung ist der Large Hadron Collider LHC. Am LHC werden Protonen auf die technisch höchst mögliche Energie (7 TeV) beschleunigt, um sie in vier Wechselwirkungspunkten zur Kollision zu bringen. Spezielle Detektoren beobachten die Kollisionen.

Die Protonen werden durch Magnete auf ihrer evakuierten Bahn im 27 km langen Tunnel gehalten. Die Anzahl der Magnete ist beeindruckend hoch. Insgesamt 1232 Hauptmagnete sind für die Ablenkung der Teilchen verantwortlich. Um die Protonen auf der Bahn zu halten, sind Magnetfelder mit sehr hohen Flussdichten notwendig. Die fast 15 m langen Hauptmagnete arbeiten mit magnetischen Flussdichten von mehr als 8 T. Dazu sind Stromstärken von mehr als 11 000 A notwendig. Dies lässt sich mit herkömmlicher Technologie nicht verwirklichen. Deshalb werden supraleitende Materialien verwendet.

Das Phänomen **Supraleitung** wurde 1911 an Quecksilber entdeckt. Unterhalb einer bestimmten Temperatur (4,19 K) verschwindet plötzlich der elektrische Widerstand des Quecksilbers. Erklärt wird die Supraleitung mit einem neuen Quantenzustand, in dem die Elektronen sogenannte *Cooper-Paare* bilden. Ein Problem stellt die Tatsache dar, dass die Supraleitung durch hohe Magnetfelder („kritisches Feld") zerstört wird. Spezielle Metall-Legierungen haben aber besonders hohe kritische Felder und eignen sich deshalb für den Magnetbau. Oft wird, wie auch beim LHC, die Metall-Legierung Niob-Titan (NbTi) verwendet. Sie hat eine Sprungtemperatur von 10 K und erlaubt sehr große Ströme.
Am LHC werden die Hauptmagnete bei einer Temperatur von 1,9 K betrieben. Durch die Absenkung der Temperatur lässt sich das temperaturabhängig kritische Magnetfeld weiter erhöhen.
Das Bild zeigt den Querschnitt eines LHC-Hauptmagneten. Gut zu erkennen sind die beiden Strahlrohre für die Protonen, umgeben von den supraleitenden Spulen, die mit nichtmagnetischem Stahl ummantelt sind. Dieser stabilisiert die Spulen gegen die hohen magnetischen Kräfte.

3.2.2 Die spezifische Ladung des Elektrons

In Abschnitt 3.1.2 wurde bereits darauf hingewiesen, dass die Ablenkung elektrisch geladener Teilchen in elektrischen Feldern nicht die Bestimmung ihrer spezifischen Ladung q/m erlaubt. Bei der Entdeckung des Elektrons durch J.J. THOMSON spielte gerade die Messung dieser Größe eine entscheidende Rolle. Er benutzte dazu eine Katodenstrahlröhre mit gekreuzten elektrischen und magnetischen Feldern. Aufgrund des ermittelten Wertes für die spezifische Ladung schloss THOMSON, dass die geladenen Teilchen der Katodenstrahlen deutlich weniger Masse haben mussten als H^+-Ionen.

> Aus der Ablenkung frei beweglicher geladener Teilchen in elektrischen und magnetischen Feldern kann der Quotient aus ihrer Ladung und Masse q/m bestimmt werden. Bei bekannter Ladung $q = Ze$ lässt sich daraus die Masse m der Teilchen berechnen.

Versuch 1 – Fadenstrahlrohr: In einer kugelförmigen Glasröhre werden Elektronen, die aus einer Glühkatode austreten, mit der Anodenspannung U_B beschleunigt. Da die Röhre mit Wasserstoffgas unter geringem Druck gefüllt ist, stoßen einige der beschleunigten Elektronen mit Gasmolekülen zusammen und regen diese zum Leuchten an. Dadurch wird der Elektronenstrahl als feiner *Fadenstrahl* sichtbar. Die Röhre befindet sich zwischen den Spulen eines Helmholtz-Spulenpaares, dessen homogenes Magnetfeld senkrecht zum Elektronenstrahl gerichtet ist. Dadurch wirkt die Lorentz-Kraft, die die Elektronen senkrecht zu ihrer Bahngeschwindigkeit v auf eine Kreisbahn lenkt (**Abb. 44.1**). Der Kreisbahnradius r hängt von der angelegten Beschleunigungsspannung U_B und der magnetischen Flussdichte B ab.

Auswertung: Auf der Kreisbahn wirkt die Lorentz-Kraft $F_L = e\,v\,B$ als Zentripetalkraft $F_Z = m\,v^2/r$ (**Abb. 44.2**). Aus $F_L = F_Z$ folgt $e\,v\,B = m\,v^2/r$ und daraus

$$\frac{e}{m} = \frac{v}{B\,r}.$$

Die Bahngeschwindigkeit v der zwischen Glühkatode und Anode beschleunigten Elektronen berechnet sich aus der Beschleunigungsspannung U_B zu (→ 3.1.2)

$$v = \sqrt{2\,\frac{e}{m}\,U_B}\,.$$

Wird dieser Ausdruck für v in die obige Gleichung eingesetzt, die erhaltene Gleichung quadriert und nach e/m aufgelöst, so ergibt sich:

$$\frac{e}{m} = \frac{2\,U_B}{B^2\,r^2}$$

Der Quotient aus Ladung und Masse, die *spezifische Ladung e/m* eines Elektrons, kann mit den Messwerten für U_B, B und r berechnet werden. ◀

> Die **spezifische Ladung** des Elektrons beträgt
> $$\frac{e}{m} = 1{,}76 \cdot 10^{11}\,\frac{\text{C}}{\text{kg}}.$$

Mit der aus dem Millikan-Versuch (→ S. 36) bekannten Elementarladung e folgt:

> Die **Masse** des Elektrons beträgt
> $$m_e = 9{,}11 \cdot 10^{-31}\,\text{kg}.$$

44.1 Im Fadenstrahlrohr werden Elektronen von der Lorentz-Kraft auf eine Kreisbahn gelenkt. Durch Stöße angeregte Gasmoleküle machen den Elektronenstrahl sichtbar.

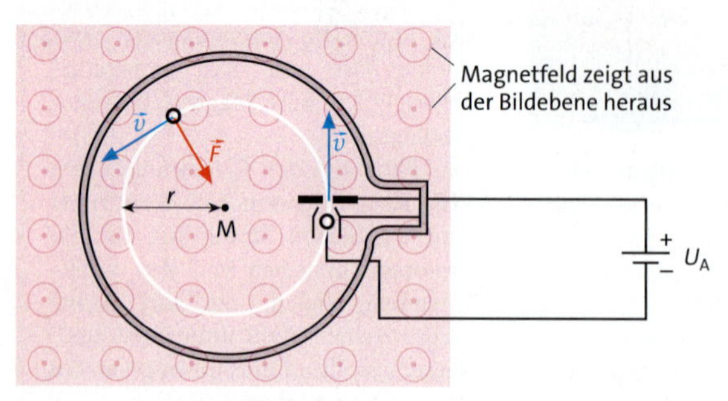

44.2 Das Elektron befindet sich auf der weiß eingezeichneten Kreisbahn. Die Lorentz-Kraft wirkt in Richtung Kreismittelpunkt.

Aufgaben

1. Die magnetische Flussdichte im homogenen Teil eines Helmholtz-Spulenfeldes wird mit einer Hall-Sonde (→ 3.2.3) zu $B = 9{,}65 \cdot 10^{-4}$ T bestimmt. Bei einer Beschleunigungsspannung von $U_B = 210$ V wird im Fadenstrahlrohr der Durchmesser der Kreisbahn zu $d = 10{,}2$ cm gemessen. Berechnen Sie die spezifische Ladung e/m der Elektronen.
2. Ein Proton bewegt sich mit der Geschwindigkeit $v = 750$ km/s in einem homogenen Magnetfeld mit der Flussdichte $B = 245$ mT senkrecht zu den Feldlinien. Berechnen Sie den Radius seiner Kreisbahn.

Exkurs

Das Rasterelektronenmikroskop

Die Elektronenmikroskopie ist eine Untersuchungsmethode, mit der in Forschungs- und Entwicklungslabors Strukturen kleinster Objekte dargestellt werden. Die Anwendungen reichen dabei von der Materialprüfung bis hin zu biologischen Fragen in der Medizin. E. Ruska (1906–1988) und M. Knoll (1897–1969) bauten 1931 das erste Elektronenmikroskop. Für seine Arbeiten erhielt Ruska 1986 den Physik-Nobelpreis.

Zunächst ähnelte ein Elektronenmikroskop einem Durchlichtmikroskop. Diese Ausführung wird als Transmissionselektronenmikroskop (TEM) bezeichnet. Aus einer nadelförmigen, beheizten Spitze treten Elektronen aus, die von einer 50–500 kV großen Anodenspannung beschleunigt werden. Der Elektronenstrahl verlässt die Quelle divergent und wird, bevor er die Probe durchsetzt, von einem Kollektor gebündelt.

Der Kollektor besteht ebenso wie alle anderen Linsensysteme aus stromdurchflossenen Spulen, die das abbildende Magnetfeld erzeugen. Beim Durchtritt durch das Objekt werden die Elektronen unterschiedlich stark abgelenkt. Der Grad der Ablenkung hängt von der Elektronendichte im Präparat ab. Je höher die Atommasse ist, desto stärker ist die Ablenkung. Die Probe darf nicht dicker als 100 nm sein, da sonst die Absorption der Elektronen zu stark wäre. Nach Durchtritt durch das Objekt werden die gestreuten Elektronen von einem Objektivlinsensystem zu einem Zwischenbild gesammelt, das anschließend durch ein weiteres Linsensystem (Projektivspulen) nachvergrößert wird. Das Bild des Objekts ist entweder auf einem fluoreszierenden Schirm sichtbar oder wird mit einer Fotoplatte oder einem digitalen Aufnahmeverfahren aufgezeichnet. Der Schwärzungsgrad der Fotoplatte spiegelt dabei die Elektronendichte und damit die Atommassenunterschiede im durchstrahlten Präparat wider.

Sehr verbreitet sind heute Rasterelektronenmikroskope (REM). Das REM zielt weniger auf extreme Vergrößerungen ab als vielmehr auf die Abbildung von Objekten, die einige Millimeter groß sein können. Dabei interessiert meist deren Oberflächenstruktur, die kleiner als ein Mikrometer sein kann. Mit dem REM kann das Objekt sowohl als Ganzes abgebildet als auch die Oberflächenstruktur untersucht werden.

Der Elektronenstrahl fällt nicht auf das gesamte Objekt, sondern wird auf einen kleinen Punkt auf der Oberfläche durch magnetische Felder fokussiert. Der primäre Elektronenstrahl löst aus der Oberfläche Sekundärelektronen aus, die von einem seitlich angebrachten Detektor aufgesammelt und als Signal an eine Bildröhre weitergegeben werden. Die Anzahl der Sekundärelektronen hängt von der Neigung der Oberfläche ab. Dadurch entsteht der Kontrast.

Ein Rastergenerator führt mithilfe eines elektrischen Ablenkfeldes den Elektronenstrahl zeilenförmig Punkt für Punkt über das Objekt und synchron dazu den Elektronenstrahl in der Bildröhre über den Schirm. Das so entstandene Bild zeichnet sich durch eine große Schärfentiefe aus und vermittelt einen ausgeprägten räumlichen Eindruck, wie das unten stehende Bild einer Fliege zeigt.

a) Lichtmikroskop

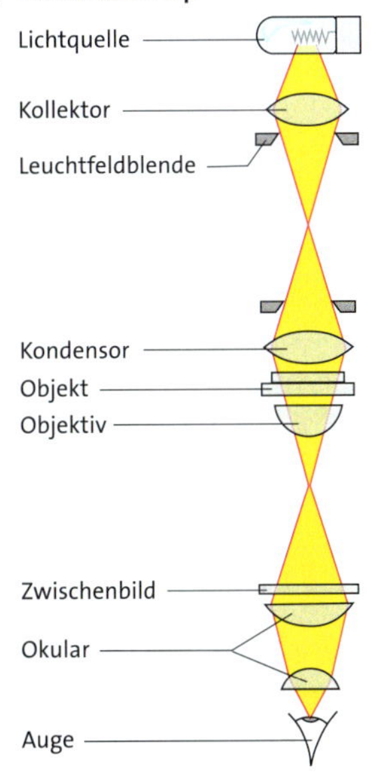

b) Elektronenmikroskop

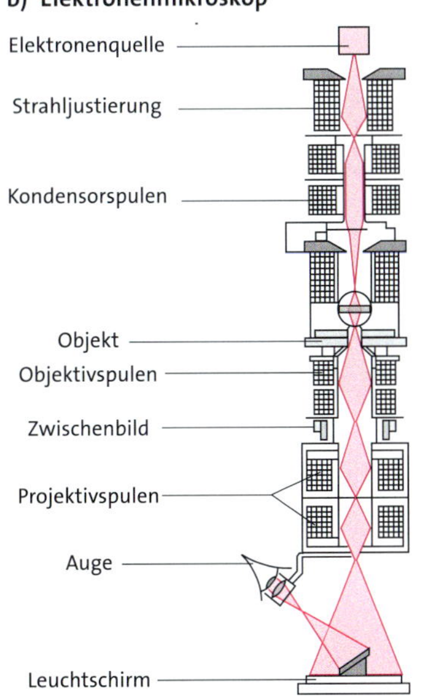

c) Rasterelektronenmikroskop

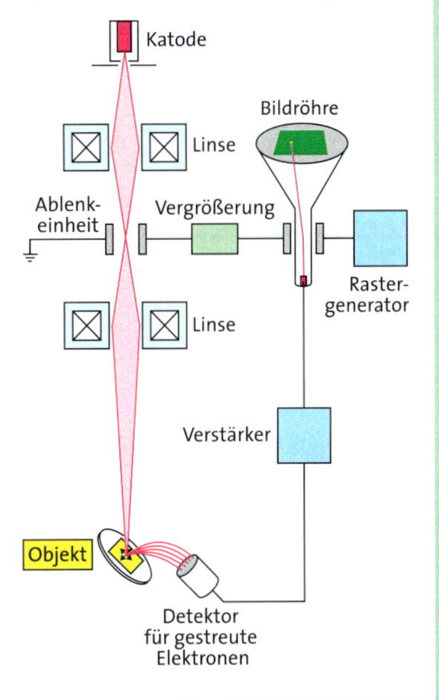

Exkurs

Polarlicht und Van-Allen'scher Strahlungsgürtel

Im hohen Norden der Nordhalbkugel und im Süden der Südhalbkugel der Erde können bisweilen prächtige Farberscheinungen am Himmel beobachtet werden. Sie heißen *Polarlicht* oder *Aurora*. Das Polarlicht bildet ein wellenförmiges Band und wirkt wie ein Schleier oder Vorhang. Die Leuchterscheinungen sind grünlich weiß und bei größerer Helligkeit in zahllosen Farben leuchtend. Die beiden oberen Bilder wurden in Alaska aufgenommen. Das Polarlicht entsteht im Bereich der Ionosphäre, in der erdnahe Satelliten fliegen. Der untere Rand des Aurorabandes liegt in einer Höhe von etwa 100 km, wobei das Polarlicht bis in Höhen von 1000 km hinauf entstehen kann.

Das Polarlicht tritt nur in ringförmigen Gürteln zwischen dem 60. und 75. Grad nördlicher bzw. südlicher Breite auf. Jeder Gürtel ist zentriert angeordnet über einem der magnetischen Pole der Erde und hat meist die Form eines Ovals. Das Bild auf Seite 47 unten ist eine computerverstärkte Aufnahme des nördlichen Auroraovals, aufgenommen von einem in drei Erdradien Höhe fliegenden Satelliten.

Ursprünglich wurde das Polarlicht für reflektiertes Sonnenlicht gehalten. ÅNGSTRÖM zeigte im Jahre 1888, dass dies nicht zutrifft, indem er das Spektrum des Polarlichts mit dem Sonnenspektrum verglich. Das Licht wird von Atomen und Molekülen der oberen Atmosphäre emittiert, wenn sie von schnellen Elektronen getroffen werden. Die Anregung von atomarem Sauerstoff führt zu der grünlich weißen Leuchterscheinung. Höherenergetische Elektronen erzeugen beim Zusammenstoß mit Stickstoffmolekülen rosarotes bis violettes Licht. Nur ein geringer Anteil des Polarlichtes ist sichtbar, denn es enthält auch infrarotes und ultraviolettes Licht und sogar Röntgenstrahlung.

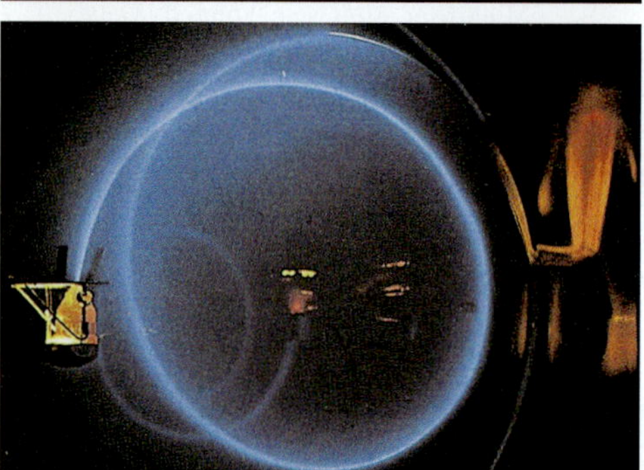

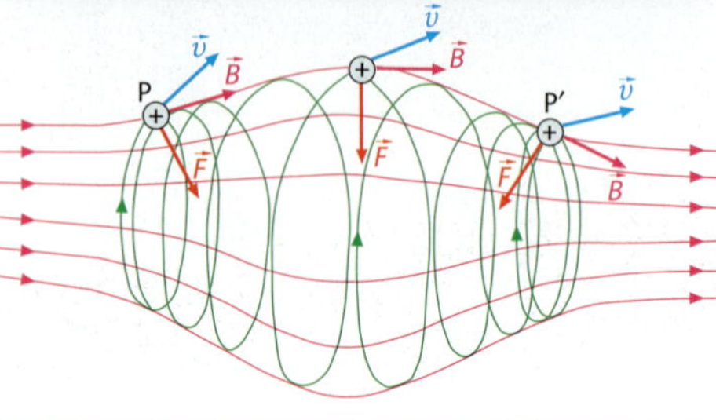

Mit dem in → 3.2.2 behandelten Fadenstrahlrohr kann beobachtet werden, wie beschleunigte Elektronen, die gegen die Moleküle eines unter geringem Druck stehenden Gases stoßen, die Moleküle zum Leuchten anregen (drittes Foto). Auch die Ablenkung von schnell fliegenden Teilchen im Magnetfeld der Erde aufgrund der Lorentz-Kraft, die ein wichtiger Effekt bei der Entstehung des Polarlichts ist, kann mit dem Fadenstrahlrohr demonstriert werden: Wird die Röhre etwas gegenüber dem Magnetfeld der Helmholtz-Spulen gedreht, sodass die beschleunigten Elektronen eine Geschwindigkeitskomponente in Feldrichtung haben, so bewegen sie sich auf schraubenförmigen Bahnen um die magnetischen Feldlinien (drittes Foto). Wird statt eines homogenen Feldes ein inhomogenes Feld mithilfe zweier Stabmagnete erzeugt, so gelingt es, dass sich die Elektronen auf in sich geschlossenen Bahnen bewegen, die sich spiralig zwischen den beiden Polen um das Feld hin und her winden (viertes Foto). Ein Effekt, der als **magnetische Flasche** bezeichnet wird: Bewegt sich ein geladenes Teilchen in einem inhomogenen Magnetfeld, das an den Enden stärker als im Zentrum ist, so ändert sich der Radius der spiralförmigen Bahn und es wirkt beim Eindringen in Bereiche größerer Feldstärke eine rücktreibende Kraft F. Die Bahnen werden enger und es kommt zu einer Umkehr. Das Teilchen ist durch das Magnetfeld eingefangen (unteres Bild).

Zurück zu den Erscheinungen in der Ionosphäre: Auf diese Weise wird auch die Entstehung des 1958 entdeckten **Van-Allen'schen Strahlungsgürtels** erklärt. Bei Satellitenmessungen waren Zonen hoher Strahlungsdichte in Höhen von 2 000 km bis 4 000 km und zwischen 10 000 km und 20 000 km entdeckt worden. Die ringförmigen Zonen erstrecken sich um die geomagnetische Äquatorebene etwa 40° nach Norden und Süden (Bild rechts). Im inneren Gürtel befinden sich vor allem Protonen, im äußeren Elektronen. Die aus dem Weltraum kommenden energiereichen elektrisch geladenen Teilchen werden durch das Magnetfeld der Erde eingefangen und spiralig abgelenkt. Sie oszillieren wie in einer magnetischen Flasche zwischen den Zonenenden im Norden und Süden, wobei sie mehrere Monate in dem Strahlungsgürtel verweilen können.

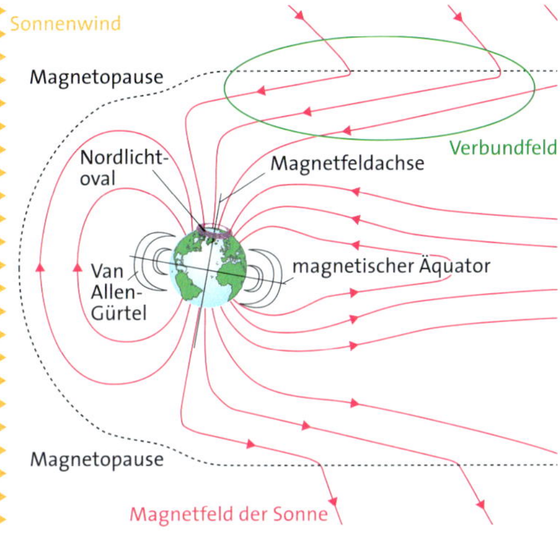

Verantwortlich für die Entstehung des Polarlichts ist der Sonnenwind. Er besteht aus Elektronen und Protonen, die von der Sonnenoberfläche mit Geschwindigkeiten bis zu 1000 km/s in den Weltraum abgestoßen werden. Der Sonnenwind verformt das Magnetfeld der Erde, das auch als *Magnetosphäre* bezeichnet wird. Die äußere Grenze der Magnetosphäre heißt *Magnetopause.*

Der Sonnenwind verformt nicht nur das Magnetfeld der Erde, sondern er sorgt außerdem dafür, dass sich das Magnetfeld der Sonne bis zur Erde hin ausdehnt. Dadurch bildet sich im Bereich der Magnetopause aus beiden Feldern ein *Verbundfeld.* Dieses Verbundfeld lenkt aufgrund der Lorentz-Kraft die Teilchen des Sonnenwindes ab. Dadurch bewegen sich auf der Nordseite der Erde die Protonen entsprechend der Drei-Finger-Regel auf die sogenannte Morgenseite: Im Bild entspricht dies einer Ablenkung nach hinten. Elektronen werden nach vorn auf die Abendseite abgelenkt. Dadurch bilden sich im Weltall der positive und der negative Pol des *Polarlichtgenerators.*

Die Magnetosphäre ist mit einem dünnen Plasma aus Elektronen und Ionen gefüllt, sodass zwischen den Polen des Generators ein Strom fließen kann. Der Strom fließt vom positiven Pol spiralförmig entlang der Feldlinien in die Ionosphäre, die elektrisch leitend ist. Daher fließt der Strom nun in der Ionosphäre quer über die Polregion hinweg und von der Ionosphäre wieder spiralförmig die Magnetfeldlinien hinauf zum negativen Pol. Der Strom nach oben wird durch Elektronen erzeugt, die nach unten fließen und dabei mit Atomen und Molekülen kollidieren, welche ihrerseits Licht emittieren. Dies ist der Anteil des Entladungskreises, der hauptsächlich das Polarlicht erzeugt.

Der Sonnenwind als Urheber des Polarlichts ist großen Schwankungen unterworfen. Grund dafür sind heftige Eruptionen der Sonnenkorona, wodurch „stürmische" Sonnenwinde entstehen. Sie erreichen innerhalb zweier Tage die Erde und können prächtige Polarlichter hervorrufen.

Wie gewaltig die dabei umgesetzte Energie ist, macht der folgende Vergleich deutlich: Die Leistung eines großen Kraftwerks beträgt etwa 1 000 MW, die des Polarlichts 1 bis 10 TW; das entspricht etwa der Leistung von 1 000 bis 10 000 großen Kraftwerken.

Obwohl vieles über die Abläufe bei der Entstehung von Polarlichtern bekannt ist, bleibt die genauere Untersuchung der elektrischen Entladungsprozesse, die diese Naturerscheinung hervorrufen, auch im 21. Jahrhundert eine Herausforderung an die Wissenschaft.

3.2.3 Der Hall-Effekt

Auf einen stromdurchflossenen Leiter wirkt in einem senkrecht zum Leiter gerichteten Magnetfeld eine Kraft (→ 2.1.1). In → 3.2.1 wurde diese Kraft auf die Lorentz-Kraft F_L zurückgeführt, die auf die mit der Driftgeschwindigkeit v bewegten Elektronen wirkt. Daraus folgt, dass die Lorentz-Kraft die Elektronen im Leiter zur Seite verschiebt, wodurch der Leiter auf der einen Seite negativ und auf der gegenüberliegenden Seite positiv aufgeladen wird. Der Nachweis dieses Effekts gelang dem Amerikaner E. H. HALL (1855–1938).

Versuch 1: Experimentiert wird mit einem Einkristall aus Germanium. Der $d = 1{,}0$ mm dicke, quaderförmige Kristall, der auf eine Trägerplatte geklebt ist, wird so zwischen die Pole eines Magneten gebracht, dass das Feld die große Quaderfläche senkrecht durchsetzt. Fließt ein Strom I in Längsrichtung, so kann senkrecht zum Strom an zwei, über der Breite b liegenden Kontakten die **Hall-Spannung** U_H gemessen werden (**Abb. 48.1 a**). ◂

Als HALL 1879 sein Experiment durchführte, war über die Natur des elektrischen Stroms noch wenig bekannt. Es war ihm aber möglich, eine Aussage über die Ladungsträger zu machen. Nach der Drei-Finger-Regel (→ 2.1.1) ist die Richtung der magnetischen Kraft nur von der Strom- und der Feldrichtung abhängig. Für positive und negative Ladungsträger ergibt sich für eine bestimmte Stromrichtung die gleiche Ablenkrichtung. Dies führt zu unterschiedlichem Vorzeichen der Hall-Spannung. Daraus kann auf das Vorzeichen der bewegten elektrischen Ladung geschlossen werden (**Abb. 48.1 b**).

Messergebnis: Bei der magnetischen Flussdichte $B = 106$ mT und der Stromstärke $I = 30$ mA wird die *negative* Hall-Spannung $U_H = -20{,}6$ mV gemessen. Die magnetische Flussdichte B wurde zuvor mit der Kraft auf einen stromdurchflossenen Leiter ermittelt (→ 2.1.1).

Folgerung: Bei vorliegender Messrichtung der Hall-Spannung beweist der negative Wert der Spannung, dass der Ladungstransport durch Elektronen erfolgt.

Hall-Effekt: Ein quaderförmiges, dünnes Plättchen der Dicke d ist in Längsrichtung von einem Strom I durchflossen. Durchsetzt ein Magnetfeld mit der Flussdichte B senkrecht das Plättchen, so wird senkrecht zur Strom- und senkrecht zur Feldrichtung die **Hall-Spannung** U_H gemessen. Es gilt

$U_H = R_H I B / d$; R_H ist die Hall-Konstante.

Die Hall-Konstante ist eine Materialkonstante, die allerdings von der Temperatur, dem Magnetfeld und der Qualität der Probe abhängt. Aus dem Vorzeichen der Hall-Konstante kann das Vorzeichen der bewegten elektrischen Ladungsträger bestimmt werden. Die Hall-Konstante ist negativ, wenn die Ladungsträger Elektronen sind.

Anmerkung: Die Möglichkeit, das Vorzeichen der Ladungsträger durch Messung der Hall-Spannung zu bestimmen, ist heute sehr wichtig. Einige Metalle und Halbleiter verhalten sich so, als wäre die Stromleitung auf positive Ladungsträger zurückzuführen. Die Hall-Konstanten hängen dabei empfindlich von der Reinheit der Proben ab. In Halbleitern wird der Einfluss von Fremdatomen bei der **Dotierung** gezielt genutzt. Die elektrischen Eigenschaften, speziell die in Halbleiterbauelementen erforderliche hohe Stromdichte, lassen sich so gezielt steuern. Je nach Fremdatom ergeben sich p-leitende (positive Ladungsträger) oder n-leitende (negative Ladungsträger) Halbleiter. Dies ist allerdings nur mit komplizierten Theorien fester Körper zu erklären.

Stoff	R_H in 10^{-11} m³/C	Stoff	R_H in 10^{-11} m³/C
Aluminium	+9,9	Gold	−7,2
Kupfer	−5,3	Blei	+0,9
Silber	−8,9	Cadmium	+5,9

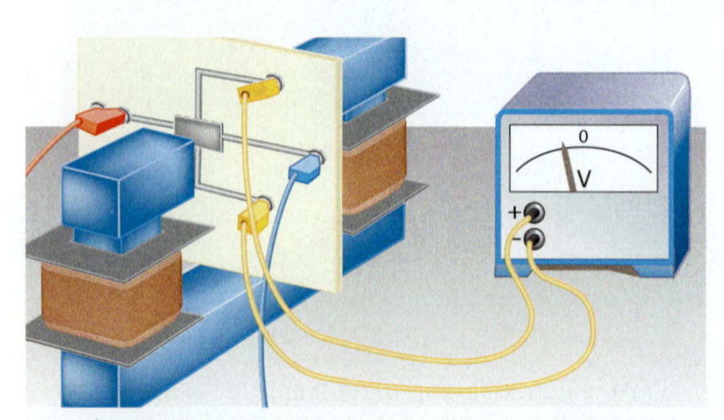

48.1 a) Hall-Effekt-Messung: Zwischen den Polschuhen eines Elektromagneten befindet sich ein dünnes Einkristall-Plättchen aus Germanium.

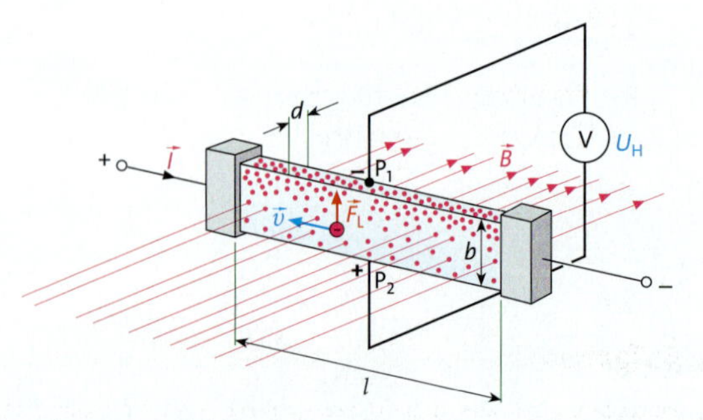

b) Ist das Magnetfeld nach hinten gerichtet und fließt der Strom von links nach rechts, so werden nach der Drei-Finger-Regel die Ladungsträger nach oben abgelenkt.

Hall-Sonden

Dünne Halbleiterplättchen, die nur wenige Quadratmillimeter groß sind, werden zur Messung der magnetischen Flussdichte in *Hall-Sonden* eingebaut. Halbleitermaterialien werden bevorzugt, da der Betrag ihrer Hall-Konstanten deutlich über dem der Metalle liegt. Die Empfindlichkeit kann mit dem Strom I durch den Kristall eingestellt werden. Wegen der geringen Größe können Hall-Sonden Flussdichten auch in engen Luftspalten von Generatoren und Elektromotoren messen.

Versuch 2: Mit einer Hall-Sonde wird das Magnetfeld eines stromdurchflossenen Helmholtz-Spulenpaares vermessen. Ein *Helmholtz-Spulenpaar* besteht aus zwei Spulen, wobei der Abstand der beiden Spulen gleich dem Spulenradius ist (**Abb. 49.1**).
Ergebnis: Die Messung zeigt eine weitgehende Homogenität des Feldes in der Nähe der Spulenachse zwischen den beiden Spulen. ◂

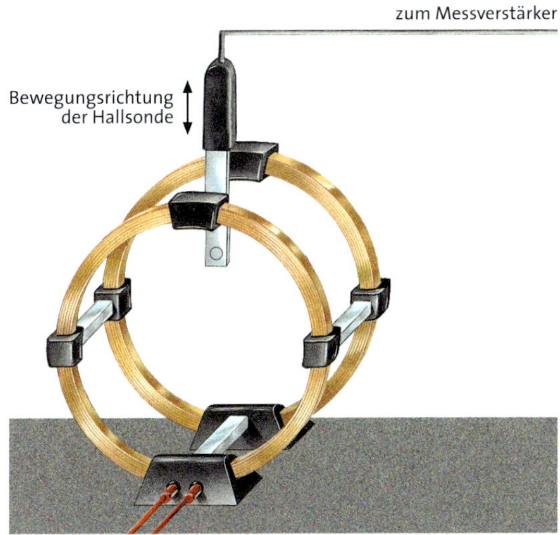

49.1 Mit einer Hallsonde wird das Magnetfeld eines Helmholtz-Spulenpaares gemessen.

Herleitung der Hall-Spannung

Die seitliche Verschiebung der mit der Driftgeschwindigkeit v bewegten Ladungsträger durch die Lorentz-Kraft F_L ruft ein senkrecht zum Strom gerichtetes homogenes elektrisches Feld E im Leiter hervor. Im Kräftegleichgewicht ist der Betrag der Lorentz-Kraft $F_L = e\,v\,B$ gleich dem Betrag der vom elektrischen Feld ausgeübten Coulomb-Kraft $F_C = e\,E$, wobei die Kräfte entgegengesetzt gerichtet sind. Aus $F_L = F_C$ folgt $e\,v\,B = e\,E$ und daraus $E = v\,B$. Das elektrische Feld E ruft die Hall-Spannung U_H hervor, die mit der Breite b des Leiters berechnet werden kann:

$$U_H = b\,E = b\,v\,B$$

In → 3.2.1 wurde der Zusammenhang zwischen der Driftgeschwindigkeit v von N Elektronen im Leiterstück der Länge l und der Stromstärke I hergeleitet: $I = Ne\,v/l$. Daraus folgt $v = Il/Ne$. In die Gleichung für die Hall-Spannung eingesetzt, ergibt sich

$$U_H = b\,(I\,l/Ne)\,B.$$

Mit der *Ladungsträgerdichte* $N_V = N/V$ und $V = l\,b\,d$ folgt

$$U_H = \left(\frac{b\,l}{N_V V e}\right) I\,B = \frac{1}{N_V e}\frac{I\,B}{d} = R_H \frac{I\,B}{d}.$$

Die Hall-Konstante R_H ergibt sich daraus zu $R_H = 1/(N_V e)$.

> Ladungsträgerdichte $N_V = N/V$ und Hall-Konstante R_H sind indirekt proportional zueinander:
>
> $$R_H = \frac{1}{N_V e}$$

Bestimmung der Ladungsträgerdichte

Mit den Messergebnissen von Versuch 1 kann die Ladungsträgerdichte N_V der Germaniumprobe berechnet werden:

$$N_V = \frac{I\,B}{U_H e\,d} = \frac{(30\text{ mA} \cdot 106\text{ mT})}{20{,}6\text{ mV} \cdot 1{,}6 \cdot 10^{-19}\text{ As} \cdot 1{,}0\text{ mm}} = 9{,}6 \cdot 10^{20}\,\frac{1}{\text{m}^3}$$

Interessant ist es, die Anzahl N der Ladungsträger auf die Stoffmenge n und damit auf die Zahl der Atome bzw. Ionen in der Probe zu beziehen. Mit der Masse m der Probe und der molaren Masse M gilt für die Stoffmenge $n = m/M$ mol; 1 mol = $6{,}02 \cdot 10^{23}$ Atome. Mit der Dichte $\rho = m/V$ der Probe folgt

$$n = \rho\,V/M.$$

Damit ergibt sich für die molare Ladungsträgerkonzentration N_n (das ist die auf die Stoffmenge n bezogene Anzahl N der Ladungsträger):

$$N_n = \frac{N}{n} = \frac{N}{\rho\,V/M} = N_V \frac{M}{\rho}.$$

Mit dem Wert $N_V = 9{,}6 \cdot 10^{20}\,\text{m}^{-3}$, der molaren Masse für Germanium $M_{Ge} = 72{,}6$ g/mol und der Dichte für Germanium $\rho_{Ge} = 5{,}33\text{ g/cm}^3$ folgt

$$N_n = N_V \frac{M}{\rho} = \frac{9{,}6 \cdot 10^{20}}{\text{m}^3} \cdot \frac{72{,}6\text{ g/mol}}{5{,}33\text{ g/cm}^3} = 1{,}3 \cdot 10^{16}\,\frac{1}{\text{mol}}.$$

Damit ergibt sich die äußerst geringe Konzentration von einem Elektron pro 46 000 000 Germaniumatome.
Wegen der geringen Ladungsträgerkonzentration ergibt sich ein relativ großer Betrag der Hall-Konstanten, was zu einer leicht messbaren Hall-Spannung im Millivolt-Bereich führt.

Aufgaben

1. Berechnen Sie aus den Messergebnissen in Versuch 1 die Hall-Konstante R_H des Germanium-Plättchens. Welche Aussage können Sie über die Ladungsträger machen?

*2. Erklären Sie, warum die Hall-Spannung U_H indirekt proportional zur Dicke d ist. Betrachten Sie dazu den Zusammenhang zwischen Strom I und Ladungsträgern.

3.3 Anwendungen in der Wissenschaft

Die Kenntnisse über das Verhalten geladener Teilchen in elektrischen und magnetischen Feldern sind von besonderer Bedeutung bei zwei wichtigen Forschungseinrichtungen, den Massenspektrometern und den Teilchenbeschleunigern.

3.3.1 Massenspektrometer

Die Massenspektroskopie geht auf Experimente von J. J. THOMSON zurück, die bei der Untersuchung von Neon zur Entdeckung der *Isotopie* führten: Atome desselben Elements besitzen häufig nicht die gleiche Masse. In Massenspektrometern werden die Atome zunächst ionisiert und durch ein elektrisches Feld beschleunigt. Zur Vereinfachung werden einfach ionisierte Atome bzw. Elektronen betrachtet. Massenspektrometer arbeiten im Hochvakuum, sodass eine ausreichend große freie Weglänge der Teilchen garantiert ist.

Geschwindigkeitsselektor nach Wien – das Wien-Filter

In → 3.1.2 wurde angenommen, dass die Geschwindigkeit der Elektronen nach der elektrischen Beschleunigung genau bekannt ist. Dies ist in Wirklichkeit aufgrund der Geschwindigkeitsverteilung der Elektronen nach der Glühemission nicht der Fall. Entsprechendes gilt bei der Ionisierung von Atomen. Für höchste Präzision muss deshalb die Geschwindigkeit genau bestimmt werden. Wilhelm WIEN (1864 – 1928) erdachte die nach ihm benannte Anordnung, das Wien-Filter (**Abb. 50.1**).
Durch eine Blende gelangt ein Elektronenstrahl aus einer radioaktiven Quelle in einen Plattenkondensator, in dem außer dem elektrischen Feld ein senkrecht zum elektrischen Feld gerichtetes Magnetfeld existiert. Die beiden Felder werden senkrecht vom Elektronenstrahl durchsetzt, wobei die elektrische Kraft $F_{el} = eE$ und die Lorentz-Kraft $F_L = evB$ *einander* entgegengerichtet sind. Nur wenn sich diese beiden Kräfte kompensieren, können die Elektronen auf gerader Bahn den Kondensator durchqueren. Aus $F_{el} = F_L$ folgt $eE = evB$ und daraus $v = E/B$.

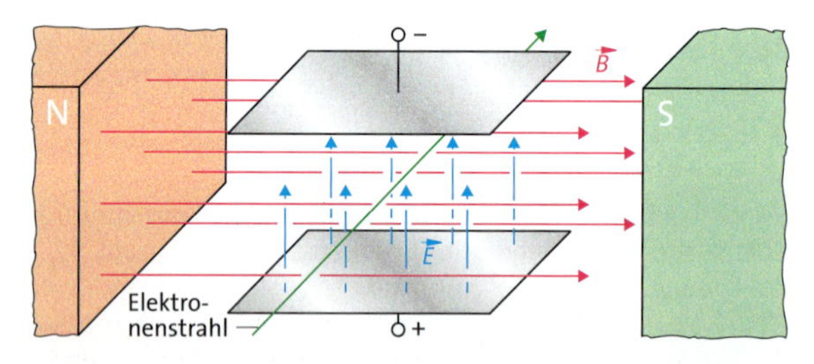

50.1 Prinzipieller Aufbau eines Geschwindigkeitsselektors für geladene Teilchen, der auf gekreuzten elektrischen und magnetischen Feldern beruht (Wien-Filter)

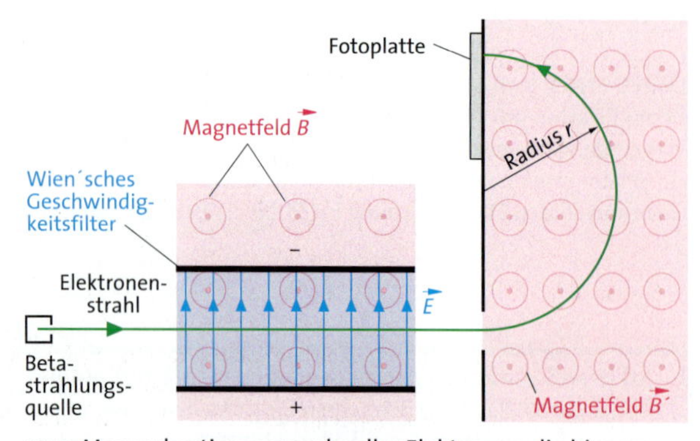

50.2 Massenbestimmung schneller Elektronen, die hier aus einem radioaktiven Beta-Zerfall stammen

Massenbestimmung mithilfe eines Wien-Filters

Die geradeaus fliegenden Elektronen oder Ionen gelangen nach dem Wien-Filter in ein Ablenkfeld B', das sie auf eine Kreisbahn lenkt (**Abb. 50.2**). Wie beim Fadenstrahlrohr kann nun die Masse m aus v, B' und r berechnet werden. Ein Massenspektrometer dieser Bauart wurde benutzt, um die geschwindigkeitsabhängige Massenzunahme von Teilchen erstmals nachzuweisen (→ 3.4.1).

Aufgaben

1. In einem Demonstrationsversuch zum Wien-Filter werden Elektronen in einer Röhre mit $U_B = 1500$ V beschleunigt. Am Kondensator (Plattenabstand $d = 5{,}0$ cm) des Geschwindigkeitsfilters liegt die Spannung $U_C = 10{,}1$ kV.
   a) Erklären Sie die Wirkungsweise des Wien-Filters.
   b) Ermitteln Sie die magnetische Flussdichte B, welche die Elektronen unabgelenkt passieren lässt.
2. In einem Experiment nach **Abb. 50.2** zur Massenbestimmung schneller Elektronen beträgt die magnetische Flussdichte $B = B' = 8{,}79$ mT, die elektrische Feldstärke $E = 2{,}1 \cdot 10^6$ V/m und der Kreisbahnradius $r = 25{,}6$ cm. Berechnen Sie die Geschwindigkeit v der Elektronen und deren Masse m.
3. Im Wien-Filter eines Massenspektrometers betragen die elektrische Feldstärke 40 kV/m und die magnetische Flussdichte 80 mT. Das Magnetfeld wird auch zur Ablenkung der Ionen genutzt, die das Wien-Filter durchquert haben. Für ein bestimmtes Isotop ergibt sich der Kreisbahnradius im Magnetfeld zu $r = 39{,}0$ cm.
   a) Berechen Sie die Masse eines Ions.
   b) Um welches Element könnte es sich handeln?
4. Auf der Fotoplatte eines Massenspektrometers nach **Abb. 50.2** können verschiedenartige Ionen an der gleichen Stelle eine Schwärzung hervorrufen. Erörtern Sie, unter welchen Voraussetzungen dies möglich ist.

Aston'sches Massenspektrometer

Francis William ASTON (1877–1945) entwickelte 1919 ein Massenspektrometer, das so genau war, dass damit sogar der Massendefekt, also die Tatsache, dass die Masse eines Kerns geringer ist als die Summe der Massen der Kernbausteine, gemessen werden konnte. Damit wurde erstmals die von EINSTEIN postulierte Äquivalenz von Masse und Energie nachgewiesen (→ 3.4.2).

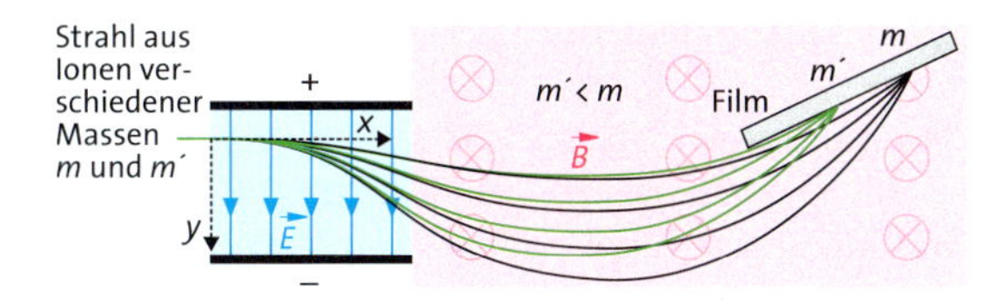

51.1 Massenspektrometer nach ASTON

Nach **Abb. 51.1** durchqueren die Ionen ein homogenes elektrisches Feld und anschließend ein homogenes Magnetfeld. Die Felder sind so angeordnet und dimensioniert, dass Ionen *gleicher* Masse trotz *verschiedener* Geschwindigkeit in *einem* Punkt fokussiert werden: Beim Durchtritt durch den Plattenkondensator fliegen die Ionen auf einer Parabelbahn (→ 3.1.2). Ist E die elektrische Feldstärke, q die Ionenladung und m die Ionenmasse, so gilt für die Ablenkung y abhängig vom Ort x

$$y = \frac{qEx^2}{2mv^2} = \frac{qEx^2}{4E_{kin}}.$$

Die Ablenkung y im elektrischen Feld hängt demnach von der kinetischen Energie E_{kin} des Ions ab. Beim anschließenden Durchqueren des Magnetfeldes B beschreibt das Ion eine Kreisbahn mit dem Radius r, für den gilt:

$$r = \frac{mv}{qB} = \frac{p}{qB}$$

Der Radius $r = p/qB$ der Kreisbahn hängt vom Impuls p des Ions ab. Im elektrischen Feld wird demnach die kinetische Energie E_{kin} und im magnetischen Feld der Impuls p gemessen. Mit der Formel $E_{kin} = p^2/2m$ ist damit die Masse eines Teilchens prinzipiell bestimmt.

Abhängig von der kinetischen Energie werden die Ionen in einem Kondensator unterschiedlich stark abgelenkt: Je kleiner E_{kin}, umso größer ist die Ablenkung. Nach $E_{kin} = p^2/2m$ haben Ionen mit kleiner kinetischer Energie auch einen kleinen Impuls und nach $r = p/qB$ einen kleinen Bahnradius. Der stärkeren Ablenkung im Kondensator folgt demnach eine entgegengerichtete, stärker gekrümmte Kreisbahn im Magnetfeld. Dadurch können alle Ionen einer bestimmten Masse m unabhängig von ihrer kinetischen Energie in einem Punkt fokussiert werden. Ionen mit kleinerer Masse m' haben bei *gleicher* Energie E_{kin} und damit *gleicher* Ablenkung im Kondensator nach $E_{kin} = p'^2/2m'$ den kleineren Impuls p' und damit den kleineren Kreisbahnradius $r' = p'/qB$. Aufgrund der stärker gekrümmten Kreisbahnen werden diese Ionen mit kleinerer Masse in einem näher gelegenen Punkt fokussiert.

Ein modernes Massenspektrometer kann molare Massen auf 6 Dezimale bestimmen, z. B. ein Gemisch aus zehn unterschiedlichen Ionen mit molaren Massen zwischen 19,9878 und 20,0628 nach Komponenten und Anteilen analysieren.

Exkurs

Anwendung in der Chemie

Mithilfe der Elementanalysen kann in der Chemie der relative Anteil der verschiedenen Elemente in einer Verbindung bestimmt werden. Für Benzol (C_6H_6) würde sich z. B. das Verhältnis von Wasserstoff- zu Kohlenstoffatomen als 1 : 1 ergeben. Zur Aufklärung der Summenformel kann die Massenspektrometrie eingesetzt werden.
Durch Elektronen ausreichender Energie (typische 70 eV) werden Moleküle ionisiert (Elektronenstoßionisation). Es bilden sich die sogenannten Molekülionen (M^+). Diese werden beschleunigt und in den Analysatorteil eines Massenspektrometers gelenkt. Da einfach ionisierte Molekülionen am wahrscheinlichsten entstehen, lässt sich am Spektrum direkt die Masse ablesen.
Es ergeben sich aber nicht nur Informationen über das Molekülion. Durch Elektronenstöße können auch Molekülbindungen aufgebrochen werden. So finden sich im Massenspektrum von Methan neben dem Molekülion auch Linien, sogenannte „Peaks", für CH_3^+, CH_2^+, CH^+ und C^+.
Diese **Fragmentierung** liefert Informationen über die im Molekül enthaltenen Struktureinheiten.

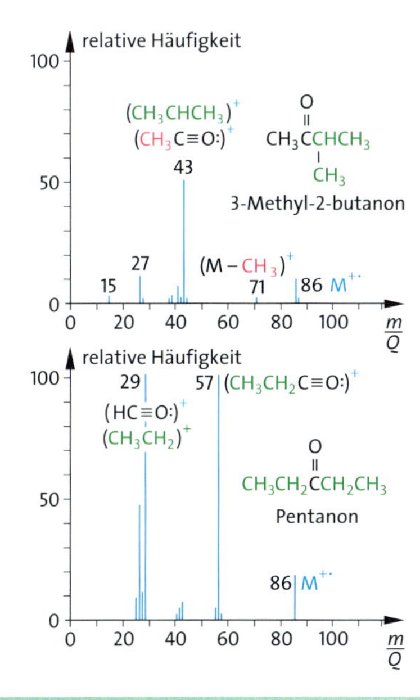

Die Abbildung zeigt das Fragmentierungsmuster zweier isomerer Ketone: 3-Methyl-2-butanon und 3-Pentanon. Auf der x-Achse ist der Quotient Masse/Ladung aufgetragen. Die y-Achse zeigt die Häufigkeit, die auf den größten „Peak" der beiden Spektren bezogen wird. Bei 3-Methyl-2-butanon sind zwei Spaltungen hervorgehoben. Die Bezeichnung $(M - CH_3)^+$ bedeutet, dass vom Molekül-Ion CH_3 abgespalten wurde. Bei 3-Pentanon ist eine Spaltung dominierend.

3.3.2 Teilchenbeschleuniger

In den 30er-Jahren des 20. Jahrhunderts begann die Entwicklung der Teilchenbeschleuniger. Zur Untersuchung der Strukturen von Atomkernen und Elementarteilchen werden elektrisch geladene Teilchen mit hoher Energie beschleunigt und zur Wechselwirkung mit den zu untersuchenden Teilchen gebracht.
Kinetische Energie gewinnen elektrisch geladene Teilchen nur in elektrischen Feldern. Magnetfelder bewirken eine Beschleunigung senkrecht zur Bewegungsrichtung und dienen der Ablenkung der Teilchen.

Der Tandem-Beschleuniger

Der Tandem-Beschleuniger (**Abb. 52.1**) besteht im Prinzip aus einem evakuierten *Beschleunigungsrohr*, aus dem *Terminal* und aus dem *Hochspannungsgenerator*; das Ganze ist in einem *Tankgefäß* untergebracht (**Abb. 52.2**). Der Hochspannungsgenerator ist ein *Van-de-Graaff-Generator*, dessen Metallkopf, das *Terminal*, durch die von einer Spannungsquelle auf das umlaufende, isolierte Ladungsband aufgesprühten Ladungsträger positiv (z. B. bis 15 MV) aufgeladen wird. Die auf Erdpotential erzeugten negativen Ionen werden im linken Teil des Rohres durch die Potentialdifferenz zwischen Erde und positiv geladenem Terminal (15 MV) beschleunigt. Im Terminal werden ihre Elektronen in einer Gasschicht oder einer Kohlenstoff-Folie abgestreift (*Stripper*), sodass die beschleunigten Teilchen umgeladen sind. Die nunmehr positiven Ionen werden im rechten Teil des Rohres nochmals durch die Potentialdifferenz des Generators (15 MV), die zwischen dem positiv geladenem Terminal und dem auf negativem Potential befindlichen rechten Ende des Ladebandes besteht, beschleunigt. Damit durchlaufen die Ionen die Generator-Spannung insgesamt zweimal (*Tandem*), im Beispiel 30 MV.

52.1 Der 15 MV-Tandem-Beschleuniger (orange) des Maier-Leibnitz-Laboratoriums in Garching bei München. Im Vordergrund der erste Ablenkmagnet (blau), mit dem der Strahl in die Experimentierhalle geleitet wird. Er wirkt auch als Energiefilter.

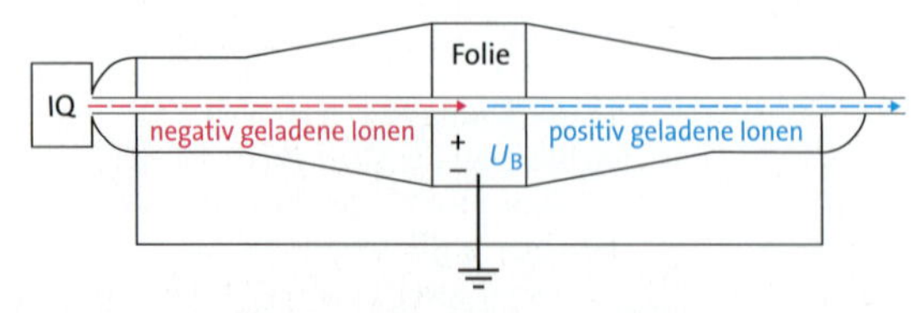

52.2 Schema des Tandem-Beschleunigers: Negativ geladene Ionen werden in der linken Hälfte des Beschleunigungsrohres beschleunigt, im Terminal umgeladen und in der rechten Rohrhälfte nochmals beschleunigt. Die Beschleunigungsspannung liefert beide Male der Van-de-Graaff-Generator.

Exkurs

Beschleuniger-Massenspektrometrie

Eine hochempfindliche Variante der Massenspektrometrie nutzt Teilchenbeschleuniger, meist Tandem-Beschleuniger. Damit sind z. B. die genauesten ^{14}C-Altersbestimmungen möglich. Vorteil ist eine durch die Beschleunigerkonstruktion bedingte „Vor-Sortierung". So kann z. B. ^{14}N nicht negativ geladen werden. Hinzu kommt die bessere Massenauflösung des Analysators aufgrund der höheren Geschwindigkeit der Teilchen.

Am Garchinger Tandem-Beschleuniger wurden Schichten aus der Tiefsee-Mangankruste auf den Gehalt von ^{60}Fe untersucht. Dieses radioaktive Eisenisotop ($T_{1/2} = 1{,}49 \cdot 10^6\,a$) entsteht in großer Menge bei Sternexplosionen, sogenannten Supernovae, und verteilt sich dann im Raum. Die Abbildung unten zeigt die ^{60}Fe-Konzentration aufgetragen gegen das Alter verschiedener Schichten der Tiefsee-Mangankruste. Deutlich ist eine ^{60}Fe-Überhöhung in etwa drei Millionen Jahre alten Schichten zu erkennen. Daraus lässt sich abschätzen, dass es eine Supernova in einem Abstand von nur 100 Lichtjahren von der Erde gab. Dieses Ereignis hat, wie weitere Simulationsrechnungen zeigen, mit hoher Wahrscheinlichkeit Auswirkungen auf das Klima der Erde gehabt und dürfte die biologische Evolution beeinflusst haben.

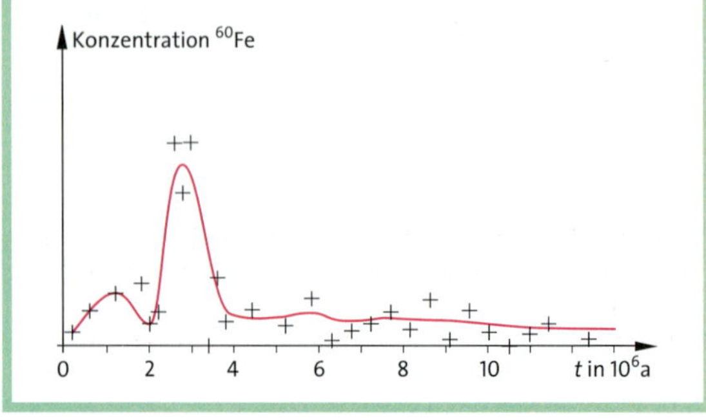

Das Zyklotron

E. O. Lawrence (1901–1958) erfand 1934 mit dem Zyklotron den ersten *Zirkularbeschleuniger*. Das Zyklotron, Durchmesser ca. 9 cm, beschleunigte Protonen auf eine Energie von immerhin 80 keV.

Charakteristisch für ein Zyklotron sind zwei hohle D-förmige Elektroden (engl. „*Dees*"), die durch einen schmalen Spalt getrennt sind (**Abb. 53.1**). Sie befinden sich in einer Vakuumkammer zwischen den Polschuhen eines großen Elektromagneten. Aus einer Ionenquelle in der Mitte treten Ionen in das Magnetfeld ein. Sie beschreiben unter dem Einfluss der Lorentz-Kraft halbkreisförmige Bahnen innerhalb der „Dees". Bei jedem Durchgang durch den Spalt werden sie durch eine Wechselspannung geeigneter Frequenz immer weiter beschleunigt, sodass ihre Geschwindigkeit und der Bahnradius wachsen. Schließlich werden die beschleunigten Teilchen von Ablenkplatten auf das Ziel (*Target*) gelenkt.
Die Richtung des elektrischen Feldes muss nach jedem halben Umlauf der Teilchen umgekehrt werden, denn nur so erhalten die Teilchen bei jedem Durchgang Energie. Das ist mit einer zwischen den D-förmigen Elektroden angelegten Wechselspannung konstanter Frequenz f nur möglich, weil die Umlaufdauer $T = 1/f$ unabhängig vom Bahnradius r und der Bahngeschwindigkeit v ist.

Die Zentripetalkraft $F_Z = m\,v^2/r$ ist durch die Lorentz-Kraft $F_L = q\,v\,B$ gegeben, wobei q die Ladung des beschleunigten Teilchens ist. Aus $F_Z = F_L$ folgt $m\,v^2/r = q\,v\,B$ und daraus $v/r = q\,B/m$. Mit der Winkelgeschwindigkeit $\omega = v/r = 2\,\pi/T$ ergibt sich:

$$T = \frac{1}{f} = \frac{2\,\pi\,r}{v} = \frac{2\,\pi}{B\,q/m}$$

Die Umlaufzeit T hängt also nur von der magnetischen Flussdichte B und der spezifischen Ladung q/m des Teilchens ab.

Erreichen die Teilchen Geschwindigkeiten größer als 10 % der Lichtgeschwindigkeit c, so wächst deren Masse m aufgrund der relativistischen Massenzunahme merklich an (→ 3.4.1). Dadurch geraten die Teilchen außer Takt mit der angelegten Wechselspannung, sodass beispielsweise Protonen nur auf eine Energie von etwa 20 MeV beschleunigt werden können.

Aufgaben

1. Mit einem 27 cm-Zyklotron konnten Protonen bis auf eine Energie von 1,2 MeV beschleunigt werden. Die Beschleunigungsspannung betrug 4000 V.
   a) Berechnen Sie den magnetischen Fluss im Zyklotron.
   b) Berechnen Sie die Frequenz des elektrischen Wechselfelds.

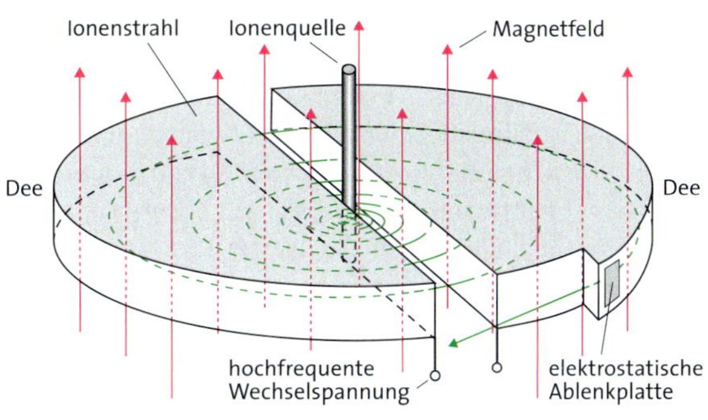

53.1 Zyklotron mit den D-förmigen Elektroden

Exkurs

Zyklotrone in der Medizin – PET

Ein Zyklotron eignet sich speziell zur Beschleunigung leichter Ionen (z. B. Protonen). Oft wird es zur Produktion sogenannter *Radionuklide* eingesetzt. Dabei entstehen durch Beschuss mit Protonen aus stabilen Kernen radioaktive Isotope. Diese können als radioaktive Tracer in der medizinischen Diagnostik eingesetzt werden. Eines dieser Verfahren ist **PET (Positronen-Emissions-Tomografie).**
PET ist ein bildgebendes Verfahren der Nuklearmedizin. Dabei werden Radionuklide verwendet, die Positronen emittieren, wie z. B. Fluor, Sauerstoff, Stickstoff und Kohlenstoff. Mit Fluor (^{18}F) markierter Glukose (FDG-Fluordeoxyglukose) kann der Glukosestoffwechsel verschiedener Gewebe untersucht werden. Aufgrund ihres erhöhten Stoffwechsels können so Tumorzellen früh erkannt werden.
Ein besonderer Vorteil sind die beim Positronenzerfall (Annihilation) auftretenden zwei γ-Quanten, die in entgegengesetzter Richtung emittiert werden. Damit erhöht sich die erreichbare Ortsauflösung erheblich.
Die kurzlebigen Radionuklide (^{18}F hat eine Halbwertszeit von 110 min, ^{15}O sogar nur von 2 min) erfordern ihre Produktion vor Ort, sodass Zyklotrone oft in Kliniken zu finden sind. Hinzu kommt, dass die eigentlichen Tracer nach der Produktion der Radionuklide noch in einer „heißen Zelle" durch chemische Reaktionen hergestellt werden müssen. Sie werden dann mittels Rohrpostanlagen direkt zum Patienten geschickt. Medizin, Chemie, Physik und Informatik liefern hier also gemeinsam wichtige Beiträge in der medizinischen Diagnostik.
Das Bild unten zeigt die Kammern, die zur Herstellung unterschiedlicher Radionuklide am Zyklotron des Klinikums rechts der Isar der TU München verwendet werden.

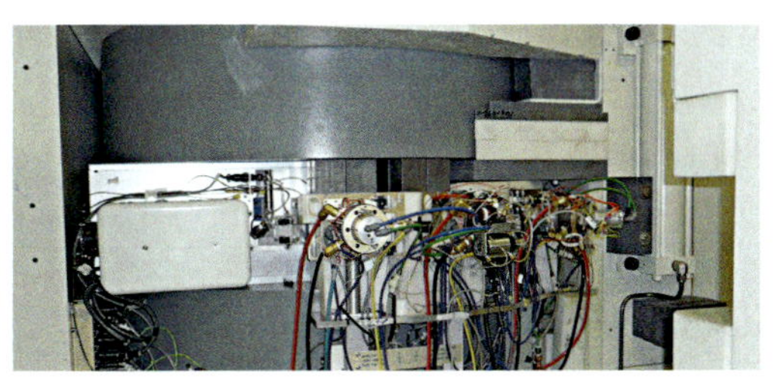

3.4 Grundaussagen der speziellen Relativitätstheorie

Im Jahr 1902 schreibt M. ABRAHAM in der Physikalischen Zeitschrift unter dem Titel „Dynamik des Elektrons“: *„Die Übereinstimmung der dort* [Bem.: vorausgehende Veröffentlichung] *entwickelten Theorie mit den experimentellen Resultaten des Herrn* KAUFMANN *lässt die Annahmen, auf denen die Theorie beruht, als zweckmässig gewählt erscheinen; sie zeigt ferner, dass die Trägheit des Elektrons rein elektromagnetischer Natur ist.“*

1901 hat KAUFMANN (1871 - 1947) Versuche mit sogenannten Becquerelstrahlen (β-Strahlen) gemacht. Aus ihrem Verhalten in elektrischen und magnetischen Feldern konnte er schließen, dass diese wie die Katodenstrahlen aus Elektronen bestehen. Allerdings schien die Masse der Elektronen von ihrer Geschwindigkeit abzuhängen. ABRAHAMS Theorie konnte dies für geladene Teilchen erklären.
In Konkurrenz zu ABRAHAMS Theorie stand bald EINSTEINS *spezielle Relativitätstheorie.* Sie sagte eine Massenzunahme für alle, auch ungeladene Körper voraus.

3.4.1 Massenzunahme hochenergetischer Teilchen

Der Versuch von Bucherer

Alfred BUCHERER (1863 - 1927) benutzte 1908 ein Wien-Filter zur Massenspektroskopie (→ 3.3.1) und verfeinerte die Experimente von KAUFMANN. BUCHERER gewann damit wichtige Hinweise auf die Richtigkeit der Einstein'schen Relativitätstheorie. Ein eindeutiger Beweis gelang damit jedoch nicht, da die Präzision der Messungen noch nicht ausreichte.
In **Abb. 54.1** ist die Massenzunahme m/m_0 als Funktion der Geschwindigkeit v/c dargestellt. Dabei ist m_0 die Masse ruhender Elektronen. Eingetragen sind die Vorhersage der speziellen Relativitätstheorie und Messungen an schnellen Elektronen aus der β-Strahlung.

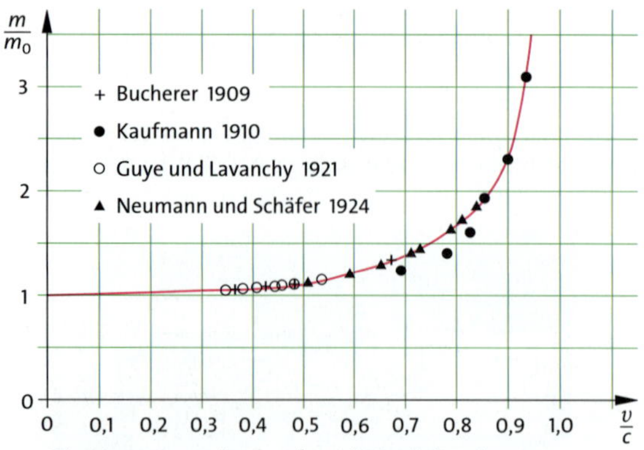

54.1 Die Massenzunahme m/m_0 als Funktion der Geschwindigkeit v/c. Zur theoretischen Kurve sind die Ergebnisse früherer Messungen eingetragen.

Relativistische Masse

1974 wurden in dem 3,2 km langen Linearbeschleuniger der Stanford-Universität Elektronen auf eine Energie von 20,5 GeV beschleunigt. Dann wurde ihre Geschwindigkeit auf einer Laufstrecke von 1 km mit der eines Lichtsignals verglichen. Nach der Formel $E_{kin} = \frac{1}{2} m v^2$ der klassischen Physik hätten die Elektronen den 280-fachen Wert der Lichtgeschwindigkeit c erreichen müssen. Die Messung ergab jedoch keine Differenz zwischen Elektronen- und Lichtgeschwindigkeit.

> Die Lichtgeschwindigkeit c stellt eine obere Grenze für die Geschwindigkeit v von Körpern dar.

Dies bedeutet, dass durch die Beschleunigung in elektrischen Feldern zwar der Impuls p eines Teilchens beliebig groß werden kann, seine Geschwindigkeit aber die Lichtgeschwindigkeit c nicht überschreitet. Daraus kann gefolgert werden, dass die Masse $m = p/v$ bei Annäherung an die Lichtgeschwindigkeit c beliebig groß werden muss, sodass eine weitere Geschwindigkeitszunahme nicht möglich ist. Außer der Impulszunahme Δp und der damit verbundenen Energiezunahme ΔE erfährt das Teilchen keine weitere Veränderung. Es liegt daher nahe, die Massenzunahme Δm mit der Energiezunahme ΔE zu erklären. *„Masse ist nichts anderes als Energie“*, formulierte EINSTEIN.

> **Energie E und Masse m sind äquivalent.**
> Für die *Gesamtenergie* E eines Körpers oder Teilchens oder eines Systems von Teilchen gilt
> $$E = m c^2 \quad \text{mit} \quad m = \frac{m_0}{\sqrt{1 - v^2/c^2}}.$$
> Ein Körper mit der Ruhemasse m_0 hat die *Ruheenergie* $E_0 = m_0 c^2$.
> Die Gesamtenergie E ist die Summe aus Ruheenergie E_0 und kinetischer Energie E_{kin}:
> $$E = E_0 + E_{kin}$$
> Die Zunahme an kinetischer Energie äußert sich als *relativistische Massenzunahme.*

Es zeigt sich, dass die meisten Gesetze der klassischen Mechanik nur Näherungen sind. Weiterhin gültig ist lediglich das *Bewegungsgesetz* (2. Gesetz von NEWTON), wenn folgende Form verwendet wird:

$$F = \frac{\Delta p}{\Delta t} = \frac{\Delta(m v)}{\Delta t}$$

3.4.2 Äquivalenz von Masse und Energie

In den klassischen Naturwissenschaften gelten Massenerhaltungssatz und Energieerhaltungssatz unabhängig voneinander – Energie und Masse sind zwei grundverschiedene Dinge. Dieser Standpunkt lässt sich in der modernen Physik nicht aufrechterhalten, wie im Folgenden gezeigt wird.

Das Experiment am Stanford-Beschleuniger beweist, dass von folgender Grundannahme ausgegangen werden kann: Die Lichtgeschwindigkeit c stellt eine obere Grenze für die Geschwindigkeit v von Körpern dar.

Dies besagt, dass kein Körper – auch kein Elementarteilchen – auf Überlichtgeschwindigkeit beschleunigt werden kann. Auch Experimente mit neutralen Elementarteilchen (z. B. neutralen Pionen) bestätigen dies. Die naheliegende Erklärung ist, dass die Masse $m = p/v$ bei Annäherung an die Lichtgeschwindigkeit c beliebig groß werden muss, sodass eine weitere Beschleunigung nicht möglich ist. Die spezielle Relativitätstheorie erlaubt noch weitere Interpretationen dieses Verhaltens, auf die aber hier nicht eingegangen werden soll.

Die spezielle Relativitätstheorie zeigt, dass für die Masse m eines relativ zum Beobachter bewegten Teilchens gilt:

$$m = m_0 \frac{1}{\sqrt{1 - v^2/c^2}}$$

m_0 ist die Masse des Teilchens, wenn es relativ zum Beobachter ruht. Sie wird als **Ruhemasse** des Teilchens bezeichnet.

Für sehr kleine Werte von v^2/c^2 gilt folgende Näherung:

$$\frac{1}{\sqrt{1 - v^2/c^2}} \approx 1 + \frac{1}{2}\frac{v^2}{c^2}$$

Damit ergibt sich für die Masse des bewegten Teilchens:

$$m = m_0 \frac{1}{\sqrt{1 - v^2/c^2}} \approx m_0 + \frac{1}{2}\frac{v^2}{c^2} m_0$$

Nach Multiplikation mit c^2 folgt:

$$m\,c^2 \approx m_0\,c^2 + \frac{1}{2} m_0\,v^2$$

Der zweite Term auf der rechten Seite entspricht der kinetischen Energie der klassischen Mechanik. Die beiden anderen Terme sind ebenfalls Energien. Die Gleichung kann nur folgendermaßen interpretiert werden:

Gesamtenergie = Ruheenergie + kinetische Energie

Ein bewegtes Teilchen hat also die Gesamtenergie $E = m\,c^2$. Die kinetische Energie ist die Differenz von Gesamtenergie und Ruheenergie.

Ein Körper besitzt also nicht nur aufgrund seiner Bewegung Energie E_{kin}, sondern ihm ist bereits in Ruhe eine seiner Ruhemasse m_0 entsprechende **Ruheenergie** $E = m_0\,c^2$ zu eigen. Mit zunehmender kinetischer Energie wächst die Masse m an, was als *relativistische Massenzunahme* bezeichnet wird.

Masse und Energie besitzen die gleichen Eigenschaften, nämlich träge und schwer zu sein. Energieerhaltungssatz und Massenerhaltungssatz sind also identisch.

Energie E und Masse m sind gleichwertig.
Als Energie-Masse-Äquivalenz gilt $E = m\,c^2$.

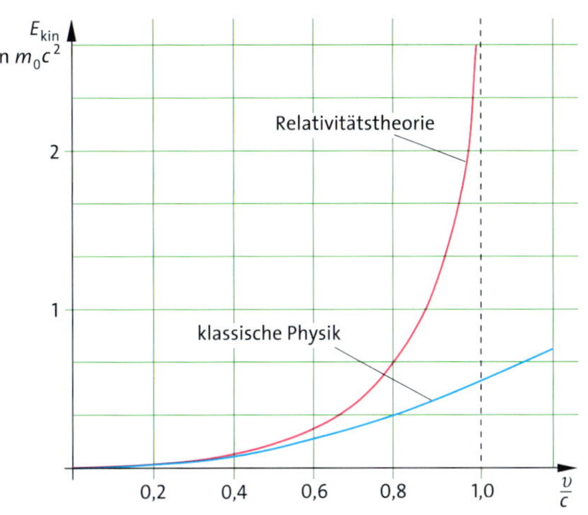

55.1 Die relativistische kinetische Energie als Funktion von v/c ist dem klassischen Verlauf gegenübergestellt.

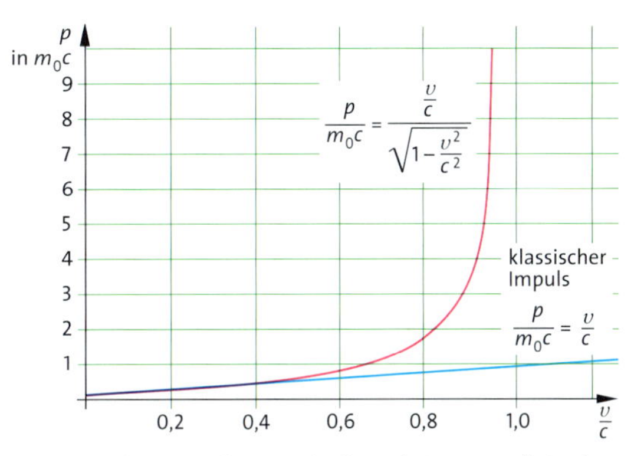

55.2 Der relativistische Impuls als Funktion von v/c ist dem klassischen Verlauf gegenübergestellt.

Wie zu erwarten, muss auch für den Impuls ein neuer Ausdruck verwendet werden. Die Impulserhaltung erfüllt nur der relativistische Impuls:

$$p = m_0 \frac{1}{\sqrt{1 - v^2/c^2}}\, v = m\,v$$

Eine interessante Beziehung zwischen Energie und Impuls ergibt sich nach Quadrieren von $E = m\,c^2$ und Ergänzen mit $(v^2 - v^2)$:

$$\begin{aligned}E^2 &= m_0^2\left(\frac{1}{\sqrt{1 - v^2/c^2}}\right)^2 c^2\,(c^2 + v^2 - v^2)\\ &= m_0^2\left(\frac{1}{\sqrt{1 - v^2/c^2}}\right)^2 c^2\left(c^2\left(1 - \frac{v^2}{c^2}\right) + v^2\right)\\ &= m_0^2\,c^4 + \left(\frac{1}{\sqrt{1 - v^2/c^2}}\right)^2 m_0^2\,c^2\,v^2\\ &= E_0^2 + c^2\,p^2\end{aligned}$$

Zwischen Gesamtenergie E und Impuls p gilt die Beziehung:

$$E^2 = c^2\,p^2 + E_0^2 \quad \text{oder} \quad E^2 - c^2\,p^2 = E_0^2$$

Da E_0^2 unabhängig ist von der Bewegung des Teilchens, gilt dies auch für $E^2 - c^2\,p^2$. Diese Größe ist also unabhängig von der Wahl des Inertialsystems (→ 3.4.3).

3.4.3 Die Relativitätspostulate

Im Jahre 1905 veröffentlichte EINSTEIN in der Zeitschrift *Annalen der Physik* eine Arbeit mit dem Titel „Zur Elektrodynamik bewegter Körper", in der die neuen Ideen zur speziellen Relativitätstheorie ausgedrückt waren. 1916 folgte die Veröffentlichung der *allgemeinen Relativitätstheorie,* einer relativistischen Gravitationstheorie. Die beiden Theorien haben das bis dahin geltende klassische Weltbild der Physik völlig verändert. Heute bilden die Relativitätstheorie und die Quantenphysik das Fundament der *modernen* Physik. Die klassische Physik ist aber dadurch nicht hinfällig geworden, sondern wird von der modernen Physik als Teilbereich eingeschlossen.

Ausgangspunkt der speziellen Relativitätstheorie war die Frage, ob sich die Naturgesetze ändern, wenn sie von verschiedenen Bezugssystemen aus beobachtet werden, die sich relativ zueinander bewegen.

Bezugssysteme, die sich gegeneinander mit konstanter Geschwindigkeit bewegen, werden als **Inertialsysteme** (inertia, lat.: Trägheit) bezeichnet. Es sind Bezugssysteme, in denen frei bewegliche Körper dem **Trägheitsprinzip** folgen.

Auf die Gültigkeit des Trägheitsprinzips schloss GALILEI aus einem Experiment mit eine Kugel, die eine geneigte Ebene hinab- und eine andere wieder hinaufrollte (**Abb. 56.1**). Da die Kugel die aufsteigende Ebene unabhängig von deren Steilheit stets nahezu bis zur Ausgangshöhe wieder hinaufrollte, schloss er, dass auf einer waagerechten Bahn im Idealfall unter Vernachlässigung der Reibung die Kugel unendlich weiterrollen würde.

Galilei'sches Trägheitsprinzip: Ein sich selbst überlassener Köper bewegt sich ohne äußere Einwirkungen geradlinig gleichförmig oder bleibt in Ruhe.

Die Gesetze der Mechanik, z. B. das Fallgesetz oder der Impulserhaltungssatz, haben in allen Inertialsystemen dieselbe Form. Mit keinem Experiment der Mechanik lässt sich feststellen, ob ein Inertialsystem in Ruhe oder in Bewegung ist. Es gibt daher unendlich viele gleichberechtigte Inertialsysteme. Das ist das Relativitätsprinzip der Mechanik, das GALILEI als erster formuliert hat.

Galilei'sches (klassisches) Relativitätsprinzip: Es gibt unendlich viele gleichberechtigte Inertialsysteme.

Die Frage, ob das Relativitätsprinzip auch für nichtmechanische Erscheinungen und Gesetze, insbesondere für das Licht gilt, führte EINSTEIN 1905 auf seine spezielle Relativitätstheorie.

Damals herrschte die Vorstellung, dass das Licht zu seiner Ausbreitung eines Mediums, des „Äthers", bedürfe. In jedem Bezugssystem, das sich gegenüber diesem „Äther" bewegt, müsste die Größe der Lichtgeschwindigkeit wegen der zusätzlichen Relativgeschwindigkeit eine andere sein. Danach wäre der „Äther" ein ausgezeichnetes Bezugssystem und bildete den *absoluten Raum*, auf den sich, wie auch auf die *absolute Zeit*, wie es NEWTON gefordert hatte, alle Gesetze bezögen.
Die Experimente von MICHELSON und MORLEY (→ Exkurs) zeigten aber, dass die Annahme eines mit dem „Äther" verbundenen absoluten Raumes falsch war. Während viele Physiker Jahrzehnte brauchten, um sich mit diesem Sachverhalt abzufinden, postulierte EINSTEIN, dass die Lichtgeschwindigkeit in allen Inertialsystemen gleich c ($c = 3 \cdot 10^8$ m/s) sei.

In seiner Arbeit zur speziellen Relativitätstheorie erweiterte EINSTEIN das Galilei'sche Relativitätsprinzip zu einem für die gesamte Natur gültigen Gesetz. Auch das Licht genügt diesem Prinzip und zwar in der Form, dass die Ausbreitung in jedem Inertialsystem in allen Richtungen mit derselben Geschwindigkeit erfolgt.

1. Postulat – Relativitätsprinzip: Alle Inertialsysteme sind zur Beschreibung von Naturvorgängen gleichberechtigt. Die Naturgesetze haben in allen Inertialsystemen die gleiche Form.

2. Postulat – Konstanz der Lichtgeschwindigkeit: In allen Inertialsystemen breitet sich Licht im Vakuum isotrop und unabhängig von der momentanen Bewegung der Lichtquelle mit der Geschwindigkeit $c = 2{,}997\,924\,58 \cdot 10^8$ m/s $\approx 300\,000$ km/s aus.

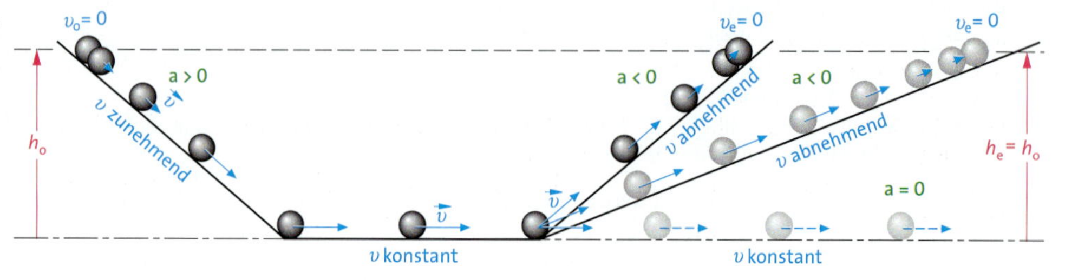

56.1 Aus der Beobachtung der Bewegung auf geneigten Ebenen schloss GALILEI, dass eine Kugel auf einer horizontalen Ebene ohne Reibung ständig weiterrollen müsse.

Die beiden Prinzipien folgen nicht zwingend aus den Beobachtungen. „*Zu den elementaren Gesetzen führt kein logischer Weg*“, sagt EINSTEIN, „*sondern nur die auf Einfühlung in die Erfahrung sich stützende Intuition.*“ Die beiden Prinzipien können auch nicht als die einzig möglichen bewiesen werden. Doch wurden bisher alle Vorhersagen aus den Prinzipien experimentell vollauf bestätigt.

Die Konstanz der Lichtgeschwindigkeit besagt, dass sich eine elektromagnetische Welle in jedem Inertialsystem im Vakuum mit der Geschwindigkeit c ausbreitet. Nach der klassischen Mechanik kann nur eine unendlich große Geschwindigkeit in jedem Bezugssystem den gleichen, nämlich unendlich großen Wert besitzen. Nach der Relativitätstheorie übernimmt offenbar die *endliche* Lichtgeschwindigkeit c die Rolle einer in der klassischen Physik *unendlich* großen Geschwindigkeit. Oder anders formuliert: Nach der Relativitätstheorie sind alle Geschwindigkeiten auf das Intervall von null bis zur Lichtgeschwindigkeit c beschränkt.

Die Lichtgeschwindigkeit ist eine obere Grenze. Kein Körper, keine Wirkung und kein Signal können schneller als das Licht sein.

Daraus folgt: Gleichgültig, wie schnell sich eine Lichtquelle auf einen Beobachter in einem Inertialsystem zu- oder von ihm wegbewegt oder umgekehrt sich der Beobachter auf die Quelle zu- oder von ihr wegbewegt – die Lichtgeschwindigkeit im Vakuum hat immer den Wert c. Die Lichtgeschwindigkeit im Vakuum ist eine **absolute Größe.**

Heute ist die Funktionstüchtigkeit des Navigationssystems GPS (→ S. 59) eine alltägliche Bestätigung der Konstanz der Lichtgeschwindigkeit. Nach der Äthertheorie sollten je nach Stellung der Erde aufgrund ihrer Bewegung um die Sonne Geschwindigkeitsunterschiede der Funksignale bis zu 30 km/s (= 0,1 ‰ von c) auftreten. Bei einer mittleren Entfernung der Satelliten von 20 000 km ergäben sich daraus Missweisungen von bis zu 2 000 m – beim GPS sind es dagegen nur 7 m.

Aufgaben

1. Entscheiden Sie, ob nach der Äthertheorie ein Radiosignal von Amerika nach Europa am Tag früher oder später als bei Nacht einträfe.
2. Berechnen Sie die Geschwindigkeit, mit der sich die Erde um die Sonne bewegt.

Exkurs

Das Michelson-Experiment – Abschied von der Äthervorstellung

Bis 1905 bestand die Vorstellung, dass der Raum mit einem sogenannten *Äther* ausgefüllt ist, der Träger der Lichtwellen sein sollte.
Der Äther wurde als absolut ruhend angenommen. Licht sollte sich demnach nur im absoluten Raum isotrop, d. h. in allen Richtungen mit gleicher Geschwindigkeit ausbreiten, während z. B. auf der mit 30 km/s um die Sonne bewegten Erde die Lichtgeschwindigkeit je nach Ausbreitungsrichtung Werte im Intervall 300 000 km/s ± 30 km/s hätte.

1881 führte der amerikanische Physiker A. A. MICHELSON (1852 – 1931) mit einem *Interferometer* ein Experiment durch, dessen Genauigkeit ausgereicht hätte, unterschiedliche Lichtgeschwindigkeiten auf der Erde indirekt zu messen. Das Experiment zeigte aber keine von der Stellung der Erde abhängigen Unterschiede der Lichtausbreitung. Eine verbesserte Version, die MICHELSON zusammen mit MORLEY durchführte, bestätigte dieses Ergebnis:

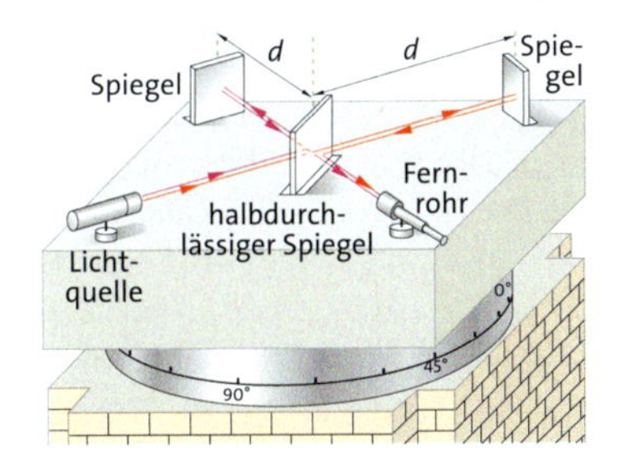

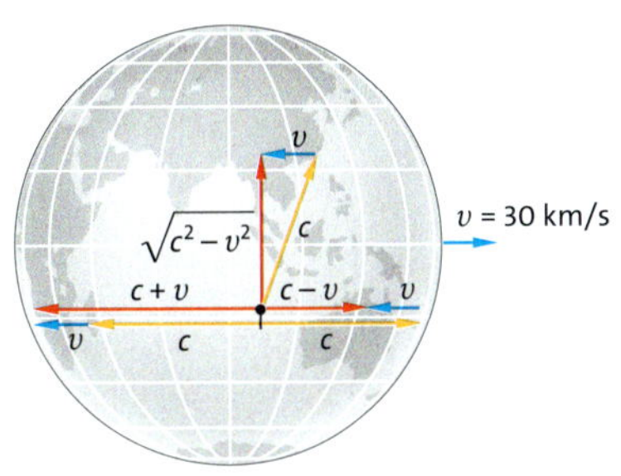

Kohärentes Licht fällt auf einen halbdurchlässigen Spiegel, der es in zwei Teilbündel aufspaltet. Das Licht beider Bündel läuft zu Spiegeln, wird dort reflektiert und kehrt zurück. Der halbdurchlässige Spiegel lenkt beide Bündel zum Teil in ein Fernrohr, wo ihre Interferenz beobachtet wird. Das Interferometer ist so ausgerichtet, dass das Licht des einen Bündels parallel, das des anderen senkrecht zur Bewegung der Erde um die Sonne läuft. Wegen dieser Bewegung mit $v = 30$ km/s durch den Äther sollte auf der Erde die Geschwindigkeit des Lichts in Richtung der Erdbewegung $(c - v)$ und in Gegenrichtung $(c + v)$ sein. Senkrecht zur Erdbewegung folgt aus der Vektoraddition von c und v die Geschwindigkeit

$$\sqrt{c^2 - v^2}.$$

Trotz gleicher Länge d der Spektrometerarme ergeben sich damit unterschiedliche Laufzeiten $t_{\parallel}$ und $t_{\perp}$.
Doch es war kein Effekt zu erkennen, auch nicht bei wiederholten Versuchen an anderen Orten. Das Scheitern der Versuche bestätigte EINSTEIN in der Annahme, dass es keinen Äther gibt.

3.4.4 Die relative Gleichzeitigkeit

In der klassischen Physik stand außer Frage, was Gleichzeitigkeit bedeutet. Auch dann, wenn zwei Ereignisse an weit voneinander entfernten Orten stattfinden und nicht unmittelbar entschieden werden kann, ob ein Ereignis vor oder nach dem anderen eintritt, war klar, wie zu verfahren war: Es waren nur an beiden Orten auf synchron gehenden Uhren die zugehörigen Zeiten abzulesen. Aber wie werden Uhren an verschiedenen Orten synchronisiert?

Synchronisieren bedeutet, Uhren auf gleichen Stand zu bringen. EINSTEIN erkannte, dass in der klassischen Physik eine Vorschrift fehlte, wie zu verfahren sei. Er legte das folgende Verfahren fest (**Abb. 58.1**).

> **Einstein-Synchronisation:** Zwei Uhren an verschiedenen Orten werden synchronisiert, indem von ihrer geometrischen Mitte zwei Lichtsignale gleichzeitig ausgesendet werden, die bei ihrer Ankunft die Uhren in Gang setzen.

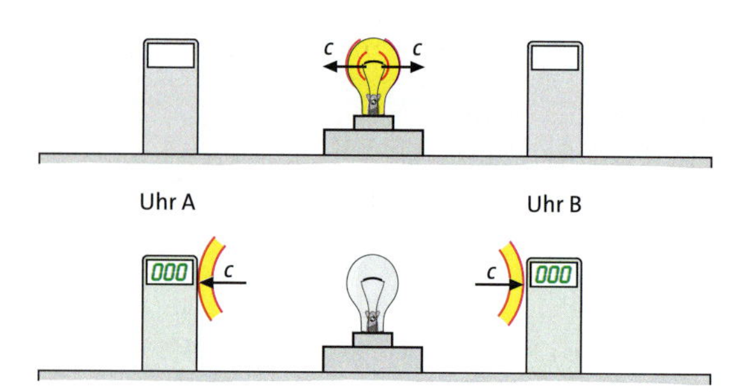

58.1 Nach der Einstein-Synchronisation werden zwei Uhren gleichzeitig von zwei Lichtsignalen in Gang gesetzt, wenn die beiden Signale zugleich in der Mitte gestartet werden.

Gleichwertig ist folgendes Verfahren: Eine Uhr erhält von einer anderen Uhr ein Funksignal, das beim Eintreffen zur ersten Uhr reflektiert wird. Wegen der Konstanz der Lichtgeschwindigkeit ergibt sich der Zeitpunkt des Eintreffens aus der halben Gesamtlaufzeit.

Gedankenexperiment: Zwei Raketen bewegen sich mit halber Lichtgeschwindigkeit aneinander vorbei, d. h. von jeder Rakete aus gesehen bewegt sich die andere mit der Relativgeschwindigkeit $v = c/2$ (**Abb. 58.2**). Im Bug und im Heck einer jeden Rakete befindet sich je eine Uhr. Die vier Uhren A, B, C und D sollen synchronisiert werden. In dem Augenblick, in dem die beiden Raketenmitten aneinander vorbeifliegen, wird eine dort befindliche Blitzlampe gezündet. Die Lichtsignale laufen zu den gleich weit entfernten Raketenenden und setzen die Uhren in Gang.

Der Ablauf wird von einem Inertialbeobachter in der unteren Rakete (Fall a) oder von einem Inertialbeobachter in der oberen Rakete (Fall b) beschrieben. Der Inertialbeobachter würde jeweils annehmen, in Ruhe zu sein, und sehen, wie sich der Lichtblitz mit der Lichtgeschwindigkeit c in alle Richtungen ausbreitet.

Wird der Ablauf aus Sicht der *unteren* Rakete betrachtet (**Abb. 58.2 a**), so läuft die Uhr B auf das Lichtsignal zu und wird daher zuerst in Gang gesetzt, während die davoneilende Uhr A erst später von dem Lichtsignal eingeholt wird. Dazwischen werden die beiden Uhren C und D in der unteren Rakete gleichzeitig erreicht und synchron gestartet.

Aus Sicht der *oberen* Rakete ergibt sich ein anderes Bild: Die untere Rakete fliegt davon und die Uhren C und D werden zu verschiedenen Zeiten gestartet, während die oberen Uhren A und B synchron in Gang gesetzt werden (**Abb. 58.2 b**).

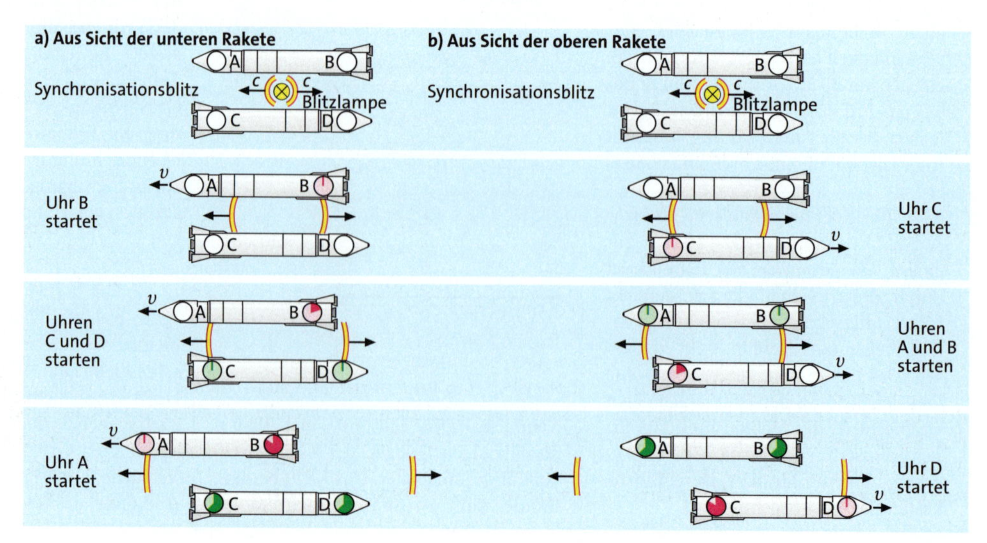

58.2 Zwei Raketen fliegen mit $v = c/2$ aneinander vorbei. Mit der Einstein-Synchronisation sollen die Uhren in den Raketen synchronisiert werden. **a)** Aus Sicht der unteren Rakete werden nur die Uhren C und D synchronisiert. **b)** Aus Sicht der oberen Rakete werden nur die Uhren A und B synchronisiert.

Ergebnis: Die vier Uhren A, B, C und D können *nicht zusammen* synchronisiert werden. Aus Sicht der Uhren A und B gehen A und B synchron, C und D werden nicht synchron in Gang gesetzt. Aus Sicht der Uhren C und D ist es umgekehrt, C und D gehen synchron, A und B dagegen nicht. Was gleichzeitig ist, gilt demnach nicht absolut, sondern hängt vom Inertialsystem ab, auf das Bezug genommen wird. ◂

Uhren, die in y- oder z-Richtung hintereinander aufgestellt sind – also senkrecht zur Bewegungsrichtung –, gehen hingegen in jedem Inertialsystem synchron. In **Abb. 59.1 a)** werden vier Uhren A, B, C, D in einem System I′ von Lichtsignalen synchronisiert, die gleichzeitig von der geometrischen Mitte ausgesandt wurden. Aus Sicht eines Systems I, in dem sich I′ mit der Geschwindigkeit v in x-Richtung bewegt, werden die Uhren A und B *nicht* synchron in Gang gesetzt, wohl aber die Uhren C und D.

Relativität der Gleichzeitigkeit: Sind zwei Ereignisse E_1 und E_2, die verschiedene x-Koordinaten x_1 und x_2 in einem System I haben, in diesem System *gleichzeitig*, so sind sie in einem anderen, relativ zum ersten in x-Richtung bewegten System I′ *nicht gleichzeitig*.
Gleichzeitigkeit ist nur in der Bewegungsrichtung zweier Inertialsysteme relativ.

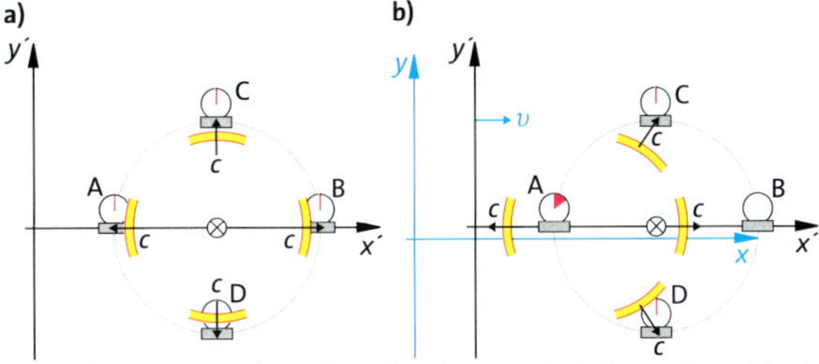

59.1 a) Im System I′ werden die Uhren A, B, C, D synchronisiert. **b)** Aus Sicht des Systems I, in dem sich I′ mit v bewegt, werden die Uhren A und B nicht synchron in Gang gesetzt, wohl aber die Uhren C und D.

Gleichzeitigkeit ist also nicht absolut. Da die Gleichzeitigkeit aber Grundlage für die Bestimmung des Zeitpunkts von Ereignissen ist, heißt das, dass die Zeit nicht absolut ist. Für EINSTEIN war diese Erkenntnis der Durchbruch bei der Formulierung der speziellen Relativitätstheorie.

Aufgaben

*1. Ein Blitz schlägt in das vordere und einer in das hintere Ende eines Zuges. Ein Reisender in der Mitte des Zuges und ein Bahnwärter draußen auf gleicher Höhe sehen die Blitze gleichzeitig einschlagen. Was folgern beide daraus?

Exkurs

Navigation mit Satelliten: Das Global Positioning System (GPS)

Seit 1993 kreisen 24 Satelliten in 20 000 km Höhe um die Erde und bilden zusammen mit Bodenstationen das Navigationssystem GPS.

Jeweils vier Satelliten haben eine gemeinsame Umlaufbahn, sodass es sechs verschiedene Umlaufbahnen gibt. Alle Bahnen sind um 55° gegenüber dem Äquator geneigt und um jeweils 60° längs des Äquators gegeneinander versetzt. An Bord eines jeden Satelliten befinden sich hochpräzise Atomuhren, deren Synchronisation ständig per Funk überwacht wird. Alle 24 Satelliten senden nach jeweils einer Millisekunde codierte Funksignale auf der Frequenz 1,6 GHz ($\lambda = 19$ cm), die neben der Kennung des jeweiligen Satelliten die aktuellen Bahnparameter und die exakte Zeit der Signalaussendung enthalten. Das Satellitensystem ist so aufgebaut, dass bei freier Sicht zu jeder Zeit und an jedem Ort der Erde die Signale von mindestens vier Satelliten empfangen werden können. Ein Empfänger kann aus der Laufzeit der vier Signale die momentane Position nach Länge, Breite und Höhe auf 7 m genau berechnen.

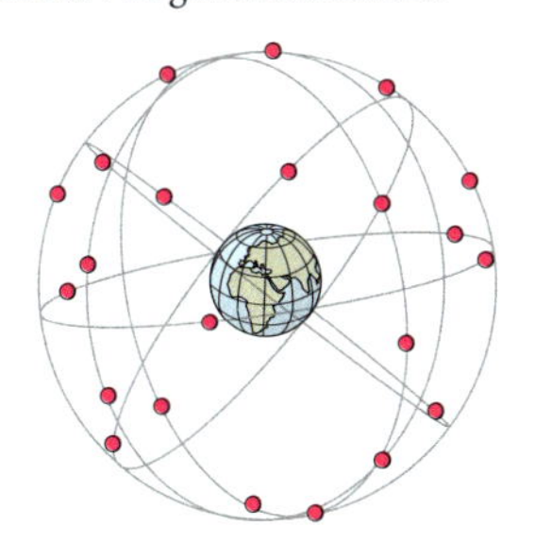

Notwendig wäre zur Ortsbestimmung eigentlich nur der Empfang von drei Satelliten. Dann müsste der Empfänger aber selbst eine hochpräzise Atomuhr besitzen. Das ist jedoch nicht notwendig, denn das vierte Signal liefert die genaue Zeitkoordinate, mit der der Empfänger eine einfache Quarzuhr synchronisiert.

Die wesentliche Messgröße für die Navigation ist also die Zeit. Wie die spezielle Relativitätstheorie zeigt, ist die Zeit aber nicht absolut. Dies erfordert „relativistische" Korrekturen der Satellitenuhren. Weitere Korrekturen sind aufgrund der allgemeinen Relativitätstheorie notwendig, da das von den Satelliten ausgestrahlte Signal im Gravitationsfeld der Erde nach unten fällt. Die Relativitätstheorien sind heute Teil unseres Alltags.

Das europäische Gegenstück zum amerikanischen GPS ist GALILEO. Es wird aus 30 Satelliten auf etwas höheren Bahnen bestehen (23 500 km) und soll 2013 betriebsbereit sein. Zur Entwicklung von Empfängern und insbesondere neuer Anwendung gibt es in Bayern (Berchtesgadener Land) die Testregion GATE. Dort stehen sechs Signalgeneratoren zur Verfügung, die die künftigen Satelliten simulieren.

3.4.5 Die Zeitdilatation

Die Relativität der Gleichzeitigkeit lässt die Vorstellung von einer absoluten Zeit nicht mehr gelten. Die folgenden Überlegungen werden darüber hinaus zeigen, dass ein und derselbe Vorgang unterschiedlich lange dauert, wenn er aus verschiedenen, relativ zueinander bewegten Bezugssystemen gemessen wird.

Um den grundsätzlichen Zusammenhang herzuleiten, soll eine **Lichtuhr** erfunden werden, bei der als Taktgeber ein Lichtsignal dient, das ständig zwischen zwei Spiegeln hin und her reflektiert wird (**Abb. 61.1**). Jedes Mal, wenn das Lichtsignal an einem Spiegel ankommt, soll die Anzeige eines Zählers um eine Einheit weiterspringen. Beträgt der Abstand der beiden Spiegel $l = 30$ cm, ist die Zeiteinheit eine Nanosekunde:

$$\Delta t = l/c = 0{,}3\ \text{m}/(3 \cdot 10^8\ \text{m/s}) = 1 \cdot 10^{-9}\ \text{s} = 1\ \text{ns}$$

Der besondere Vorteil der Lichtuhr besteht darin, dass ihr Gang auch dann verfolgt werden kann, wenn sie sich bewegt: Nach dem Prinzip von der Konstanz der Lichtgeschwindigkeit bewegt sich nämlich der Taktgeber, also das Lichtsignal, immer mit der konstanten Geschwindigkeit c.

Gedankenexperiment mit Lichtuhren: Der Gang einer bewegten Lichtuhr C soll beobachtet werden. Dazu werden zwei *synchronisierte* Uhren A und B aufgestellt, an denen sich die Uhr C mit der Geschwindigkeit v vorbei bewegt. Kommt C an A vorbei, soll C gestartet werden. Die Anzeige der Uhren A und B betrage in diesem Moment gerade 100 ns. Läuft C an B vorbei, wird C gestoppt. Im Beispiel soll angenommen werden, dass der Abstand der Uhren A und B und die Geschwindigkeit v gerade so groß seien, dass zwischen Start und Stopp das Licht die synchronisierten Uhren gerade *viermal* durchläuft, A und B beim Stopp also 104 ns anzeigen. Die synchronisierten Uhren A und B messen die Zeitspanne Δt_R für den Vorgang *„C läuft von A nach B"* zu $\Delta t_R = 4$ ns. Welche Zeitspanne Δt misst die Uhr C für denselben Vorgang *„C läuft von A nach B"*?

Ohne Rechnung kann mit **Abb. 61.1** verstanden werden, dass das *schräg* laufende Lichtsignal der Uhr C diese *weniger* als viermal durchläuft. Uhr C zeigt daher für den Vorgang zwischen Start (Vorbeigang an A) und Stopp (Vorbeigang an B) eine kleinere Zeitspanne an: $\Delta t < \Delta t_R$. Die *bewegte* Uhr C geht daher langsamer als die synchronisierten Uhren A und B. ◂

Eigentlich haben die Begriffe *bewegt* und *ruhend* in der Relativitätstheorie ihren Sinn verloren, da ein bewegtes System auch als ruhend und ein ruhendes als bewegt angesehen werden kann: Entscheidend ist nur die Relativbewegung. Da die beiden Begriffe aber dennoch weiterhin verwendet werden, muss erklärt werden, was damit gemeint ist. Als *ruhend* wird das Inertialsystem bezeichnet, in dem die zur Zeitmessung aufgestellten *synchronisierten Uhren* auch als synchron gehend angesehen werden. Es ist das System des Inertialbeobachters (→ 3.4.2) und ist im Gedankenexperiment dadurch vor anderen bewegten Inertialsystemen ausgezeichnet, in denen die Uhren – obwohl in ihrem System synchronisiert – aus Sicht des *ruhenden Systems nicht mehr synchron* gehen können (→ 3.4.4).

Eine wichtige Größe der Relativitätstheorie ist die Zeit, die ein Beobachter mit einer in seinem System ruhenden Uhr misst. Sie wird als **Eigenzeit** bezeichnet. Beobachter in beliebigen Inertialsystemen sind sich über Beginn und Ende eines Eigenzeitintervalls einig. Beim Vergleich mit Uhren in anderen Inertialsystemen ergeben sich aber unterschiedliche Zeiten für dieses Intervall:

> Die von einer *bewegten* Uhr gemessene Eigenzeit Δt ist kleiner als die von *ruhenden* synchronisierten Uhren gemessene Zeit Δt_R für denselben Vorgang.

In **Abb. 61.1** wird angenommen, dass die Geschwindigkeit v der Uhr C gerade so groß sei, dass das schräg laufende Lichtsignal die bewegte Uhr zweimal durchläuft, während die ruhenden Uhren A und B viermal durchlaufen werden. Der Zusammenhang zwischen der Eigenzeit Δt der bewegten Uhr C und der von den ruhenden Uhren A und B gemessenen Zeitspanne Δt_R ergibt sich aus dem rechtwinkligen Dreieck in **Abb. 61.1**. Das Dreieck stellt *einen* Takt des Lichtsignals in der Uhr C aus Sicht der ruhenden Uhren A und B dar: Während der Eigenzeit Δt durchläuft das Licht die Uhr C von oben nach unten und durchmisst deren Länge $l = c\,\Delta t$ (vertikale Kathete). Währenddessen vergeht für die Uhren A und B die Zeitspanne Δt_R. Für diese Uhren legt das Licht in der Uhr C den schrägen Weg, also die Hypotenuse $c\,\Delta t_R$, zurück. Außerdem bewegt sich während der Zeitspanne Δt_R die Uhr C um die horizontale Kathete $v\,\Delta t_R$ weiter. Mit dem Satz des Pythagoras lässt sich daher folgende Gleichung aufschreiben:

$$(c\,\Delta t)^2 + (v\,\Delta t_R)^2 = (c\,\Delta t_R)^2$$

Wird diese Gleichung nach Δt aufgelöst, so folgt der gesuchte Zusammenhang für die Zeitdilatation zwischen der Eigenzeit Δt und der in einem Inertialsystem gemessenen Zeitspanne Δt_R: Aus

$(c\,\Delta t)^2 + (v\,\Delta t_R)^2 = (c\,\Delta t_R)^2$ folgt

$(c\,\Delta t)^2 = (c\,\Delta t_R)^2 - (v\,\Delta t_R)^2$ und daraus

$$(\Delta t)^2 = \left(1 - \frac{v^2}{c^2}\right)(\Delta t_R)^2.$$

Zeitdilatation: *Synchronisierte Uhren* eines Inertialsystems I_R messen als Dauer eines Vorgangs die Zeitspanne Δt_R. *Eine Uhr*, die sich relativ zu diesem System mit der Geschwindigkeit v bewegt, misst in ihrer Eigenzeit für denselben Vorgang die kleinere Zeitspanne Δt. Es gilt der Zusammenhang

$$\Delta t = \Delta t_R \sqrt{1 - v^2/c^2}.$$

Weil die bewegte Uhr für den ruhenden Beobachter langsamer geht, spricht man von Zeitdilatation (dilatare, lat.: dehnen).

Dies gilt für alle Uhren einschließlich aller natürlichen Uhren wie z. B. dem Herzschlag. Wäre das nicht der Fall, so würde sich daraus eine absolute Bewegung leicht ableiten lassen. Das widerspricht aber dem ersten Postulat. Die Zeitdilatation ist daher ein allgemein geltendes Naturphänomen.

Die Zeitdilation ist zudem ein völlig symmetrisches Phänomen. Beobachter in zwei gegeneinander bewegten Inertialsystemen werden jeweils ihre Uhren als die schneller gehenden bezeichnen.

Ein einseitiger Effekt wird die Zeitdilation erst dann, wenn ein System die Bedingungen einer gleichförmigen geradlinigen Bewegung nicht mehr erfüllt, also z. B. einen Richtungswechsel durchführt. Oft wird dies auch mit dem Wechsel des Beobachters zwischen unterschiedlichen Inertialsystemen beschrieben.

Damit löst sich das oft diskutierte *Zwillingsparadoxon*: Der eine Zwilling reist für viele Jahre durch das Universum, während der andere zurückbleibt. Wer ist nach der Rückkehr der Jüngere? Kann nicht jeder behaupten, er habe sich relativ zum anderen bewegt und sei daher weniger gealtert? *Lösung:* Der Weltraumreisende musste mehrmals sein Inertialsystem wechseln. Aufgrund der dabei auftretenden Beschleunigung kann er selbst feststellen, dass er bewegt ist. Nach seiner Rückkehr ist er deshalb jünger als der ständig in einem Inertialsystem verbliebene Zwilling. An seiner Lebensspanne ändert diese Reise allerdings nichts. Er wird nicht mehr Geburtstage feiern als bei einem Verzicht auf die Reise. Erst nach der Rückkehr stellt er fest, dass er jünger ist als sein zurückgebliebener Zwilling.

Die Zeitdilatation wurde mittlerweile mehrfach experimentell bestätigt. 1971 erfuhr die Weltöffentlichkeit durch einen Bericht der amerikanischen Zeitschrift TIME vom 18.10.71 von einem spektakulären Experiment, das die amerikanischen Physiker HAFELE und KEATING durchgeführt hatten. Sie waren mit Atomuhren ausgestattet in Linienmaschinen rund um die Welt geflogen und verglichen bei ihrer Ankunft am Ausgangsort die Zeitanzeige der mitgereisten Uhrengruppe mit der Anzeige einer am Boden verbliebenen Uhrengruppe. Mit diesem Experiment war es ihnen erstmals gelungen, die Zeitdilatation mit makroskopischen Uhren zu messen.

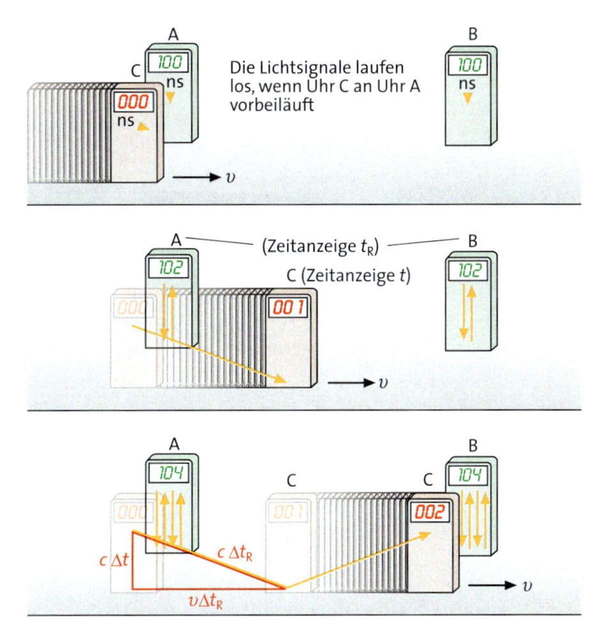

61.1 In Lichtuhren läuft ein Lichtsignal ständig auf und ab; bei jeder Umkehr springt ein Zähler um eine Zeiteinheit weiter. In den ruhenden Uhren A und B läuft das Licht auf und ab: tick, tack, tick, tack. In der bewegten Uhr C muss das Licht schräg laufen, sie geht daher langsamer: tiiick, taaack ...

Auch bei dem Navigationssystem GPS (→ S. 59) müssen relativistische Zeiteffekte berücksichtigt werden. Die Relativität hat damit Einzug in den Alltag gehalten.

Aufgaben

1. Berechnen Sie, wie viele Jahre ein Düsenflugzeug mit 900 km/h unterwegs sein müsste, bis die Borduhr gegenüber einer Uhr am Erdboden um 1 Sekunde nachgeht. Perfekt genau gehende Uhren seinen vorausgesetzt.
2. Ein 30-jähriger Weltraumfahrer startet im Jahre 2010 zu einer Reise durch das Weltall. Seine durchschnittliche Reisegeschwindigkeit beträgt relativ zur Erde gemessen $v = \frac{40}{41}\,c$. Berechnen Sie, wie alt der Weltraumfahrer ist, wenn er im Jahre 2092 zurückkehrt.
3. Zwei synchronisierte Uhren A und B haben auf der Erde den Abstand $\Delta s = 600$ km. Eine Rakete fliegt mit der Geschwindigkeit $v = \frac{12}{13}\,c$ über die Erde hinweg und kommt erst an Uhr A, dann an Uhr B vorbei. Bei A zeigt eine Uhr in der Rakete die gleiche Zeit wie Uhr A an. Ermitteln Sie die Zeitdifferenz, welche die Raketenuhr gegenüber Uhr B anzeigt, wenn sie an dieser vorbeikommt.

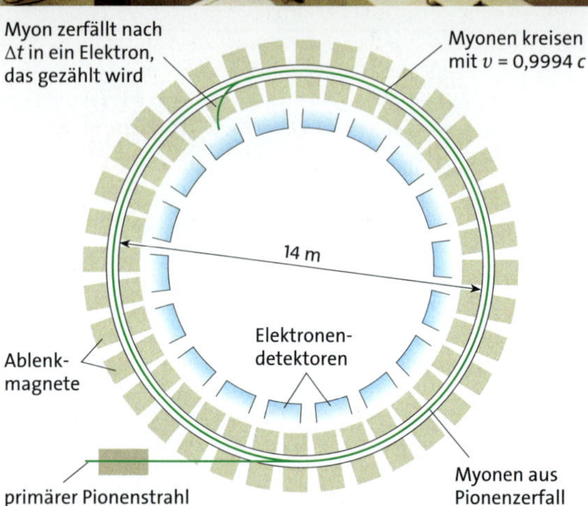

62.1 Im Myonen-Speicherring des europäischen Kernforschungszentrums CERN kreisen Myonen mit nahezu Lichtgeschwindigkeit. Beim Myonenzerfall entstehen Elektronen, die von Detektoren im Kreisinnern nachgewiesen werden.

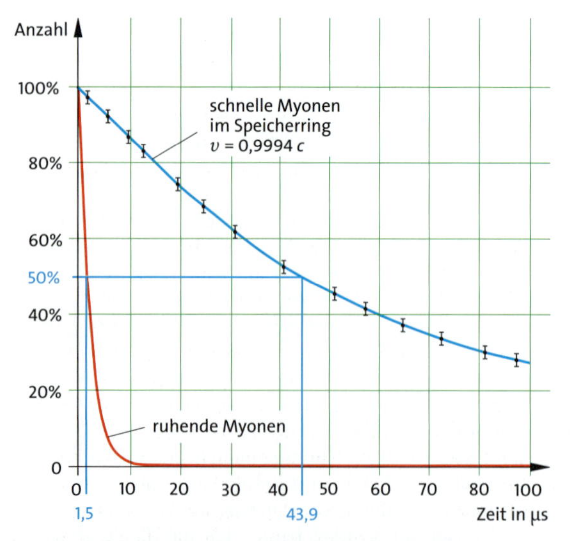

62.2 Zerfallskurven von ruhenden und von schnellen Myonen. Während die Halbwertszeit von ruhenden Myonen nur 1,52 µs beträgt, wird die Halbwertszeit der im Speicherring mit 0,9994 *c* kreisenden Myonen zu 43,9 µs gemessen.

3.4.6 Myonen im Speicherring

Myonen sind Elementarteilchen, die wie Elektronen zur Teilchengruppe der Leptonen gehören. Sie sind wie das Elektron negativ geladen (1 *e*), haben aber die 207-fache Ruhemasse. Im Gegensatz zu Elektronen sind Myonen jedoch instabil. Sie zerfallen mit einer Halbwertszeit von 1,52 µs, d.h. nach dieser Zeit sind von 100 Millionen Myonen nur noch ca. 50 Millionen vorhanden, nach weiteren 1,52 µs nur noch 25 Millionen usw.

Myonen werden im europäischen Kernforschungszentrum CERN erzeugt, indem ein Strahl hochenergetischer Protonen auf Materie trifft. Neben vielen anderen Elementarteilchen entstehen dabei auch Pionen, die mit einer sehr kurzen Halbwertszeit (ca. 20 ns) in Myonen zerfallen. In dem betrachteten Experiment werden Myonen mit der Geschwindigkeit $v = 0{,}9994\,c$ herausgefiltert und in einen Speicherring geleitet (**Abb. 62.1**). Von starken Magneten abgelenkt laufen die Myonen auf einer Kreisbahn, die einen Durchmesser von 14 m hat. Zerfällt ein Myon, so entsteht ein Elektron, das wegen seiner sehr viel geringeren Masse von dem Magnetfeld ins Kreisinnere abgelenkt und dort von einem Detektor nachgewiesen wird. So kann der Zerfall der Myonen verfolgt und daraus ihre Halbwertszeit bestimmt werden. Sie ergibt sich aus der Messkurve in **Abb. 62.2** zu 43,9 µs.

Die Zeitdilatation erklärt diesen Effekt: Die auf der Kreisbahn beschleunigten und damit *bewegten* Myonen zerfallen in der *Eigen*-Halbwertszeit $\Delta t = 1{,}52$ µs. Die Uhren, die diese Zerfallszeit messen, ruhen in einem Inertialsystem, dem Laborsystem, und messen daher die größere Halbwertszeit $\Delta t_R = 43{,}9$ µs. Die Formel für die Zeitdilatation bestätigt dies exakt:

$$\Delta t = \Delta t_R \sqrt{1 - v^2/c^2} = 43{,}9\ \mu s \sqrt{1 - 0{,}9994^2} = 1{,}52\ \mu s$$

Dieses mit großem Aufwand bei CERN durchgeführte Experiment hat die Zeitdilatation mit einer Genauigkeit von einem Promille bestätigt. Es ist damit der genaueste Test der Theorie.

Aufgaben

1. Ermitteln Sie die Lebensdauer von Myonen, wenn sie mit derselben Geschwindigkeit $v = 0{,}999\,999\,997\,c$ im Ring kreisen würden wie Elektronen im Deutschen Elektronen-synchrotron (DESY) in Hamburg.
2. Nehmen Sie an, Myonen hätten eine Lebenserwartung, die ähnlich der der Menschen etwa 70 Jahre betragen würde. Berechnen Sie die Zeit Δt, während der die Myonen dann im Speicherring bei $v = 0{,}9994\,c$ kreisen könnten.
3. Berechnen Sie die Geschwindigkeit v, mit der ein Elementarteilchen fliegen muss, damit sich seine Halbwertszeit verdoppelt.

Exkurs

Der optische Doppler-Effekt

Der nach seinem Entdecker Christian DOPPLER (1803–1853) benannte Doppler-Effekt besteht darin, dass die von einem Empfänger registrierte Wellenstrahlung nicht mit der gesendeten Frequenz übereinstimmt, wenn sich Sender und Empfänger relativ zueinander bewegen.

Der Doppler-Effekt ist als *akustischer Effekt* aus dem Alltag bekannt: Fährt z.B. ein Fahrzeug mit Martinshorn schnell an einem Beobachter vorbei, so sinkt im Augenblick des Vorbeifahrens die Tonlage des Horns deutlich.

- Entfernt sich ein Sender, der eine sinusförmige Schallwelle der Frequenz f aussendet, mit der Geschwindigkeit v von einem Empfänger, so nimmt der Empfänger einen tieferen Ton wahr, dessen Frequenz f_E mit folgender Formel berechnet wird:

$$f_E = f\frac{1}{1 + v/c_S} \quad \text{(bewegter Sender)}$$

Dabei ist c_S die Schallgeschwindigkeit.

- Entfernt sich hingegen der Empfänger mit der Geschwindigkeit v vom Sender, so lautet die Formel:

$$f_E = f(1 - v/c_S) \quad \text{(bew. Empfänger)}$$

Die Formeln sind verschieden, weil sich die Bewegungen von Sender bzw. Empfänger relativ zum Wellenträger, also der Luft, verschieden auswirken. Bei Annäherung ist v negativ, sodass jeweils ein höherer Ton wahrgenommen wird.

Der **optische Doppler-Effekt** beschreibt prinzipiell die gleiche Erscheinung, nur wird statt einer Schallwelle jetzt eine elektromagnetische Welle mit Lichtgeschwindigkeit c ausgesandt. Wiederum entfernen sich Sender und Empfänger voneinander mit der Geschwindigkeit v. Ein wesentlicher Unterschied besteht darin, dass es keinen Wellenträger gibt und die Geschwindigkeit der Lichtwelle relativ zum Sender oder Empfänger stets unverändert gleich c ist. Es ist gleichgültig, ob Sender oder Empfänger als bewegt angesehen werden, denn es gibt nur die Relativbewegung von Sender und Empfänger. Für den optischen Doppler-Effekt werden die beiden Formeln in ein und dieselbe umgewandelt, wenn jeweils für die Frequenz $f = 1/T$ die Zeitdilatation berücksichtigt wird (→ 3.4.5): Im ersten Fall geht die Uhr des bewegten Senders langsamer, d.h. die Zeit ist gedehnt: Statt der Frequenz f wird die kleinere Frequenz $f\sqrt{1 - v^2/c^2}$ ausgesandt. Aus der Formel für den bewegten Sender folgt dann:

$$f_E = f\sqrt{1 - v^2/c^2}\,\frac{1}{1 + v/c}$$

Mit $1 - v^2/c^2 = (1 + v/c)(1 - v/c)$ folgt daraus

$$f_E = f\frac{\sqrt{(1 + v/c)(1 - v/c)}}{\sqrt{(1 + v/c)^2}} = f\sqrt{\frac{1 - v/c}{1 + v/c}}.$$

Im zweiten Fall geht die Uhr des Empfängers langsamer. Er empfängt daher eine um den Faktor $1/\sqrt{1 - v^2/c^2}$ größere Frequenz. Aus der Formel für den bewegten Empfänger ergibt sich

$$f_E = \frac{f}{\sqrt{1 - v^2/c^2}}(1 - v/c).$$

Mit $1 - v^2/c^2 = (1 + v/c)(1 - v/c)$ folgt auch hier

$$f_E = f\frac{\sqrt{(1 - v/c)^2}}{\sqrt{(1 - v/c)(1 + v/c)}} = f\sqrt{\frac{1 - v/c}{1 + v/c}}.$$

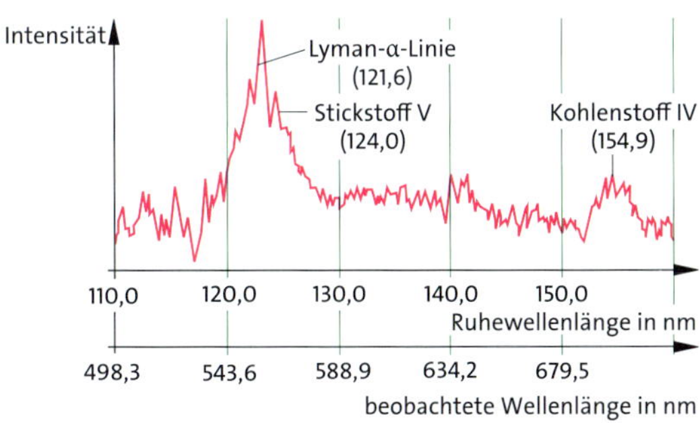

Entfernen sich also Sender und Empfänger einer mit der Frequenz f ausgestrahlten elektromagnetischen Welle relativ voneinander mit der Geschwindigkeit v, so wird die kleinere Frequenz f_E empfangen. Es gilt

$$f_E = f\sqrt{\frac{1 - v/c}{1 + v/c}}.$$

Bei Annäherung ist v negativ, sodass die empfangene Frequenz f_E größer ist als die Frequenz f.

DOPPLER konnte den Effekt für Licht noch nicht messen, hatte ihn aber vorausgesagt, ohne zu ahnen, dass er zu einer der wichtigsten Methoden bei der Erforschung des Weltalls werden würde. 1929 entdeckte der amerikanische Astronom HUBBLE die mit zunehmender Entfernung größer werdende *Rotverschiebung* entfernter Galaxien. Die Abbildung zeigt das Spektrum des Quasars OQ172 und stellt eine der höchsten Rotverschiebungen dar, die bisher beobachtet wurden. Die Lyman-α-Linie des Wasserstoffs ist von 121,6 nm im Ultravioletten bis zu einer grünen Wellenlänge von 550,8 nm verschoben. HUBBLE deutete die beobachtete Wellenlängenänderung als Frequenzänderung aufgrund des Doppler-Effekts und schloss auf eine allgemeine Fluchtbewegung der Galaxien. Dies bedeutete eine Expansion des Universums. Daraus entwickelte sich die sogenannte **Urknall-Hypothese** („big bang"). Die beobachtete Expansion ergibt zurückgerechnet einen Zeitpunkt für den Urknall und damit ein „Alter des Universums". Aufgrund von Messungen mit dem Satelliten WMAP wird heute ein Wert von etwa 13,7 Milliarden Jahre für das Alter des Universums angenommen.

Natürlich ergab sich die Frage nach der Zukunft des Universums. Die Gravitation sollte ja die Expansion bremsen. Neuere Ergebnisse lassen aber sogar auf eine beschleunigte Ausdehnung des Universums schließen. Auch hier ist die Rotverschiebung eine entscheidende Beobachtungsgröße. Es werden explodierende Sterne, sogenannte *Supernovae,* beobachtet. Unter bestimmten Umständen ist ihre Helligkeit bekannt und somit kann die Entfernung aus der beobachteten Helligkeit berechnet werden. Die beschleunigte Expansion scheint durch eine unbekannte *„Dunkle Energie"* verursacht zu werden.

3.4.7 Die Längenkontraktion

Trifft die aus dem Weltall kommende primäre Höhenstrahlung – es sind vornehmlich energiereiche Protonen – auf die obersten Schichten der Atmosphäre, so entstehen in 20 km Höhe neben vielen anderen Elementarteilchen auch Myonen in großer Zahl. Diese fliegen mit nahezu Lichtgeschwindigkeit zur Erdoberfläche, wo sie nachgewiesen werden. Ohne Relativitätstheorie wäre nicht zu verstehen, dass Myonen in großer Zahl am Boden ankommen: Auch wenn die Myonen fast mit Lichtgeschwindigkeit zur Erde fliegen, sollten wegen der Halbwertszeit von $t_H = 1{,}52\ \mu s$ bereits nach der Distanz

$$s = c\,t_H = 3 \cdot 10^8\ \text{m/s} \cdot 1{,}52 \cdot 10^{-6}\ \text{s} = 456\ \text{m}$$

etwa die Hälfte der Myonen zerfallen sein, nach weiteren 456 m wiederum die Hälfte usw. Demnach sollten von 10^{15} Myonen in 20 km Höhe nur etwa 40 an der Erdoberfläche ankommen; tatsächlich sind es aber $4 \cdot 10^{13}$. Dies ergaben Messungen an Myonen aus der Höhenstrahlung, die eine Geschwindigkeit von 0,994 c hatten: Die Verlängerung der Halbwertszeit aufgrund der Zeitdilatation erklärt das Vorkommen der Myonen an der Erdoberfläche (→ 3.4.5). Wie aber kann der Effekt aus der Sicht des Ruhesystems der Myonen verstanden werden?

Die Myonen zerfallen nach der Eigen-Halbwertszeit von 1,52 μs. Da $c \cdot 1{,}52\ \mu s = 456$ m ist, sollte die Zeit nicht ausreichen, um bis zur Erde zu gelangen. Die Relativitätstheorie erklärt dies mit einem zur Zeitdilatation komplementären Effekt: Die an den Myonen mit nahezu Lichtgeschwindigkeit vorbeifliegende Erdatmosphäre ist so stark verkürzt, dass die Myonen in großer Zahl zur Erdoberfläche gelangen.

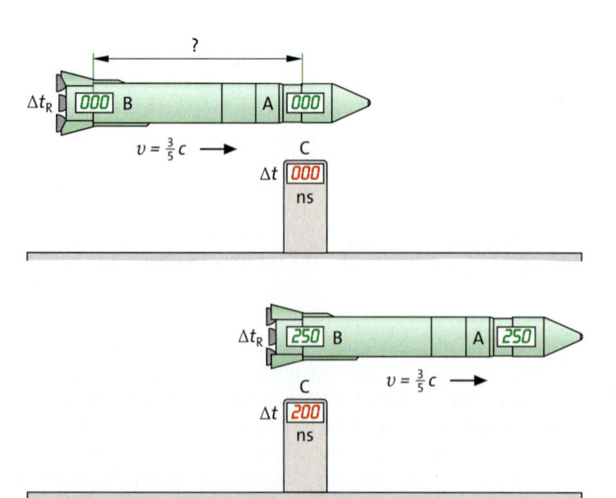

64.1 Um die Länge eines Raumschiffs zu bestimmen, wird die Zeit zum Überfliegen der Uhr C gemessen. Die Raumschiffuhren A und B messen eine andere Zeit als die Uhr C.

Die Länge eines Körpers in seiner Bewegungsrichtung ist demnach relativ, wobei der Körper in seinem Ruhesystem I′ die größte Länge hat. Sie heißt **Eigenlänge *l*.** In einem anderen, relativ zu I′ mit der Geschwindigkeit v in x-Richtung bewegten System I ist der Körper in seiner Bewegungsrichtung kontrahiert (lat. contrahere, verkürzen). Ist die Eigenlänge l parallel zur x-Achse gerichtet, so sei l_K die kontrahierte Länge im System I.
Der Zusammenhang zwischen Eigenlänge l und kontrahierter Länge l_K kann hergeleitet werden, indem die Längenmessung auf eine Zeitmessung zurückgeführt wird. Dazu befinden sich zwei synchronisierte Uhren A und B an den Enden des zu messenden Körpers und eine dritte Uhr C bewegt sich relativ zum Körper mit bekannter Geschwindigkeit v von A nach B. Dem entspricht die Messung in **Abb. 64.1**, auch wenn sich hier die zu messende Rakete relativ zur Uhr C bewegt. Gemessen wird die Zeitdifferenz der beiden Ereignisse E_1 (C bei A) und E_2 (C bei B). Die synchronisierten Uhren A und B messen im Ruhesystem der Rakete die Zeitspanne Δt_R, woraus sich die Eigenlänge zu $l = v\,\Delta t_R$ ergibt. Die Uhr C misst die kürzere Zeitspanne Δt, was zur kontrahierten Länge $l_K = v\,\Delta t$ führt. Eingesetzt in die Gleichung für die Zeitdilatation (→ 3.4.5)

$$\Delta t = \Delta t_R \sqrt{1 - v^2/c^2}$$

ergibt sich die Formel für die Längenkontraktion.

> **Längenkontraktion:** Die Eigenlänge l im Ruhesystem eines Körpers wird in einem anderen Inertialsystem I_K, das sich in der Längsrichtung des Körpers mit der Relativgeschwindigkeit v bewegt, als kontrahierte Länge l_K gemessen. Es gilt die Beziehung
>
> $$l_K = l\sqrt{1 - v^2/c^2}.$$
>
> Senkrecht zur Bewegungsrichtung tritt keine Kontraktion auf, da Gleichzeitigkeit in y- und z-Richtung für jedes Bezugssystem gilt (→ 3.4.4).

Aufgaben

1. Berechnen Sie die Eigenlänge l und die kontrahierte Länge l_K der Rakete in **Abb. 64.1**.
2. Myonen werden in 20 km Höhe von der primären Höhenstrahlung erzeugt und fliegen mit $v = 0{,}9998\,c$ auf die Erde zu. Berechnen Sie die Ausdehnung, die die Atmosphärenschicht von 20 km für die Myonen hat.

*3. Ein Skifahrer fährt mit $v = \frac{12}{13}\,c$ mit 2,6 m langen Skiern auf eine 1,3 m breite Gletscherspalte zu. Ein Mitglied der Bergwacht macht sich zur Rettung des Skifahrers bereit, dessen Skier aus seiner Sicht ja auf 1 m kontrahiert sind. Der Skifahrer macht sich dagegen keine Sorgen, da aus seiner Sicht ja die Gletscherspalte nur 0,5 m breit ist.
Diskutieren Sie dieses Problem.

3.4.8 Raum-Zeit-Diagramme

Raum und Zeit bekommen mit der Relativitätstheorie eine neue Bedeutung. Es zeigt sich, dass sich unser Leben in einem Raum-Zeit-Kontinuum abspielt. Die beiden folgenden Abschnitte verdeutlichen dies mit einer eleganten grafischen Methode.

Der Mathematiker MINKOWSKI führte 1908 Weg-Zeit-Diagramme – sogenannte *Minkowski – Diagramme* – in die Relativitätstheorie ein, um die relativistische Kinematik anschaulich darstellen zu können. Zunächst werden solche **Raum-Zeit-Diagramme** für die klassische Kinematik betrachtet, wobei entgegen der sonst üblichen Darstellung die Zeit an der Hochachse aufgetragen ist.

Ein **Ereignis E,** das an einem bestimmten Ort zu einer bestimmten Zeit stattfindet, wird durch einen Punkt in einem Raum-Zeit- oder kurz (x, t)-Diagramm dargestellt. Zum Beispiel ist das vordere Ende des Busses in **Abb. 65.1** zu jeder Zeit t an einer ganz bestimmten Stelle x. Die Bildpunkte der Ereignisse eines Körpers ergeben einen *Weg-Zeit-Graphen*, der in Minkowski-Diagrammen **Weltlinie** heißt. Als Beispiele sind in **Abb. 65.1** die Weltlinien der beiden Enden des Busses in Blau gezeichnet.

Eine Besonderheit von Minkowski-Diagrammen ist, dass in *einem* Diagramm *mehrere* Inertialsysteme untergebracht werden. Dies ist möglich, wenn außer dem üblichen rechtwinkligen Koordinatensystem auch schiefwinklige Systeme verwendet werden, bei denen die Achsen einen spitzen oder stumpfen Winkel einschließen. In **Abb. 65.1** ist außer dem rechtwinkligen (x, t)-System ein spitzwinkliges (x', t')-System gezeichnet. Das rechtwinklige (x, t)-System beschreibt eine Straße, auf der sich der Bus mit 6 m/s (nach rechts) bewegt. Die Geschwindigkeiten ergeben sich aus den *Kehrwerten* der Steigungen der Weltlinien. Je langsamer sich also ein Körper bewegt, umso steiler ist seine Weltlinie. Eine Weltlinie *parallel* zur t-Achse beschreibt einen im (x, t)-System ruhenden Körper.

Damit ist auch die Frage beantwortet, was das schiefwinklige System auszeichnet. Die t'-Achse ist parallel zu den Weltlinien des Busses, d. h. diese Weltlinien stellen im (x', t')-System einen ruhenden Körper dar: Das (x', t')-System ist das Ruhesystem des Busses. Zu beachten ist, dass auch in schiefwinkligen Systemen die Koordinaten mithilfe von *Parallelen zu den Achsen* abgelesen werden. In **Abb. 65.1** folgen im Ruhesystem des Busses mit Parallelen zur t'-Achse die konstanten Koordinaten $x' = 5$ m für das hintere Ende und $x' = 20$ m für das vordere Ende.

In einem schiefwinkligen Koordinatensystem liegen demnach ortsgleiche Ereignisse auf einer Parallelen zur Zeitachse. Entsprechend liegen zeitgleiche Ereignisse auf einer Parallelen zur Ortsachse. In **Abb. 65.1** sind die zwei Ortsachsen parallel (zur Vereinfachung haben sie den gleichen Ursprung und liegen daher sogar aufeinander). Dies ist eine Folge der in der klassischen Physik geltenden absoluten Zeit und wird sich in den relativistischen Diagrammen ändern.

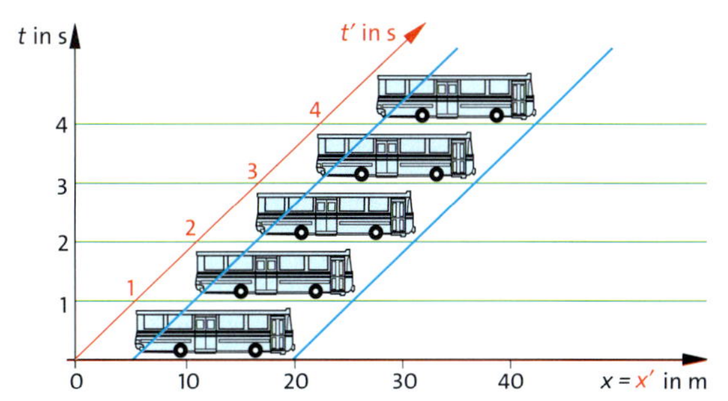

65.1 Die Bewegungen eines Busses aus der Sicht von zwei Inertialsystemen. In Blau sind die Weltlinien des vorderen und hinteren Endes des Busses eingezeichnet. Die zwei Zeitachsen sind die Weltlinien der jeweiligen Koordinatenursprünge.

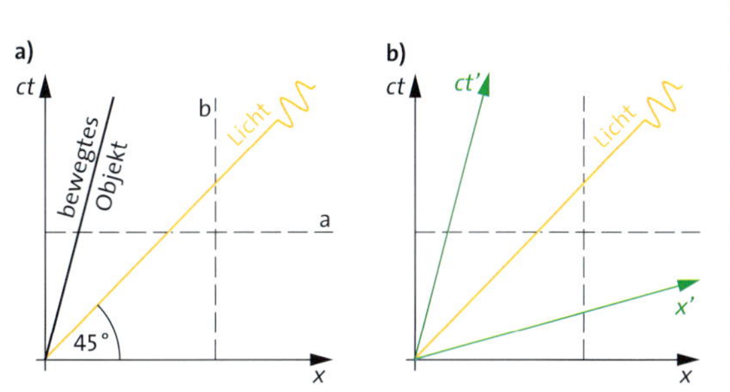

65.2 Relativistisches Minkowski-Diagramm **a)** mit der Weltlinie eines bewegten Objekts und **b)** mit dem zweiten Inertialsystem (x', ct'), dem Ruhesystem des bewegten Objekts. Im Gegensatz zur klassischen Kinematik fordert das relativistische Diagramm eine schiefwinklige x'-Achse.

Abb. 65.2 a) zeigt ein Diagramm, wie es in der Relativitätstheorie üblich ist. Für die Zeitachse wird meist die Längeneinheit ct verwendet, sodass sich für x- und ct-Achse dann dieselben Längeneinheiten (z. B. Lichtsekunden) ergeben. Damit wird die Weltlinie eines Lichtstrahls durch die Winkelhalbierende dargestellt. Alle Objekte mit Ruhemasse haben steilere Weltlinien. Diese sind umso steiler, je langsamer sich die Objekte bewegen.
Alle Ereignisse, die gleichzeitig an verschiedenen Orten stattfinden, liegen auf Parallelen zur x-Achse (z. B. a in **Abb. 65.2 a**).
Alle Ereignisse, die am selben Ort zu verschiedenen Zeiten stattfinden, befinden sich auf Parallelen zur ct-Achse (z. B. b in **Abb. 65.2 a**). Dies ist gleichzeitig die Weltlinie eines ruhenden Körpers.

Durch die Betrachtung gleichzeitiger Ereignisse lässt sich zeigen, dass das Ruhesystem (x', ct') eines bewegten Körpers im (x, ct)-Diagramm auch eine schiefwinklige x'-Achse hat. Die Weltlinie des Lichts bleibt aber auch dort natürlich die Winkelhalbierende (**Abb. 65.2 b**).

Die Erweiterung des dreidimensionalen Ortsraums um die vierte Dimension der Zeit ergibt den **Minkowski-Raum.** Auch hier gilt: Die Punkte des Minkowski-Raums repräsentieren Ereignisse (Weltpunkte).

3.4.9 Die Raum-Zeit – eine absolute Größe der relativistischen Physik

In der **klassischen Physik** kommt den Begriffen *Länge* und *Zeit* eine selbstständige, voneinander unabhängige Bedeutung zu. Eine Stunde vergeht hier auf der Erde ebenso schnell wie auf irgendeinem fernen Stern. Ihre Dauer ist unabhängig davon, mit welcher Geschwindigkeit sich der Stern bewegt. Ebenso ist der Erddurchmesser für jeden Beobachter aus dem Weltraum eine absolut feststehende Größe. Seine Länge hängt nicht davon ab, ob die Erde während der Beobachtungszeit ihren Standort ändert. Mathematisch drückt sich die Bedeutung von Länge und Zeit in deren *Invarianz* (Unveränderlichkeit) gegenüber einem Wechsel des Bezugssystems aus: Zwischen den Ortsvektoren eines Körpers in den mit *v gegeneinander bewegten* Inertialsystemen A und B gilt klassisch die Beziehung $s_A = s_B + v\,t$.

In der **relativistischen Kinematik** bleiben dagegen Länge und Zeit bei einem Wechsel des Inertialsystems nicht erhalten. Die Veränderungen dieser Größen sind als Längenkontraktion und Zeitdilatation bekannt. Länge und Zeit kommt daher nicht mehr die gleiche Bedeutung wie in der klassischen Physik zu. An deren Stelle tritt in der relativistischen Mechanik die invariante **Raum-Zeit,** die 1908 von MINKOWSKI erkannt wurde.

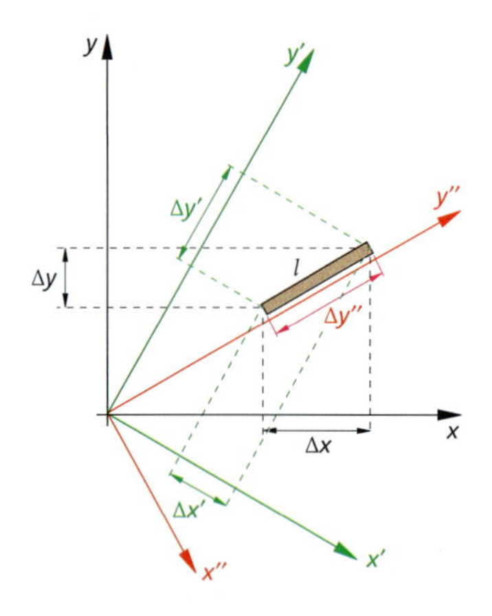

68.1 Die invariante Länge eines Stabes, betrachtet in verschiedenen Inertialsystemen

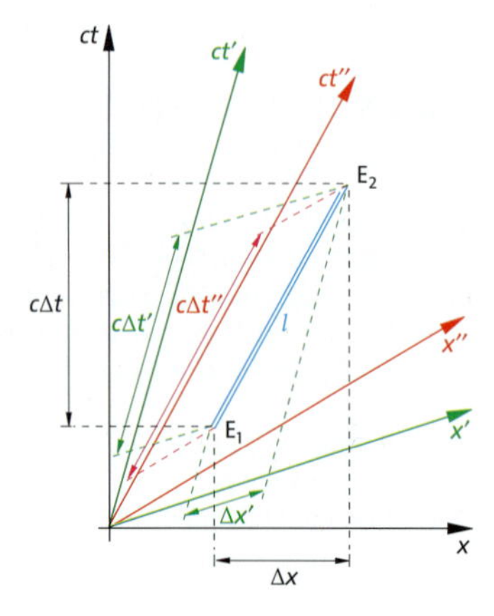

68.2 Die invariante Länge einer Weltlinie, betrachtet in verschiedenen Inertialsystemen

Als Beispiel für eine in der klassischen Physik invariante Größe wird die Länge eines Stabes in der geometrischen Ebene betrachtet (**Abb. 66.1**). Bezugssysteme sind rechtwinklige Koordinatensysteme, die gegeneinander gedreht seien. Die Länge l des Stabes wird ermittelt, indem an den Achsen die Längen der Projektionen des Stabes auf die Achsen abgelesen werden. Aus den Werten Δx und Δy bzw. $\Delta x'$ und $\Delta y'$ wird die Stablänge l mit dem Satz des Pythagoras berechnet. Die Länge l ist invariant, denn in jedem Koordinatensystem ergibt sich derselbe Wert. Wird das spezielle System I″ betrachtet, in dem die y''-Achse parallel zum Stab ist, so ist dort $\Delta x'' = 0$ und die Stablänge l kann direkt an der y''-Achse abgemessen werden: $l = \Delta y''$.
Zu einer analogen Betrachtung führt die Frage nach der *Länge l* einer Weltlinie in einem Minkowski-Diagramm (**Abb. 66.2**). Als Länge einer Weltlinie wird der Abstand in Raum und Zeit zwischen zwei Ereignissen E_1 und E_2 angesehen. Auch hier kann das spezielle Inertialsystem I″ betrachtet werden, dessen Zeitachse parallel zur Weltlinie verläuft. Es ist das Ruhesystem der Weltlinie. An der t''-Achse wird deren Länge unmittelbar abgelesen: $l = c\,\Delta t''$. Wird eine Uhr längs dieser Weltlinie bewegt, so misst diese Uhr mit ihrer Eigenzeit $\Delta t''$ die Länge der Weltlinie.

Uhren sind Weltlinienmesser

Wie kann die Länge der Weltlinie auch in anderen Inertialsystemen I oder I′ ermittelt werden? Aus der Formel für die Zeitdilatation folgt

$$\Delta t'' = \Delta t\sqrt{1 - v^2/c^2} = \Delta t'\sqrt{1 - v'^2/c^2}\,.$$

Δt und $\Delta t'$ sind die in I bzw. I′ gemessenen Zeiten für die Bewegung einer Uhr von E_1 nach E_2; v und v' sind die Geschwindigkeiten, mit denen sich I″ relativ zu I bzw. zu I′ bewegt. Die Gleichung wird mit c multipliziert und $c\,\Delta t$ sowie $c\,\Delta t'$ unter die Wurzelzeichen gebracht:

$$c\,\Delta t'' = \sqrt{(c\,\Delta t)^2 - (v\,\Delta t)^2} = \sqrt{(c\,\Delta t')^2 - (v'\,\Delta t')^2}$$

In I bewegt sich die Uhr während Δt mit der Geschwindigkeit v um Δx weiter: Also gilt $\Delta x = v\,\Delta t$. Entsprechend gilt $\Delta x' = v'\,\Delta t'$. Dies eingesetzt, ergibt:

$$l = c\,\Delta t'' = \sqrt{(c\,\Delta t)^2 - (\Delta x)^2} = \sqrt{(c\,\Delta t')^2 - (\Delta x')^2}$$

Dieses Ergebnis ist bemerkenswert: Die mit der Eigenzeit $\Delta t''$ ermittelte Länge $l = c\,\Delta t''$ einer Weltlinie kann auch in anderen Inertialsystemen I und I′ berechnet werden. Ebenso wie sich in der geometrischen Ebene die Stablänge mit dem Satz des Pythagoras aus den Projektionen Δy und Δx berechnen lässt, ergibt sich in Raum und Zeit die Länge l einer Weltlinie aus deren Projektionen $c\,\Delta t$ und Δx in einem Inertialsystem I. Die Berechnung von l erfolgt mit einem Satz, der bis auf das Minuszeichen identisch ist mit der Formel nach Pythagoras.

Damit ist die invariante **Raum-Zeit** gefunden: Werden Raum und Zeit nach obiger Formel zu einer Einheit zusammengefasst, so lassen sich in dieser Raum-Zeit Abstände zwischen Ereignissen angeben, die in allen Inertialsystemen den gleichen Wert haben, also *invariant* sind. Relativistisch hat der invariante *raum-zeitliche* Abstand zweier Ereignisse die gleiche Bedeutung wie die unveränderlichen Abmessungen der Gegenstände in unserer Alltagswelt.

Exkurs

Die allgemeine Relativitätstheorie: Grundlagen der Theorie

Im Jahre 1915 veröffentlichte EINSTEIN die *allgemeine* Relativitätstheorie. Es ist eine Theorie der *Gravitation* auf der Grundlage der speziellen Relativitätstheorie. Zwar war es mit NEWTONS Gravitationsgesetz möglich, die Bewegung der Himmelskörper mit großer Genauigkeit zu berechnen – eine Erklärung über den Ursprung der Kraft gibt das Gesetz aber nicht. EINSTEIN gelangte zu einem neuen Ansatz: Nicht eine Kraft ruft die Gravitationswirkung hervor, sondern die **Krümmung der Raum-Zeit.**

Wegbereiter für EINSTEINS Gravitationstheorie war Carl Friedrich GAUSS (1777–1855). Das *Parallelenaxiom* spielte dabei eine wichtige Rolle: Zu einer Geraden und einem Punkt außerhalb der Geraden gibt es *genau eine* Gerade durch diesen Punkt, die die erste Gerade *nicht* schneidet. GAUSS hatte erkannt, dass dieser Satz nicht aus den Lehrsätzen EUKLIDS folgt, sondern als Axiom zusätzlich postuliert werden muss. Dann sollte es aber *nichteuklidische Geometrien* geben, in denen dieser Satz nicht gilt.

Auf dieser Grundlage arbeitete Bernhard RIEMANN (1826–1866), ein Schüler von GAUSS, eine Theorie des *gekrümmten Raumes* aus, in der sich die Krümmung des Raumes von Punkt zu Punkt ändert, sodass sich auch parallele Geraden schneiden können (das Bild unten zeigt ein Beispiel im Zweidimensionalen).

RIEMANN wies darauf hin, dass es tatsächlich eine großräumige Krümmung geben könne, ohne dass davon bei alltäglichen Entfernungen etwas bemerkt werden müsste. Die physikalische Erfahrung allein werde lehren, ob unser Raum euklidisch oder gekrümmt sei.

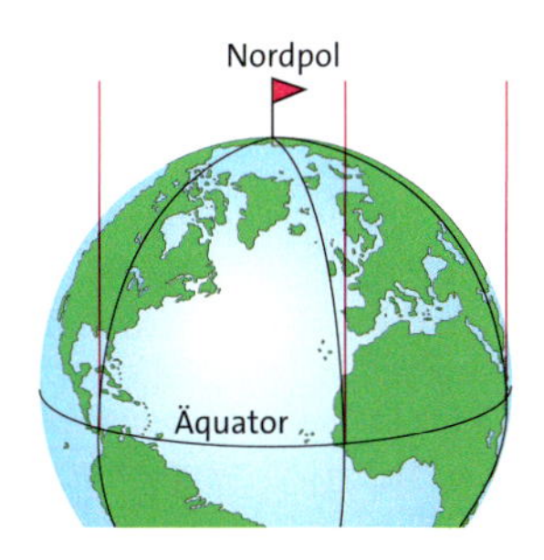

Um RIEMANNS genialer Idee Geltung zu verschaffen, bedurfte es jedoch erst der speziellen Relativitätstheorie. Sie zeigt, dass Raum und Zeit eine Einheit bilden – die Raum-Zeit. Nicht der Raum für sich allein, sondern die Raum-Zeit ist gekrümmt: Die Anwendung der Riemann'schen Theorie gekrümmter Flächen auf die vierdimensionale Raum-Zeit führt zur Gravitationstheorie EINSTEINS.

Der **allgemeinen Relativitätstheorie** liegt ein einfaches Prinzip zugrunde: Beobachtungen zeigen, dass alle Körper auf der Erde mit gleicher Beschleunigung g frei fallen. Außerdem erfahren alle Körper eine *Gewichts- oder Gravitationskraft*, die ihrer Masse proportional ist. Das gleiche Verhalten kann in einem Raumschiff beobachtet werden, das konstant mit g beschleunigt wird.

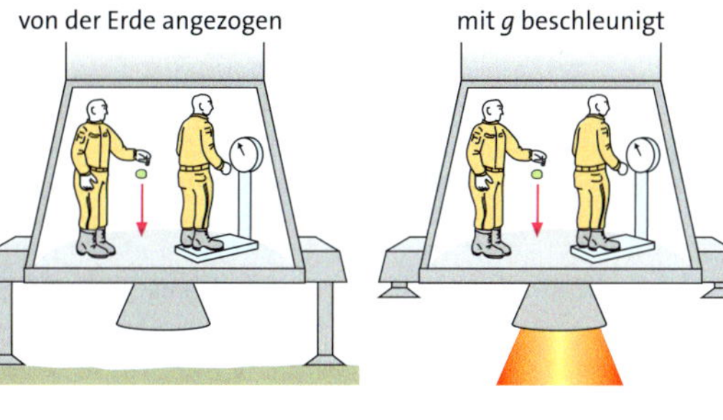

EINSTEIN postuliert dies als **Äquivalenzprinzip:** Die Vorgänge in einem homogenen Gravitationsfeld laufen wie die in einem gleichmäßig beschleunigten Bezugssystem ab.

Befinden sich auf der Erde frei fallende Körper in einem ebenfalls frei fallenden Kasten, so verhalten sich die Körper in diesem Raum nach dem Trägheitsprinzip. Ebenso würden sich die Körper verhalten, wenn kein Himmelskörper in der Nähe wäre, es also keine Gravitation gäbe. Mit keiner Messung innerhalb des abgeschlossenen Kastens könnte entschieden werden, ob die Schwerelosigkeit – z. B. in einem Raumschiff – auf fehlender Gravitation beruht oder ob der Raum *im freien Fall* auf einen Himmelskörper zufliegt. Das Trägheitsverhalten der Körper zeigt in allen Fällen, dass der Kasten ein *Inertialsystem* bildet. Dies gilt allerdings nur für kleine, streng genommen infinitesimal kleine Räume, da sonst wegen unterschiedlicher Abstände und Richtungen zum Newton'schen Gravitationszentrum sogenannte *Gezeitenkräfte* auftreten. In diesem Sinne genügend kleine Räume heißen *lokale Inertialsysteme:*

Frei fallende lokale Systeme sind Inertialsysteme.

Sie bilden in EINSTEINS Gravitationstheorie die grundlegenden Bezugssysteme, in denen die spezielle Relativitätstheorie gilt.

Nach NEWTON erhalten die Körper ihre Gewichtskraft durch die Gravitationswechselwirkung mit der Erde. Nach dem Äquivalenzprinzip kann die Gewichtskraft aber auch mit einem beschleunigten Bezugssystem erklärt werden. Die Kraft tritt auf, weil die Körper daran gehindert werden, ihrer Trägheit folgend frei zu fallen. In der allgemeinen Relativitätstheorie fallen die Körper demnach nicht aufgrund einer *Gravitationskraft*, sondern die Körper bewegen sich gemäß ihrer *Trägheit* frei fallend in der gekrümmten Raum-Zeit. Ein Körper erscheint daher umso schwerer, je träger er ist.

Die von EINSTEIN aufgestellten Feldgleichungen ordnen die lokalen Inertialsysteme nicht mehr *eben* aneinander, sodass ein *flacher* euklidischer Raum entsteht, sondern die Massen großer Himmelskörper bestimmen die Anordnung zu einer *gekrümmten Raum-Zeit.* Ein Körper, z. B. die Erde im Gravitationsfeld der Sonne, bewegt sich dann *kräftefrei* von Inertialsystem zu Inertialsystem und durchläuft wegen der nichteuklidischen Anordnungen der kleinen Inertialsysteme eine gekrümmte Bahn.

Exkurs

Die allgemeine Relativitätstheorie: Experimentelle Tests der Theorie

Die Lichtablenkung

Im folgenden Bild ist die Krümmung des Raumes durch die Masse der Sonne in der *zweidimensionalen* Umlaufebene der Erde um die Sonne dargestellt. Mit der dritten Dimension kann die nichteuklidische Anordnung der lokalen Inertialsysteme (rechteckige Flächen) veranschaulicht werden. Während die Erde – weit entfernt von der Sonne – in einem nur schwach gekrümmten Raum umläuft, wird Licht, das nahe an der Sonne vorbeiläuft, in dem dort stark gekrümmten Raum abgelenkt.

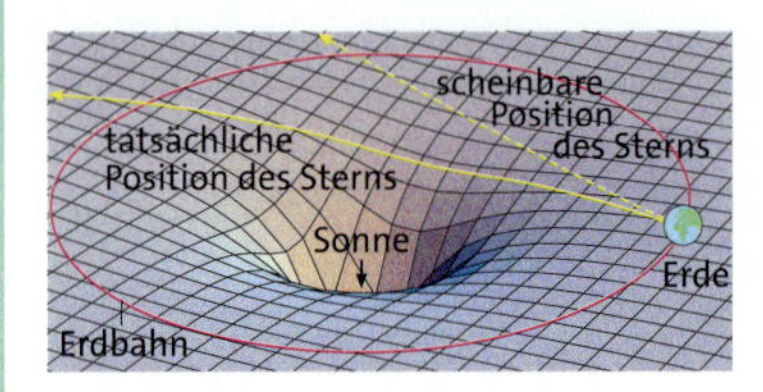

EINSTEIN hatte für Licht, das am Rand eines Himmelskörpers mit der Masse M und dem Radius R vorbeiläuft, eine Formel für die Winkelablenkung δ angegeben:

$$\delta = 2\,R_S/R \quad \text{mit} \quad R_S = 2\,GM/c^2$$

Dabei ist R_S der **Schwarzschild-Radius**, der in der allgemeinen Relativitätstheorie eine zentrale Rolle spielt. Für die Sonne wird eine Ablenkung von $\delta = 1{,}75''$ berechnet. Diesen Wert hatte 1919 eine englische Expedition in Afrika mit Messungen während einer Sonnenfinsternis bestätigt. Allerdings sind solche Messungen auch heute noch sehr ungenau, doch das Problem hat eine andere Lösung gefunden: Alljährlich am 8. Oktober wird der Quasar 3C 279 von der Sonne verdeckt, wobei die Ablenkung der von diesem Objekt ausgesandten Radiostrahlung kurz vor und nach der Verfinsterung sehr genau gemessen werden kann. Man erhält in Übereinstimmung mit dem theoretischen Wert den Ablenkungswinkel $\delta = 1{,}73'' \pm 0{,}05''$.

Mit dem Hubble-Weltraumteleskop kann die Lichtablenkung direkt beobachtet werden. In der Abbildung Mitte oben wirkt der Galaxienhaufen Abell 2218 als *Gravitationslinse*: Licht von sehr weit hinter dem Haufen gelegenen Galaxien, das seitlich an diesem vorbeiläuft, wird zum Haufen hin abgelenkt, sodass die eigentlich unsichtbaren, weil verdeckt hinter dem Haufen befindlichen Galaxien als Bogenstücke zu sehen sind.

Der Uhreneffekt

In der gekrümmten Raum-Zeit, also in der Nähe großer Massen, gehen Uhren langsamer als in einer flachen Raum-Zeit.

Der Zusammenhang kann mit dem Äquivalenzprinzip hergeleitet werden. Dazu wird der Gang zweier Uhren betrachtet, die sich an der Spitze (Uhr A) und am Ende (Uhr B) einer auf der Erde stehenden Rakete befinden. Eine weitere Uhr C soll neben der Rakete frei fallen (**Abb. unten**). Nach dem Äquivalenzprinzip kann die Situation auch so aufgefasst werden, dass die Rakete mit g beschleunigt an der schwebenden Uhr C vorbeifliegt.

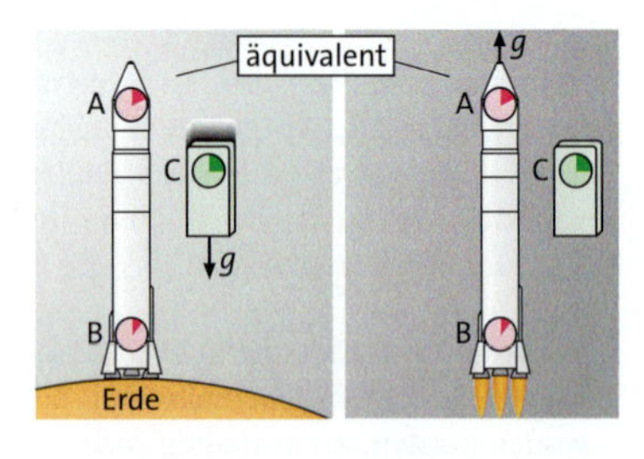

In beiden Betrachtungsweisen befindet sich die Uhr C in einem Inertialsystem, sodass die beschleunigten Uhren A und B schneller gehen als die in einem Inertialsystem ruhende Uhr C. Mit der Formel für die Zeitdilatation (→ 3.4.5) gilt demnach

$$t_{A;B} = t_C\sqrt{1 - v_{A;B}^2/c^2},$$

wobei v_A und v_B die Geschwindigkeiten relativ zu C im Moment des Vorbeiflugs sind. Mit der Beschleunigung der Uhren A und B nimmt deren kinetische Energie zu. Aus der Formel für die kinetische Energie (→ 3.4.1)

$$E_{\text{kin}\,(A;B)} = E_0\left(\frac{1}{\sqrt{1 - v_{A;B}^2/c^2}} - 1\right)$$

ergibt sich mit obiger Formel für die Zeitdilatation

$$E_{\text{kin}\,(A;B)} = E_0\left(\frac{t_C}{t_{A;B}} - 1\right).$$

Als Differenz der kinetischen Energie der beiden Uhren A und B folgt

$$E_{\text{kin}\,(B)} - E_{\text{kin}\,(A)} = E_0\left(\frac{t_C}{t_B} - \frac{t_C}{t_A}\right).$$

Der Differenz $E_{\text{kin}\,(B)} - E_{\text{kin}\,(A)}$ im gravitationsfreien Inertialsystem entspricht eine Differenz der potentiellen Energie ΔE_{pot} im Gravitationsfeld.

Mit der Höhendifferenz h der beiden Uhren A und B gilt im homogenen Gravitationsfeld $\Delta E_{\text{pot}} = m_0 g\,h$. Aus $E_{\text{kin}\,(B)} - E_{\text{kin}\,(A)} = \Delta E_{\text{pot}} = m_0 g h$ folgt:

$$E_0\left(\frac{t_C}{t_B} - \frac{t_C}{t_A}\right) = m_0 g\,h \quad \text{oder}$$

$$m_0 c^2 (t_A - t_B)\frac{t_C}{t_A t_B} = m_0 g h$$

Mit $t_A \approx t_B \approx t_C \approx t$ folgt als Differenz der Zeitanzeige der Uhren A und B

$$\Delta t = t_A - t_B = t\frac{gh}{c^2}.$$

Eine um h im Gravitationsfeld höher gelegene Uhr geht um Δt schneller.

Um diese Formel zu testen, wurde 1973 ein Experiment an der Universität Maryland (USA) durchgeführt, bei dem ein Flugzeug mit Atomuhren an Bord 15 Stunden lang in Höhen um $h \approx 10\,000$ m über einer Uhrengruppe am Boden kreiste. Nach 15 Stunden zeigten die Uhren am Boden eine um $\Delta t = 47{,}1$ ns geringere Zeit an. Mit diesem Ergebnis konnte anhand der genau bekannten Flugdaten obige Formel auf 1% bestätigt werden. Mit makroskopischen Uhren war gezeigt, dass die Zeit in der Nähe massereicher Körper langsamer vergeht.

Aus der Theorie folgt, dass bei Annäherung an den Schwarzschild-Radius eines Schwarzen Lochs der Effekt so stark zunimmt, dass bei Erreichen dieses Radius für einen fernen Beobachter die Zeit stillsteht.

Der Pulsar 1913+16

Die Entdeckung des Pulsars PSR 1913+16 durch TAYLOR und HULSE im Jahre 1974 erwies sich als wahrer Glücksfall für die allgemeine Relativitätstheorie. Pulsare sind kollabierte Sterne, die nur aus Neutronen bestehen. Ihre Masse liegt zwischen 1,4 und höchstens drei Sonnenmassen, wobei sie wegen ihrer hohen Dichte nur einen äußerst kleinen Radius von etwa 10 km besitzen. Ihren Namen verdanken die Pulsare kurzzeitigen, nur Millisekunden andauernden Radioimpulsen, die beobachtet werden können. Tatsächlich rotieren diese Neutronensterne mit großer Geschwindigkeit und senden in Richtung ihrer magnetischen Achsen elektromagnetische Strahlung aus. Wie der Scheinwerfer eines Leuchtturms kann dieser Strahl periodisch die Erde überstreichen, wobei ein Radioimpuls registriert wird. Während aber die Pulsfrequenz der anderen bisher beobachteten Pulsare äußerst konstant ist, weist PSR 1913+16 eine Besonderheit auf: Einer mittleren Frequenz von 16,94 Pulsen pro Sekunde ist eine periodische Schwankung von 7,75 Stunden überlagert. Dafür bietet sich eine einfache Erklärung an. Der Pulsar bewegt sich alle 7,75 Stunden um einen anderen Himmelskörper und es wird die Doppler-Verschiebung der Strahlungsquelle gemessen, die sich einmal auf die Erde zu und wieder von ihr weg bewegt (→ S. 63). Aufgrund der Bahndaten ist heute bekannt, dass die zweite Komponente des Binärsystems ebenfalls ein Neutronenstern ist.
Damit liegt hier eine besondere Konstellation vor: Das Binärsystem mit dem Pulsar PSR 1913+16 bietet sich mit seinen extremen Verhältnissen – zwei massereiche Körper, die auf engen, stark elliptischen Bahnen umeinander laufen – als Testobjekt für die allgemeine Relativitätstheorie an. Nach mehrjährigen Beobachtungen war klar, dass das Newton'sche Gravitationsgesetz die Bahnbewegungen nicht beschreiben konnte, stellt es doch nur eine Näherung der Einstein'schen Gleichungen für den Fall einer schwach gekrümmten Raum-Zeit dar. Mit den Lösungen der Einstein'schen Feldgleichungen, die sich allerdings nur mit Computern numerisch berechnen lassen, konnte die Bewegung des Binärsystems exakt bestimmt werden. Die relativistischen Rechnungen ergaben die 1,442- bzw. 1,386-fache Sonnenmasse. Die Abstände ändern sich auf den stark elliptischen Bahnen von 1,1 bis 4,8 Sonnenradien. Erstmals waren damit astrophysikalische Größen – die Massen von Sternen und deren Bahnparameter – mit EINSTEINS Theorie bestimmt worden.

Die Periheldrehung

Die Periheldrehung ist ein Effekt, der bei umeinander laufenden Himmelskörpern auftritt und nur mit der allgemeinen Relativitätstheorie erklärt werden kann.

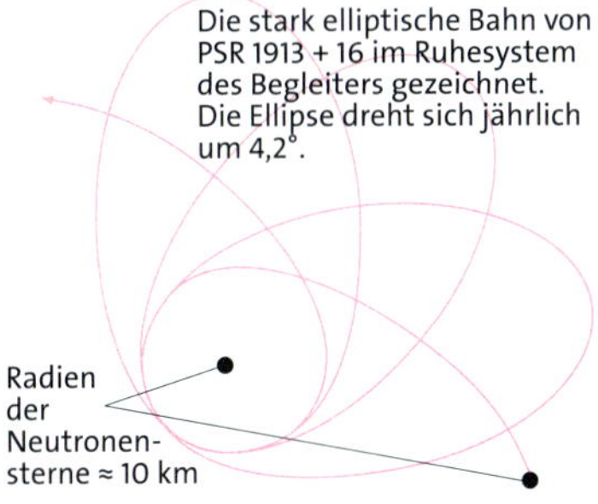

In der Abbildung ist im Ruhesystem des einen Neutronensterns der elliptische Umlauf des anderen dargestellt. Wegen der stark gekrümmten Raum-Zeit im Perihel (Punkt größter Annäherung) behält die große Halbachse der Ellipse ihre Lage im Raum nicht bei, sondern dreht sich, sodass sich eine rosettenartige Bahn ergibt. Im Sonnensystem ist dieser Effekt bei dem sonnennächsten Planeten Merkur zu beobachten. Seine Bahn präzediert um 574,2″ *pro Jahrhundert*, wovon aber nur 42,8″ auf den relativistischen Effekt entfallen; der überwiegende Anteil wird durch Störungen der Nachbarplaneten hervorgerufen. Bei PSR 1913+16 wird in Übereinstimmung mit der Rechnung eine Drehung von 4,2° *pro Jahr* beobachtet.

Gravitationswellen

Der größte Erfolg bei PSR 1913+16 war der indirekte Nachweis von Gravitationswellen, wofür TAYLOR und HULSE 1993 den Physik-Nobelpreis erhielten. Nach EINSTEINS Theorie wird die gekrümmte Raum-Zeit von stark beschleunigten Massen zu Schwingungen angeregt, die sich als Gravitationswellen mit Lichtgeschwindigkeit ausbreiten. Durch die Abstrahlung der Gravitationswellen verliert das Binärsystem Energie (etwa ein Fünftel der Strahlungsleistung der Sonne), die der Bahnbewegung entzogen wird. Die beiden Komponenten sollten sich demnach auf einer spiraligen Bahn immer näher kommen und zwar um 3,50 m pro Jahr, was einer Verkürzung der Umlaufzeit von 0,076 ms entspricht. Dies wird tatsächlich gemessen und nach fast 20-jähriger Beobachtung steht fest, dass die Verkürzung innerhalb von 3 Promille mit der Vorhersage der allgemeinen Relativitätstheorie übereinstimmt.

Die Gewissheit, dass Gravitationswellen existieren, hat in den Neunzigerjahren zur Planung und zum Bau eines weltweiten Netzes von sechs Laser-Interferometern geführt, die alle nach dem Prinzip des Michelson-Interferometers arbeiten (→ S. 57). Sie sollten in der Lage sein, Gravitationswellen direkt nachzuweisen. Ihre Funktionsweise ist folgende: Eine Gravitationswelle verursacht eine lokale periodische Deformation der Raum-Zeit. Wird einer der beiden rechtwinkligen Arme des Interferometers von der Welle in Längsrichtung durchlaufen, so sollte sich der Lichtweg periodisch ändern, was einer periodischen Längenänderung des Spektrometerarms gleichkommt und durch Interferenz mit dem Licht des anderen Arms nachgewiesen werden kann.
Forschungsarbeiten an Prototypen haben gezeigt, dass sehr lange Spektrometerarme benötigt werden, um die notwendige Empfindlichkeit zu erreichen. Eines der Interferometer wurde in britisch-deutscher Zusammenarbeit südlich von Hannover errichtet (GEO 600); es hat Armlängen von 600 m. Die anderen fünf Anlagen sind (Armlängen in Klammern): LIGO in den USA (4 km), VIRGO bei Pisa (3 km), TAMA 300 in Japan (300 m) und AIGO 400 in Australien (400 m).

Grundwissen Bewegung von Teilchen in Feldern; relativistische Effekte

Die Elementarladung

Alle Ladungen sind ganzzahlige Vielfache der *Elementarladung e*. Ladungen treten also nur in Portionen der Größe $Q = n\,e$ auf; die Ladung ist eine gequantelte Größe. Der Betrag der Ladung eines Elektrons stimmt mit dem der Elementarladung überein und ist

$$e = 1{,}602 \cdot 10^{-19}\ \text{C}.$$

Bewegung geladener Teilchen in Feldern

Erzeugung eines Elektronenstrahls

- **Glühelektrischer Effekt:** Aus einem glühenden Metalldraht treten Elektronen aus.
- **Fotoeffekt:** Licht kann Elektronen aus Metalloberflächen herauslösen, falls es energiereich genug ist.

In einer **Elektronenstrahlröhre** (Braun'sche Röhre) werden Elektronen von einer Glühkatode emittiert und durch eine elektrische Spannung zu einem Leuchtschirm hin beschleunigt. Ein elektrisches Feld senkrecht zur ursprünglichen Bewegungsrichtung der Elektronen lenkt den Elektronenstrahl ab.

Elektronvolt

Durchläuft ein Elektron eine Potentialdifferenz (Spannung) von 1 V, so gewinnt oder verliert es die Energie

$$1\ \text{eV} = 1{,}602 \cdot 10^{-19}\ \text{J}.$$

Lorentz-Kraft

Auf Teilchen mit der Ladung q, die sich im Magnetfeld mit $\vec{v} \perp \vec{B}$ bewegen, wirkt die *Lorentz-Kraft* $F_L = q\,v\,B$. Die Lorentz-Kraft steht senkrecht auf der von der Bewegungsrichtung und der Feldrichtung aufgespannten Ebene und ist am größten, wenn Bewegungsrichtung und Feld senkrecht zueinander gerichtet sind.
Die Richtung der Kraft ergibt sich aus der **Drei-Finger-Regel.**

Spezifische Ladung von Elementarteilchen

Im homogenen Magnetfeld werden frei bewegliche Ladungsträger bei senkrechter Bewegung zum Magnetfeld auf eine Kreisbahn abgelenkt. Die Lorentz-Kraft F_L wirkt als Zentripetalkraft $F_Z = m\,v^2/r$; aus $F_Z = F_L$ folgt $m\,v = q\,r\,B$. Daraus ergibt sich die spezifische Ladung

$$\frac{q}{m} = \frac{v}{r\,B}.$$

Bei Elektronen beträgt sie $e/m = 1{,}76 \cdot 10^{11}\ \text{C/kg}$.

Hall-Effekt

Wird ein Plättchen der Dicke d, das von einem Magnetfeld der magnetischen Flussdichte B durchsetzt ist, in Längsrichtung von einem Strom I durchflossen, so kann über die Breite des Plättchens die *Hall-Spannung*

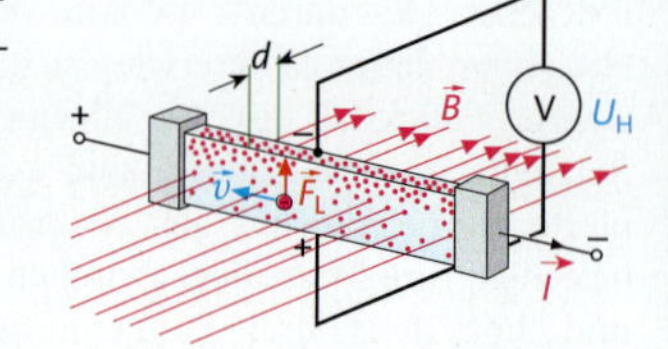

$$U_H = R_H \frac{I\,B}{d}$$

gemessen werden.

Massen-Spektrometrie

Im Massenspektrometer werden geladene Teilchen zunächst durch ein elektrisches Feld beschleunigt. Ihre Geschwindigkeit v kann z. B. mit einem *Wien'schen Geschwindigkeitsfilter* ermittelt werden. Dazu durchlaufen die Teilchen zueinander senkrecht stehende E- und B-Felder. Nur Teilchen mit $v = E/B$ fliegen unabgelenkt durch das Filter. In einem anschließenden homogenen Magnetfeld werden sie nach ihren Massen sortiert.

Grundprinzipien der speziellen Relativitätstheorie

Relativistische Masse

Energie E und Masse m sind äquivalent. Für die Gesamtenergie E eines Körpers oder eines Systems von Körpern gilt $E = m\,c^2$ mit

$$m = \frac{m_0}{\sqrt{1 - v^2/c^2}}.$$

m_0 ist die Ruhemasse des Körpers.

1. Postulat – Relativitätsprinzip: Alle Inertialsysteme sind zur Beschreibung von Naturvorgängen gleichberechtigt. Die Naturgesetze haben in allen Inertialsystemen die gleiche Form.
2. Postulat – Konstanz der Lichtgeschwindigkeit: In allen Inertialsystemen breitet sich Licht im Vakuum isotrop und unabhängig von der momentanen Bewegung der Lichtquelle mit der Geschwindigkeit $c = 2{,}99792458 \cdot 10^8\ \text{m/s} \approx 300\,000\ \text{km/s}$ aus.

Zeitdilatation und Längenkontraktion

Für den ruhenden Beobachter geht die bewegte Uhr langsamer. Es gilt der Zusammenhang

$$\Delta t = \Delta t_R \sqrt{1 - v^2/c^2}.$$

Für den ruhenden Beobachter erscheint der bewegte Maßstab verkürzt. Es gilt die Beziehung

$$l = l_R \sqrt{1 - v^2/c^2}.$$

Senkrecht zur Bewegungsrichtung tritt keine Kontraktion auf.

Wissenstest Bewegung von Teilchen in Feldern; relativistische Effekte

1. Ein Öltröpfchen hat die elektrische Ladung e. Es befindet sich bewegungslos zwischen den Platten eines horizontal angeordneten Plattenkondensators. Der Abstand der Platten beträgt 2,0 cm. Die Potentialdifferenz ist 60 kV. Berechnen Sie die Masse des Tröpfchens.

2. Ein Elektron befindet sich in einem homogenen elektrischen Feld der Feldstärke $1{,}5 \cdot 10^4$ V/m. Berechnen Sie die Beschleunigung, mit der sich das Elektron bewegt.

***3.** In einer Elektronenstrahlröhre durchlaufen Elektronen zwischen der Katode und der durchbohrten Anode eine Potentialdifferenz von $U_B = 1250$ V. Anschließend treten sie in ein homogenes elektrisches Feld ein, das senkrecht zur Achse der Röhre steht und von zwei parallelen Platten der Länge $l = 4{,}0$ cm, dem Abstand $d = 1{,}0$ cm und der Potentialdifferenz $U = 100$ V erzeugt wird.

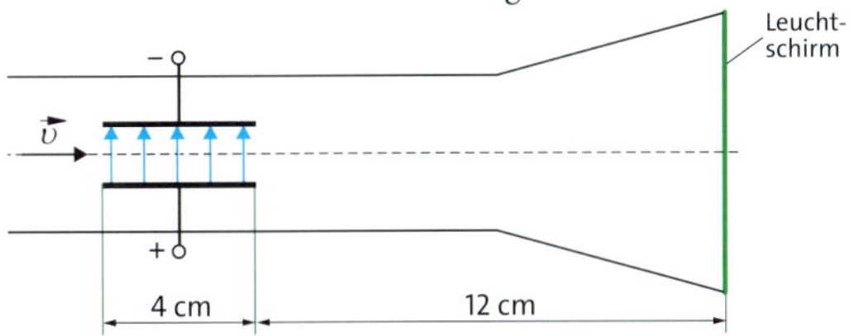

a) Berechnen Sie die Geschwindigkeit der Elektronen beim Austritt aus der Anode.
b) Bestimmen Sie die Kraft, die auf die Elektronen im homogenen elektrischen Feld zwischen den Platten wirkt, und ihre Beschleunigung.
c) Berechnen Sie die Strecke, um die die Elektronen beim Austritt aus dem homogenen Feld abgelenkt worden sind.
d) Bestimmen Sie, in welchem Abstand von der Achse die Elektronen auf den Leuchtschirm treffen.

4. Elektronen mit der Geschwindigkeit $v_0 = 2{,}0 \cdot 10^6$ m/s werden in Richtung eines elektrischen Feldes der Feldstärke $E = 1{,}0$ kV/m geschossen.
Berechnen Sie die Wegstrecke, die die Elektronen in diesem Feld zurücklegen, bis sie vollständig abgebremst sind.

5. Durch eine langgestreckte Spule mit einer Wicklungsdichte von 150 Windungen/cm fließt der Strom I.
a) Beschreiben Sie die Bahn eines Elektrons im Inneren der Spule, dessen Bewegungsrichtung parallel bzw. schräg zur Spulenachse steht.
b) Das Elektron bewege sich senkrecht zur Spulenachse auf einer Kreisbahn mit Radius $r = 2{,}5$ cm mit 5 % der Lichtgeschwindigkeit c. Berechnen Sie die Stromstärke I.

6. Dargestellt ist die Flugbahn eines geladenen Teilchens, das mit der Geschwindigkeit $v = v_1$ in ein homogenes Magnetfeld der Flussdichte B eintritt und darin auf einem Halbkreis mit dem Radius $r = r_1$ fliegt.

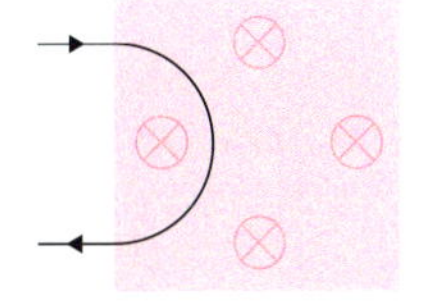

a) Ermitteln Sie die Ladung des Teilchens und begründen Sie, warum beim Austritt aus dem Feld die Geschwindigkeit v dem Betrage nach die gleiche wie beim Eintritt ist.
b) Erklären Sie, warum das Teilchen bei halber Geschwindigkeit $v = v_1/2$ ebenfalls einen Halbkreis im Magnetfeld durchfliegt und wie sich der Radius r verändert hat.
c) Zeigen Sie, dass die Aufenthaltsdauer τ des Teilchens im Feld unabhängig von der Geschwindigkeit v ist.

7. Ein geladenes Teilchen fliegt mit der Geschwindigkeit v senkrecht in gekreuzte, homogene elektrische und magnetische Felder (v zeigt in der Abbildung in die Blattebene hinein).

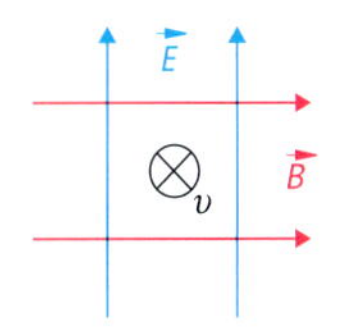

a) Zeigen Sie, dass sowohl positiv wie negativ geladene Teilchen bei den angegebenen Richtungen die gekreuzten Felder unabgelenkt durchfliegen können, wenn ihre Geschwindigkeit $v = E/B$ ist.
***b)** Ermitteln Sie, welches der Teilchen nach oben abgelenkt wird, wenn $v > E/B$ ist.

8. Ein Lithiumstrahl mit $^6Li^+$- und $^7Li^+$-Ionen passiert ein Geschwindigkeitsfilter und tritt dann in ein homogenes Magnetfeld ein, das senkrecht zur Bewegungsrichtung orientiert ist. Die Bahnkurve der ^6Li-Ionen hat einen Durchmesser von 15 cm. Berechnen Sie den Durchmesser der Bahnkurve der ^7Li-Ionen.

9. Eine Metallplatte der Dicke 1,0 mm und der Breite 1,5 cm wird in Längsrichtung von einem Strom der Stärke 2,5 A durchflossen. Die Platte befindet sich in einem homogenen Magnetfeld der Flussdichte 1,25 T, das senkrecht zur Platte steht. Es wird eine Hall-Spannung $U_H = -0{,}185$ µV gemessen.
Berechnen Sie die Hall-Konstante und ermitteln Sie, um welches Metall es sich handeln könnte.

***10.** An die D-förmigen Schalen eines Zyklotrons mit dem Radius $R = 58$ cm ist eine Wechselspannung $U = 95$ kV mit der Frequenz $f = 12{,}5$ MHz gelegt.
a) Berechnen Sie die magnetische Flussdichte B, die das Zyklotron haben muss, um Deuteronen zu beschleunigen. (*Hinweis:* Ein Deuteron ist der Kern des Deuteriums (schwerer Wasserstoff), der neben einem Proton noch ein Neutron enthält. Seine Masse beträgt $m_D = 3{,}34 \cdot 10^{-27}$ kg.)
b) Berechnen Sie die maximale Energie, auf die die Deuteronen beschleunigt werden können.
c) Mit derselben Oszillatorfrequenz von $f = 12{,}5$ MHz sollen He-Kerne (α-Teilchen) beschleunigt werden. Berechnen Sie die benötigte magnetische Flussdichte B und die maximal erreichbare kinetische Energie E_{kin} ($m_\alpha \approx 2\ m_D$).

11. Der nächste Fixstern ist α Centauri am südlichen Sternhimmel. Seine Entfernung beträgt $e = 4{,}4$ Lj.
a) Berechnen Sie die Zeit Δt, die ein Raumschiff braucht, um mit $v = 0{,}5\ c$ zu dem Stern zu gelangen.
b) Berechnen Sie die Dauer des Flugs für die Astronauten.
c) Ermitteln Sie die Geschwindigkeit, bei der während des Fluges zu α Centauri für die Besatzung nur ein Jahr vergeht, und die währenddessen auf der Erde vergehende Zeit.

4 ELEKTROMAGNETISCHE INDUKTION

Michael FARADAY (1791–1867) veröffentlichte im Jahre 1831 seine Entdeckung der elektromagnetischen Induktion. Er hatte beobachtet, dass die elektrische Ladung eines Körpers in einem neutralen benachbarten Körper eine Ladungstrennung hervorruft, ein Vorgang, der als *Influenz* bezeichnet wird (→ Kap. 1). FARADAY fragte sich, ob nicht auch bewegte Ladung, also ein Strom, in einem benachbarten Leiter eine Bewegung von Ladung, also einen Strom, hervorrufen könne.

72.1 FARADAY erlernte ohne abgeschlossene Grundschulausbildung zunächst das Buchbinderhandwerk, wobei sein Interesse an den Naturwissenschaften erwachte. 1813 wurde er Assistent im chemischen Labor der Royal Institution, 1827 schließlich Professor.

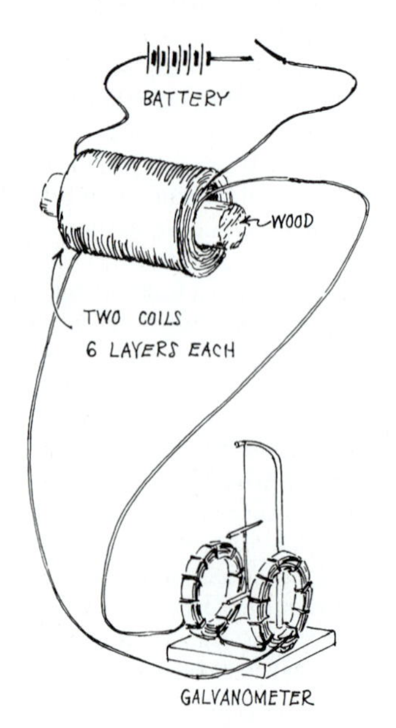

72.2 Originalabbildung aus FARADAYS Veröffentlichung „Experimental Researches in Electricity"

Abb. 72.2 zeigt eine seiner zahlreichen Versuchsanordnungen, in der er ein Galvanometer – eine an einem dünnen Faden zwischen zwei Spulen aufgehängte Magnetnadel – als Strommessinstrument verwendete. Das Galvanometer war mit einer Spule verbunden, die isoliert über eine andere Spule gewickelt war, welche über einen Schalter an eine Batterie angeschlossen werden konnte. Zu FARADAYS Enttäuschung zeigte das Galvanometer keinen Ausschlag, wenn ein Strom durch die mit der Batterie verbundene Spule floss. Allerdings konnte er einen kleinen Ausschlag der Magnetnadel feststellen, wenn der Strom ein- oder ausgeschaltet wurde. Eine genaue Untersuchung dieses Effekts führte ihn zu der Erkenntnis, dass in der isolierten Spule ein Strom nur dann *induziert* wird, wenn sich der Strom in der anderen Spule zeitlich verändert.

FARADAY führte zahlreiche weitere Experimente zur elektromagnetischen Induktion durch, in deren Verlauf er erkannte, dass genau dann eine Spannung bzw. ein Strom in einer Spule induziert wird, wenn sich die „Menge" des Magnetfeldes verändert, welches die Spule durchsetzt. So ist in dem in **Abb. 72.2** dargestellten Experiment vor dem Einschalten des Stromes die „Menge" des Magnetfeldes null und hat nach dem Einschalten einen bestimmten Wert. Beim Ausschalten geht die „Menge" des Magnetfeldes von diesem bestimmten Wert wieder auf null zurück.
Die *„Menge"* des Magnetfeldes wird in der Physik durch die Größe des **magnetischen Flusses** beschrieben, worauf auch die Bezeichnung *„magnetische Flussdichte"* (→ 2.1.1) beruht.

Die Entdeckung der elektromagnetischen Induktion bildet eine wesentliche technische Grundlage unserer heutigen Zivilisation. Das Prinzip der Induktion wird unter anderem bei Generatoren und bei Transformatoren genutzt. Mithilfe von Generatoren lässt sich mechanische Energie in elektrische Energie umwandeln. Die Verwendung von Transformatoren erlaubt den Einsatz von Hochspannung zur Energieübertragung. Dadurch wird der Transport elektrischer Energie auch über größere Distanzen möglich (→ S. 86).

Generator

Durch die Drehung einer Leiterschleife in einem homogenen Magnetfeld wird in dem Leiter eine Wechselspannung erzeugt. Steht die Fläche senkrecht zum Magnetfeld, so wird sie maximal vom Magnetfeld durchsetzt (**Abb. 73.1 a**); verlaufen die Magnetfeldlinien dagegen parallel zur Fläche, so wird die Fläche gar nicht vom Magnetfeld durchsetzt (**Abb. 73.1 c**).

> Dreht sich eine Spule in einem konstanten Magnetfeld, sodass sich der Anteil des Feldes, der die Spulenfläche durchsetzt, periodisch ändert, so wird in der Spule eine Wechselspannung induziert.

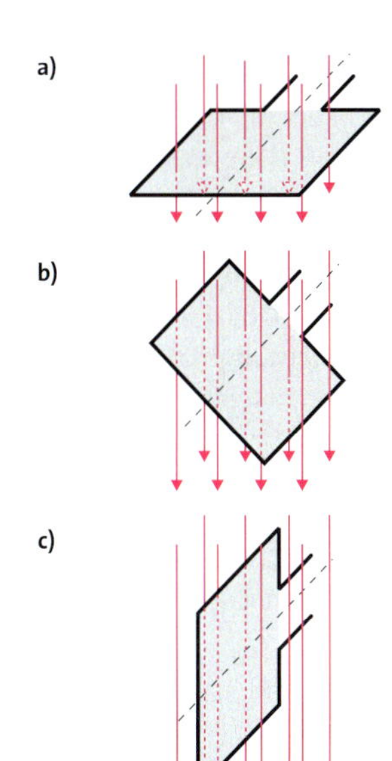

73.1 Durch die Drehung einer Leiterschleife in einem Magnetfeld wird die Fläche der Schleife unterschiedlich stark vom Magnetfeld durchsetzt. Dies ist die Ursache für eine Wechselspannung zwischen den Enden der Leiterschleife.

Transformator

Eine Wechselspannung an einer Spule erzeugt in der Spule ein veränderliches Magnetfeld. Durchsetzt dieses veränderliche Feld eine andere Spule, so wird in dieser eine Wechselspannung induziert (**Abb. 73.2**).

> Wird an eine von zwei Spulen, die sich beide auf demselben (geschlossenen) Eisenkern befinden, eine Wechselspannung gelegt, so tritt auch in der zweiten eine Spannung auf, wobei sich die Spannungen wie die Windungszahlen der Spulen verhalten.

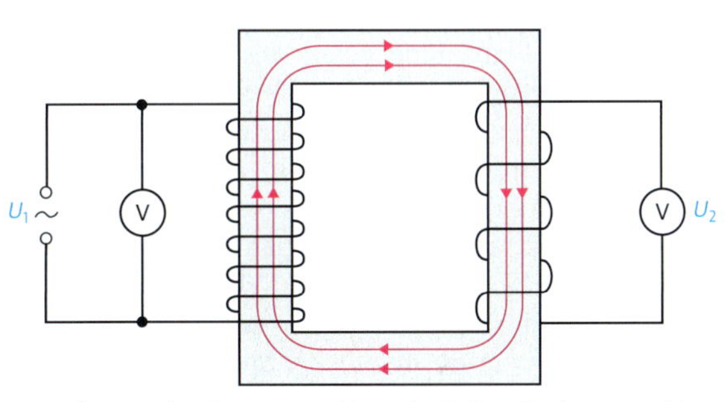

73.2 Eine Wechselspannung U_1 an der linken Spule erzeugt in dieser ein veränderliches Magnetfeld, das auch die rechte Spule durchsetzt. Diese Magnetfeldänderung ist Ursache für eine Wechselspannung U_2 an der rechten Spule.

Mikrofon und Lautsprecher

Die Umwandlung akustischer in elektrische Schwingungen mithilfe dynamischer Mikrofone und umgekehrt die Verwandlung elektrischer Signale in akustische mithilfe von Lautsprechern bilden eine Grundlage unserer Kommunikationstechnik.

Abb. 73.3 zeigt das Prinzip des Tonabnehmers bei einer elektrischen Gitarre. Die schwingende Gitarrensaite verändert das Magnetfeld in der Spule. Dadurch wird in der Spule eine veränderliche Spannung erzeugt. Diese Spannung wird einem Verstärker zugeführt und über Lautsprecher hörbar gemacht.

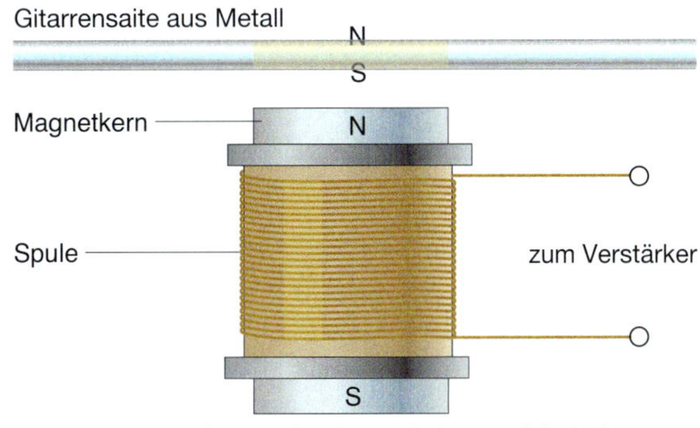

73.3 Das Prinzip des Tonabnehmers bei einer elektrischen Gitarre: Durch den Magneten im Inneren der Spule wird die metallische Gitarrensaite magnetisiert und besitzt selbst ein Magnetfeld. Beim Anschlagen der Saite erzeugen ihre Schwingungen einen Ton und führen zu einer Veränderung des magnetischen Feldes in der Spule. Die dadurch in der Spule erzeugte veränderliche Spannung hat dieselbe Frequenz wie der Ton und wird dem Verstärker zugeführt.

Magnetische Speichermedien

Magnetische Speichermedien, z. B. Festplatten in Computern, sind in der Lage, digitalisierte Daten aller Art aufzubewahren. Beim Schreiben der Daten magnetisiert ein Elektromagnet kleinste Bereiche der Festplattenbeschichtung in unterschiedlicher Richtung. Beim Auslesen der Daten wird dadurch ein unterschiedlich gerichteter Strom in der Spule des Lese-Kopfes induziert, wodurch die ursprüngliche Abfolge von Datenbits entsteht (→ S. 81).

Allgemein gilt:

> Jeder Vorgang, bei dem sich die „Menge“ des Magnetfeldes verändert, welches eine Spulenfläche durchsetzt, erzeugt in dieser Spule eine elektrische Spannung.

4.1 Regeln und Gesetze der elektromagnetischen Induktion

Die von FARADAY entdeckten und nur qualitativ beschriebenen Induktionserscheinungen lassen sich auch quantitativ erfassen, insbesondere kann eine physikalische Größe für die „Menge" des Magnetfeldes gefunden werden, die bei der Induktion von entscheidender Bedeutung ist. Damit lassen sich die unterschiedlichen Erscheinungen der Induktion in einheitlicher Weise beschreiben.

4.1.1 Induktion im ruhenden und im bewegten Leiter

Versuch 1 a: Eine Experimentierspule ist mit einem Strommessgerät und einem Gleichstromkleinstmotor zu einem Stromkreis verbunden. Ein Stabmagnet wird mit der in **Abb. 74.1 a)** dargestellten Orientierung in die Spule eingetaucht und wieder aus ihr entfernt. Die Stromstärke wird wie in **Abb. 74.1 a)** dargestellt gemessen.
Beobachtung: Beim Einbringen des Magneten dreht sich die Motorachse um einen bestimmten Winkel. Währenddessen zeigt der Strommesser einen positiven Wert an; die Spannung hat die in **Abb. 74.1 a)** gezeigte Polarität. Beim Entfernen des Magneten kehren sich die Vorzeichen von Strom und Spannung um und der Motor dreht sich um den gleichen Winkel zurück.
Erklärung: Mit dem Einbringen des Magneten vergrößert sich das Magnetfeld in der Spule. Dadurch wird in der Spule eine Spannung *induziert.* Diese **Induktionsspannung** U_{ind} lässt in einem angeschlossenen Stromkreis einen **Induktionsstrom** I_{ind} fließen. Wie an der Drehung des Motors zu erkennen ist, wird Energie an den Stromkreis abgegeben. Die Leistung der Spule ist daher negativ. Die Induktionsspule wirkt wie eine Batterie oder wie ein Generator; die Energie wird vom bewegten Dauermagneten geliefert. Die von der Spule abgegebene Leistung beträgt $P_{Spule} = U_{ind}\, I_{ind}$.
Das gleiche Versuchsergebnis wird erzielt, wenn der Magnet statt von oben von unten in die Spule gebracht oder nach unten entfernt wird.
Wird der Magnet festgehalten und stattdessen die Spule bewegt, so wird die gleiche Induktionserscheinung beobachtet. Maßgebend ist offensichtlich nur die *Relativbewegung* von Magnet und Spule.
Werden Nord- und Südpol vertauscht, sind die Vorzeichen von Spannung und Strom umgekehrt. ◂

Versuch 1 b: Die Induktionsspule und eine zweite, sogenannte Feldspule werden gemeinsam auf einen Weicheisenkern gesteckt (**Abb. 74.1 b**). Ein Gleichstrom durch die Feldspule erzeugt ein durch den Weicheisenkern verstärktes Magnetfeld, das in der Induktionsspule die gleiche Richtung haben soll wie zuvor das Feld des Stabmagneten.
Beobachtung: Beim Ein- und Ausschalten des Stroms, also beim Auf- und Abbau des Magnetfeldes, werden in gleicher Weise Spannungen und Ströme induziert wie beim Einbringen und Entfernen des Stabmagneten bei Versuch 1 a.
Folgerung: Induktion tritt auf, wenn sich das Magnetfeld in einer Spule ändert. ◂

> Ändert sich das Magnetfeld in einer Spule, sei es durch die Relativbewegung der Spule zu einem Magneten oder durch den Auf- und Abbau des Feldes in der Spule, so wird eine Spannung U_{ind} induziert, die in einem angeschlossenen Stromkreis einen Induktionsstrom I_{ind} hervorruft.

Wird an die Feldspule eine Wechselspannung der Frequenz f gelegt, so verändert sich das Magnetfeld periodisch und in der Induktionsspule entsteht ebenfalls eine Wechselspannung mit der Frequenz f (Transformatorprinzip → S. 73).

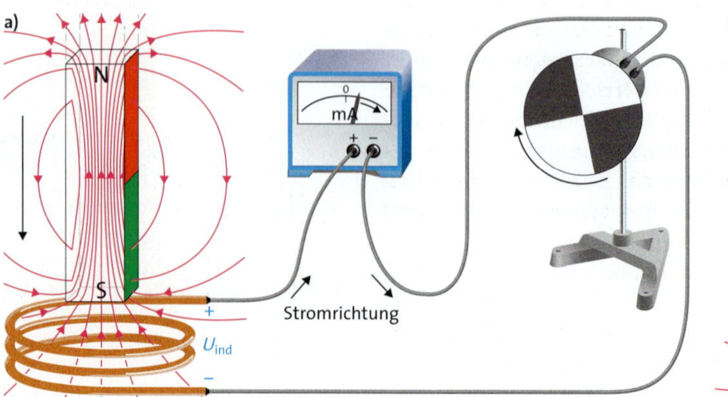

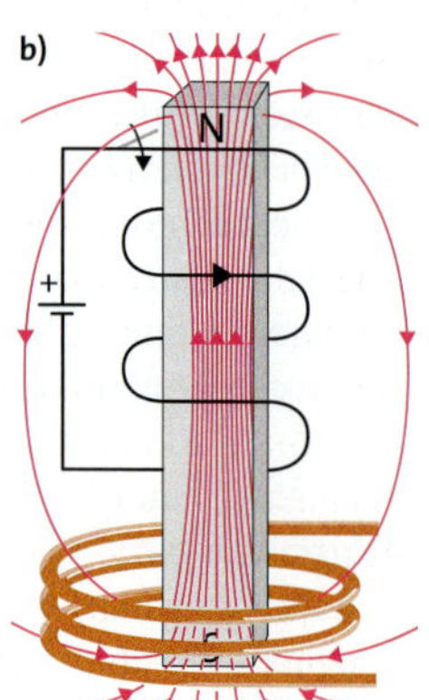

74.1 a) Beim Eintauchen eines Stabmagneten in eine Spule wird eine Spannung induziert, die einen Induktionsstrom hervorruft.
b) Das Gleiche wird beobachtet, wenn beim Einschalten des Stroms in einer Feldspule (schwarz gezeichnet) ein Magnetfeld aufgebaut wird.

Energieerhaltung und Lenz'sche Regel

Versuch 2: Eine leichte, kurzgeschlossene Spule aus dünnem Draht ist frei beweglich aufgehängt. Ein Stabmagnet, der sich in der Spule befindet, wird schnell aus der Spule herausgezogen (**Abb. 75.1**).

Beobachtung: Die Spule schwingt dem Magneten etwas hinterher.

Erklärung: Durch die Feldänderung wird in der Spule ein Strom induziert. Im Feld des Stabmagneten wirkt auf die vom induzierten Strom durchflossene Spule eine magnetische Kraft F (**Abb. 75.1**). (Nach dem Prinzip von Kraft und Gegenkraft übt auch die Spule auf den Magneten eine Kraft aus, die dessen Bewegung entgegenwirkt.)

Längs des Weges Δs wird die Energie $\Delta E = F\,\Delta s$ vom Magneten auf die Spule übertragen. Wird der Magnet schnell in die Spule hineinbewegt, weicht die Spule vor dem Magneten zurück. Wiederum übt die Spule eine Kraft auf den Magneten entgegen dessen Bewegung aus, sodass auch jetzt Energie vom Magneten auf die Spule übertragen wird. ◂

> Durch elektromagnetische Induktion kann mechanische Energie in elektrische umgewandelt werden.

Beim Entfernen des Magneten folgt die Spule dem Magneten, beim Einbringen des Magneten weicht sie vor diesem zurück. Offensichtlich wirkt die Induktion ihrer Ursache – dem Entfernen bzw. Einbringen des Magnetfeldes – entgegen. Gleiches gilt auch für die Versuche in **Abb. 74.1**. Der induzierte Strom ruft in der Spule ein nach unten gerichtetes Magnetfeld hervor, das dem eindringenden bzw. sich aufbauenden Feld entgegengerichtet ist und es dadurch schwächt. Heinrich LENZ (1804–1865) hat dies 1834 als allgemeines Prinzip formuliert:

> **Lenz'sche Regel:** Der Induktionsstrom ist stets so gerichtet, dass er seiner Ursache entgegenwirkt.

Versuch 3 – Thomson'scher Ringversuch: Ein Aluminiumring ist beweglich über dem Weicheisenkern einer Spule aufgehängt. Die Spule ist über einen Schalter an eine Gleichspannungsquelle angeschlossen (**Abb. 75.2**).

Beobachtung: Beim Einschalten des Spulenstroms schwingt der Ring von der Spule weg – unabhängig davon, wie die Pole der Spannungsquelle angeschlossen sind.

Erklärung: Der Aluminiumring wirkt wie eine kurzgeschlossene Induktionsspule mit einer Windung. Beim Einschalten des Spulenstroms wird der Weicheisenkern magnetisiert und sein starkes Magnetfeld tritt durch die Ringfläche. Nach der Lenz'schen Regel wird im Ring ein Kreisstrom induziert, dessen Feld dem eindringenden Magnetfeld entgegengerichtet ist. Auf den Ring wirkt deshalb eine Kraft, die ihn aus dem Feld hinaustreibt. ◂

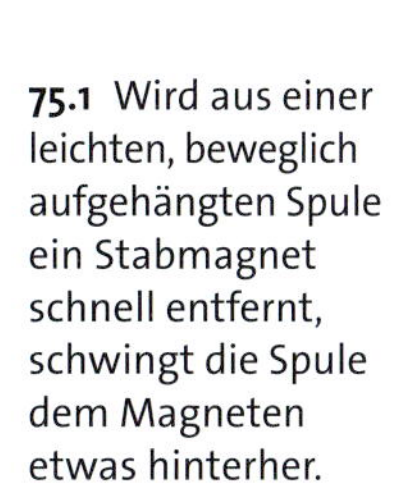

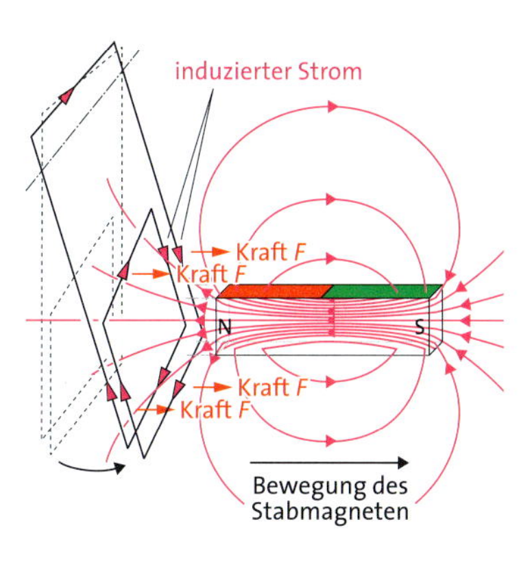

75.1 Wird aus einer leichten, beweglich aufgehängten Spule ein Stabmagnet schnell entfernt, schwingt die Spule dem Magneten etwas hinterher.

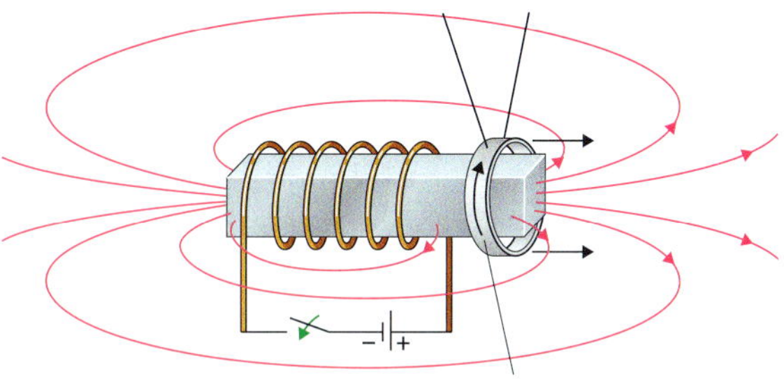

75.2 Thomson'scher Ringversuch

Der Thomson'sche Ringversuch ist ein weiteres Beispiel für die Lenz'sche Regel, die aus der Energieerhaltung folgt: Der Induktionsstrom gibt an das System, durch das er fließt und in dem er eine Wirkung hervorruft, Energie ab. Diese Energie wird von dem System geliefert, das ursächlich den Induktionsstrom auslöst. Bei der beweglich aufgehängten Spule in **Abb. 75.1** ist der bewegte Magnet das Energie abgebende System, die in Bewegung gesetzte Spule das Energie aufnehmende System. Mit der Energieabgabe nimmt die kinetische Energie des Magneten ab, wodurch dessen Bewegung als Ursache der Induktion verlangsamt wird. Ohne diese Gegenwirkung würde der Induktionsstrom Energie an die Spule abgeben, ohne sie dem Magneten zu entnehmen; die Anordnung wäre ein *perpetuum mobile*, welches bekanntermaßen nicht existiert.

Aufgaben

1. Erklären Sie mit der Lenz'schen Regel, warum im Versuch 1 a (**Abb. 74.1 a**) der Strom seine Richtung umkehrt, wenn der Stabmagnet aus der Spule entfernt wird.

*2. Der Thomson'sche Ringversuch in **Abb. 75.2** soll genauer untersucht werden.
 a) Erklären Sie, wie die Kraft entsteht, die den Ring beim Einschalten des Stroms von der Spule weg bewegt.
 b) Nach dem Wegschwingen beim Einschalten kehrt der Ring nur langsam, ohne hin und her zu pendeln, in die Ruhelage zurück. Erklären Sie dieses Verhalten.

4.1.2 Das Induktionsgesetz

Mithilfe von Versuchen soll nun ein Zusammenhang zwischen der Änderung des Magnetfeldes und der induzierten Spannung U_{ind} gefunden werden.

Induktion durch zeitliche Magnetfeldänderung

Versuch 1: Eine Induktionsspule, die mit dem Spannungseingang eines Computer-Messsystems verbunden ist, befindet sich im Innern einer Feldspule (**Abb. 76.1**). Die Feldspule ist mit einem Funktionsgenerator verbunden, der periodisch einen zeitlich linear zu- und abnehmenden Strom durch die Spule fließen lässt (**Abb. 76.2 a**). Die positiven und negativen Steigungen $\Delta I/\Delta t$ des dreieckförmigen Stroms können unabhängig voneinander eingestellt werden. Nach der Formel $B = \mu_0 n I/l$ für die Flussdichte einer stromdurchflossenen Spule ist mit der zeitlich linearen Stromänderung $\Delta I/\Delta t$ = konstant auch die Änderungsrate der magnetischen Flussdichte $\Delta B/\Delta t$ konstant.

Ergebnis: Die Messergebnisse sind in **Abb. 76.2 b)** dargestellt. Die induzierten Spannungen U_{ind} sind konstant, solange $\Delta I/\Delta t$ konstant ist. Entsprechend der Lenz'schen Regel (→ 4.1.1) sind die Induktionsspannungen negativ bei positiver Feldänderung (und umgekehrt). Aus den Messkurven ergeben sich
die positiven Steigungen $\Delta I/\Delta t = 0{,}05\,(0{,}10;\ 0{,}15)$ A/s
die negativen Steigungen $\Delta I/\Delta t = -0{,}20\,(-0{,}40;\ -0{,}60)$ A/s
Die zugehörigen Induktionsspannungen sind
$U_{ind} = -0{,}4\,(-0{,}9;\ -1{,}4)$ mV und $U_{ind} = 1{,}8\,(3{,}7;\ 5{,}6)$ mV. ◂

Ein Vergleich der Messwerte zeigt, dass die Spannung U_{ind} proportional zur zeitlichen Stromänderung $\Delta I/\Delta t$ ist. Da $\Delta I/\Delta t$ proportional zu $\Delta B/\Delta t$ ist, folgt:

> Die Induktionsspannung ist proportional zur zeitlichen Änderung der magnetischen Feldstärke:
>
> $$U_{ind} \sim \frac{\Delta B}{\Delta t}$$

Versuch 2: Versuch 1 wird mit Induktionsspulen unterschiedlicher Windungszahlen n wiederholt.
Ergebnis: Die Induktionsspannung U_{ind} ist proportional zur Windungszahl n der Induktionsspule: $U_{ind} \sim n$.
Erklärung: Die gleichen Induktionsspannungen in jeder Windung addieren sich in den hintereinander geschalteten Windungen zum n-fachen Wert. ◂

Versuch 3: Versuch 1 wird mit Induktionsspulen von unterschiedlichen Querschnittsflächen durchgeführt. Bei gleichem $\Delta B/\Delta t$ und gleichen Windungszahlen n wird jeweils die induzierte Spannung U_{ind} gemessen.
Ergebnis: Die Induktionsspannung U_{ind} ist zum Flächeninhalt A_{ind} des Spulenquerschnitts proportional:

$$U_{ind} \sim A_{ind}$$ ◂

Zusammengefasst ergeben die drei Versuche:

$$U_{ind} \sim n\,A_{ind}\,\Delta B/\Delta t$$

Der Term $n\,A_{ind}\,\Delta B/\Delta t$ wird für $\Delta I/\Delta t = -0{,}60$ A/s (abnehmende Flanke der orangefarbenen Messkurve) berechnet. Mit $n_{ind} = 2000$ und $A_{ind} = 14\ \text{cm}^2$ sowie $n_{Feld} = 1330$ und $l_{Feld} = 50$ cm ergibt sich:

$$n\,A_{ind}\frac{\Delta B}{\Delta t} = n_{ind}\,A_{ind}\,\mu_0\frac{n_{Feld}\,\Delta I}{l_{Feld}\,\Delta t}$$

$$= 2000 \cdot 14 \cdot 10^{-4}\ \text{m}^2 \cdot 4\pi \cdot 10^{-7}\,\frac{\text{Vs}}{\text{Am}} \cdot \frac{1330 \cdot (-0{,}60\ \text{A})}{0{,}50\ \text{m} \cdot \text{s}}$$

$$= -5{,}6\ \text{mV}$$

Gemessen wird $U_{ind} = +5{,}6$ mV. Die Proportionalitätskonstante hat demnach den Wert -1. Das Minuszeichen folgt aus der Lenz'schen Regel (→ 4.1.1).

> Ändert sich das Magnetfeld, das die Querschnittsfläche einer Spule A_{ind} senkrecht durchsetzt, zeitlich mit $\Delta B/\Delta t$, so wird die Spannung U_{ind} induziert:
>
> $$U_{ind} = -n\,A_{ind}\frac{\Delta B}{\Delta t}$$

vom Funktionsgenerator
zum Computer-Messsystem

76.1 Die Feldspule mit der innen liegenden Induktionsspule: Die Feldspule ist an einen Funktionsgenerator angeschlossen, der einen zeitlich veränderlichen Strom erzeugt (**Abb. 76.2 a**).

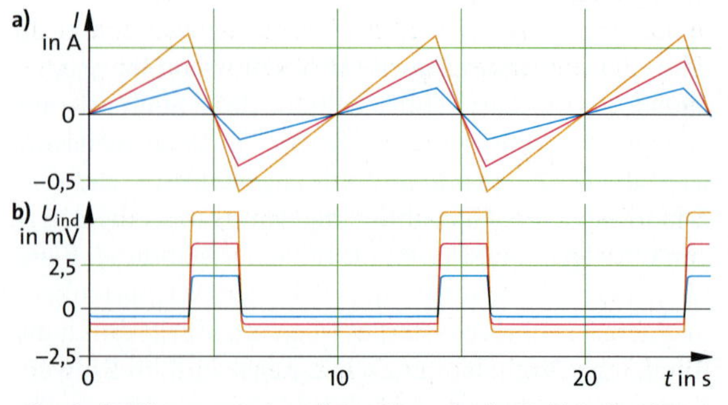

76.2 Induktionsversuche: **a)** Der Strom in der Feldspule nimmt zeitlich linear zu und wieder ab. **b)** In der Induktionsspule werden abschnittweise konstante Spannungen gemessen.

Induktion durch Bewegung

Induktion kann außer durch eine zeitliche Änderung des Magnetfeldes auch dadurch hervorgerufen werden, dass die vom Magnetfeld durchsetzte Spulenfläche verändert wird. Dies lässt sich durch Verformung der Spulenfläche erreichen oder durch eine Bewegung der Spule im inhomogenen Feld.

Versuch 4: Aus dünnem, isoliertem Draht wird eine rechteckige Leiterschleife ($A = 3{,}0\ \text{cm} \cdot 8{,}0\ \text{cm} = 24\ \text{cm}^2$) geformt. Die beiden Drahtenden werden verknotet und an den Spannungseingang des Computer-Messsystems geschlossen. Die Leiterschleife wird zwischen die Polschuhe eines Elektromagneten der Flussdichte $B = 190\ \text{mT}$ gebracht und mit zwei an der Schleife angebrachten Schnüren so auseinandergezogen, dass der Inhalt der Schleifenfläche null wird (**Abb. 77.1 a**).

Beobachtung: Bei der Verringerung der Schleifenfläche entsteht eine Spannung $U_{ind}(t)$, deren maximaler Wert umso größer ist, je schneller sich der Flächeninhalt verändert (**Abb. 77.1 b**). Bei zwei unterschiedlich schnell durchgeführten Versuchen werden mit dem Com puter die Flächeninhalte $\sum U_{ind}(t)\,\Delta t$ unter den Messkurven numerisch berechnet. Trotz unterschiedlicher Kurvenformen ergibt sich stets der gleiche Wert $\sum U_{ind}(t)\,\Delta t = 0{,}45\ \text{mVs}$. $\sum U_{ind}(t)\,\Delta t$ heißt *Spannungsstoß*.

Erläuterung: Das Summenzeichen $\sum$ drückt aus, dass sich die Gesamtfläche unter der gekrümmten Messkurve dadurch ergibt, dass diese in dünne Streifen (parallel zur Hochachse) zerlegt wird, der Flächeninhalt der dann näherungsweise rechteckigen Streifen mittels der Formel $U_{ind}(t)\,\Delta t$ berechnet wird und die einzelnen Teilflächen anschließend addiert werden (→ S. 17).

Folgerung: Statt durch eine zeitliche Änderung wird das Magnetfeld, das die Spule durchsetzt, durch ein Verkleinern der Spulenfläche A_{ind} verändert. Da die Änderungsrate des Flächeninhalts $\Delta A/\Delta t$ beim Auseinanderziehen nicht konstant ist, ist auch die induzierte Spannung U_{ind} nicht konstant, aber die Spannungsstöße $\sum U_{ind}(t)\,\Delta t$ sind gleich.

Erklärung: Anscheinend sind die Induktionsspannung U_{ind} und die Änderungsrate $\Delta A/\Delta t$ zueinander proportional:

$$U_{ind} \sim \Delta A/\Delta t$$

Um dies zu zeigen, wird die Proportionalität mit Δt multipliziert:

$$U_{ind}\,\Delta t \sim \Delta A$$

Die Summation über genügend kleine $U_{ind}\,\Delta t$ ergibt für den Spannungsstoß

$$\sum U_{ind}(t)\,\Delta t \sim \sum \Delta A = A_{ind} = \text{konstant.}$$

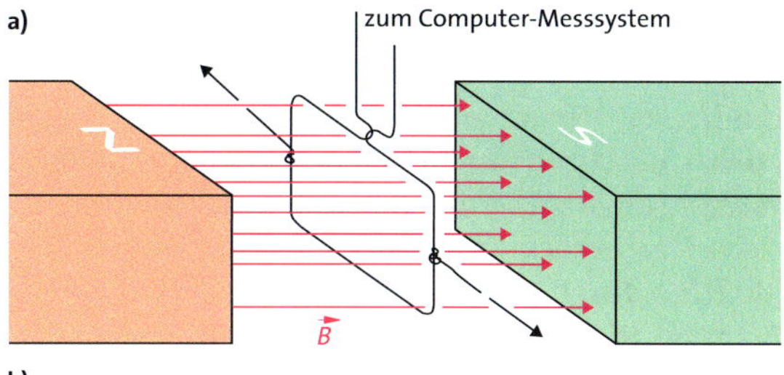

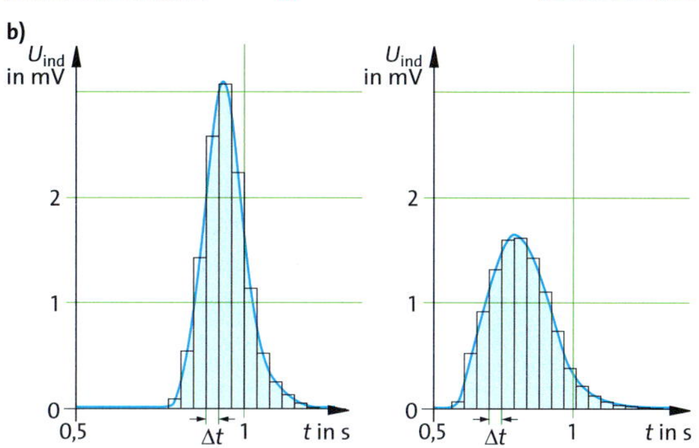

77.1 a) Eine Induktionsschleife wird im Magnetfeld so auseinandergezogen, dass ihr Flächeninhalt A_{ind} null wird. **b)** Spannungsstöße bei schnellerem (links) und langsamerem (rechts) Auseinanderziehen: Die Flächeninhalte $\sum U_{ind}(t)\,\Delta t$ unter den Kurven sind gleich.

Wird der Versuch bei verschiedenen Flussdichten B wiederholt, so zeigt sich, dass der Induktionsstoß $\sum U_{ind}\,\Delta t$ proportional zu B ist. Es gilt also

$$\sum U_{ind}\,\Delta t \sim B \sum \Delta A = B\,A_{ind} = \text{konstant.}$$

Mit den Versuchsdaten $B = 190\ \text{mT}$ und $A_{ind} = 24\ \text{cm}^2$ folgt für die konstante rechte Seite (das Vorzeichen soll unberücksichtigt bleiben)

$$B\,A_{ind} = 190\ \text{mT} \cdot 24\ \text{cm}^2 = 0{,}45\ \text{mVs}.$$

Das ist der gleiche Wert, der als Flächeninhalt unter den Induktionskurven numerisch berechnet wurde. Also gilt:

$$\sum U_{ind}\,\Delta t = B \sum \Delta A \quad \text{oder} \quad U_{ind} = B\frac{\Delta A}{\Delta t}$$

Zu berücksichtigen ist noch, dass bei einer Spule mit n Windungen in jeder Windung die gleiche Spannung induziert wird und sich alle Spannungen zum n-fachen Wert addieren. Außerdem ist auch hier wegen der Lenz'schen Regel ein Minuszeichen einzufügen:

> Durchsetzt ein zeitlich konstantes Magnetfeld der Stärke B eine Induktionsspule mit n Windungen, so wird bei einer zeitlichen Änderung $\Delta A/\Delta t$ des Flächeninhalts der Spule eine Spannung induziert. Für die Induktionsspannung U_{ind} gilt:
>
> $$U_{ind} = -n\,B\frac{\Delta A}{\Delta t}$$

Auch bei der Relativbewegung einer Spule zu einem Magnetfeldeld kann Induktion auftreten:

Versuch 5: Statt die Induktionsschleife in → **Abb. 77.1 a)** zu verformen, wird sie aus dem Magnetfeld entfernt.
Ergebnis: Es werden Spannungsstöße mit dem gleichen Wert $\Sigma U_{\text{ind}} \Delta t = 0{,}45$ mVs gemessen.
Folgerung: Induktion tritt bei zeitlich konstantem Feld nicht nur bei einer zeitlichen Änderung der Spulenfläche auf, sondern auch, wenn die Spule im inhomogenen Magnetfeld bewegt oder aus einem räumlich begrenzten Magnetfeld entfernt wird. ◂

Die aus der Verformung einer Spulenfläche hergeleitete Formel $U_{\text{ind}} = -n B \Delta A / \Delta t$ kann auch dann angewendet werden, wenn eine Spule aus einem homogenen Magnetfeld entfernt wird. Das zeigt der folgende Versuch.

Versuch 6: Zwischen den Polschuhen eines Permanentmagneten besteht ein homogenes Magnetfeld. Eine rechteckige Leiterschleife, die sich anfangs vollständig im Feld befindet, wird mit konstanter Geschwindigkeit v aus dem Feld gezogen. An den Enden der Leiterschleife ist ein Spannungsmesser angeschlossen (**Abb. 78.1 a**). Leiterschleifen mit verschiedenen Breiten b können eingesetzt werden.
Ergebnis: Während der gleichförmigen Bewegung wird eine konstante Induktionsspannung U_{ind} gemessen (**Abb. 78.1 c**). Weitere Versuche zeigen, dass die Spannung proportional zur Breite b der Leiterschleife und proportional zur Geschwindigkeit v, mit der die Leiterschleife aus dem Feld gezogen wird, ist.
Erklärung: In **Abb. 78.1 b)** ist die vom Feld durchsetzte Leiterfläche $A = (a - x)\, b = a\, b - x\, b$ dargestellt. Für die zeitliche Änderung dieser Fläche gilt

$$\frac{\Delta A}{\Delta t} = -\frac{\Delta x}{\Delta t} b = -v\, b.$$

In die Gleichung $U_{\text{ind}} = -n B \Delta A / \Delta t$ eingesetzt, ergibt sich mit $n = 1$ für die Induktionsspannung

$$U_{\text{ind}} = B\, b\, v.$$

Das in **Abb. 78.1 c)** dargestellte Versuchsergebnis wurde bei der Flussdichte $B = 39$ mT, der Leiterschleifenbreite $b = 4{,}0$ cm und der Geschwindigkeit $v = 30\ \text{cm}/4{,}5\ \text{s} = 0{,}067$ m/s aufgezeichnet. Damit berechnet sich die Induktionsspannung zu

$$U_{\text{ind}} = B\, b\, v = 39\ \text{mT} \cdot 4{,}0\ \text{cm} \cdot 0{,}067\ \text{m/s} = 0{,}10\ \text{mV},$$

was in guter Übereinstimmung mit dem gemittelten Messwert $U_{\text{ind}} = 0{,}105$ mV in **Abb. 78.1 c)** ist. ◂

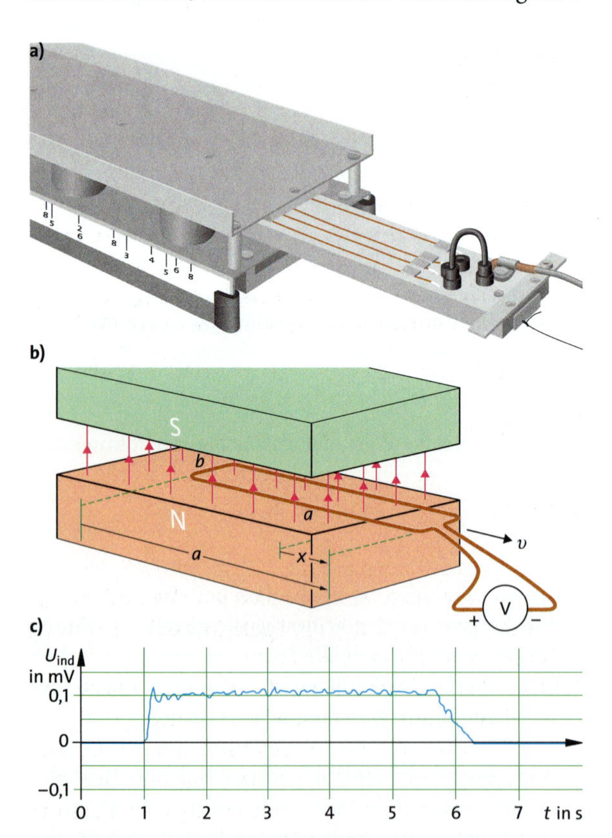

78.1 a) Induktionsgerät mit herausziehbarem Schlitten. **b)** Mit dem Schlitten wird eine rechteckige Induktionsschleife mit konstanter Geschwindigkeit aus dem Magnetfeld gezogen. **c)** Bei konstanter Geschwindigkeit v wird eine konstante Induktionsspannung U_{ind} gemessen.

Magnetischer Fluss und Induktionsgesetz

Induktion tritt aufgrund einer zeitlichen Änderung der Flussdichte $\Delta B / \Delta t$ auf oder aufgrund einer zeitlichen Änderung der vom Feld durchsetzten Fläche $\Delta A / \Delta t$. Beide Änderungen können mit einer einzigen Größe beschrieben werden, wenn das Produkt aus Flussdichte B und der vom Feld senkrecht durchsetzten Fläche A als neue physikalische Größe eingeführt wird, als *magnetischer Fluss* (**Abb. 79.1**).

> Durchsetzt ein homogenes Magnetfeld der Flussdichte B eine Fläche vom Inhalt A senkrecht, so wird der **magnetische Fluss Φ** definiert als das Produkt aus Fläche und Flussdichte: $\Phi = B\, A$.

Anmerkung: Verläuft das Magnetfeld schräg zur Fläche, so wird nur die zur Fläche senkrechte Komponente der Flussdichte berücksichtigt (**Abb. 79.2**):

$$\Phi = B_{\perp} A = B\, A \cos \varphi$$

Verändert sich das Magnetfeld über der Fläche, so wird der magnetische Fluss in kleinen Abschnitten der Fläche betrachtet, über denen sich das Magnetfeld kaum verändert, und Φ durch Summenbildung berechnet.

Der magnetische Fluss Φ ist eine für technische Berechnungen wichtige Größe und hat daher eine eigene Maßeinheit: $[\Phi] = 1\ \text{Vs} = 1\ \text{Wb}$ (Weber).

Aus der Definition für den magnetischen Fluss ergibt sich durch einfache Umformung: $B = \Phi/A$. B ist also der Quotient aus magnetischem Fluss Φ und der durchsetzten Fläche A. Damit wird verständlich, dass die feldbeschreibende Größe B als *magnetische Flussdichte* bezeichnet wird. International werden für die Größe B die Bezeichnungen *magnetisches Feld* und *magnetische Feldstärke* benutzt – in Analogie zum elektrischen Feld mit der Feldstärke E.

Die magnetische Flussdichte B wird durch die Dichte der Feldlinien dargestellt. Die eine Fläche A durchsetzenden Feldlinien repräsentieren deshalb den magnetischen Fluss Φ. Ihre Anzahl ist ein Maß für dessen Größe.

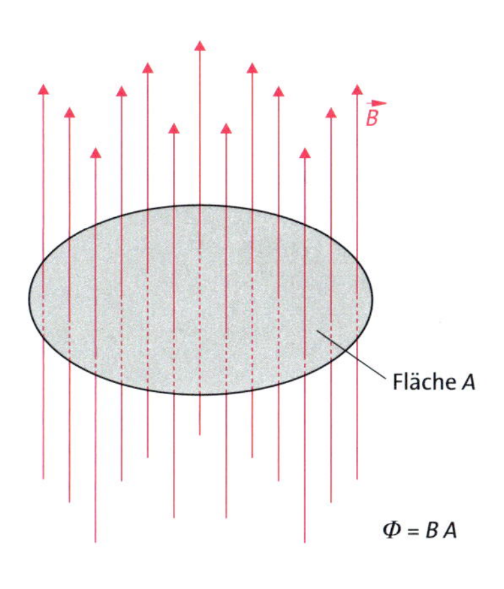

79.1 Der magnetische Fluss Φ durch eine Fläche A ist das Produkt aus dieser Fläche und der Flussdichte $\vec{B}$, falls $\vec{B}$ senkrecht auf der Fläche steht: $\Phi = \vec{B}\,A$.

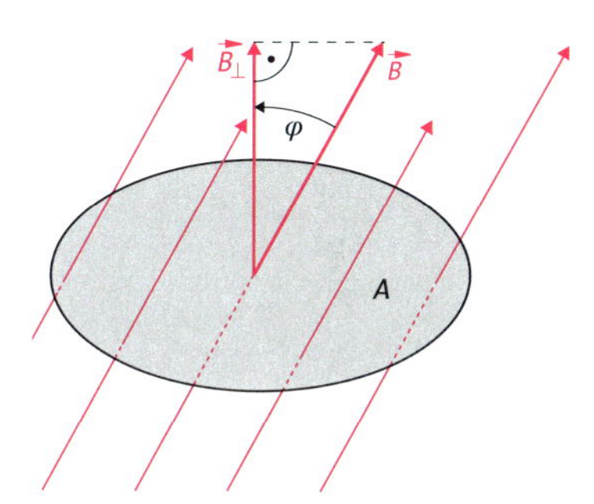

79.2 Verläuft das Magnetfeld schräg zur Fläche, so wird nur die zur Fläche A senkrechte Komponente $B_\perp$ von B berücksichtigt.

Zusammenführung der Induktionsgesetze

Wenn A und B Funktionen der Zeit sind ($A = A(t)$ und $B = B(t)$), ist auch $\Phi(t) = B(t)\,A(t)$ eine Funktion der Zeit. Für deren zeitliche Änderung ergibt sich nach der Produktregel der Differentialrechnung

$$\dot{\Phi}(t) = \frac{\mathrm{d}\Phi(t)}{\mathrm{d}t} = \frac{\mathrm{d}(BA)}{\mathrm{d}t} = B\frac{\mathrm{d}A}{\mathrm{d}t} + A\frac{\mathrm{d}B}{\mathrm{d}t}$$
$$= B\dot{A} + A\dot{B}.$$

Wird ein etwas größeres Zeitintervall Δt betrachtet, so ergibt sich näherungsweise

$$\frac{\Delta\Phi}{\Delta t} = \frac{\Delta(BA)}{\Delta t} = A\frac{\Delta B}{\Delta t} + B\frac{\Delta A}{\Delta t}.$$

Damit können die beiden in → 4.1.2 hergeleiteten Gesetze $U_{ind} = -n\,A_{ind}\,\Delta B/\Delta t$ bei A_{ind} = konstant und $U_{ind} = -n\,B\,\Delta A/\Delta t$ bei B = konstant zusammengefasst und allein mit der Flussänderung $\Delta\Phi$ beschrieben werden:

$$U_{ind} = -n\,A\frac{\Delta B}{\Delta t} - n\,B\frac{\Delta A}{\Delta t} = -n\frac{\Delta\Phi}{\Delta t}$$

Eine Flussänderung kann entweder durch eine Magnetfeldänderung oder eine Flächenänderung hervorgerufen werden. Dabei ist es unerheblich, ob diese Änderungen nacheinander oder gleichzeitig stattfinden.

Wie die Versuche mit der Leiterschleife, z. B. Versuch 4 (→ S. 77), zeigen, ändert sich der magnetische Fluss im Allgemeinen nicht linear, d. h. gleichmäßig mit der Zeit. Die Änderung muss dann für genügend kleine Δt betrachtet werden, sodass aus dem Differenzenquotienten $\Delta\Phi/\Delta t$ der Differentialquotient $\mathrm{d}\Phi/\mathrm{d}t$ wird; an die Stelle von $\Delta\Phi/\Delta t$ tritt also die Ableitung $\dot{\Phi}$ des magnetischen Flusses nach der Zeit.

Faraday'sches Induktionsgesetz

Die in einer Spule mit n Windungen induzierte Spannung U_{ind} bzw. der dort induzierte Spannungsstoß hängt von der zeitlichen Änderung des magnetischen Flusses Φ in der Spule ab. Es gilt für

die Spannung $\quad U_{ind} = -n\frac{\mathrm{d}\Phi}{\mathrm{d}t} = -n\dot{\Phi}$

den Spannungsstoß $\quad \sum U_{ind}\,\Delta t = -n\,\Delta\Phi.$

Zusammenfassend kann also gesagt werden:

Eine Induktionsspannung U_{ind} an einer Spule tritt immer dann auf, wenn in irgendeiner Weise der magnetische Fluss Φ, der die Spule in axialer Richtung durchsetzt, geändert wird.
Die Flussänderung kann durch eine zeitliche Zu- oder Abnahme der Flussdichte B erfolgen.
Bei zeitlich konstanter Flussdichte kann die Spule im inhomogenen Feld bewegt werden, beispielsweise kann sie aus dem Feld herausgezogen oder in das Feld hineingebracht werden.
Auch durch einfaches Drehen der Spule (→ 4.1.4) oder durch Verformen des Spulenquerschnitts kann der magnetische Fluss in der Spule geändert werden.

Aufgaben

1. Durch eine Feldspule ($r_{Feld} = 7{,}0$ cm) fließt ein Strom I, der innerhalb von 7,5 Millisekunden linear von $I_1 = 0{,}65$ A auf $I_2 = 0{,}90$ A ansteigt. Die Feldspule hat $n_F = 2250$ Windungen und die Länge $l_F = 60$ cm.
a) In der Feldspule befindet sich eine Induktionsspule von kreisförmigem Querschnitt ($n_{ind} = 1500$), deren Achse parallel zu der der Feldspule verläuft. Berechnen Sie die Induktionsspannung U_{ind}, wenn der Radius der Induktionsspule $r_{ind} = 3{,}0$ cm beträgt.
b) Die Feldspule ist von einer äußeren Induktionsspule mit $n_{ind} = 1500$ und $r_{ind} = 9{,}0$ cm umgeben. Berechnen Sie die Flussänderung $\Delta\Phi$ in der Induktionsspule während des Stromanstiegs und damit die induzierte Spannung U_{ind}.

2. In → **Abb. 76.2** wird ein rechteckiger Spannungsstoß gemessen, wenn der Strom in der Feldspule zeitlich linear von $I = 0{,}40$ A auf $I = -0{,}40$ A abnimmt.
a) Bestätigen Sie, dass dieser Spannungsstoß den Wert $\Sigma\, U_{ind}\, \Delta t = 7{,}5$ mVs hat.
b) Wird bei konstantem Feldspulenstrom von $I = 0{,}40$ A die Induktionsspule aus der Feldspule herausgezogen, umgedreht und wieder in die Spule hineingesteckt, so wird der in der folgenden Abbildung dargestellte Spannungsverlauf gemessen. Die numerische Integration ergibt als Flächeninhalt unter beiden Kurven ebenfalls 7,5 mVs. Bestätigen Sie dieses Ergebnis, indem Sie die beiden Spannungsstöße näherungsweise durch flächengleiche Rechtecke ersetzen.

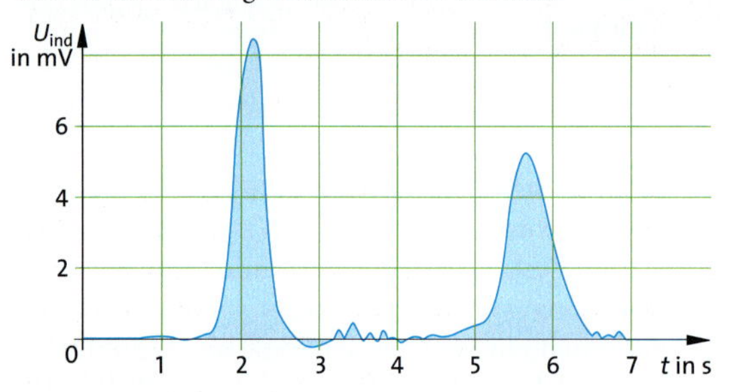

c) Erläutern Sie den Zusammenhang der beiden Versuche a) und b) und erklären Sie, warum sich das gleiche Versuchsergebnis einstellt.

3. In einer zylindrischen Feldspule mit $n = 600$ Windungen und der Länge $l = 45$ cm befindet sich eine kurze Induktionsspule mit $n_{ind} = 2400$ Windungen und $A_{ind} = 6{,}8$ cm^2.
Berechnen Sie die Zeit Δt, in der die Stromstärke in der Feldspule gleichmäßig von 0 auf 1,0 A anwachsen muss, damit in der Induktionsspule eine Spannung von $U_{ind} = 5{,}0$ mV induziert wird.

4. Berechnen Sie den magnetischen Fluss Φ einer Spule mit kreisförmigem Querschnitt, durch die ein Strom der Stärke $I = 1{,}5$ A fließt. Die Spule hat die Länge $l = 65$ cm, den Radius $r = 3{,}5$ cm und $n = 1500$ Windungen.
Erläutern Sie, wie sich die Flussdichte B und der Fluss Φ ändern, wenn der Spulenradius verdoppelt wird.

5. Eine kurzgeschlossene Induktionsspule liegt achsenparallel in der Mitte einer langen, stromdurchflossenen Feldspule. Nennen Sie die Induktionsvorgänge, die beim Entfernen der Induktionsspule aus der Feldspule auftreten.

6. In einer zylindrischen Spule herrscht bei eingeschaltetem Spulenstrom ein Magnetfeld der Flussdichte $B = 375$ mT. In der Feldspule befindet sich eine Induktionsspule mit $n = 245$ Windungen, deren Flächeninhalt $A = 6{,}8$ cm^2 ist.
a) Ermitteln Sie den Wert des Spannungsstoßes, der in der Induktionsspule auftritt, wenn in der Feldspule der Strom ein- bzw. ausgeschaltet wird.
b) Schätzen Sie ab, wie groß U_{ind} im zeitlichen Mittel ist, wenn der Einschaltvorgang $\Delta t = 35$ ms dauert.

7. Eine Induktionsspule ($n = 1500$; $r_{ind} = 5{,}0$ cm) wird über eine langgestreckte Spule ($n/l = 250$/cm; $r = 3{,}0$ cm) gestülpt, durch die der Strom $I = 6{,}5$ A fließt. Berechnen Sie den Wert des gemessenen Spannungsstoßes und die mittlere Induktionsspannung U_{ind}, wenn der Vorgang 1,5 s dauert.

8. Eine Kupferscheibe, die am Ende eines Pendels angebracht ist, schwingt in das Feld eines Elektromagneten, wobei die Feldlinien die Scheibe senkrecht durchsetzen. Erklären Sie die starke Dämpfung der Schwingung.

***9.** Bei einem Elektromotor dreht sich eine stromdurchflossene Spule im Feld eines Dauermagneten. Die rotierende Spule lässt sich als Reihenschaltung von idealer Spule (Spannung U_{ind}) und ohmschem Widerstand $R = 24\ \Omega$ (Spannung U_R) der Spulenwicklungen auffassen. Der Elektromotor wird an eine Gleichspannung $U_0 = 110$ V angeschlossen.

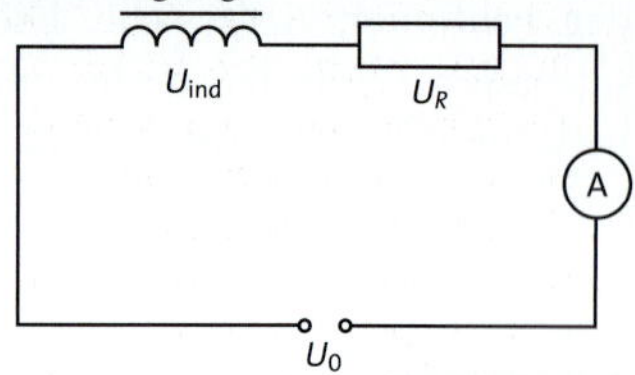

a) Sobald sich die Rotorspule dreht, tritt dort eine Induktionsspannung auf. Erklären Sie das Auftreten dieser Spannung und erläutern Sie, warum diese der von außen angelegten Spannung entgegenwirkt.
b) Im Leerlauf, wenn der Motor nicht belastet wird, beträgt die Stromstärke $I = 1{,}8$ A. Berechnen Sie anhand des obigen Ersatzschaltbildes die Größe der dann in der Rotorspule induzierten Spannung. Berechnen Sie die im ohmschen Widerstand der Spule umgesetzte Verlustleistung und den Wirkungsgrad des Elektromotors.
c) Wird der Motor belastet und damit die Drehung der Rotorspule gebremst, so steigt die Stromstärke gegenüber dem Leerlauf wieder an. Erklären Sie die Beobachtung unter Bezug auf obiges Schaltbild. Erläutern Sie, warum es sinnvoll ist, in diesem Zusammenhang von einer automatischen Leistungsanpassung beim Elektromotor zu sprechen.

10. An einer quadratischen Leiterschleife wird die rechts dargestellte Induktionsspannung gemessen.

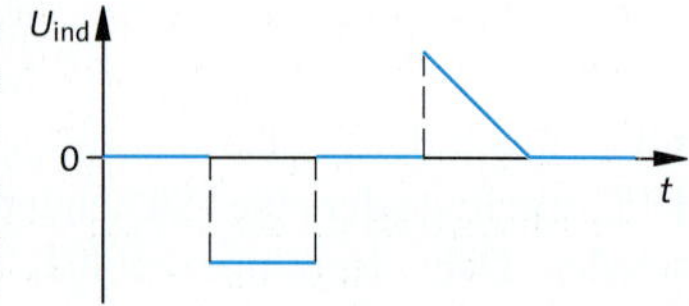

a) Die Induktionsspannung kommt dadurch zustande, dass sich die Leiterschleife relativ zu einem räumlich begrenzten homogenen Magnetfeld bewegt. Erläutern Sie, welche Aussagen über die Bewegung der Leiterschleife sich aus dem Diagramm ableiten lassen. Gehen Sie dabei insbesondere auch auf das Vorzeichen von U_{ind} sowie auf die Zeitabschnitte mit $U_{ind} = 0$ ein.
b) Die Leiterschleife ruht nun im homogenen Magnetfeld. Erläutern Sie, wie die Flussdichte B verändert werden müsste, damit sich für U_{ind} wieder dasselbe Diagramm ergibt.

Exkurs

Anwendungen der Induktion

Induktionsherd

Beim Induktionsherd wird durch Magnetfeldänderungen Energie übertragen: Unterhalb der Kochfläche, welche aus Glaskeramik besteht, befindet sich eine von einem Wechselstrom durchflossene Spule. Diese erzeugt in dem darüber befindlichen Boden eines Kochtopfes oder einer Pfanne einen Induktionsstrom. Wie beim Thomson'schen Ringversuch (→ 4.1.1) handelt es sich um einen Wirbelstrom, der die Magnetfeldänderung $\Delta B/\Delta t$ kreisförmig umschließt. Aufgrund dieses Stromes kommt es im Topfboden zur Wärmeentwicklung, wodurch die Speisen erhitzt werden.

Das Besondere dabei ist, dass die Magnetfeldänderungen ohne einen metallischen Leiter über der Kochfläche wirkungslos bleiben. Das Kochfeld selbst bleibt kalt, die Erwärmung findet ausschließlich im Metallboden der Kochgeräte statt. Nur aufgrund von Rückerwärmung durch den heiß werdenden Topf kann es zu einem Temperaturanstieg in der Glaskeramikplatte kommen.

Die bei Induktionskochplatten auftretenden Magnetfelder liegen im Bereich von 2 bis 6 μT. Damit sind sie nicht größer als die Magnetfelder von konventionellen Kochplatten, bei denen eine sich erwärmende Eisenwicklung in feuerfestes, schwarzes Schamott eingelassen ist. Um bei Induktionsherden dennoch möglichst große Induktionsspannungen zu erreichen, erfolgen die Magnetfeldänderungen nicht mit der Netzfrequenz von 50 Hz, sondern bei einer Frequenz von 25 – 50 kHz. Das Magnetfeld ändert sich also etwa tausendmal schneller, die Spannungs- und Stromstärkewerte sind entsprechend höher.

Induktion findet in jedem metallischen Leiter statt. Dennoch werden bei Induktionsherden nur Töpfe verwendet, die einen ferromagnetischen Boden besitzen. Durch die Magnetisierung des Topfbodens wird das von der Spule erzeugte Wechselfeld gebündelt. Die elektromagnetische Energie konzentriert sich auf die Unterseite des Topfes, die Streustrahlung wird reduziert. Die im Topfboden stattfindenden Ummagnetisierungen liefern zusätzliche Energie und erhöhen die nutzbare Heizleistung.

Magnetisch gespeicherte Information

Zu den in der Datenverarbeitung eingesetzten Speichern gehören Magnetbänder, -karten, -platten, -trommeln und Disketten. Allen gemeinsam ist eine dünne magnetisierbare Schicht aus einer magnetisch harten Eisenlegierung auf einem Trägermaterial. Die Information wird als Folge von elektrisch übertragenen magnetischen Impulsen (mit der Bedeutung 0 oder 1) in schmalen parallelen Spuren auf die magnetisierbare Schicht eingeschrieben. Dazu wird die Speicherschicht berührungslos an einem Magnetkopf vorbeigeführt. Die Impulse folgen in gleichem Abstand. Es bilden sich Magnetschicht-Zellen, die in der einen oder anderen Richtung magnetisiert sind. Das Foto zeigt das magnetische Muster der Spurrille einer Festplatte in 1300-facher Vergrößerung. Die hellen und dunklen Bereiche entsprechen Magnetisierungen gegensätzlicher Richtung. Das geglättete Gebiet außerhalb des Musters entspricht einem gelöschten Bereich.

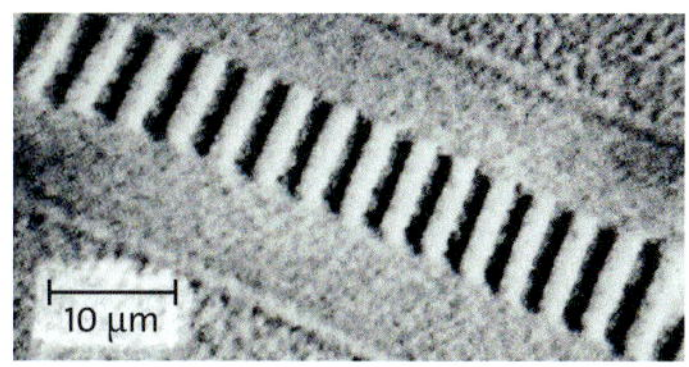

Beim *Festplattenspeicher* ist die magnetisierbare Schicht auf beiden Seiten einer kreisförmigen Aluminiumplatte aufgebracht, welche mit einigen 1000 U/min rotiert. Zum Schreiben bzw. Lesen werden kombinierte Schreib-Lese-Köpfe verwendet, die an einem Arm schnell an die Platte herangeschoben werden können. Dabei werden übereinanderliegende Spuren gleichzeitig abgetastet.

Neben der Erhöhung der Drehzahl geht es vor allem um die Erhöhung der Speicherdichte der Daten. Über Jahre hinweg verdoppelte sich die *Bitdichte* und damit die Speicherkapazität von Festplatten jeweils innerhalb von 18 Monaten, Experten sahen dafür jedoch eine Grenze bei maximal 20 Gigabit/cm^2. Die Erhöhung der Speicherdichte wird durch ein Verkleinern der magnetischen Körnchen, die jeweils ein Bit tragen, erreicht. Werden die Körnchen allerdings kleiner als etwa 100 nm, kann die Wärmebewegung die Magnetisierung umdrehen. Durch Inselbildung der Körnchen wird versucht, die Temperaturresistenz zu erhöhen.

Mit der Erhöhung der Speicherdichte ging eine Weiterentwicklung der Lesetechnik einher. Ursprünglich induzierten die Bits entsprechend ihrer Magnetisierungsrichtung einen Strom unterschiedlicher Richtung im Lesekopf. Mit der Auffindung des *Riesenmagnetwiderstand-Effekts* (GMR-Effekt; engl.: giant magnetic resistance), für die u. a. der deutsche Physiker Peter Grünberg 2007 den Nobelpreis für Physik erhielt, steht ein völlig neues Verfahren zur Verfügung. Dabei ändert sich der elektrische Widerstand einer nur wenige Nanometer dicken Schicht entsprechend der Magnetisierungsrichtung des vorbeilaufenden Bits. Durch ein verbessertes Verfahren sollen so Speicherdichten von mehr als 150 Gigabit/cm^2 erreicht werden.

4.1.3 Kräfte als Ursache der Induktion

Bei der elektromagnetischen Induktion wird elektrische Ladung bewegt, wodurch in angeschlossenen Leiterkreisen Induktionsströme entstehen. Kräfte verursachen die Bewegungen dieser Ladungen. Da es sich bei den Ladungen in der Regel um Elektronen in metallischen Leitern handelt, sollen im Folgenden nur die Kräfte auf Elektronen betrachtet werden. Als Kräfte kommen entweder die Lorentz-Kraft $F_L = e\,v\,B$ im magnetischen Feld B oder die Coulomb-Kraft $F_C = e\,E$ im elektrischen Feld E infrage.

In → 4.1.2 wird ein Versuch mit dem Induktionsgerät durchgeführt, bei dem eine rechteckige Leiterschleife der Breite b mit konstanter Geschwindigkeit v aus dem homogenen Magnetfeld der Flussdichte B herausgezogen wird (→ **Abb. 78.1**). Das Induktionsgesetz liefert die Formel zur Erklärung des Versuchs:

$$U_{\text{ind}} = -n\frac{d\Phi}{dt} = -1 \cdot B\frac{dA}{dt} = -B\,b\frac{d(a-x)}{dt}$$
$$= -B\,b\left(-\frac{dx}{dt}\right) = B\,b\,v$$

Derselbe Versuch soll hier nochmals aus einem anderen Blickwinkel betrachtet werden. Betrachtet wird die Lorentz-Kraft $F_L = e\,v\,B$ (→ 3.2.1) auf die mit der Leiterschleife mitbewegten Elektronen.

In **Abb. 82.1** wirkt die Lorentz-Kraft nur in dem vergrößert gezeichneten Leiterstück b in Längsrichtung des Leiters, bei den beiden Leiterstücken der Länge a wirkt sie dagegen quer zum Leiter, sodass es dort nicht zu einer Ladungstrennung längs des Leiters kommt. Nur im Leiterstück b finden deshalb eine Ladungstrennung und der Aufbau eines elektrostatischen Feldes E_{elst} statt.
Die sich dadurch aufbauende Spannung führt zu einem Gleichgewicht der Kräfte: Die durch E_{elst} hervorgerufene Coulomb-Kraft $F_C = e\,E_{\text{elst}}$ hält der Lorentz-Kraft das Gleichgewicht: $F_C = F_L$.
Werden die Formeln für die Kräfte eingesetzt, folgt

$$e\,E_{\text{elst}} = e\,v\,\text{B}.$$

Daraus ergibt sich für das elektrische Feld $E_{\text{elst}} = v\,B$. Zwischen den Enden des Leiterstücks der Breite b kann die Spannung $U = E_{\text{elst}}\,b$ gemessen werden. Mit $E_{\text{elst}} = v\,\text{B}$ folgt daraus

$$U = v\,B\,b.$$

Es ergibt sich dieselbe Formel, die zuvor mithilfe des Induktionsgesetzes hergeleitet wurde. Die Gleichheit der beiden Formeln führt zu dem Schluss:

> Die Induktionsspannung zwischen den Enden einer im (inhomogenen) Magnetfeld bewegten Leiterschleife wird von der Lorentz-Kraft hervorgerufen.

Mithilfe der Lorentz-Kraft soll nun auch der in → 4.1.1 durchgeführte Induktionsversuch erklärt werden, bei dem durch Bewegen einer Spule das Magnetfeld eines ruhenden Stabmagneten in die Spule gebracht wird (**Abb. 82.2**):

Auf die mit der Spule bewegten Leitungselektronen wirkt ebenfalls die Lorentz-Kraft F_L, denn das inhomogene Feld des Stabmagneten hat am Ort der Windungen eine nach innen gerichtete radiale Komponente. Diese Komponente der Flussdichte verschiebt nach der Drei-Finger-Regel die Leitungselektronen tangential zur Leiterschleife und erzeugt die in **Abb. 82.2** eingezeichnete Ladungstrennung ($+Q$ und $-Q$). Dadurch entsteht im Leiter längs der Windungen ein elektrostatisches Feld E_{elst}, in dem die Coulomb-Kraft $F_C = e\,E_{\text{elst}}$ auf die Elektronen ausgeübt wird.
Die Coulomb-Kraft F_C hält der Lorentz-Kraft F_L das Gleichgewicht, sodass eine bestimmte Spannung U_{ind} zwischen den Spulenenden gemessen werden kann. Die Polung dieser Spannung stimmt mit der im Experiment beobachteten Polung überein.

Bemerkung: Wäre das Magnetfeld, in das sich die Spule hineinbewegt, homogen, so gäbe es keine radiale Komponente und wegen der fehlenden Lorentz-Kraft würde keine Ladungstrennung stattfinden. Dies ist in Übereinstimmung mit den bisherigen Erkenntnissen, wonach Induktionsspannungen nur bei einer Änderung des magnetischen Flusses auftreten.

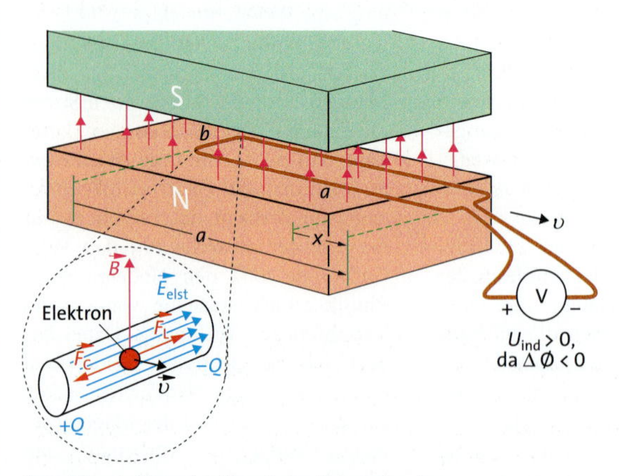

82.1 Eine Leiterschleife wird mit konstanter Geschwindigkeit v aus dem homogenen Magnetfeld der Flussdichte B gezogen (→ Abb. 78.1). Vergrößert ist das Leiterstück der Länge b gezeichnet.

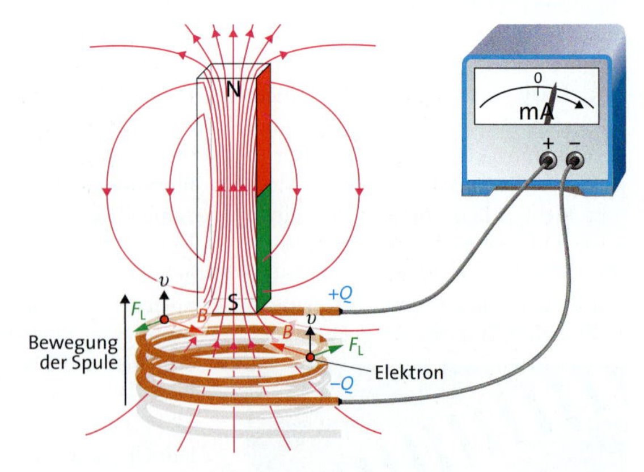

82.2 Eine Spule wird auf einen ruhenden Dauermagneten zubewegt. Aufgrund der radialen Komponente B des Magnetfeldes des Dauermagneten wirkt eine Lorentz-Kraft auf die Elektronen.

Bei dem eben geschilderten Versuch (**Abb. 82.2**) kommt es jedoch nur auf die Relativbewegung von Stabmagnet und Spule an, d. h. bei gleichem Ergebnis kann statt der Spule der Stabmagnet bewegt werden. Die Erklärung mit der Lorentz-Kraft gilt nun aber nicht mehr. Da die Leitungselektronen jetzt ruhen, ist ihre Geschwindigkeit $v = 0$ und damit folgt auch für die Lorentz-Kraft $F_L = e\,v\,B = 0$.

Die Trennung von Ladungen längs der Spulenwicklungen muss also eine andere Ursache haben. Nachdem die Lorentz-Kraft dafür nicht mehr in Frage kommt, muss die Verschiebung der Elektronen auf eine elektrische Kraft zurückgeführt werden. Dazu ist ein elektrisches Feld notwendig, dessen Entstehung sich folgendermaßen erklärt:

Durch das Einbringen des Stabmagneten und die damit verbundene zeitliche Änderung des Magnetfeldes dB/dt in der Spule wird zusammen mit der Spannung U_{ind} ein elektrisches Feld E_{ind} längs der Spulenwicklungen induziert. Anders als beim elektrostatischen Feld gibt es hier aber keine positiven und negativen Ladungen, auf denen Feldlinien entspringen und enden könnten. Eine passende Veranschaulichung bietet der Vergleich mit dem Magnetfeld eines stromdurchflossenen Leiters (→ 2.2.1): Dort ist ein Strom I von geschlossenen Feldlinien in Form konzentrischer Kreise umgeben. Auch das durch die Magnetfeldänderung dB/dt induzierte elektrische Feld E_{ind} bildet sogenannte Wirbel: Die Feldlinien sind auch hier in sich geschlossene Linien, die das sich ändernde Magnetfeld umschließen (**Abb. 83.1**). In der Abbildung ist nur das induzierte Feld in der Umgebung der Spule gezeichnet; es tritt aber überall dort auf, wo sich das Magnetfeld zeitlich ändert.
Die vom induzierten Feld E_{ind} ausgeübte Kraft auf die Elektronen $F_{ind} = e\,E_{ind}$ hat die gleiche Richtung wie zuvor die Lorentz-Kraft F_L, denn es wird die gleiche Aufladung der Leiterenden beobachtet. Durch die Aufladung wird ein elektrostatisches Feld E_{elst} hervorgerufen. Dieses übt die Kraft $F_{elst} = eE_{elst}$ auf die Elektronen im Leiter aus. F_{elst} wirkt der Kraft F_{ind} entgegen, wodurch es, wie auch schon beim Versuch zuvor, zu einem Kräftegleichgewicht kommt:

$$F_{ind} = F_{elst}$$

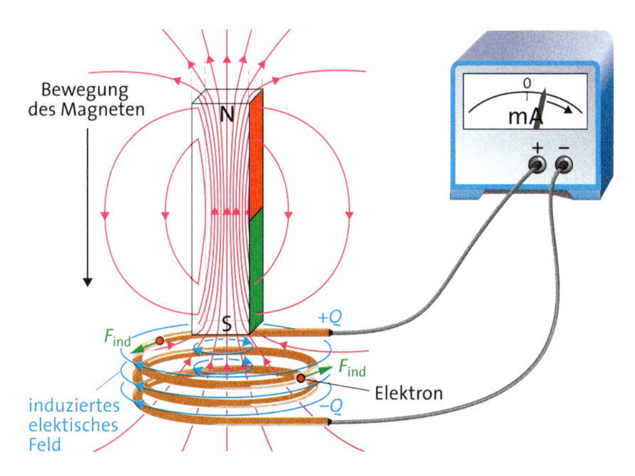

83.1 Wird der Dauermagnet in die Spule hineinbewegt, so wird in der Spule ein kreisförmiges elektrisches Feld E_{ind} induziert. Dieses Feld übt auf die Elektronen die Kraft $F_{ind} = e\,E_{ind}$ aus und führt zur Ladungstrennung $+Q$ und $-Q$.

83.2 Eine gasgefüllte Glaskugel ist von einer Ringspule umgeben. Der leuchtende Ring entsteht durch das induzierte elektrische Feld, das konzentrisch das sich zeitlich ändernde Magnetfeld dB/dt umschließt.

Im folgenden Versuch kann das induzierte elektrische Feld nachgewiesen werden.

Versuch 1: Eine Glaskugel ist mit Neon bei einem Druck von 400 Pa gefüllt. Die Kugel ist von einer ringförmigen Spule umgeben, durch die ein Wechselstrom hoher Frequenz fließt (**Abb. 83.2**).
Beobachtung: In der Glaskugel entsteht ein leuchtender Ring konzentrisch zur Spulenachse.
Erklärung: Der Wechselstrom erzeugt ein hochfrequentes magnetisches Wechselfeld parallel zur Spulenachse. Dieses magnetische Wechselfeld ist von einem kreisförmigen induzierten elektrischen Feld E_{ind} umgeben, das ebenfalls hochfrequent seine Richtung ständig ändert. Zufällig vorhandene freie Elektronen werden in der mit Neon gefüllten Glaskugel längs der elektrischen Feldlinien beschleunigt. Die dabei von den Elektronen aufgenommene Energie reicht aus, um Neonatome bei Stößen zu ionisieren. Es entsteht ein Gemisch aus freien Elektronen und Ionen, das als *Plasma* bezeichnet wird. In diesem Plasma werden Atome durch Elektronenstoß angeregt und senden daraufhin Strahlung aus, sodass ein leuchtender Ring zu beobachten ist. Dieser leuchtende Ring ist der Nachweis für ein ringförmiges induziertes elektrisches Feld. ◂

> Eine zeitliche Magnetfeldänderung dB/dt ist von einem induzierten elektrischen Feld E_{ind} mit geschlossenen Feldlinien umgeben. Das induzierte elektrische Feld übt auf Ladungen eine Coulomb-Kraft aus, durch die in ruhenden Leitern die Induktionsspannung hervorgerufen wird.

Dass es je nach Relativbewegung unterschiedliche Erklärungen gibt, war ein Problem, das im Jahre 1905 von der speziellen Relativitätstheorie gelöst wurde. Danach existieren elektrische und magnetische Felder nicht unabhängig voneinander, sondern bilden ein einheitliches elektromagnetisches Feld, das in relativ zueinander bewegten Bezugssystemen von einem System in das andere transformiert wird. Dabei kann sich das Feld unterschiedlich als elektrisches E- oder magnetisches B-Feld darstellen.

4.1.4 Erzeugung von Wechselspannung

Elektrizitätswerke liefern über das elektrische Netz Energie für Haushalte und Industrie. Dabei kommt der Wechselstromtechnik eine grundlegende Bedeutung zu, denn die vom elektrischen Netz bereitgestellte Spannung ist eine Wechselspannung von 230 V mit einer Frequenz von 50 Hz.

Versuch 1: Eine Spule dreht sich in einem homogenen Magnetfeld. Auf dem Schirm eines an die Spule angeschlossenen Oszilloskops zeigt sich eine sinusförmige Wechselspannung (**Abb. 84.1**). ◂

Dreht sich die Spule mit der konstanten Winkelgeschwindigkeit ω, so nimmt der Drehwinkel α mit der Zeit t nach der Formel $\alpha = \omega t$ zu. Dabei ändert sich die effektive Spulenfläche A', die senkrecht vom Magnetfeld durchsetzt wird. A' ergibt sich, wenn die momentane Stellung der Spulenfläche in eine Ebene projiziert wird, die senkrecht zu den magnetischen Feldlinien liegt (**Abb. 84.1**). Die projizierte Breite b' verändert sich mit dem Winkel α. Es ist $b' = b \cos\alpha$, sodass für die effektive Spulenfläche A' gilt

$$A' = a\,b' = a\,b\,\cos\alpha = A\,\cos\alpha = A\,\cos\omega t.$$

Mit dieser vom Feld senkrecht durchsetzten Fläche A' und der magnetischen Flussdichte B des homogenen Feldes lässt sich der magnetische Fluss Φ (→ 4.1.2) berechnen, der die Spule in jedem Moment durchsetzt:

$$\Phi = B\,A' = B\,A\,\cos\alpha = B\,A\,\cos\omega t$$

Der magnetische Fluss Φ ändert sich periodisch mit der Zeit, sodass eine Spannung in der Spule induziert wird. Für eine Spule mit n Windungen gilt nach dem Induktionsgesetz (→ 4.1.2):

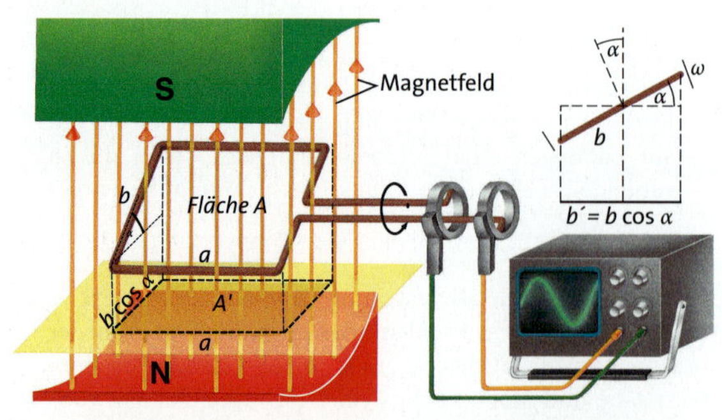

84.1 Dreht sich eine Spule, von der nur eine Windung gezeichnet ist, mit konstanter Winkelgeschwindigkeit ω in einem homogenen Magnetfeld, so wird eine sinusförmige Wechselspannung induziert, die mit Schleifkontakten abgegriffen und mit einem Oszilloskop als Bild dargestellt werden kann.

$$U_{\text{ind}} = -n\frac{\mathrm{d}\Phi}{\mathrm{d}t} = -n\frac{\mathrm{d}(B\,A\,\cos\omega t)}{\mathrm{d}t}$$
$$= -n\,B\,A\frac{\mathrm{d}(\cos\omega t)}{\mathrm{d}t} = n\,B\,A\,\omega\,\sin\omega t$$

Es ergibt sich eine zeitlich sinusförmig veränderliche Spannung, die Wechselspannung u genannt wird. (Wechselspannungen und Wechselströme werden nach einer DIN-Empfehlung mit kleinen Buchstaben geschrieben.) Der Term $n\,B\,A\,\omega$ ist die Amplitude der Wechselspannung. Sie heißt *Scheitelspannung* und wird mit $\hat{u}$ (lies: u-Dach) bezeichnet.

Dreht sich eine Spule mit konstanter Winkelgeschwindigkeit im homogenen Magnetfeld, so wird eine zeitlich sinusförmig veränderliche **Wechselspannung** $\boldsymbol{u}$ induziert:

$$u(t) = \hat{u}\,\sin\omega t \quad \text{mit} \quad \hat{u} = n\,B\,A\,\omega$$

Die Amplitude der Wechselspannung heißt **Scheitelspannung** $\boldsymbol{\hat{u}}$. In der Formel sind ω die Winkelgeschwindigkeit, n die Windungszahl der rotierenden Spule, A deren Querschnittsfläche und B die magnetische Flussdichte.

Als Feldmagnet wird meistens ein Elektromagnet verwendet. Zugrunde liegt das von Werner von Siemens (1816–1892) im Jahr 1866 entdeckte *elektrodynamische Prinzip:* Die Restmagnetisierung im Eisenkern des Elektromagneten reicht aus, um beim Anlaufen des Generators in der Ankerspule einen Strom zu induzieren. Dieser wird z. T. dem Feldmagneten zugeführt, so dass sich dessen Magnetfeld von selbst aufbaut.

Die Leistung im Wechselstromkreis

Versuch 2: Eines von zwei baugleichen Lämpchen wird an eine Gleichstromquelle der Spannung U angeschlossen, das andere Lämpchen an eine Wechselstromquelle, und zwar so, dass es genauso hell leuchtet wie das mit der Gleichstromquelle verbundene Lämpchen. Mithilfe eines Oszilloskops wird die Amplitude $\hat{u}$ der Wechselspannung gemessen.
Beobachtung: $\hat{u}$ ist ungefähr um den Faktor 1,4 größer als U.
Erklärung: Spannung und Stromstärke schwanken bei einem Wechselstrom zwischen null und dem Scheitelwert. Damit im Lämpchen in beiden Fällen die gleiche elektrische Leistung umgesetzt wird, muss deshalb die Scheitelspannung $\hat{u}$ der Wechselspannung größer sein als die Spannung U der Gleichstromquelle. Den Vergleichswert U der Gleichspannungsquelle bezeichnet man als *effektive Spannung* U_{eff} des Wechselstroms und kalibriert Wechselspannungsmessgeräte so, dass die effektive Spannung angezeigt wird. ◂

Die effektive Spannung wird dadurch berechnet, dass man $\hat{u}$ durch $\sqrt{2}$ teilt. Das zeigt folgende Betrachtung: Die elektrische Leistung P wird für einen Gleichstrom als Produkt aus der Spannung U und der Stromstärke I berechnet. Es gilt die Gleichung

$$P = U I.$$

Diese Formel gilt auch für die Wechselstromleistung. Mit der Wechselspannung u und dem Wechselstrom i lautet die **momentane Wechselstromleistung p:**

$$p = u\,i$$

Fließt der Strom $i(t) = \hat{i}\,\sin\omega t$ durch einen ohmschen Widerstand R, so wird über dem Widerstand die Spannung $u_R(t) = \hat{u}_R \sin\omega t$ gemessen. Für die momentane Leistung, die im Widerstand umgesetzt wird, ergibt sich:

$$p_R(t) = u_R\,i = \hat{u}_R\,\hat{i}\,\sin^2\omega t$$

Diese momentane Wechselstromleistung $p_R = u_R\,i$ ist in **Abb. 85.1** dargestellt. Sie ändert sich periodisch mit der Zeit zwischen den Werten $p_{\min} = 0$ und $p_{\max} = \hat{u}_R\,\hat{i}$.
In der Praxis interessiert nicht der Momentanwert der Leistung, sondern der *zeitliche Mittelwert* $\bar{p}$. **Abb. 85.1** zeigt:

$$\bar{p}_R = \frac{1}{2}\,\hat{u}_R\,\hat{i}$$

Zum Beweis: Mit der trigonometrischen Beziehung $2\sin^2\omega t = 1 - \cos 2\omega t$ lässt sich $p_R = u_R\,i$ umformen:

$$p_R = \hat{u}_R\,\hat{i}\,\sin^2\omega t = \hat{u}_R\,\hat{i}\,\frac{1-\cos 2\omega t}{2} = \frac{\hat{u}_R\,\hat{i}}{2} - \frac{\hat{u}_R\,\hat{i}}{2}\cos 2\omega t$$

Diese Funktion oszilliert mit der Winkelgeschwindigkeit 2ω um den Mittelwert $p = \hat{u}_R\,\hat{i}/2$.

Effektivwerte von Spannung und Stromstärke

Die gemittelte Wechselstromleistung kann in folgender Form geschrieben werden:

$$\bar{p} = \frac{1}{2}\,\hat{u}\,\hat{i} = \frac{\hat{u}}{\sqrt{2}}\,\frac{\hat{i}}{\sqrt{2}}$$

Damit in der täglichen Praxis elektrische Leistungen mit der gleichen Formel berechnet werden können, wie man sie für Gleichstrom verwendet, werden die **Effektivwerte** U_{eff} und I_{eff} für Spannung und Stromstärke wie folgt definiert:

$$U_{\text{eff}} = \frac{\hat{u}}{\sqrt{2}} \quad \text{und} \quad I_{\text{eff}} = \frac{\hat{i}}{\sqrt{2}}$$

Der Wechselstrom $i = \hat{i}\,\sin\omega t$ ruft am ohmschen Widerstand die Spannung $u_R = \hat{u}_R \sin\omega t$ hervor. Mit den **Effektivwerten** $U_{\text{eff}} = \hat{u}/\sqrt{2}$ und $I_{\text{eff}} = \hat{i}/\sqrt{2}$ ergibt sich als Formel für die **Wirkleistung P** am ohmschen Widerstand:

$$P = U_{\text{eff}} I_{\text{eff}}$$

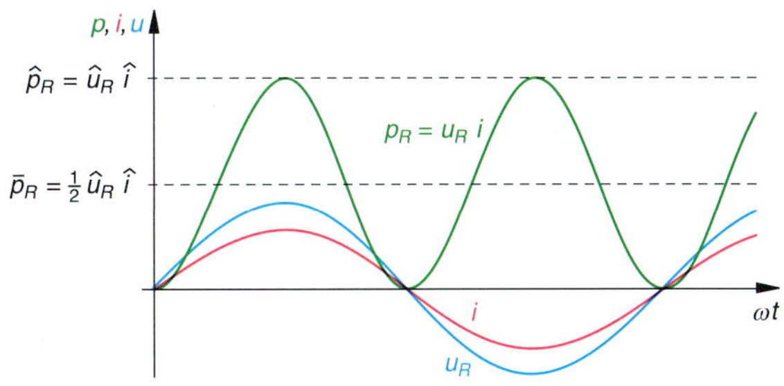

85.1 Wirkleistung am ohmschen Widerstand

Aufgaben

1. Begründen Sie anschaulich sowohl mit der magnetischen Flussänderung als auch mit der Lorentz-Kraft, bei welchen Stellungen der rotierenden Spule die induzierte Spannung ihren Scheitelwert bzw. ihren Nulldurchgang erreicht.

*2. Erklären Sie, wie mit der Versuchsanordnung in **Abb. 84.1** Betrag und Richtung der Flussdichte B des magnetischen Erdfeldes ermittelt werden können.

3. Im homogenen Feld eines Magneten dreht sich eine Spule mit 300 U/min. Berechnen Sie die induzierte Scheitelspannung $\hat{u}$, wenn $n = 550$, die Spulenfläche $A = 20\ \text{cm}^2$ und die magnetische Flussdichte $B = 750\ \text{mT}$ betragen.

4. Mit einer rotierenden Spule wird die magnetische Flussdichte eines Magneten gemessen. Die Drehfrequenz wird zu $f = 800\ \text{Hz}$ bestimmt. Berechnen Sie die magnetische Flussdichte B, wenn $n = 1000$, $A = 4{,}0\ \text{cm}^2$ und die Scheitelspannung $\hat{u} = 810\ \text{mV}$ betragen.

5. Leiten Sie für den in **Abb. 84.1** gezeichneten Aufbau die induzierte Wechselspannung auch mit der Lorentz-Kraft $F_L = e\,v\,B$ her (→ 3.2.1).

6. Bei einem Fahrraddynamo dreht sich *in* der Induktionsspule ein mehrpoliger Permanentmagnet. Erklären Sie anhand eines Modells aus der Physiksammlung, wieso hier eine Spannung induziert wird.

7. Berechnen Sie Effektiv- und Scheitelwert der Stromstärke bei einer an das Netz (230 V) angeschlossenen 100 W-Glühlampe sowie die dem Netz in 3 h entnommene Energie.

8. Durch eine Glühlampe fließt ein Wechselstrom von $I_{\text{eff}} = 7{,}0\ \text{mA}$. Der Scheitelwert der Wechselspannung beträgt $\hat{u} = 9{,}0\ \text{V}$. Zeichnen Sie für eineinhalb Perioden den Strom- und den Spannungsverlauf. Berechnen Sie die momentane Leistung p und zeichnen Sie auch deren Verlauf.

*9. Ein Funktionsgenerator, der an einen Widerstand von $R = 1{,}0\ \text{k}\Omega$ angeschlossen ist, erzeugt eine Dreieckspannung, bei der die Spannung innerhalb von 10 ms linear von – 325 V auf + 325 V steigt, um dann innerhalb von 10 ms wieder linear auf – 325 V zu fallen. Dieser Vorgang wiederholt sich periodisch.
a) Stellen Sie den zeitlichen Verlauf von Spannung und Stromstärke in einem Diagramm dar. Berechnen Sie zu ausgewählten Zeitpunkten die momentane Leistung p und erstellen Sie ein Zeit-Leistung-Diagramm.
b) Beurteilen Sie, ob die mittlere Leistung des Dreiecksignals größer oder kleiner ist als die Leistung der Netzspannung (230 V | 50 Hz). Begründen Sie Ihre Antwort, u. a. durch geeignete Einträge in die bisherigen Diagramme.

Exkurs

Von den Anfängen der Stromversorgung

Nach der Entdeckung des Induktionsgesetzes durch Michael FARADAY 1831 setzte im Jahre 1844 die galvanotechnische Firma Elkington in Birmingham die erste elektrische Anlage in Betrieb. Ein magnetelektrischer Generator mit vier feststehenden Hufeisenmagneten wurde von einer Dampfmaschine angetrieben. In der Folgezeit gab die Beleuchtung öffentlicher Anlagen und Plätze einen entscheidenden Anstoß für den Einsatz elektrischer Energie. Es waren zunächst Lichtbogenlampen, mit denen zum Beispiel 1879 in Berlin der Reichstag und der Pariser Platz beleuchtet wurden. Nach der Verbesserung der Kohlenfadenlampen durch Thomas Alva EDISON verbreiteten sich elektrische Beleuchtungsanlagen im öffentlichen Bereich immer schneller. Insbesondere die Theater wurden in den Achtzigerjahren wegen der verringerten Brandgefahr mit Glühlampen ausgestattet.
1885 wurde das erste deutsche Kraftwerk in Berlin in Betrieb gesetzt. Vorausgegangen war 1866 die Entdeckung des auf der Induktion beruhenden dynamoelektrischen Prinzips durch SIEMENS und die Entwicklung des Trommelankers, wodurch die Generatoren ein wesentlich geringeres Gewicht und dennoch einen höheren Wirkungsgrad erhielten. Das Kraftwerk Berlin-Markgrafenstraße hatte eine Nennleistung von 660 kW, die von 18 Dynamos, angetrieben von 6 Dampfmaschinen, geliefert wurde. Das Kraftwerk gab einen mittels Kommutatoren gleichgerichteten Strom einer Spannung von 110 V ab, sodass die damals gängigen Kohlenfadenlampen betrieben werden konnten.
Bei dieser Spannung waren die Leitungsverluste sehr hoch, sodass sich die Versorgungsfläche auf einen Radius von 800 m beschränkte. Trotz dieses Nachteils lieferten die bis 1895 in Deutschland errichteten 147 Kraftwerke fast alle Gleichstrom.
Eine der ersten längeren Stromleitungen wurde bereits 1882 von Oskar von MILLER (1855–1934) realisiert. Anlässlich der ersten deutschen Elektrizitätsausstellung verband er einen Gleichstromgenerator in Miesbach mit einem Motor im 57 km entfernten München. Diese Gleichstromübertragung hatte jedoch lediglich einen Wirkungsgrad von 25 %.

OSKAR V. MILLER

Bei höheren Gleichspannungen wären die Leitungsverluste deutlich geringer gewesen, doch die damals gängigen Verbraucher, Kohlebogen- oder Glühfadenlampen, arbeiteten mit einer Spannung von lediglich 50–60 V.
Wechselstrom konnte sich in den folgenden Jahren bis 1905 (Anteil 55 %) erst durchsetzen, nachdem leistungsfähige Transformatoren entwickelt waren.
Zunächst scheiterte die Verwendung von Wechselstrom jedoch am Fehlen eines geeigneten Motors, wie es ihn für Gleichstrom bereits gab. Erst die Erfindung des Drehstrommotors löste dieses Problem.
Elektromotoren, die mit Gleichstrom arbeiteten, hatten sich in weiten Bereichen der Industrie bereits durchgesetzt. Sie waren billiger als Dampfmaschinen, flexibler einsetzbar, aber aufgrund der Verwendung von Kommutatoren auch wartungsintensiv und für staubige Arbeitsumgebungen ungeeignet. Diesen Nachteil hatten die in der Folgezeit entwickelten Wechselstrommotoren nicht.
1889 meldete die Allgemeine Elektrizitäts-Gesellschaft AEG das Patent auf einen Anker für Drehstrommotoren an, welchen Michael von DOLIVO-DOBROWOLSKY entwickelt hatte. Die Ankerwicklung dieses Motors bestand lediglich aus einer kurzgeschlossenen Spule, welche sich zwischen drei gleichmäßig verteilten Ständerspulen drehte. Ein Kommutator mit verschleißanfälligen Bürsten zur Stromzufuhr war nicht mehr notwendig. Um diesen Motor betreiben zu können, mussten die Ständerspulen mit Wechselstrom gespeist werden, welcher jeweils um 120° gegenüber der Stromzufuhr der nächsten Spule phasenverschoben war. In Anlehnung an die vorgesehene Verwendung bei Motoren prägte DOLIVO-DOBROWOLSKY für dieses Wechselstromsystem den Begriff Drehstrom.
Einen wichtigen Impuls zur Weiterentwicklung der Wechselstromtechnik gab 1891 die Elektrizitätsausstellung in Frankfurt/Main, wo MILLER einen weiteren Versuch zur Fernübertragung von elektrischer Energie durchführte: Vom Wasserkraftwerk Lauffen am Neckar wurde Drehstrom mit einer Hochspannung von 8,5 kV nach Frankfurt übertragen. Dort wurden 1000 Lampen und ein 100 PS-Drehstrommotor betrieben. Der Versuch fand wegen des hohen Wirkungsgrades von 75 % weltweit Beachtung. Bereits ein Jahr später wurde in Erding bei München von der Firma Siemens & Halske die erste städtische Drehstromzentrale errichtet.
Die Abnehmerzahlen und die Abnehmerleistung stiegen nach 1890 beträchtlich an. Zu den Beleuchtungskunden kamen in den Neunzigerjahren mit rasch wachsender Tendenz Abnehmer für motorische Leistung hinzu. Auch die elektrischen Bahnen trugen wesentlich dazu bei, dass die installierte Leistung der Kraftwerke erhöht werden musste. Ende 1891 fuhren in drei Städten 77 Motorwagen mit einer Leistung von insgesamt 490 kW. Zehn Jahre später waren in 113 Städten elektrische Bahnen mit 7290 Motorwagen und einer Anschlussleistung von 108 MW in Betrieb.
Gab es 1890 in Deutschland 30 Kraftwerke mit einer Gesamtleistung von 6 MW, so war deren Zahl bis 1905 auf 1175 mit einer Leistung von 518 MW angestiegen. 2004 wurde eine Leistung von 110 GW genutzt. Im Jahr 2007 verfügten die Kraftwerke in Deutschland über eine Gesamtleistung von 143 GW.

Exkurs

Drehstrom

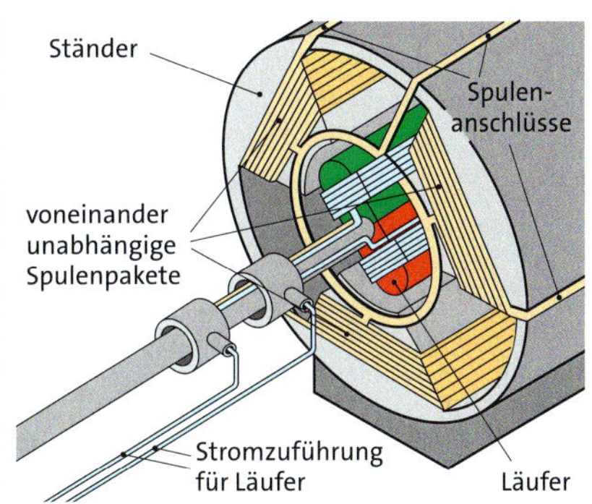

Im Bild oben links wird gerade der Generator eines Großkraftwerks zusammengebaut: Am Kran hängt der Elektromagnet, der in den Ständer eingebracht wird. Bei einer Klemmenspannung von 27 kV wird der Generator eine Leistung von 1200 MW abgeben. Im Hintergrund ist die Dampfturbine zu erkennen, deren Welle den Elektromagneten in Drehung versetzt. Ein Gleichstromgenerator, die sogenannte Erregermaschine, sitzt mit dem Elektromagneten auf einer Achse und versorgt ihn mit Gleichstrom. Die Kraftwerksgeneratoren der öffentlichen Stromversorgung sind so gebaut, dass sie nicht nur einen einzigen, sondern *drei* Wechselströme zugleich erzeugen. Ihr Elektromagnet bewegt sich bei jeder vollen Drehung an drei Spulen vorbei, die jeweils um 120° versetzt angebracht sind. Daher sind auch die **Phasen** der drei Wechselströme, die bei jeder Drehung des Elektromagneten in den Spulen induziert werden, um jeweils 120° gegeneinander versetzt. Dieser dreiphasige Wechselstrom wird als **Drehstrom** bezeichnet. Die einzelne Leiterbahn L_1, L_2 oder L_3 heißt **Strang.** Drehstrom besteht demnach aus drei Wechselströmen, deren Sinuskurven eine Phasendifferenz von jeweils 120° haben. Dadurch addieren sich die drei Ströme in jedem Augenblick zur Gesamtsumme null. Bei gleicher Belastung der drei Stränge fließt daher in dem gemeinsamen Rückleiter – der als **Neutralleiter** (N) bezeichnet wird – kein Strom. Dadurch können die Verluste beim Energietransport halbiert werden!

Im Haushalt liegt an einer Schutzkontakt-(Schuko-)Steckdose jeweils nur *ein* Strang zusammen mit dem Neutralleiter. Der geerdete **Schutzleiter** sorgt dafür, dass berührbare Metallteile eines Elektrogerätes keine Spannung führen können. Leistungsstarke Elektromotoren oder Elektroöfen werden hingegen mit allen drei Strängen versorgt. Jedes Elektrogerät ist dabei so aufgebaut, dass es drei getrennte Teilverbraucher besitzt, z. B. drei Feldspulen bei einem Elektromotor oder drei Heizspiralen bei einem Ofen. Bei deren Anschluss an das Drehstromnetz gibt es zwei Schaltungsmöglichkeiten:

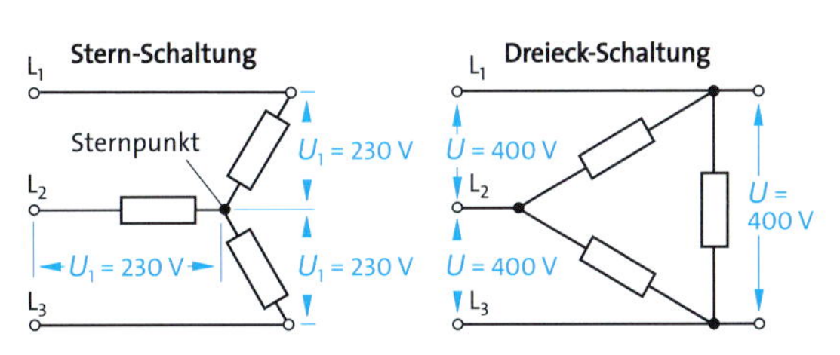

Bei der **Stern-Schaltung** (Bild in der Mitte links) werden die Eingangsklemmen der drei Teilverbraucher an die drei Stränge L_1, L_2 und L_3 angeschlossen und die Ausgangsklemmen untereinander verbunden. Jeder Teilverbraucher erhält dadurch die *Strangspannung* von $U = 230$ V, die zwischen jedem der drei Leiter und dem gemeinsamen Sternpunkt besteht. Bei der **Dreieck-Schaltung** (Bild in der Mitte rechts) werden die Ein- und Ausgänge der drei Teilverbraucher in Form eines Dreiecks miteinander verbunden. An jeden Eckpunkt wird ein Strang angeschlossen. Jeder Teilverbraucher erhält dadurch die höhere *Leiterspannung* von 400 V, die jeweils zwischen zwei der drei Stränge besteht. Die Spannung $U = 400$ V ergibt sich aus der Spannung $U_1 = 230$ V zu $U = 2\,U_1 \cos 30° = 400$ V.

Seinen Namen verdankt der Drehstrom dem Betrieb von Elektromotoren. Er erzeugt nämlich in den drei Ständerwicklungen dieser Motoren ein magnetisches Drehfeld, das den Rotor mitnimmt und so die Drehbewegung des Motors erzeugt. In einem Asynchronmotor kann sich der Rotor als „Käfigläufer" völlig kontaktfrei drehen, da er den Strom für den Aufbau des Rotorfeldes auf induktivem Wege aus dem Magnetfeld des Ständers bezieht. Drehstrommotoren brauchen demzufolge keine Bürsten und Schleifringe wie Gleichstrommotoren. Sie sind daher sehr robust, nahezu wartungsfrei und äußerst leistungsfähig.

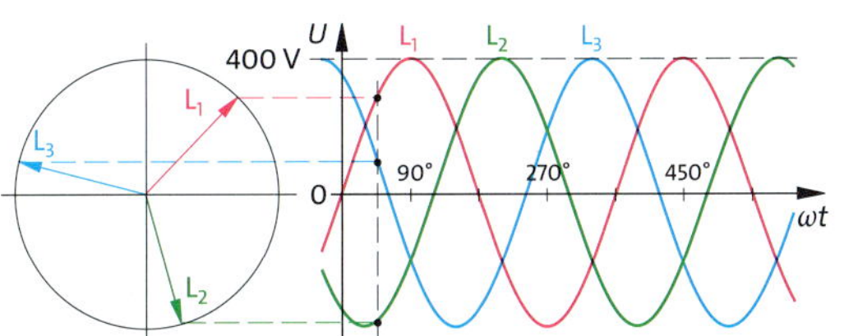

4.2 Die Selbstinduktion

Ändert sich in einer Spule die Stromstärke, so ändern sich dort auch das Magnetfeld und damit der magnetische Fluss. In der Spule entsteht demzufolge eine Induktionsspannung, ohne dass eine zweite Spule an dem Vorgang beteiligt ist.

4.2.1 Ein- und Ausschaltvorgänge bei der Spule

Versuch 1: Zwei parallel geschaltete Glühlampen werden über einen Schalter an eine Gleichspannungsquelle angeschlossen (**Abb. 88.1**). Im Zweig der oberen Lampe befindet sich eine Spule mit Eisenkern, im Zweig der unteren Lampe ein Widerstand, dessen Wert R ebenso groß ist wie der Widerstand des Spulendrahtes. Beide Lampen leuchten daher im Betrieb gleich hell. Der Spule ist eine Glimmlampe parallel geschaltet. Die Glimmlampe zündet nur, wenn mindestens eine Spannung von 80 V angelegt ist. Da die Batteriespannung nur 12 V beträgt, kann die Glimmlampe im eingeschalteten Zustand nicht leuchten.

Beobachtung: Beim Einschalten leuchtet die Glühlampe, die sich im Zweig mit der Spule befindet, etwas später auf als die untere Lampe (**Abb. 88.1a**).

Beim Ausschalten leuchtet kurzzeitig eine Elektrode der Glimmlampe (**Abb. 88.1b**).

Erklärung: Der Strom durch eine Spule ruft in dieser einen magnetischen Fluss Φ hervor. Mit den Stromänderungen beim Ein- und Ausschalten ist demnach eine Flussänderung verbunden, durch die in der Spule eine Spannung induziert wird.

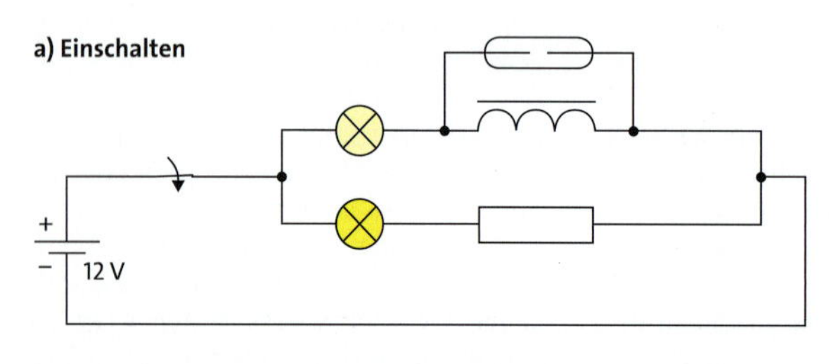

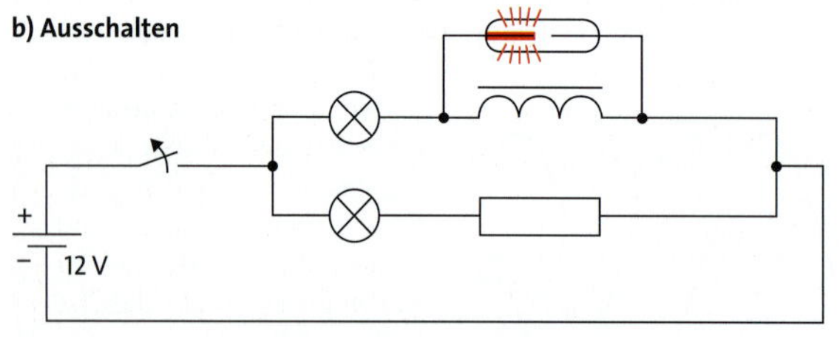

88.1 a) Beim Einschalten leuchtet die Glühlampe im Zweig mit der Spule etwas später auf als die Lampe darunter.
b) Beim Ausschalten leuchtet die Glimmlampe kurzzeitig auf.

Nach der Lenz'schen Regel wirkt diese Spannung ihrer Ursache, also der Stromänderung, entgegen. Dadurch wird beim Einschalten das Anwachsen des Stroms und damit verbunden die Zunahme des magnetischen Flusses verzögert.

Beim Ausschalten erfolgt die Stromänderung und damit die magnetische Flussänderung in so kurzer Zeit, dass die induzierte Spannung so groß wie die Zündspannung der Glimmlampe wird. Im Kreis aus Spule und parallel dazu geschalteter Glimmlampe fließt kurzzeitig ein Induktionsstrom, der in der Spule die Richtung des abgeschalteten Stroms hat und ihn somit ersetzt. Die Glimmlampe leuchtet auf. ◂

> Eine Stromänderung in einer Spule ändert den magnetischen Fluss dieser Spule, wodurch eine Spannung induziert wird. Nach der Lenz'schen Regel ist die Induktionsspannung der Stromänderung entgegengerichtet. Der Vorgang heißt **Selbstinduktion.**

Mit dem Induktionsgesetz folgt

$$U_{\text{ind}} = -n\frac{\mathrm{d}\Phi}{\mathrm{d}t}.$$

Hierbei wird der magnetische Fluss Φ von dem durch die Spule fließenden Strom I selbst erzeugt:

$$\Phi = A\,B = A\,\mu_0\frac{n\,I}{l}$$

Dabei sind n die Windungszahl, A die Querschnittsfläche und l die Länge der als langgestreckt anzunehmenden Spule. Da sich nur der Strom zeitlich ändert, ergibt das Einsetzen dieser Formel in das Induktionsgesetz:

$$U_{\text{ind}} = -n\frac{\mathrm{d}\Phi}{\mathrm{d}t} = -\mu_0\frac{n^2 A}{l}\frac{\mathrm{d}I}{\mathrm{d}t} = -L\frac{\mathrm{d}I}{\mathrm{d}t}$$

$L = \mu_0 n^2 A/l$ heißt **Induktivität** der Spule.

Falls die Spule einen Spulenkern enthält, welcher das Magnetfeld verstärkt, ist die Gleichung unter Verwendung der Permeabilität μ_r des Spulenkerns zu korrigieren:

$$L = \mu_r\mu_0 n^2 A/l$$

Die Einheit der Induktivität wird mit Henry (1 H) bezeichnet und ergibt sich wie folgt:

$$[L] = \left[\mu_r\mu_0\frac{n^2 A}{l}\right] = 1\,\frac{\text{Vs}}{\text{Am}}\cdot\frac{\text{m}^2}{\text{m}} = 1\,\frac{\text{Vs}}{\text{A}} = 1\text{ H (1 Henry)}$$

> An einer Spule entsteht bei einem sich zeitlich ändernden Spulenstrom I eine Induktionsspannung
>
> $$U_{\text{ind}} = -L\frac{\mathrm{d}I}{\mathrm{d}t}.$$
>
> $L = \mu_r\mu_0\frac{n^2 A}{l}$ ist die **Induktivität** der Spule.

Ein- und Ausschaltvorgang bei einem Kreis mit Spule und ohmschem Widerstand

Versuch 2: Eine Spule und ein ohmscher Widerstand werden mit einem Rechteckgenerator zu einem Kreis geschaltet (**Abb. 89.1 a**). Die Induktionsspannung $U_{ind}(t)$ an der Spule und die Spannung $U_R(t)$ am Widerstand, die zur Stromstärke $I(t)$ proportional ist, werden mit einem Oszilloskop aufgezeichnet. **Abb. 89.1 b)** zeigt links den verzögerten Anstieg der Stromstärke beim Einschalten (steigende Flanke der Rechteckspannung), rechts das allmähliche Absinken der Stromstärke beim Ausschalten (fallende Flanke der Rechteckspannung). ◂

Die Spannung $U_{ind}(t)$ und die Stromstärke $I(t)$ beim Ein- und Ausschalten lassen sich mit der *Methode der kleinen Schritte* in einem Iterationsverfahren berechnen:
Beim Einschalten wächst die Stromstärke $I(t)$ aufgrund der in der Spule induzierten Gegenspannung $U_{ind}(t)$ vom Wert null auf einen Endwert an, der durch die Spannung U_0 und den Widerstand R bedingt ist. Während dieses Vorgangs ist $U_{ind}(t) = -L\,\mathrm{d}I/\mathrm{d}t$. Die Stromstärke ändert sich also im Zeitintervall Δt um $\Delta I \approx -U_{ind}(t)\,\Delta t/L$, wobei gilt:

$$I(t + \Delta t) = I(t) + \Delta I$$

Nach **Abb. 89.1 a)** ist $U_G(t) + U_{ind}(t) = U_R(t)$. Die Induktionsspannung steht dabei auf derselben Seite der Gleichung wie die Spannung $U_G(t)$, da sie bekanntlich wie eine Generatorspannung wirkt (→ 4.1.2). Mit $U_G(t) = U_0$ = konstant folgt $U_{ind}(t) = U_R(t) - U_0$, sodass sich für die Änderung ΔI der Stromstärke im Zeitintervall Δt ergibt:

$$\Delta I \approx \frac{U_0 - R\,I(t)}{L}\Delta t$$

Ausgehend vom Startwert $I(0) = 0$ zur Zeit $t = 0$ wird in kleinen Schritten Δt die Stromstärke berechnet:

$$I(t + \Delta t) \approx I(t) + \frac{U_0 - R\,I(t)}{L}\Delta t$$

Für die in der Spule induzierte Spannung $U_{ind}(t)$ gilt mit $U_{ind}(t) = U_R(t) - U_0$ und $U_R(t) = R\,I(t)$:

$$U_{ind}(t) = R\,I(t) - U_0$$

Bei ausreichend klein gewähltem Zeitschritt Δt ergeben sich für $I(t)$ und $U_{ind}(t)$ die in **Abb. 89.1 c)** dargestellten Graphen. Ein entsprechendes Vorgehen liefert die Graphen für den Ausschaltvorgang.

Von Interesse ist der Vergleich der durch Iteration gewonnenen Kurvenverläufe mit den exakten Lösungen der zugrundeliegenden Differentialgleichung

$$\dot{U}_{ind}(t) = -\frac{R}{L}U_{ind}(t),$$

die sich durch einmaliges Ableiten der Gleichung $U_{ind}(t) = U_R(t) - U_0$ und durch das Induktionsgesetz $U_{ind}(t) = -L\dot{I}$ ergibt. Diese Differentialgleichung hat die rechts stehenden Lösungen, wie sich durch Einsetzen leicht überprüfen lässt.

Die aus den exakten Lösungen berechneten Graphen im t-U-Diagramm (rot in **Abb. 89.1 c**) verlaufen durch die iterativ gewonnenen Punkte, womit sich die Leistungsfähigkeit der hier angewandten Methode der kleinen Schritte bestätigt.

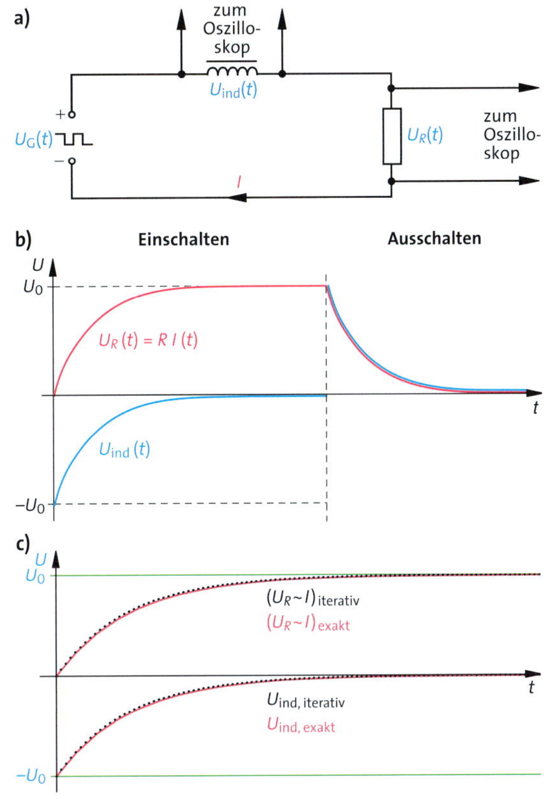

89.1 a) Schaltbild eines Kreises aus Spule und Widerstand R **b)** Zeitlicher Verlauf der Spannungen $U_{ind}(t)$ und $U_R(t) = R\,I(t)$ beim Einschalten und beim Ausschalten; **c)** Graphen von $U_{ind}(t)$ und $I(t)$ beim Einschalten berechnet mithilfe der Methode der kleinen Schritte (schwarze Punkte) und zum Vergleich die exakten Lösungen der e-Funktion (rote Kurven)

Einschaltvorgang

$U_{ind}(t) = -U_0\,e^{-\frac{R}{L}t}$ und $I(t) = \frac{U_0}{R}(1 - e^{-\frac{R}{L}t})$

Ausschaltvorgang

$U_{ind}(t) = U_0\,e^{-\frac{R}{L}t}$ und $I(t) = \frac{U_0}{R}(e^{-\frac{R}{L}t})$

Aufgaben

1. In einer Spule ($l = 70$ cm, $n = 500$, $d = 12$ cm) wird die Stromstärke in der Zeit $\Delta t = 2{,}0$ s gleichmäßig von $I_1 = 1{,}0$ A auf $I_2 = 8{,}0$ A gesteigert. Berechnen Sie die Induktivität der Spule und die induzierte Spannung.
2. In einer Spule ($n = 700$, $l = 30$ cm, $d = 4{,}0$ cm, $\mu_r \approx 200$) beträgt die Stromstärke $I = 5{,}0$ A. Berechnen Sie die Induktivität L und die beim Ausschalten ($\Delta t = 20$ ms) induzierte mittlere Spannung U_{ind}.
3. Eine Spule (Querschnittsfläche $A = 20\ \text{cm}^2$, $n = 600$, $l = 40$ cm) hat mit Eisenkern bei $I = 6{,}0$ A eine Induktivität $L = 2{,}0$ H. Ermitteln Sie die Permeabilität μ_r des Eisenkerns unter diesen Bedingungen.

4.2.2 Energie des Magnetfeldes

Im magnetischen Feld ist wie im elektrischen Feld Energie gespeichert. Das zeigt der folgende Versuch.

Versuch 1: Eine Spule mit geschlossenem Eisenkern wird mit einem in Reihe geschalteten Strommesser an eine Gleichspannung $U = 2$ V angeschlossen. Die Spule ist als ideal anzusehen, das heißt, ihr ohmscher Widerstand R ist vernachlässigbar. Die Spannung über der Spule und der Spulenstrom werden computerunterstützt als Funktion der Zeit aufgezeichnet. Parallel zur Spule ist eine Glühlampe (6 V/0,5 A) geschaltet. Nach $t = 1$ s wird die Gleichspannung abgeschaltet (**Abb. 90.1 a**).
Beobachtung: Der zeitliche Verlauf des Stroms und der Spannung ist in **Abb. 90.1 b)** dargestellt. Beim Abschalten leuchtet die nur schwach leuchtende Lampe für einen kurzen Moment stärker auf.
Erklärung: In **Abb. 90.1 c)** ist die momentane Leistung der Spule $P(t) = U I$ aufgetragen, berechnet aus den Werten in **Abb. 90.1 b)**. Bei anliegender Gleichspannung nimmt die Spule Energie auf. Die aufgenommene Energie wird in dem vom Eisenkern verstärkten Magnetfeld der Spule gespeichert.
Nach der Lenz'schen Regel fließt nach dem Abschalten ein Strom in gleicher Richtung, angetrieben von der Induktionsspannung U_{ind}. Die Spule gibt die im Feld gespeicherte Energie wieder ab. Die Lampe erhält diese Energie und leuchtet kurz hell auf. ◂

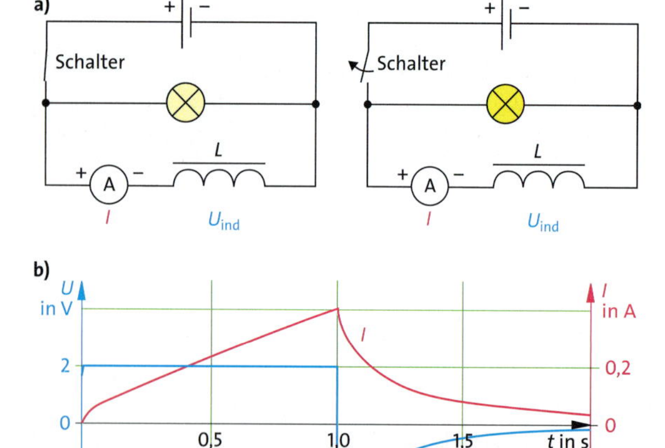

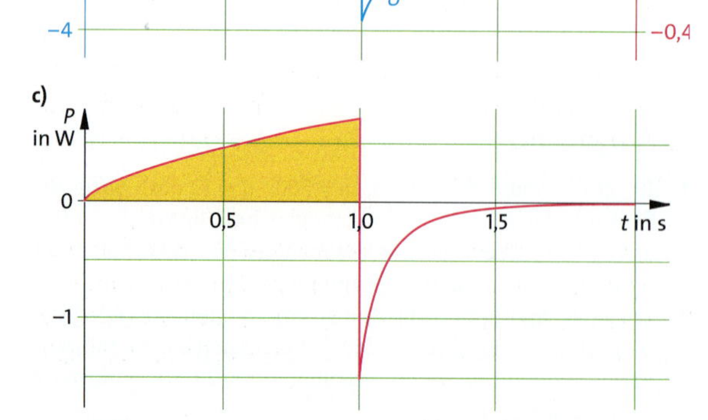

90.1 a) Die zum Zeitnullpunkt an eine Spule angelegte Gleichspannung wird nach einer Sekunde abgeschaltet.
b) Spannung $U(t)$ (blaue Kurve; linke Skala) und Strom $I(t)$ (rote Kurve; rechte Skala) als Funktion der Zeit.
c) Die momentane Leistung der Spule $P(t) = U(t)\, I(t)$.

Die im Magnetfeld gespeicherte Energie E_{mag} ist gleich der von der Spule aufgenommenen Energie, die in **Abb. 90.1 c)** als orange getönte Fläche unter der Funktion $P(t)$ dargestellt ist.
In einem kleinen Zeitintervall Δt, in welchem sich die Spannung und die Stromstärke kaum ändern, gilt für den Betrag der aufgenommenen Energie näherungsweise

$$|\Delta W| = |U_{\text{ind}} I \Delta t| = |I(-U_{\text{ind}} \Delta t)| = |I(n \Delta \Phi)|.$$

Beim Einschalten vergrößern sich sowohl der magnetische Fluss als auch die im Magnetfeld gespeicherte Energie: $\Delta \Phi > 0$ und $\Delta W > 0$. Also gilt die Beziehung auch ohne den Betrag:

$$\Delta W = I(n \Delta \Phi)$$

Die Gesamtenergie ergibt sich durch Summenbildung:

$$W_{\text{ges}} = \Sigma \Delta W = \Sigma I(n \Delta \Phi) = n \Sigma I \Delta \Phi$$

$\Sigma I \Delta \Phi$ ist die Fläche unter dem Graphen im Φ-I-Diagramm. Zur Berechnung wird die funktionale Abhängigkeit $I(\Phi)$ benötigt. Mit $\Phi = B A$ und den Formeln $B = \mu_0 I n / l$ und $L = \mu_0 n^2 A / l$ für die Flussdichte bzw. die Induktivität einer langgestreckten Spule ergibt sich

$$\Phi = \mu_0 \frac{I n}{l} A = \frac{I}{n} L \quad \text{oder} \quad I(\Phi) = \frac{n}{L} \Phi.$$

Im Φ-I-Diagramm ergibt sich deshalb eine Ursprungsgerade (**Abb. 90.2**). Die Fläche im Φ-I-Diagramm ist eine Dreiecksfläche. Für die im Magnetfeld gespeicherte Energie folgt deshalb

$$W_{\text{ges}} = n \Sigma I \Delta \Phi = n \frac{1}{2} I_0 \Phi_0,$$

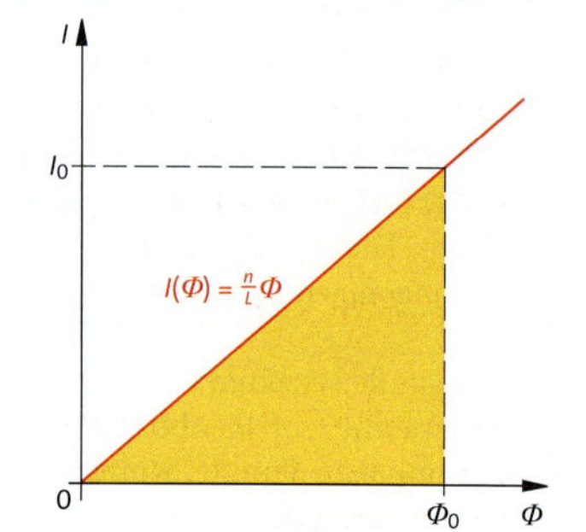

90.2 Stromstärke I in einer langgestreckten Spule als Funktion des magnetischen Flusses Φ

wobei I_0 die maximal erreichte Spulenstromstärke am Ende des Einschaltvorgangs und Φ_0 der dann vorliegende magnetische Fluss ist.

Mit $\Phi_0 = \frac{I_0}{n} L$ ergibt sich $W_{ges} = \frac{1}{2} L I_0^2$.

Die Energie des Magnetfeldes einer vom Strom I durchflossenen Spule der Induktivität L beträgt

$$E_{mag} = \frac{1}{2} L I^2.$$

Die Energie ist im Feld der Spule gespeichert. Sind die Windungen gleichmäßig auf den gesamten geschlossenen Kern aufgebracht, so ist die Energie gleichmäßig verteilt und es kann eine *Energiedichte* berechnet werden. Dazu werden $L = \mu_0 n^2 A/l$ und $I = B l/(n \mu_0)$, das aus $B = \mu_0 n I/l$ folgt, in die Gleichung für E_{mag} eingesetzt:

$$E_{mag} = \frac{1}{2} L I^2 = \frac{1}{2} \frac{A l}{\mu_0} B^2$$

$V = A l$ ist sowohl das Volumen der Spule als auch das des Kerns. Die Division mit $V = A l$ liefert die Energiedichte $\rho_{mag} = E_{mag}/V = B^2/2\mu_0$. Die Gleichung ist allgemeingültig, da in ihr keine Daten der Spule auftreten.

Die magnetische Energiedichte eines Feldes der Flussdichte B beträgt

$$\rho_{mag} = \frac{1}{2\mu_0} B^2.$$

Verstärkung des Magnetfeldes durch einen Eisenkern

Wird die Spule mit einem Eisenkern versehen, so erhöht sich deren Induktivität nach der Formel $L = \mu_r \mu_0 n^2 A/l$ um den Faktor μ_r. Bei unveränderter Stromstärke I ergibt sich eine um den Faktor μ_r höhere magnetische Energie.

Auch die Formel für die Energiedichte des magnetischen Feldes muss angepasst werden. Aus $I = B l/(n \mu_r \mu_0)$ folgt nun

$$\rho_{mag} = \frac{1}{2\mu_r \mu_0} B^2.$$

Aufgaben

1. Eine Spule ($n = 230$, $l = 20$ cm, $A = 15$ cm^2) wird von einem Strom der Stärke $I = 5{,}0$ A durchflossen. Berechnen Sie die magnetische Feldenergie.
2. In Luft können elektrische Felder mit Feldstärken bis zu $1{,}0 \cdot 10^7$ V/m und magnetische Felder mit Flussdichten bis zu 3,0 T erzeugt werden. Berechnen Sie die Energiedichten.
3. Berechnen Sie die Energiedichte einer 12 V-Autobatterie ($Q = 88$ Ah; Zellenvolumen 7,8 dm^3).
4. Geben Sie mehrere Möglichkeiten an, wie sich der Energieinhalt einer langgestreckten Spule durch Änderung ihrer Abmessungen (bei gleichbleibender Windungszahldichte) bzw. der Stromstärke I verdoppeln lässt.

*5. Bestimmen Sie aus **Abb. 90.1 b)** unter Verwendung der zeitlichen Stromänderung $\mathrm{d}I/\mathrm{d}t$ die Induktivität der Spule und berechnen Sie die zum Zeitpunkt $t = 1{,}0$ s in der Spule gespeicherte Feldenergie. Bestimmen Sie die gespeicherte Feldenergie auch mithilfe des Diagramms aus **Abb. 90.1 c)** und vergleichen Sie die beiden Ergebnisse.

4.2.3 Zusammenfassender Vergleich von elektrischem und magnetischem Feld

- Beide Felder werden mithilfe von Feldlinien beschrieben, die angeben, in welche Richtung die Kraft auf eine elektrische Ladung wirkt bzw. in welche Richtung ein magnetischer Dipol gedreht wird. Die Dichte der Feldlinien veranschaulicht die Stärke der Kraft.

- Während magnetische Feldlinien stets in sich geschlossen sind (magnetische Wirbelfelder), gibt es beim elektrischen Feld sogenannte Quellen und Senken. Die elektrostatischen Feldlinien beginnen auf positiven Ladungen (Quellen) und enden bei negativen Ladungen (Senken). Daneben gibt es auch elektrische Wirbelfelder (→ 4.1.3), die dann entstehen, wenn sich der magnetische Fluss innerhalb einer Fläche verändert (Induktion). Bei Anwesenheit eines elektrischen Leiters führen solche elektrischen Wirbelfelder zu Wirbelströmen.

- Beide Felder üben eine Kraft auf *bewegte* Ladungen aus, doch nur das elektrische Feld wirkt auch auf *ruhende* Ladungen.

- Die elektrische Feldstärke ergibt sich aus der Kraft F auf eine Probeladung q: $E = F/q$. Die magnetische Flussdichte ergibt sich aus der Kraft F auf ein vom Strom I durchflossenes Leiterstück der Länge l: $B = F/Il$.

- Während die elektrische Kraft eine Ladung *in Richtung der Feldlinien* beschleunigt, wirkt die magnetische Kraft stets *senkrecht* zur Bewegungsrichtung der Ladung und senkrecht zum Feld.

- In beiden Feldern ist Energie gespeichert. Für die Energie im magnetischen Feld erhält man eine ähnliche Formel wie für die Energie im elektrischen Feld. Die Energiedichten hängen jeweils vom Quadrat der feldbeschreibenden Größe B bzw. E ab:

	elektrisches Feld	magnetisches Feld
Energie	$E_{el} = \frac{1}{2} C U^2$	$E_{mag} = \frac{1}{2} L I^2$
Energiedichte	$\rho_{el} = \frac{1}{2} \varepsilon_0 E^2$	$\rho_{mag} = \frac{1}{2\mu_0} B^2$

Grundwissen Elektromagnetische Induktion

Magnetischer Fluss Φ

Der magnetische Fluss Φ eines homogenen, senkrecht durch eine Fläche A tretenden Feldes der magnetischen Flussdichte B ist

$$\Phi = B A.$$

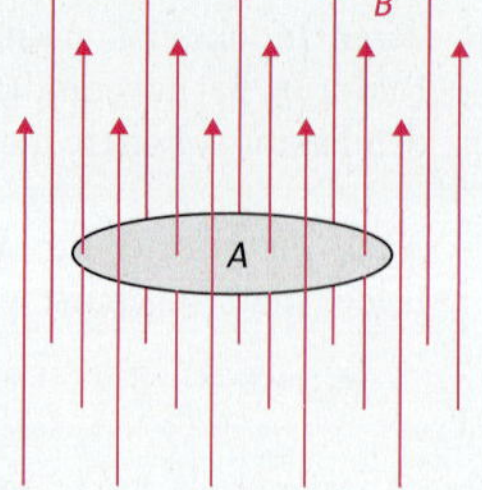

Die Anzahl der Feldlinien durch die Fläche A veranschaulicht den magnetischen Fluss Φ, die Dichte der Feldlinien die Flussdichte B.

Elektromagnetische Induktion

Die elektromagnetische Induktion tritt bei einer zeitlichen Änderung des magnetischen Flusses Φ durch die Querschnittsfläche A einer Spule auf.

Die Flussänderung kann durch eine zeitliche Zu- oder Abnahme der magnetischen Flussdichte B erfolgen. Bei zeitlich konstantem Feld kann die Spule im inhomogenen Feld bewegt werden, beispielsweise kann sie aus dem Feld herausgezogen oder in das Feld hineingebracht werden. Auch durch einfaches Drehen der Spule oder durch Verformen des Spulenquerschnitts kann der magnetische Fluss in der Spule geändert werden.

Bei n Windungen der Spule lautet das **Faraday'sche Induktionsgesetz:**

$$U_{\text{ind}} = -n \frac{\mathrm{d}\Phi}{\mathrm{d}t} = -n \dot{\Phi}$$

Die Induktionsspannung U_{ind} ruft in einem an die Spule angeschlossenen Stromkreis einen Induktionsstrom I_{ind} hervor, mit dem Energie von der Spule in den Kreis fließt:

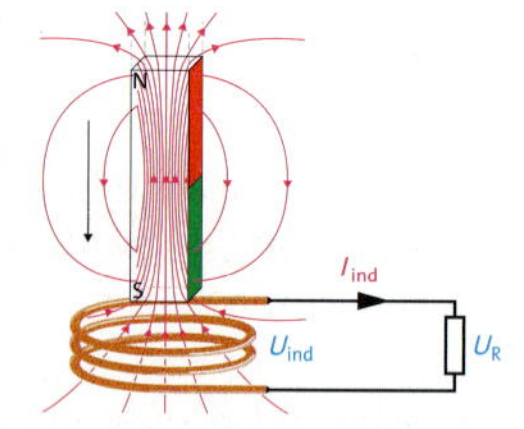

$$P = U_{\text{ind}} I_{\text{ind}}.$$

Geliefert wird die Energie von dem System, das die Induktion verursacht. Wegen der Energieerhaltung gilt die **Lenz'sche Regel,** der zufolge der Induktionsstrom seiner Ursache entgegenwirkt.

Mit $\Phi = BA$ gilt $\mathrm{d}\Phi/\mathrm{d}t = A\,\mathrm{d}B/\mathrm{d}t + B\,\mathrm{d}A/\mathrm{d}t$ und damit

$$U_{\text{ind}} = -n \frac{\mathrm{d}\Phi}{\mathrm{d}t} = -n\left(A \frac{\mathrm{d}B}{\mathrm{d}t} + B \frac{\mathrm{d}A}{\mathrm{d}t}\right).$$

Die zeitliche Änderung des magnetischen Flusses Φ kann demnach entweder durch eine zeitliche Änderung der Flussdichte B oder der Fläche A erfolgen.

Selbstinduktion

Selbstinduktion tritt auf, wenn eine Stromänderung $\mathrm{d}I/\mathrm{d}t$ in einer Spule den magnetischen Fluss Φ dieser Spule ändert. Für die **Induktionsspannung** U_{ind} über der Spule gilt:

$$U_{\text{ind}} = -L \frac{\mathrm{d}I}{\mathrm{d}t}$$

L ist die **Induktivität** der Spule.

Eine lange Spule mit der Windungszahl n, der Länge l und der Querschnittsfläche A hat die Induktivität

$$L = \mu_r \mu_0 \frac{n^2 A}{l}.$$

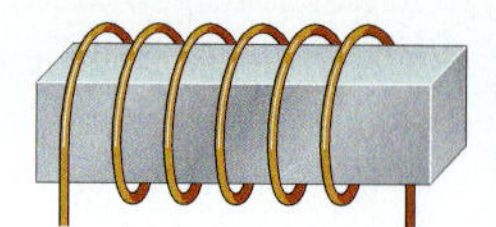

Die relative **Permeabiltät μ_r** beschreibt die von einem ferromagnetischen Kern hervorgerufene Verstärkung der magnetischen Flussdichte B.

Magnetische Energie und Energiedichte

Im Magnetfeld einer vom Strom I durchflossenen Spule mit der Induktivität L ist die **Energie**

$$E_{\text{mag}} = \frac{1}{2} L I^2$$

gespeichert.

Die **Energiedichte** beträgt

$$\rho_{\text{mag}} = \frac{1}{2\mu_r \mu_0} B^2.$$

Wechselstrom

Dreht sich eine Spule der Fläche A mit n Windungen mit der Winkelgeschwindigkeit ω in einem homogenen Magnetfeld der Flussdichte B, so wird eine Wechselspannung

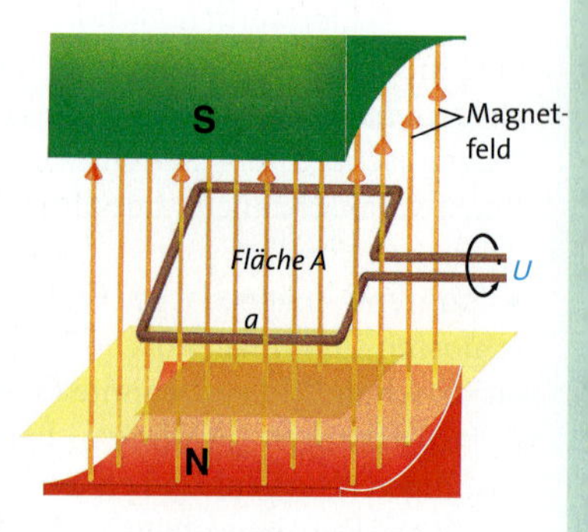

$$u(t) = \hat{u} \sin \omega t \quad \text{mit} \quad \hat{u} = n B A \omega$$

induziert.

Für die Effektivwerte gilt:

$$U_{\text{eff}} = \frac{\hat{u}}{\sqrt{2}} \quad \text{und} \quad I_{\text{eff}} = \frac{\hat{\imath}}{\sqrt{2}}$$

Wissenstest Elektromagnetische Induktion

1. Zwei Spulen mit gleichem Wicklungssinn sind wie in der Abbildung angeordnet. In der linken Spule fließt ein Gleichstrom, dessen Stärke verändert werden kann. Die rechte Spule ist über einen Strommesser an einen Widerstand angeschlossen. Über der Spule wird die Spannung gemessen. Erklären Sie, ob eine positive oder eine negative Induktionsspannung angezeigt wird, wenn

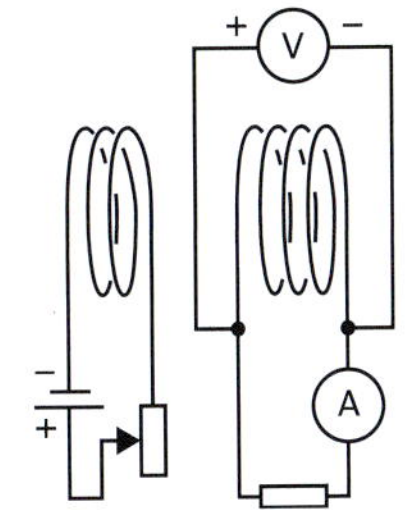

a) die linke Spule der rechten genähert wird,
b) der Strom in der linken Spule verkleinert wird.

***2.** Ein Metallstab liegt auf zwei Schienen und kann über einen Schalter an eine Gleichspannungsquelle angeschlossen werden. Parallel zu den Schienen, die einen Abstand von $l = 25$ cm haben, herrscht ein Magnetfeld von $B = 350$ mT. Beim Schließen des Schalters hebt der Stab ($m = 28$ g) kurzzeitig ab, ohne jedoch maßgeblich an Höhe zu gewinnen. Schätzen Sie die Größe des Stromes ab, der kurzzeitig durch den Stab fließt.

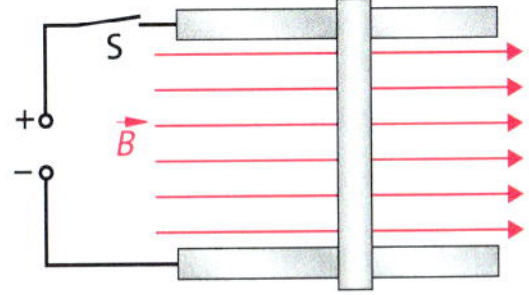

3. Ein Kupferstreifen der Länge $l = 10$ cm, der Breite $b =$ 75 mm und der Dicke $d = 63$ µm wird mit konstanter Geschwindigkeit v in Längsrichtung durch ein senkrecht zum Streifen gerichtetes Magnetfeld $B = 480$ mT gezogen.
a) Berechnen Sie die Geschwindigkeit v, wenn über der Breite b die Spannung $U = 15{,}6$ µV gemessen wird.
b) Ermitteln Sie den elektrischen Strom I, der in Längsrichtung durch den Streifen fließend die gleiche Spannung über der Streifenbreite hervorruft. (Kupfer hat die Hallkonstante $R_H = -5{,}3 \cdot 10^{-11}$ m³/C.)

***4.** Um die Induktivität L einer langen Zylinderspule zu bestimmen, wird die Spule in ein homogenes, die Spule axial durchsetzendes Magnetfeld gebracht. Mit einem Spulenstrom von $I = 0{,}962$ A kann das Innere der Spule feldfrei gemacht werden. Nach Abschalten des Spulenstroms wird die Spule aus dem Magnetfeld entfernt. Dabei wird an der Spule der Spannungsstoß $\Sigma U_{ind} \Delta t = 18{,}45$ mVs gemessen.
a) Ermitteln Sie die Induktivität L der Zylinderspule.
b) Länge und Radius der Spule werden zu $l = 48$ cm und $r = 3{,}5$ cm gemessen. Berechnen Sie die Windungszahl n.

***5.** Eine rechteckige, geschlossene Drahtschleife aus Kupfer wird oberhalb des Feldes eines Elektromagneten losgelassen, sodass sie zwischen die Polschuhe fällt. Solange die Schleife nicht vollständig in das Feld eingetaucht ist, sinkt sie nach einer kurzen Beschleunigungsphase mit einer konstanten Geschwindigkeit v.

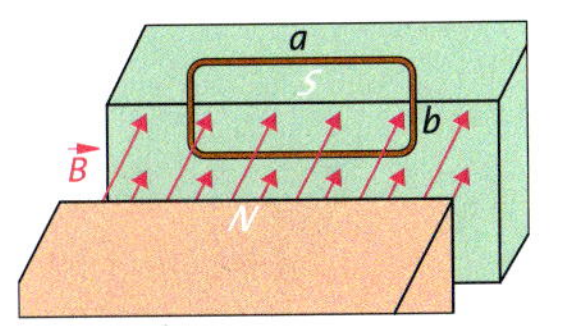

a) Erklären Sie die *konstante* Geschwindigkeit.
b) Leiten Sie eine Formel für die Geschwindigkeit v in Abhängigkeit von den maßgeblichen Einflussfaktoren her.
c) Beschreiben Sie, wie sich die Drahtschleife weiterbewegt, wenn sie vollständig in das Magnetfeld eingetaucht ist und das Magnetfeld schließlich wieder verlässt. Begründen Sie jeweils ihre Ausführungen.
d) Stellen Sie die Bewegung der Leiterschleife in einem beschrifteten Zeit-Ort- sowie einem beschrifteten Zeit-Geschwindigkeits-Diagramm dar.

6. Ein Metalldraht liegt parallel zur y-Achse und bewegt sich mit $v = 25$ m/s in x-Richtung durch ein homogenes Magnetfeld der Flussdichte $B = 580$ mT, das in z-Richtung zeigt.
a) Berechnen Sie die Lorentz-Kraft, die auf ein Elektron im Draht ausgeübt wird. Geben Sie die Kraftrichtung an.
b) Erklären Sie, warum zwischen den Enden des 35 cm langen Drahtes eine Potentialdifferenz $\Delta\varphi$ besteht. Berechnen Sie die Potentialdifferenz und geben Sie das Ende mit dem höheren Potential an.

7. Eine reale Spule (Länge $l = 10$ cm) lässt sich als Kombination von idealer Spule (Induktivität L) und ohmschem Widerstand $R = 10\ \Omega$ auffassen. Sie wird über einen Schalter an eine Gleichspannung $U_0 = 200$ V angeschlossen.
a) Skizzieren Sie qualitativ den Verlauf von Stromstärke und Induktionsspannung beim Schließen des Schalters.
b) Das Magnetfeld der Spule wird durch einen Eisenkern um den Faktor 30 verstärkt: $B = \mu_0 \mu_r I\, n/l$ mit der relativen Permeabilität $\mu_r = 30$ und der Windungszahl $n = 100$. Berechnen Sie den Wert der Stromstärke und der magnetischen Flussdichte nach Abklingen des Einschaltvorgangs.
c) Um den Eisenkern der Spule wird ein in sich geschlossener Aluminiumring gelegt (ohmscher Widerstand $R_{Ring} = 0{,}10\ \Omega$; Durchmesser $d = 6{,}0$ cm; wie in **Abb 75.2**, die Spule mit Eisenkern stehe allerdings vertikal). Berechnen Sie den Spannungsstoß, der aufgrund des Einschaltens der Spule in dem Aluminiumring auftritt. Berechnen Sie den mittleren Induktionsstrom im Aluminiumring, wenn der Einschaltvorgang 10 ms dauert.
d) Wie reagiert der locker aufliegende Aluminiumring auf das Einschalten der Spule? Erklären Sie dieses Verhalten ausführlich mithilfe der Regel von Lenz. Machen Sie in einer Skizze deutlich, in welcher Richtung der Induktionsstrom durch den Ring fließt. Warum wird bei unterbrochenem Aluminiumring kein Effekt beobachtet?
e) Auf den stromdurchflossenen Ring wirkt im inhomogenen Magnetfeld der Spule eine Kraft. Zeigen Sie anhand geeigneter Zeichnungen, dass diese Kraft dazu führt, dass der Ring nach oben geschleudert wird – unabhängig davon, ob die Spule oben ihren Nord- oder Südpol hat.

8. Erklären Sie, warum ein kleiner, aber starker Dauermagnet gebremst nach unten fällt, wenn er in ein vertikal stehendes Aluminiumrohr geworfen wird.

9. Um zu prüfen, ob ein Ehering wirklich aus Gold oder nur aus vergoldetem Eisen besteht, wird er auf einen sehr starken Elektromagneten gelegt. Wird dieser eingeschaltet, so springt der Ring nach oben. Erklären Sie die Beobachtung. Aus welchem der beiden Materialien besteht der Ring?

5 ELEKTROMAGNETISCHE SCHWINGUNGEN UND WELLEN

Im Jahre 1888 entdeckte Heinrich HERTZ (1857–1894) die elektromagnetischen Wellen, auf deren mögliche Existenz James Clerk MAXWELL (1831–1879) schon 1865 aus seiner mathematischen Beschreibung des elektromagnetischen Feldes geschlossen hatte. MAXWELL berechnete auch die Geschwindigkeit der elektromagnetischen Wellen, die gleich der Geschwindigkeit des Lichts war, sodass er das Licht als elektromagnetische Welle ansah.

Dass Licht eine Wellenerscheinung war und nicht, wie Newton meinte, eine Ausbreitung von Teilchen, war schon von Christian HUYGENS (1629–1695) im Jahre 1678 vermutet und 1801 von Thomas YOUNG (1773–1829) durch Erklärung der sogenannten Newton'schen Ringe als eine Interferenzerscheinung bekräftigt worden. Die schillernden Farben auf den Flügeln von eigentlich schwarzen Käfern und von Schmetterlingen (**Abb. 94.1**) sowie die Farben auf einer CD, die mit weißem Licht beleuchtet wird (**Abb. 94.2**), sind sogenannte Interferenzfarben, die durch eine Überlagerung von Lichtwellen erklärt werden. Interferenz ist ein eindeutiges Indiz dafür, dass eine Strahlung Wellencharakter hat und zumindest nicht nur als Teilchenstrahlung begriffen werden kann.

Die Interferenz von Wellen an einem Ort ist auf die Überlagerung von Schwingungen zurückzuführen.
Als Schwingung wird die periodische Veränderung einer physikalischen Größe bezeichnet, die um einen mit null bezeichneten Wert schwankt. Der momentane Wert der Größe heißt *Elongation* oder *Auslenkung*, der maximale Betrag der Elongation heißt *Amplitude* $\hat{y}$.

Von besonderer Bedeutung ist die sogenannte harmonische Schwingung, die mathematisch mithilfe der Sinusfunktion beschrieben wird:

$$y = \hat{y} \sin(\omega t)$$

Das Argument $\varphi = \omega t$ ist ein Winkel im Bogenmaß, der *Phase* heißt und mit dem Winkel α in Grad durch

$$\varphi = \frac{\pi}{180°} \alpha$$

verknüpft ist. Die Werte der Sinusfunktion schwanken zwischen -1 und $+1$, sodass die Werte der Elongation y zwischen $-\hat{y}$ und $+\hat{y}$ variieren.
Die *Periodendauer T* gibt die Zeit für eine vollständige Schwingung an, in der die Elongation alle Werte von null über $+\hat{y}$, zu null zurück, bis $-\hat{y}$ und wieder bis zum Wert null durchläuft, also die Zeit, in der sich das Argument der Sinusfunktion um 2π geändert hat: $\omega T = 2\pi$.

94.1 Die Farberscheinung auf den Flügeln des Schmetterlings wechselt je nach der Blickrichtung. Ursache sind dünne, durchsichtige Schuppen, die die Flügel bedecken.

94.2 Die feinen, nur 0,5 µm breiten Rillen auf einer Compact Disc haben einen Abstand von etwa 1,5 µm. Dies ist die Ursache für die Farben, wenn die CD mit weißem Licht beleuchtet wird.

$\omega = \frac{2\pi}{T} = 2\pi f$ heißt *Kreisfrequenz*, wobei

$f = \frac{1}{T}$ die *Frequenz der Schwingung* ist.

Schwingungen, die von einer Quelle ausgehen und sich z. B. in einem Medium wie Wasser ausbreiten, werden Wellen genannt. In einer Welle werden in unterschiedlichen Entfernungen von der Quelle dieselben Schwingungen registriert, die sich jedoch von Ort zu Ort in den jeweiligen Schwingungszuständen unterscheiden. Mathematisch wird der Unterschied zweier Schwingungen gleicher Frequenz durch die *Phasendifferenz* $\Delta\varphi$ erfasst:

$$y = \hat{y}\sin(\omega t - \Delta\varphi)$$

Zwei benachbarte Orte in einer Welle, in denen die Schwingungen synchron sind, haben den Abstand von einer *Wellenlänge* λ und unterscheiden sich in ihrer Phase um 2π. Da sich während der Periodendauer T eine Schwingung um die Strecke einer Wellenlänge ausbreitet, ergibt sich die *Ausbreitungsgeschwindigkeit* v der Welle zu

$$v = \frac{\lambda}{T} \quad \text{bzw. mit } f = \frac{1}{T} \quad \text{zu } v = \lambda f.$$

Überlagern sich an einem Ort zwei Wellen gleicher Frequenz und gleicher Amplitude, so treffen an diesem Ort zwei Schwingungen gleicher Amplitude und Frequenz, aber i. Allg. mit unterschiedlicher Phase zusammen. Von der *Phasendifferenz* $\Delta\varphi$ hängt das Ergebnis der Überlagerung der Schwingungen ab: Ist die Phasendifferenz null oder 2π oder ein Vielfaches von 2π, so haben die beiden Schwingungen stets denselben Schwingungszustand und verstärken sich maximal (**Abb. 95.1 a**). Im anderen Extremfall kann die Phasendifferenz π sein oder ein ungerades Vielfaches davon. Dann haben die beiden Schwingungen stets entgegengesetzten Schwingungszustand, sodass sie sich gegenseitig aufheben bzw. auslöschen (**Abb. 95.1 b**).

Treten in einem Strahlungsfeld Stellen mit maximaler Schwingung neben Stellen ohne Schwingung auf, so ist dies ein Zeichen von Interferenz und damit der Nachweis, dass es sich bei der Strahlung um eine Welle handelt.

Ein Beispiel für eine solche Interferenzerscheinung sind stehende Wellen auf einer Saite (**Abb. 95.2**). Die Saite wird links zu Schwingungen angeregt, die sich nach rechts hin ausbreiten und auf das eingespannte Ende treffen. Dort wird die Welle reflektiert und läuft zurück, sodass überall auf der Saite zwei Schwingungen aufeinandertreffen, die sich überlagern. **Abb. 95.2** zeigt an der rechten Seite keine Schwingung, d. h. es findet dort Auslöschung statt. Das bedeutet, dass sich dort zwei Schwingungen mit einer Phasendifferenz von π überlagern. Die ankommende Welle wird also an dieser Stelle so reflektiert, dass ein *Phasensprung* um π stattfindet.

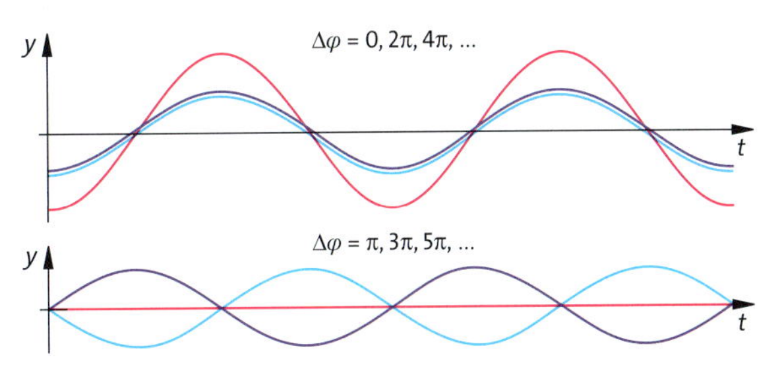

95.1 Zeitliche Darstellungen der Überlagerung von Schwingungen an einem festen Ort: **a)** Die Phasendifferenz der beiden Schwingungen ist null oder ein Vielfaches von 2π.
b) Die Phasendifferenz ist π oder ein ungerades Vielfaches von π.

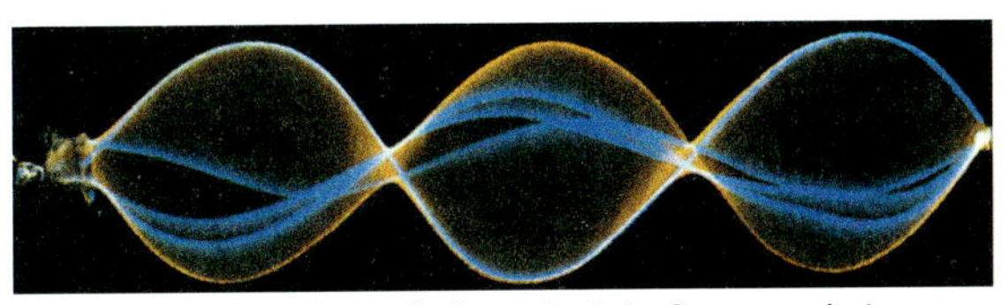

95.2 Stroboskopische Aufnahme der Interferenzerscheinungen auf einer Saite, die sich bei Erregung mit bestimmten Frequenzen einstellen

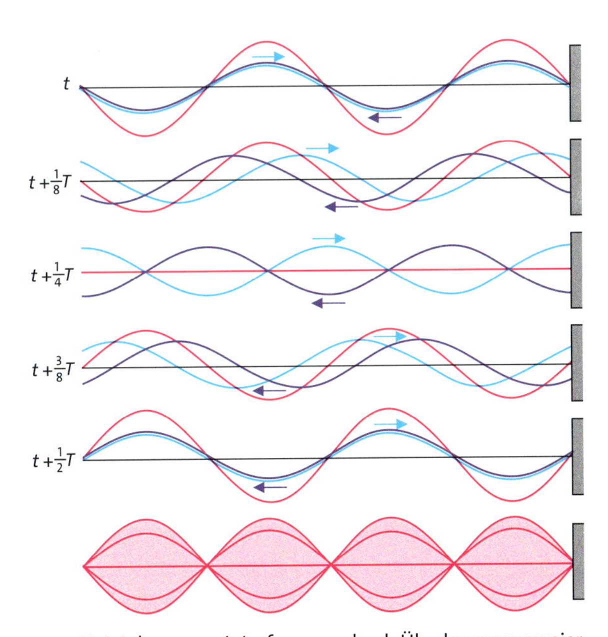

95.3 Entstehung von Interferenzen durch Überlagerung zweier Wellen mit entgegengesetzter Ausbreitungsrichtung

In **Abb. 95.3** ist die Überlagerung einer nach rechts laufenden Welle mit einer Welle, die am Ende mit einem Phasensprung von π reflektiert wird, zu unterschiedlichen Zeiten grafisch dargestellt. Die Überlagerung der Schwingungen an den verschiedenen Orten ergibt dann das Bild einer stehenden Welle, wie es die **Abb. 95.1** zeigt.

5.1 Elektromagnetische Schwingungen

Elektrische Schwingungen strahlen bei hohen Frequenzen elektromagnetische Wellen ab, die als Radio- und Fernsehwellen aus dem Alltag bekannt sind. Bei der Untersuchung elektromagnetischer Schwingungen und Wellen tritt die Analogiebetrachtung als typische Vorgehensweise der Physik auf.

5.1.1 Der elektrische Schwingkreis

Versuch 1: Eine Spule mit geschlossenem Eisenkern der hohen Induktivität von $L = 630$ H und ein Kondensator mit der Kapazität $C = 40$ μF werden zu einem Kreis verschaltet (**Abb. 96.1** und **96.2**). Mit einem Umschalter wird der Kondensator zunächst an eine Gleichspannungsquelle von 100 V angeschlossen und aufgeladen, dann wird er mit der Spule verbunden.
Beobachtung: Die Zeiger der Messinstrumente führen gedämpfte Schwingungen mit einer Schwingungsdauer $T \approx 1$ s aus. Spannung und Strom schwingen dabei mit einer Phasendifferenz von $\Delta\varphi = 90°$. ◂

Ein Kreis aus Kondensator und Spule heißt **elektrischer Schwingkreis,** da in ihm elektrische Schwingungen stattfinden können.

Die elektrische Schwingung lässt sich mit der Schwingung eines Federpendels vergleichen. Dazu sind in **Abb. 97.1** die Abläufe beider Schwingungen in einzelnen Phasen dargestellt. Der Vergleich zeigt: Im elektrischen Schwingkreis finden periodische Umwandlungen von elektrischer und magnetischer Feldenergie statt.

Weitere Versuche werden zeigen (→ 5.1.2), dass jeder Schwingkreis eine bestimmte Eigenfrequenz besitzt, die von der Kapazität C des Kondensators und der Induktivität L der Spule bestimmt wird. Die Eigenfrequenz ist umso größer, je kleiner die Kapazität C und je kleiner die Induktivität L sind.

Die **Eigenfrequenz f** eines elektrischen Schwingkreises berechnet sich mit der Induktivität L und der Kapazität C nach der **Thomson'schen Gleichung:**

$$f = \frac{1}{2\pi\sqrt{LC}}$$

Herleitung der Thomson'schen Gleichung

In **Abb. 96.2** sind in das Schaltbild eines Schwingkreises die Stromstärke i und die Spannungen u_C am Kondensator und u_{ind} an der Spule eingezeichnet. Es gilt: $u_C = u_{ind}$.
Zur Unterscheidung von sich nicht mit der Zeit ändernden Größen im Gleichstromkreis werden die zeitabhängigen Spannungen und Stromstärken im Wechselstromkreis mit kleinen Buchstaben bezeichnet: $u = U(t)$ bzw. $i = I(t)$.
Die Amplitude, d. h. der maximale Wert der Elongation, wird bezeichnet mit $\hat{u}$ bzw. $\hat{i}$: $u = \hat{u}\sin\omega t$ bzw. $i = \hat{i}\sin\omega t$.
Mit den Formeln

$$u_C = \frac{q(t)}{C} \quad \text{und} \quad u_{ind} = -L\frac{di}{dt}$$

folgt aus der Gleichung $u_C - u_{ind} = 0$

$$\frac{1}{C}q(t) + L\frac{di}{dt} = 0.$$

Wird diese Gleichung nach der Zeit abgeleitet, ergibt sich mit $i = dq/dt$ eine *Differentialgleichung (DGL) 2. Ordnung:*

$$\frac{1}{C}i + L\frac{d^2i}{dt^2} = 0$$

Lösung der DGL ist z. B. die Sinusfunktion, denn sie kehrt nach zweimaligem Ableiten wieder. Daher erfüllt folgender Ansatz die Gleichung:

$$i = \hat{i}\sin\omega t \quad \text{mit} \quad \frac{d^2i}{dt^2} = -\omega^2\hat{i}\sin\omega t$$

Einsetzen dieser beiden Gleichungen in die DGL ergibt:

$$\frac{1}{C}\hat{i}\sin\omega t - L\omega^2\hat{i}\sin\omega t = \left(\frac{1}{C} - L\omega^2\right)\hat{i}\sin\omega t = 0$$

Diese Gleichung ist nur dann für alle t erfüllt, wenn

$$\frac{1}{C} - L\omega^2 = 0 \quad \text{ist, woraus} \quad \omega = \frac{1}{\sqrt{LC}} = 2\pi f \quad \text{folgt.}$$

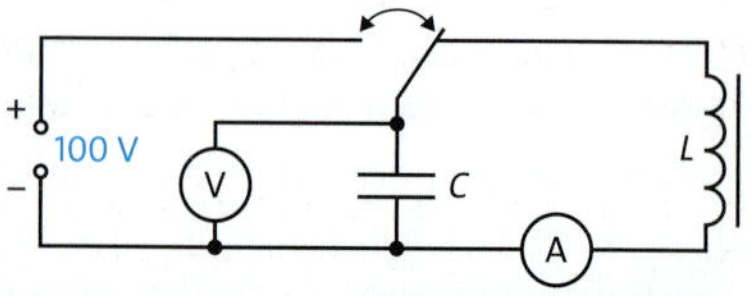

96.2 Schaltbild des Schwingkreises von **Abb. 96.1**

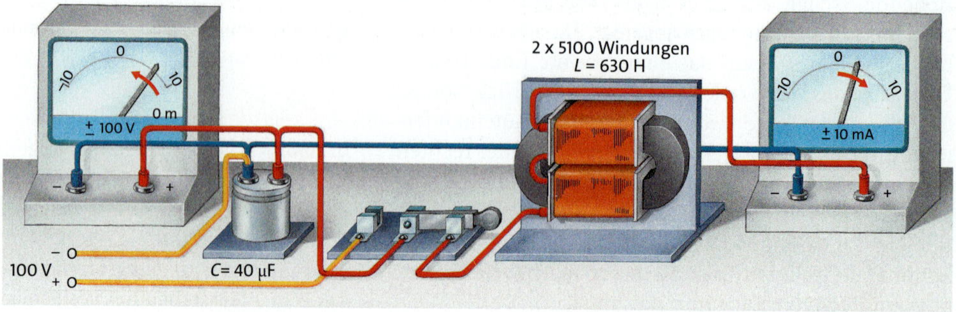

96.1 Ein Kondensator wird mithilfe eines Umschalters zunächst aufgeladen und dann über eine Spule hoher Induktivität entladen. An den beiden Messinstrumenten wird eine abklingende Schwingung beobachtet.

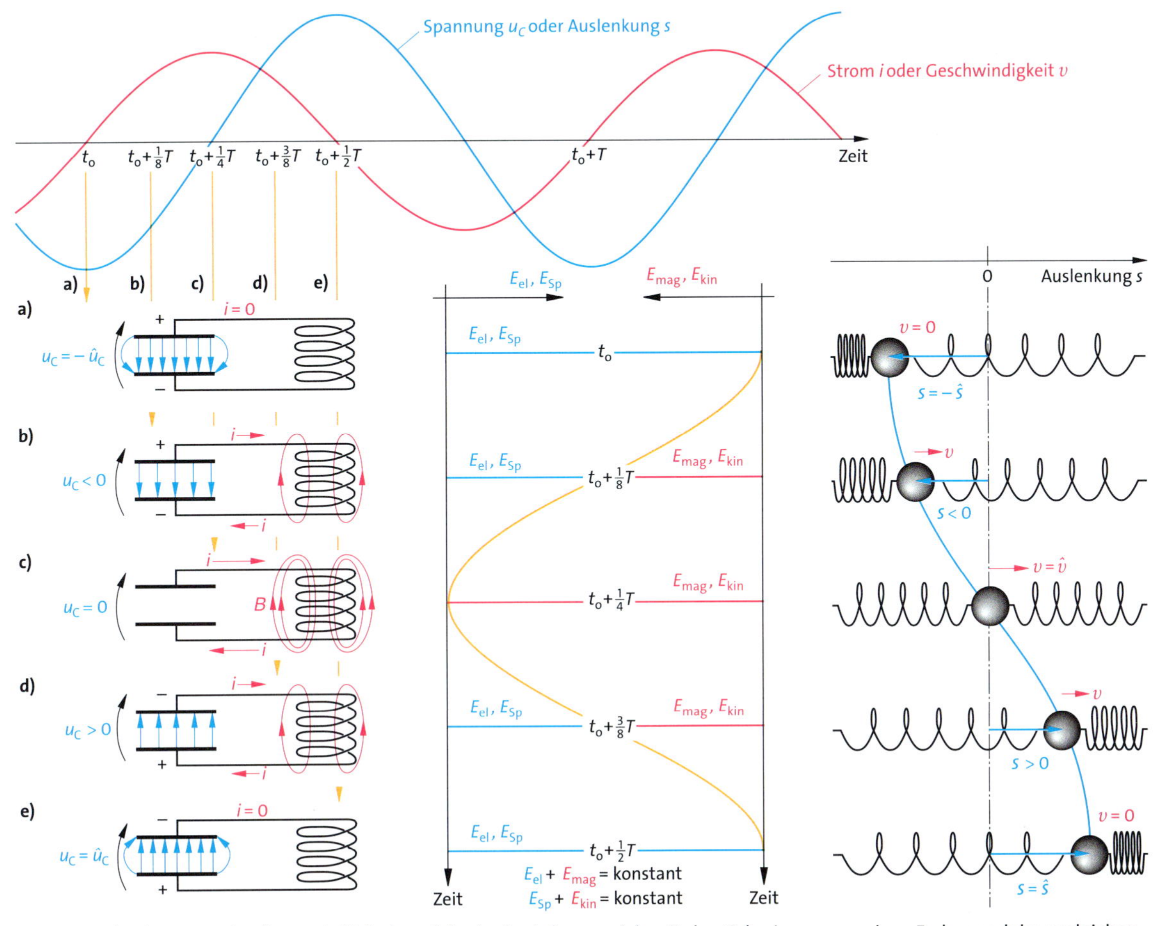

97.1 Die Schwingungen in einem elektrischen Schwingkreis lassen sich mit den Schwingungen eines Federpendels vergleichen. Dargestellt sind die Verhältnisse für die ungedämpfte Schwingung:

a) Der Kondensator ist auf die maximale Spannung $\hat{u}_C$ aufgeladen. Es fließt kein Strom, die magnetische Feldenergie ist null. Die Energie des Kondensators ist $E_{el} = \frac{1}{2} C \hat{u}_C^2$.
b) Der Kondensator entlädt sich mit zunehmender Stromstärke. Die magnetische Energie der Spule wächst, die elektrische Energie des Kondensators nimmt ab: $E_{el} + E_{mag}$ = konstant.
c) Der Kondensator ist vollständig entladen und besitzt keine elektrische Energie mehr. Der Entladestrom hat seine größte Stärke $\hat{i}$ erreicht. Die magnetische Feldenergie beträgt $E_{mag} = \frac{1}{2} L \hat{i}^2$.
d) Die Induktivität der Spule bewirkt das Weiterfließen des Stromes über die Ladungsgleichverteilung hinaus. Der Kondensator lädt sich mit entgegengesetzter Polung auf.
e) Der Kondensator ist entgegengesetzt aufgeladen.

a) Die Kugel ist zur maximalen Elongation $-\hat{s}$ ausgelenkt. Die Kugel bewegt sich nicht, ihre kinetische Energie ist null. Die Federn enthalten die Spannenergie $E_{Sp} = \frac{1}{2} D \hat{s}^2$.
b) Die Kugel bewegt sich mit zunehmender Geschwindigkeit. Sie gewinnt in gleichem Maße kinetische Energie, wie die Spannenergie abnimmt: $E_{Sp} + E_{kin}$ = konstant.
c) Die Federn sind vollständig entspannt und besitzen keine Spannenergie. Die Kugel schwingt mit größter Geschwindigkeit $\hat{v}$ durch die Ruhelage mit der kinetischen Energie $E_{kin} = \frac{1}{2} m \hat{v}^2$.
d) Die Trägheit der Kugel treibt diese über die Ruhelage hinaus, sodass die Kugel zur anderen Seite schwingt und die Spannenergie der Federn wieder anwächst.
e) Die Kugel ist voll zur anderen Seite ausgelenkt.

Die Vorgänge bei der elektrischen und der mechanischen Schwingung wiederholen sich nun in umgekehrter Richtung.

In einem elektrischen Schwingkreis findet eine ständige Umwandlung von elektrischer Energie (geladener Kondensator) in magnetische Energie (stromdurchflossene Spule) und umgekehrt statt.

Aufgaben

1. Geben Sie die analogen Größen und Gleichungen für elektrische und mechanische Schwingungen an.
2. Berechnen Sie die Schwingungsdauer T des Schwingkreises in Versuch 1. Die Spule hat die Induktivität L = 630 H und der Kondensator die Kapazität C = 40 μF.

5.1.2 Bestätigung der Thomson-Gleichung

Versuch 1: Eine Spule der Induktivität $L = 36$ mH und ein Kondensator der Kapazität $C = 100$ nF bilden einen Schwingkreis, in den ein Rechteckgenerator geschaltet ist, der die Schwingungen anregt (**Abb. 98.1 a**). Zur Beobachtung der Schwingungen wird die Spannung über der Spule an den Y-Eingang eines Oszilloskops gelegt.
Beobachtung: Der Schirm des Oszilloskops zeigt gedämpfte Schwingungen mit konstanter Schwingungsdauer, die periodisch von der Rechteckspannung angeregt werden (**Abb. 98.1 b**).
Erklärung: Während einer Halbperiode des Rechtecks schwingt der Kreis vom Generator unbeeinflusst. Die Dämpfung der Schwingung rührt im Wesentlichen vom Energieverlust durch den ohmschen Widerstand des Kreises her. Die Energie wird dem Schwingkreis bei jedem Spannungssprung der Rechteckspannung wieder zugeführt, sodass der Kreis anschließend selbstständig mit gleicher Startamplitude schwingen kann.
Auswertung: Das Schirmbild in **Abb. 98.1 b)** zeigt, dass während der Zeitspanne $\Delta t = 6 \cdot 500\ \mu\text{s} = 3$ ms etwa 8 Schwingungen erfolgen. Daraus ergibt sich die Schwingungsdauer zu $T = 375\ \mu$s und die Frequenz zu $f = 1/T = 2{,}67$ kHz. Aus der Thomson'schen Gleichung folgt mit den Werten $L = 36$ mH und $C = 100$ nF für die Frequenz

$$f = \frac{1}{2\pi\sqrt{LC}} = \frac{1}{2\pi\sqrt{36\text{ mH} \cdot 100\text{ nF}}} = 2{,}65\text{ kHz}.$$

Im Rahmen der Messgenauigkeit stimmen experimenteller und theoretischer Wert überein. ◂

5.1.3 Dämpfung und Resonanz

Ebenso wie mechanische Schwinger zeigen auch elektrische Schwingkreise Resonanz, wenn sie zu erzwungenen Schwingungen angeregt werden.

Versuch 2: Ein Schwingkreis ist im Prinzip wie in Versuch 1 aufgebaut, angeschlossen wird nun aber ein Sinusgenerator mit variabler Frequenz f (**Abb. 98.2 a**). Zur Vergrößerung der Dämpfung befindet sich ein ohmscher Widerstand R im Kreis. Bei konstanter Generatorspannung wird mit einem Strommesser die Effektivstromstärke I_{eff} als Funktion der Generatorfrequenz f gemessen und mit einem Oszilloskop die Frequenz der Wechselspannung über der Spule ermittelt. Die Messung erfolgt bei unterschiedlichen Widerständen R.
Beobachtung: Im Kreis tritt eine sinusförmige, ungedämpfte Schwingung auf, die als *erzwungene Schwingung* bezeichnet wird. Dabei schwingt das System mit der Frequenz f, die ihm durch die Generatorspannung aufgezwungen wird. Abhängig von dieser Erregerfrequenz f durchläuft die Stromstärke I_{eff}, die zur Amplitude $\hat{i}$ der Schwingung proportional ist, eine sogenannte *Resonanzkurve* mit einem Maximum (**Abb. 98.2 b**). Je kleiner der Dämpfungswiderstand R ist, umso schärfer ausgeprägt ist das Maximum. Resonanz tritt nahe der Eigenfrequenz f_0 auf. ◂

Spule, Kondensator und ohmscher Widerstand können in Reihe geschaltet zu erzwungenen elektrischen Schwingungen angeregt werden. Bei Anregung in der Nähe der Eigenfrequenz tritt Resonanz ein.

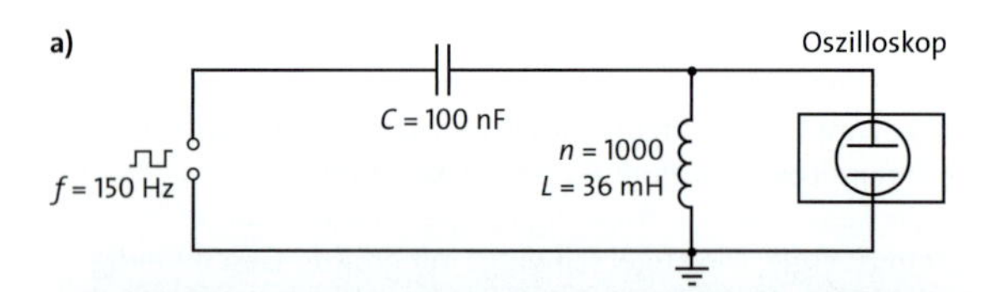

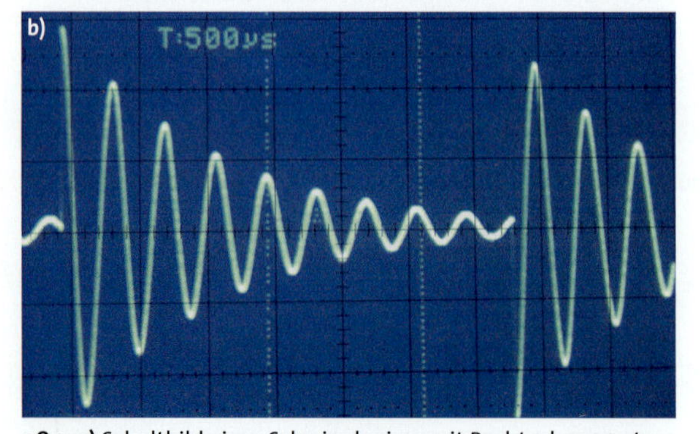

98.1 **a)** Schaltbild eines Schwingkreises mit Rechteckgenerator
b) Periodisch angeregte, gedämpfte elektrische Schwingungen (aufgezeichnet ist die Spannung an der Spule)

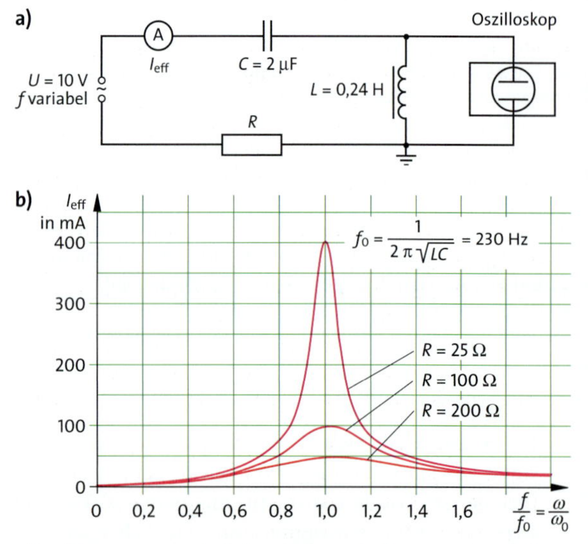

98.2 Stromresonanz bei einer Reihenschaltung von L und C:
a) Schaltbild des Serienresonanzkreises
b) Resonanzkurven für verschiedene Dämpfungswiderstände

Phasenbeziehungen im Schwingkreis

Die Betrachtung der Phasenbeziehungen in einem mit seiner Eigenfrequenz angeregten Schwingkreis soll das Verständnis elektrischer Schwingungen vertiefen.

Versuch 3: Zur Darstellung der Phasenbeziehungen werden die im Schwingkreis aus Versuch 1 auftretenden Spannungen jeweils im Vergleich mit der Stromstärke auf einem Zweikanal-Oszilloskop dargestellt. Zur Darstellung der Stromstärke dient der im Vergleich zu R kleine Messwiderstand; die an diesem Widerstand abfallende Spannung ist proportional zur Stromstärke im Schwingkreis (**Abb. 99.1**).

Beobachtung:

- Die Spannung u_R am Widerstand ist mit dem Strom i in Phase (**Abb. 99.2 a**).
- Die Spannung u_C am Kondensator hat gegenüber dem Strom i ($\sim u_{\text{Rmess}}$) die Phasendifferenz $\Delta\varphi = -\pi/2$ (**Abb. 99.2 b**), d.h. die Spannung u_C läuft dem Strom i um $\pi/2$ hinterher.
- Die Spannung u_L an der Spule hat gegenüber dem Strom i die Phasendifferenz $\Delta\varphi = +\pi/2$ (**Abb. 99.2 c**), d.h. die Spannung u_L eilt dem Strom i um $\pi/2$ voraus.

Erklärung: Die Graphen in **Abb. 99.2** zeigen, dass für $i = 0$ die Spannung u_C am Kondensator am größten ist, er trägt dann maximale Ladung. Gleichzeitig ist zu diesem Zeitpunkt auch die Änderung von i am größten, sodass wegen $u_L = L\,di/dt$ auch die Spannung an der Spule am größten ist. In einer Reihenschaltung eines Kondensators mit der Kapazität C und einer Spule der Induktivität L sind u_C und u_L in Gegenphase. Da hier ständig die durch Dämpfung verlorengegangene Energie ausgeglichen wird, heißt die Schwingung *ungedämpft.* ◀

Dass die Spulenspannung im Resonanzfall wesentlich größer ist als die angelegte Spannung, wird mit einer Glimmlampe nachgewiesen, die parallel zum Generator nicht zündet, parallel zur Spule jedoch aufleuchtet, da hier die Zündspannung von ca. 80 V erreicht wird (**Abb. 99.3**).

Aufgaben

1. Ein Kondensator mit $C = 0{,}10\ \mu\text{F}$ und eine Spule mit $L = 44$ mH bilden einen Schwingkreis. Berechnen Sie die Eigenfrequenz. Durch Einschieben eines Eisenkerns in die Spule vergrößert sich deren Induktivität um den Faktor 23. Ermitteln Sie die Änderung der Eigenfrequenz.
2. Eine lange Spule mit kreisförmiger Querschnittsfläche ($n = 340$, $l = 60$ cm, $d = 8{,}0$ cm) ist mit einem Kondensator der Kapazität $C = 0{,}10\ \mu\text{F}$ in Serie geschaltet. Berechnen Sie die Eigenfrequenz.
3. Ein Schwingkreis mit $C = 47$ nF schwingt bei der Frequenz $f = 3{,}7$ kHz. Ermitteln Sie die Induktivität.

*4. Ein ungedämpfter Schwingkreis führt 10 Schwingungen in 8,0 s aus. Die Zeitrechnung beginnt, wenn der Kondensator mit der Kapazität $C = 50$ pF die maximale Ladung $Q = 4{,}5 \cdot 10^{-6}$ C hat.
   a) Bestimmen Sie die Ladung, die der Kondensator nach $t = 8{,}0$ ms bzw. 8,1 ms trägt.
   b) Berechnen Sie die maximale magnetische Energie und die gesamte Schwingungsenergie.
   c) Berechnen Sie die elektrische und die magnetische Energie zur Zeit $t = 8{,}1$ ms.

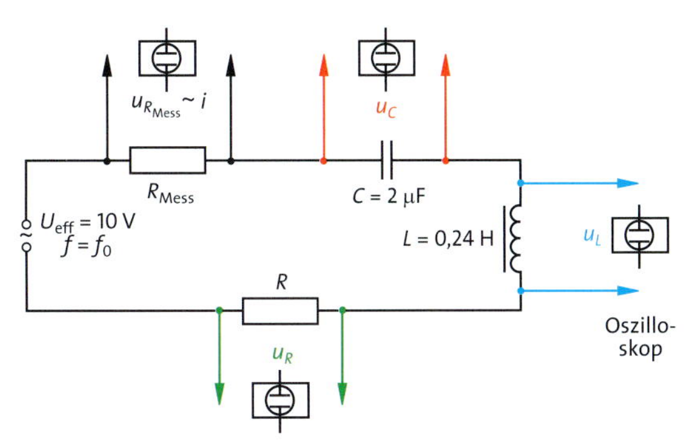

99.1 Serienresonanzkreis zur Ermittlung der Phasenbeziehung zwischen dem Strom i und der Spannung u_R über dem Widerstand R, der Spannung u_C über dem Kondensator C und der Spannung u_L über der Spule L

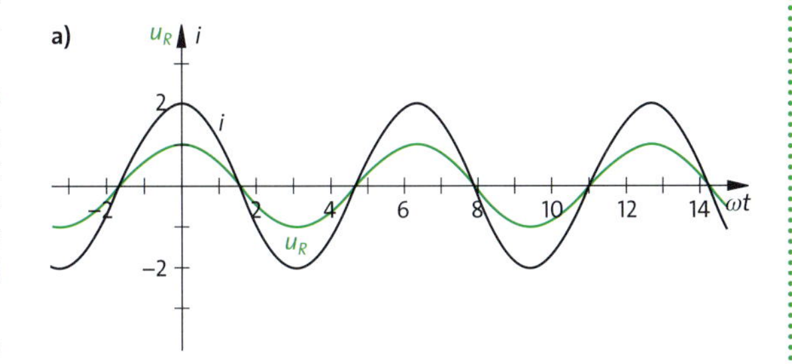

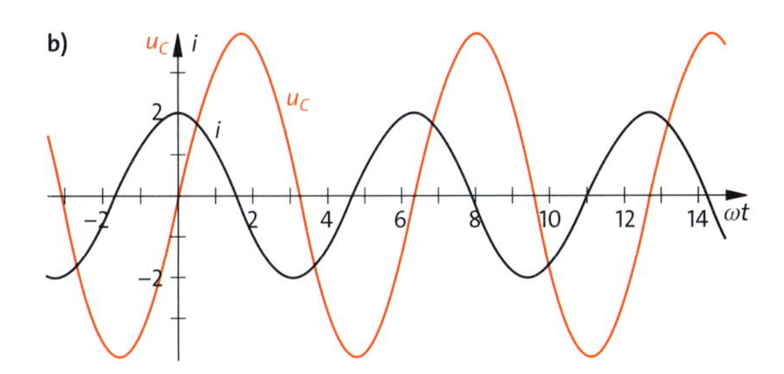

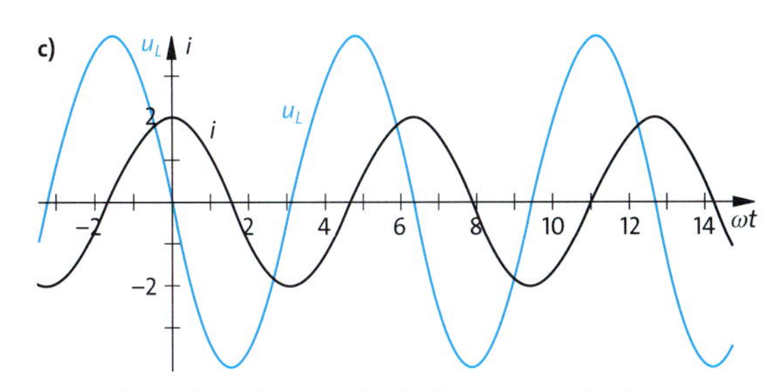

99.2 Phasenbeziehungen im Serienresonanzkreis:
a) ohmscher Widerstand, **b)** Kondensator, **c)** Spule

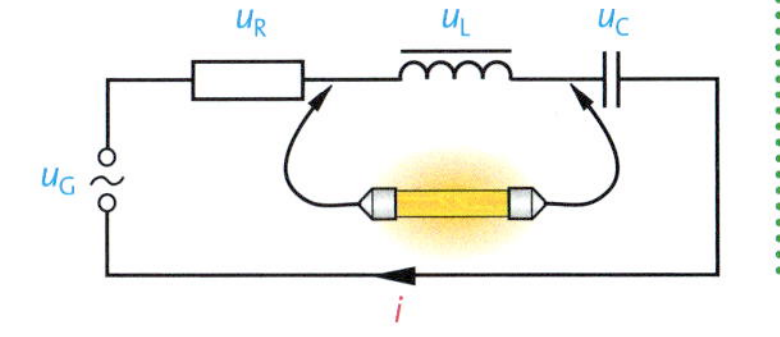

99.3 Nachweis hoher Spannung im Resonanzfall

5.1.4 Ungedämpfte Schwingungen

Aufgrund der Energieverluste sind die Schwingungen eines elektrischen Schwingkreises gedämpft. A. MEISSNER gelang es 1913, die Energie dem Schwingkreis phasenrichtig wieder zuzuführen. Durch eine ständig sich wiederholende Rückführung der Ausgangsgröße auf den Eingang werden die Energieverluste ausgeglichen. Das Verfahren wird allgemein **Rückkopplung** genannt und ist Bestandteil aller Regelschaltungen.

Versuch 1 – Rückkopplung nach MEISSNER: Eine Spule mit $n = 1000$ Windungen und ein Kondensator mit $C = 1\ \mu\text{F}$ bilden einen Schwingkreis, der mit einem Lautsprecher und der Kollektor-Emitter-Strecke (CE-Strecke) eines Transistors in Reihe geschaltet an eine Gleichspannungsquelle angeschlossen ist (**Abb. 100.1**). Neben der Schwingkreisspule befindet sich eine zweite, sogenannte *Rückkopplungsspule* (125 Windungen), die über einen Koppelkondensator (10 μF) an die Basis-Emitter-Strecke (BE-Strecke) angeschlossen ist.
Beobachtung: Ein an den Schwingkreis angeschlossenes Oszilloskop zeigt eine ungedämpfte Sinusschwingung von $f = 800$ Hz, die auch der Lautsprecher als Ton abgibt. Mit der angelegten Gleichspannung (10 V bis 30 V) kann die Lautstärke reguliert werden.
Wird die Kapazität des Schwingkreiskondensators von $C = 1\ \mu\text{F}$ auf 10 μF vergrößert, so vergrößert sich auch die Schwingungsdauer entsprechend der Thomson'schen Gleichung und die Frequenz verringert sich von $f = 800$ Hz auf 250 Hz. Umgekehrt bewirkt eine Verkleinerung der Kapazität des Schwingkreiskondensators auf 0,1 μF eine Verkleinerung der Schwingungsdauer und somit eine Erhöhung der Frequenz auf 2,5 kHz.
Erklärung der Meissner-Schaltung: Beim Einschalten wird der Schwingkreis durch einen Stromstoß zu gedämpften Schwingungen angeregt (→ **Abb. 98.1**).
Um ungedämpfte Schwingungen zu erhalten, muss eine Wechselspannung u von gleicher Frequenz und gleicher Phase wie die gedämpfte Schwingung, jedoch mit konstanter Amplitude an den Schwingkreis gelegt werden, damit die Energieverluste durch den ohmschen Widerstand in dem Schwingkreis ausgeglichen werden. Dann fließt (unabhängig vom Strom im Schwingkreis) aufgrund dieser Wechselspannung ein Wechselstrom i in Phase zur Spannung u durch die Parallelschaltung von Spule und Kondensator und führt dem Schwingkreis Energie zu. Energielieferant ist die Gleichspannungsquelle, die jedoch nur einen Strom vom Plus- zum Minuspol hervorrufen kann. Daher muss der Wechselstrom i einem Gleichstrom so überlagert sein, dass die Summe beider Ströme stets positiv ist. Ein derartiger Wechselstrom wird mit der CE-Strecke des Transistors erzeugt: Das Magnetfeld der Schwingkreisspule, das auch die Rückkopplungsspule durchsetzt, induziert in dieser eine Wechselspannung, die einen Wechselstrom als Steuerstrom über die BE-Strecke des Transistors fließen lässt. Dieser Steuerstrom ändert periodisch den Widerstand der CE-Strecke des Transistors, sodass die Gleichspannungsquelle und die CE-Strecke zusammen eine Wechselspannung erzeugen, die wie oben gefordert am Schwingkreis liegt.
Schaltungstechnische Erläuterungen: Der Steuerstrom fließt in dem Wechselstromkreis aus Rückkopplungsspule, 10 μF-Kondensator und BE-Strecke. In der BE-Strecke wird der Wechselstrom einem Gleichstrom überlagert, der über den 150 kΩ-Widerstand fließt. Der Gleichstrom steuert den Transistor in einen geeigneten Arbeitspunkt, sodass über die CE-Strecke ein Gleichstrom mit einem überlagerten Wechselstrom fließen kann. Der 10 μF-Kondensator verhindert, dass der Gleichstrom für den Arbeitspunkt durch die Rückkopplungsspule statt über die BE-Strecke fließt. ◂

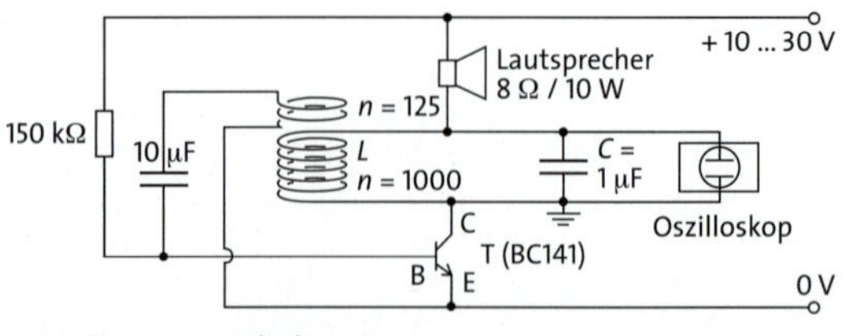

100.1 Meissner-Schaltung

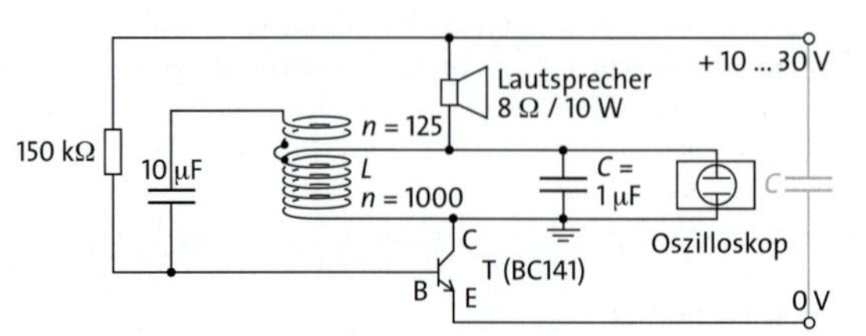

100.2 Meissner-Schaltung mit direkt angeschlossener Rückkopplungsspule, Dreipunktschaltung

Versuch 2 – Dreipunktschaltung: Die Meissner-Schaltung wird wie folgt verändert: Die direkte Verbindung der Rückkopplungsspule zum Minuspol der Spannungsquelle wird entfernt und der freie Spulenanschluss mit der Schwingkreisspule verbunden. Dadurch entsteht eine Spule mit Abgriff (**Abb. 100.2**). Der 10 μF-Kondensator verhindert, dass ein großer Basisgleichstrom über die Rückkopplungsspule fließt.
Beobachtung: Die Schaltung funktioniert ebenso wie die Meissner-Schaltung: Es entsteht eine ungedämpfte Schwingung fester Frequenz hörbar am Lautsprecher.
Erklärung: Wie zuvor wird eine Wechselspannung in der Rückkopplungsspule induziert. Der dadurch hervorgerufene Steuerwechselstrom fließt nun über den Kondensator (grau gezeichnet), der am Ausgang einer Gleichspannungsquelle stets vorhanden ist.
Die Vereinfachung dieser Schaltung besteht darin, dass eine separate Rückkopplungsspule eingespart wird. Mit einem Abgriff zwischen den Enden der Schwingkreisspule wird ein Teil der Spannung u_L für die Rückkopplung benutzt (**Abb. 101.1**). Wegen der drei Abgriffe an der Schwingkreisspule heißt diese Schaltung *Dreipunktschaltung.* ◂

Versuch 3 – Hochfrequenzoszillator: Nach **Abb. 101.2** wird eine Dreipunktschaltung mit einer Spule von 46 Windungen und einem Drehkondensator zum Verändern der Kapazität aufgebaut. Da L und C klein sind, schwingt der Oszillator nach der Thomson'schen Gleichung (→ 5.1.1) mit großer Frequenz. Mit einem Oszilloskop wird die Frequenz der Schwingung gemessen.

Beobachtung: Mit dem Drehkondensator kann die Frequenz auf Werte zwischen 600 kHz und 1000 kHz eingestellt werden. Das sind Radiofrequenzen im Mittelwellenbereich. Im Lautsprecher eines in der Nähe aufgestellten Rundfunkempfängers ist ein Rauschen zu hören, wenn der Empfänger zur Senderwahl auf die Frequenz des Oszillators eingestellt wird.

Erklärung: Durch die kleine Induktivität (Spule mit nur 46 Windungen) und die kleinen Kapazitäten von einigen 100 pF erzeugt die Dreipunktschaltung (**Abb. 101.2**) ungedämpfte Schwingungen mit sehr hohen Frequenzen bis zu 1 MHz. Über den mit dem Schwingkreis verbundenen Draht, der als Sendeantenne wirkt, wird Energie abgestrahlt und kann mit einem geeigneten Empfänger nachgewiesen werden. Zu den hier ausgesandten elektromagnetischen Wellen siehe → 5.2. ◂

Durch Rückkopplung können ungedämpfte elektromagnetische Schwingungen erzeugt werden. Die Frequenz der Schwingungen hängt nach der Thomson'schen Formel von der Kapazität und der Induktivität des Schwingkreises ab.

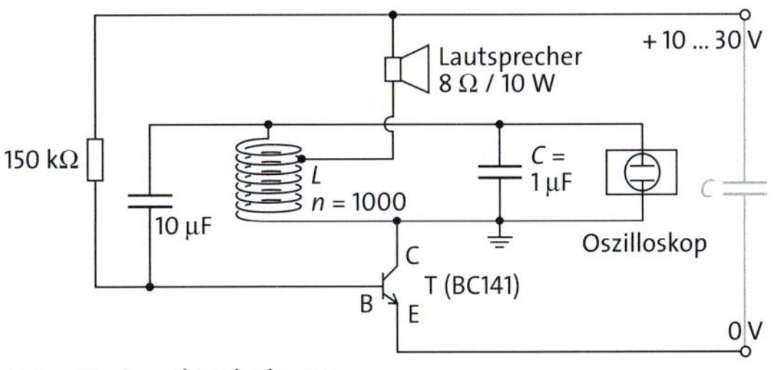

101.1 Dreipunktschaltung

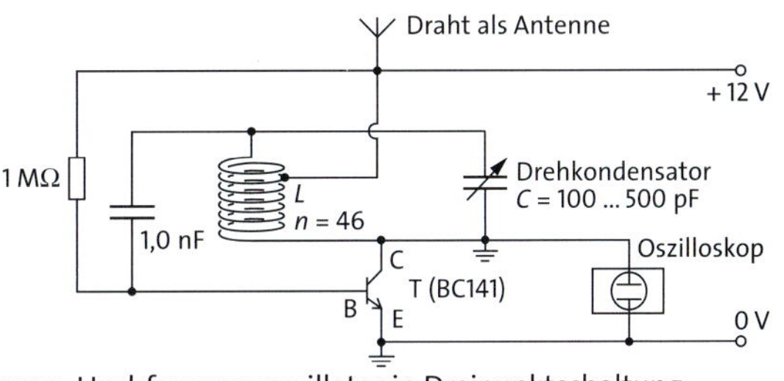

101.2 Hochfrequenzoszillator in Dreipunktschaltung

Exkurs

Erzeugung und Anwendung hochfrequenter Schwingungen

Hochfrequente elektromagnetische Schwingungen finden außer in der Rundfunk- und Fernsehtechnik eine Vielzahl unterschiedlicher Anwendungen, z. B. im Mobilfunk, beim Radar und bei der Übertragung mit Satelliten, die im wesentlichen darauf beruhen, dass sich die Schwingungen im Raum als Wellen ausbreiten (→ 5.2). Die Ausbreitungseigenschaften dieser Wellen hängt in hohem Maße von der Wellenlänge und damit von der Frequenz der Schwingungen ab. Je kleiner die Wellenlänge ist, um so geringer sind Beugungserscheinungen und um so ähnlicher wird die Ausbreitung der Wellen der von Licht.

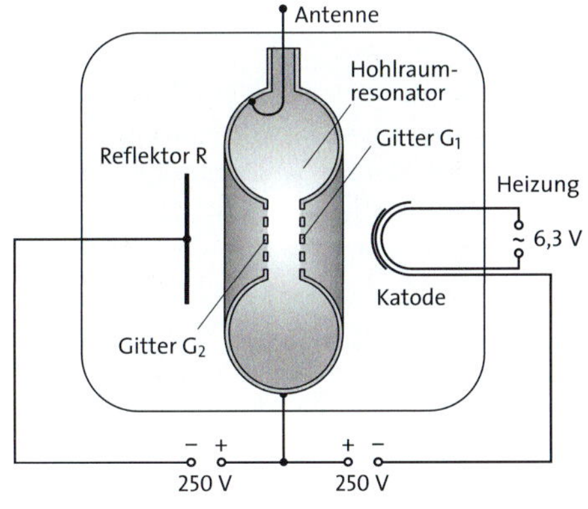

Zur Erzeugung hochfrequenter Schwingungen müssen nach der Thomson'schen Formel die Kapazität *C* und die Induktivität *L* des Schwingkreises immer kleiner werden. Dies hat zur Entwicklung von besonderen Konstruktionen, dem **Klystron** und dem **Magnetron,** geführt, in denen sich Pakete von Elektronen zwischen besonders geformten Elektroden bewegen.

Im *Klystron* spielt ein wie ein Autoreifen geformter metallischer Hohlraum die frequenzbestimmende Rolle. Von der Katode emittierte Elektronen werden zu den Gittern G_1 und G_2 hin beschleunigt und laden diese unterschiedlich auf, sodass die hindurchtretenden Elektronen unterschiedliche Geschwindigkeiten besitzen. Im Raum zwischen dem Gitter G_2 und dem Reflektor R werden die Elektronen gebremst und es bilden sich aufgrund der unterschiedlichen Geschwindigkeiten Elektronenpakete, die in den Raum zwischen den Gittern zurückkehren. Bei geeignetem Abstand zwischen dem Reflektor R und dem Gitter entsteht durch Umladung der Gitter G_1 und G_2 eine ungedämpfte elektromagnetische Schwingung, deren Frequenz von den Abmessungen des Hohlraums abhängt. Mit Klystrons können elektromagnetischeSchwingungen mit Frequenzen bis zu 130 GHz erzeugt werden.

Im *Magnetron* spielen ebenfalls besonders geformte Hohlräume eine freqenzbestimmende Rolle. Auch hier bilden sich Pakete von Elektronen, die allerdings unter der Wirkung eines Magnetfeldes, das senkrecht zu dem elektrischen Feld steht, in dem Hohlraum geführt werden. Magnetrons erzeugen das hochfrequente elektromagnetische Wechselfeld in Mikrowellenherden, die aus einem geschlossenen Metallraum bestehen. In diesem Raum werden organische Substanzen, die insbesondere Wasser enthalten, dadurch erhitzt, dass die Wassermoleküle aufgrund ihrer Dipolmomente im Wechselfeld mitschwingen und somit Energie aufnehmen.

5.2 Elektromagnetische Wellen

Die 1888 von HERTZ erstmals erzeugten und nachgewiesenen elektromagnetischen Wellen werden im Folgenden experimentell untersucht.

5.2.1. Erzeugung elektromagnetischer Wellen

Versuch 1: Für die Experimente ist ein Hochfrequenz-Oszillator fest aufgebaut, dessen Frequenz zu $f = 434$ MHz gemessen wird. Auf den HF-Oszillator wird ein Metallstab gelegt, der in der Mitte unterbrochen ist. Die Unterbrechung ist mit einem Glühlämpchen überbrückt (**Abb. 102.1**). Am Metallstab entlang wird ein Sensor für ein hochfrequentes elektrisches Feld geführt. Der Feldsensor besteht aus einer Glimmlampe, die über einen 10 MΩ-Widerstand an die Wechselspannung des elektrischen Netzes angeschlossen ist. Die Netzspannung zündet die Glimmlampe, wegen des hohen Widerstandes leuchtet sie aber nur schwach.

Beobachtung: Das in der Mitte des Stabes eingebaute Glühlämpchen leuchtet, obwohl kein geschlossener Stromkreis besteht. Die Sensorlampe leuchtet hell auf, wenn sie an die Enden des Stabes gebracht wird.

Erklärung: Der HF-Oszillator induziert im Stab einen hochfrequenten Wechselstrom von 434 MHz, der das Glühlämpchen leuchten lässt. Im Stab ist eine elektrische Schwingung angeregt, die die Enden des Stabes periodisch positiv und negativ auflädt. Dadurch entsteht um den Stab ein hochfrequentes elektrisches Wechselfeld, dessen Feldstärke an den Stabenden besonders groß ist. Dieses Feld regt in der Glimmlampe des Sensors eine intensive Gasentladung an. ◂

> Ein zu hochfrequenten elektrischen Schwingungen angeregter Metallstab heißt **Hertz'scher Dipol.**

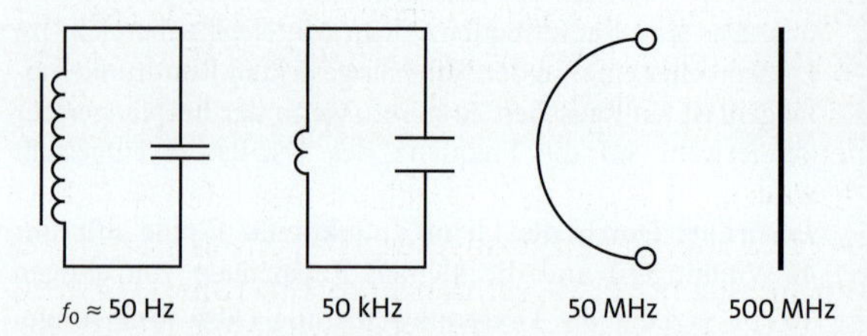

102.2 Schwingkreise mit zunehmender Eigenfrequenz

Wegen seiner Form wird der Hertz'sche Dipol als *offener* Schwingkreis bezeichnet. Es lässt sich eine lückenlose Folge von Schwingkreisen bilden, beginnend mit Schwingkreisen aus Spulen mit Eisenkern und Kondensatoren großer Kapazität, die im akustischen Frequenzbereich schwingen, bis zu Schwingkreisen im MHz-Bereich, wo die Spule nur noch aus einem Bügel und der Kondensator aus kleinen Platten besteht (**Abb. 102.2**). Beim Hertz'schen Dipol bleibt schließlich nur noch ein Metallstab als „Spule" übrig. Die Enden des Stabes bilden den „Kondensator". Die Maximalwerte von Strom und Spannung haben beim Hertz'schen Dipol die gleiche Phasendifferenz einer Viertelperiode wie bei einem niederfrequenten Schwingkreis (**Abb. 102.1**).

Versuch 2: Auf den HF-Oszillator wird ein Hertz'scher Dipol als *Sender* gelegt. Der zuerst benutzte Dipol mit Glühlampe wird als *Empfänger* in einiger Entfernung aufgestellt. Hinter den Stab mit Lampe wird ein weiterer Hertz'scher Dipol als *Reflektor* gehalten und langsam vom Empfänger weg bewegt (**Abb. 102.3**).

Beobachtung: Die Empfängerlampe leuchtet, wenn Sender- und Empfängerdipol parallel sind. Beim Entfernen des Reflektors vom Empfänger nimmt die Helligkeit der Lampe zu und erreicht bei etwa 15 bis 20 cm Abstand ein Maximum. Beim weiteren Entfernen nimmt die Hel-

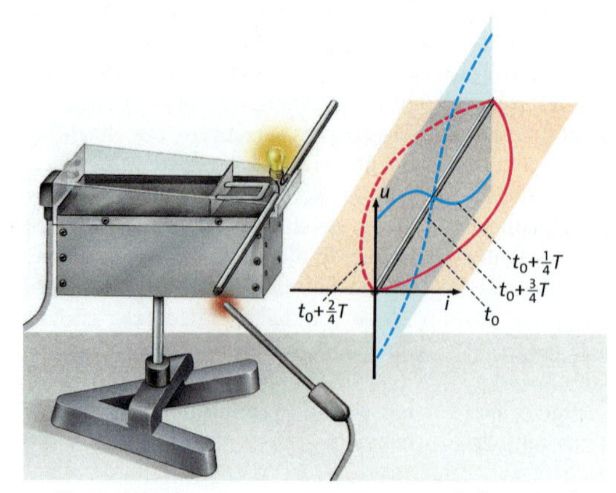

102.1 Ein zu Schwingungen angeregter Hertz'scher Dipol

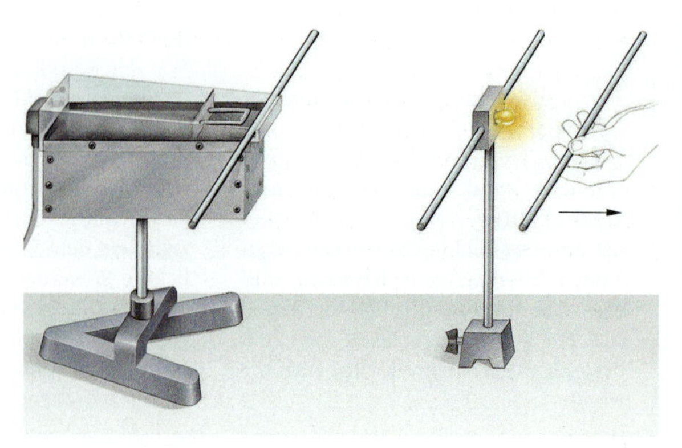

102.3 Hertz'sche Dipole als Sender, Empfänger und Reflektor

ligkeit der Lampe ab, bis sie bei 35 cm Abstand erlischt. Bei weiterem Entfernen leuchtet die Lampe wieder auf, und zwar am hellsten, wenn der Reflektor 35 cm von der Stelle entfernt ist, bei der die Lampe zuerst am hellsten leuchtete.

Erklärung: Der auf dem Oszillator liegende Sendedipol wird zu Schwingungen angeregt. Das davon ausgehende hochfrequente Feld regt den Empfängerdipol ebenfalls zu Schwingungen an, sodass dessen Lampe leuchtet.

Die Beobachtungen beim Entfernen des Reflektors können mit der Interferenz von Wellen erklärt werden (→ 5.2.3). Der Hertz'sche Dipol auf dem Oszillator sendet eine Welle aus, die sowohl vom Empfänger als auch vom Reflektor empfangen wird. Der Reflektordipol wird von der Welle zu Schwingungen angeregt und sendet – weil ohne Lampe ungedämpft – ebenfalls eine Welle aus. Diese Welle läuft zum Teil zum Sender zurück und interferiert mit der ursprünglichen Welle. Zwischen Sender und Reflektor bildet sich eine stehende Welle mit Schwingungsbäuchen und Schwingungsknoten. Wird der Reflektor bewegt, gelangt die Lampe abwechselnd in Schwingungsbäuche und Schwingungsknoten, sodass sie abwechselnd hell aufleuchtet und ausgeht.

Bäuche und Knoten haben jeweils einen Abstand von einer halben Wellenlänge, sodass sich aus $\lambda/2 \approx 35$ cm die Wellenlänge zu $\lambda \approx 0{,}7$ m ergibt. Mit der gemessenen Frequenz $f = 434$ MHz folgt aus $v = \lambda/T$ (→ S. 95) für die Ausbreitungsgeschwindigkeit

$$v = \frac{\lambda}{T} = f\lambda = 434\ \text{MHz} \cdot 0{,}7\ \text{m} \approx 3 \cdot 10^8\ \text{m/s} = c.$$ ◂

Ein Hertz'scher Dipol strahlt eine Welle ab, die sich mit Lichtgeschwindigkeit c ausbreitet.

Die in den Versuchen benutzten Hertz'schen Dipole sind etwa eine halbe Wellenlänge lang. Eine Verlängerung oder eine Verkürzung verschlechtert die Abstrahlung bzw. den Empfang. Die Hertz'schen Dipole sind demnach auf eine halbe Wellenlänge abgestimmt.

Stehende Wellen – Lecher-Leitung

Mit einer auf den deutschen Physiker Ernst Lecher zurückgehenden Versuchsanordnung kann die Welle genauer untersucht werden. Bei der sogenannten Lecher-Leitung sind zwei dünne Messingrohre parallel in 2 cm Abstand verlegt. Zur besseren elektrischen Leitfähigkeit sind die Rohre versilbert; denn bei hohen Frequenzen fließt der Strom nur an der Oberfläche, da die Induktion ein Eindringen in das Metall verhindert (sogenannter *Skineffekt*; skin, engl.: Haut). Die beiden parallelen Rohre sind an einem Ende miteinander verbunden, während das andere Ende offen ist (**Abb. 103.1**).

Versuch 3: Das kurzgeschlossene Ende der Lecher-Leitung befindet sich über dem 434 MHz-Oszillator. Vor dem offenen Ende der Leitung steht der Empfänger. Die Lecher-Leitung wird mit dem Feldsensor untersucht.

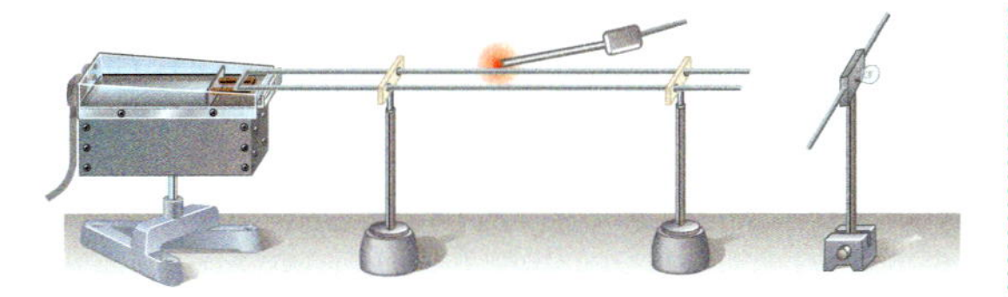

103.1 Lecher-Leitung mit Empfängerdipol

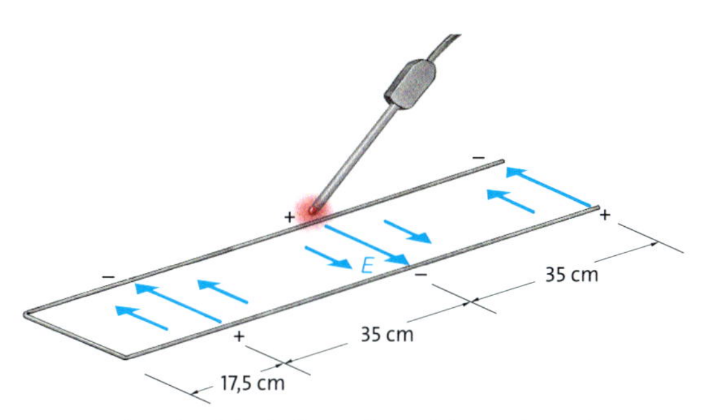

103.2 Stehende elektrische Welle auf der Lecher-Leitung

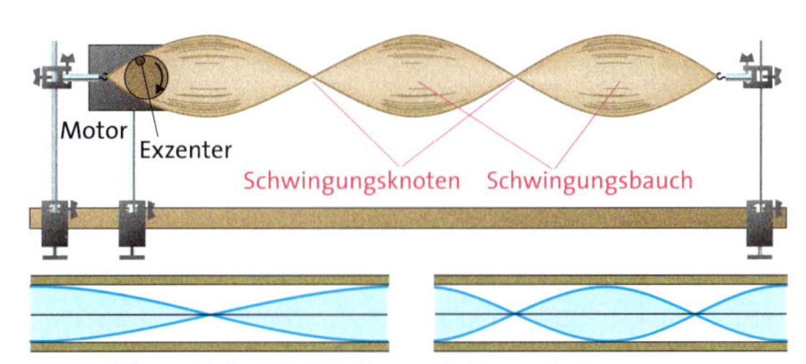

103.3 Oben stehende Wellen auf einem Seil unten stehende Wellen bei (offenen) Pfeifen

Beobachtung: Die Lampe des Empfangsdipols leuchtet am offenen Ende nicht. Die Sensorlampe leuchtet am offenen Ende und an zwei weiteren Stellen im Abstand von 35 cm. Das zweite Aufleuchten ist 17,5 cm vom geschlossenen Ende entfernt (**Abb. 103.2**).

Erklärung: Der Oszillator regt am kurzgeschlossenen Ende eine Welle an, die von den parallelen Rohren zum offenen Ende geleitet und dort reflektiert wird. Hin- und herlaufende Wellen überlagern sich zu einer stehenden Welle. Der Feldsensor weist die stehende elektrische Welle nach: Am offenen Ende und in Abständen von einer halben Wellenlänge $\lambda/2 \approx 35$ cm bilden sich Schwingungsbäuche der elektrischen Feldstärke. Am geschlossenen Ende tritt ein Schwingungsknoten auf, d. h. die elektrische Feldstärke wird am geschlossenen Ende mit dem Phasensprung π reflektiert. Am offenen Ende wird die Welle ohne Phasensprung reflektiert, sodass sich dort ein Schwingungsbauch bildet. ◂

Stehende Wellen entstehen auch in der Mechanik, z. B. bei Seilwellen, oder in der Akustik, z. B. bei Orgelpfeifen, durch Überlagerung zweier entgegengesetzt laufender Wellen mit gleicher Frequenz (**Abb. 103.3**). In festen Abständen von einer halben Wellenlänge bilden sich Schwingungsknoten und Schwingungsbäuche aus; am festen Ende entsteht ein Schwingungsknoten, am offenen Ende ein Schwingungsbauch.

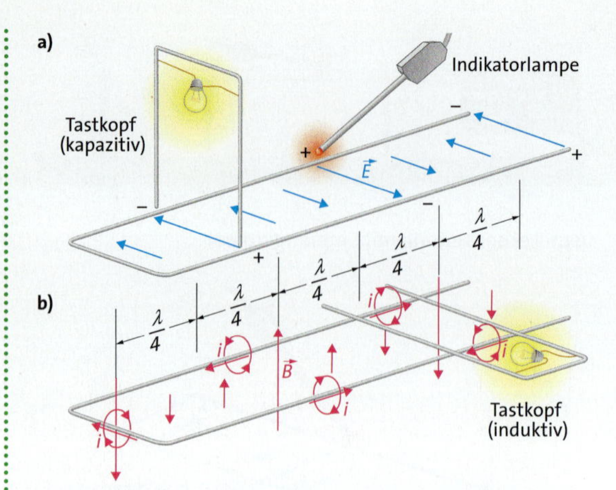

104.1 Stehende elektromagnetische Wellen auf einer Lecher-Leitung können mit einem Tastkopf nachgewiesen werden: **a)** Nachweis des elektrischen Feldes mit aufrechtem Tastkopf; **b)** Nachweis des magnetischen Feldes mit liegendem Tastkopf

Versuch 4: Mit einem Tastkopf kann die stehende Welle ebenfalls nachgewiesen werden. Der Tastkopf besteht aus einem kurzen Stück Lecher-Leitung, das eine Viertelwellenlänge misst. Mit einem offenen und einem geschlossenen Ende stellt diese kurze Lecher-Leitung einen abgestimmten Schwingkreis für die Sendefrequenz von 434 MHz dar. Zum Nachweis der Schwingung ist am geschlossenen Ende ein Glühlämpchen parallel geschaltet. Der Tastkopf wird zunächst aufrecht (**Abb. 104.1 a**), dann liegend (**Abb. 104.1 b**) über die Lecher-Leitung geführt.
Beobachtung: Wird der Tastkopf aufrecht über die Lecher-Leitung geführt, leuchtet das Glühlämpchen an den Stellen auf, an denen zuvor in Versuch 3 der Feldsensor die Schwingungsbäuche des elektrischen Feldes nachgewiesen hat.
Wird der Tastkopf liegend über die Leitung geführt, leuchtet das Lämpchen in der Mitte zwischen den Schwingungsbäuchen des elektrischen Feldes auf.
Erklärung: Befinden sich die Enden des aufrecht gehaltenen Tastkopfs in einem hochfrequenten elektrischen Feld, so regt dieses den Tastkopf zu Schwingungen an. Mit dem liegenden Tastkopf werden Schwingungsbäuche des magnetischen Feldes nachgewiesen. Ein hochfrequentes Magnetfeld vermag in dieser Stellung den Schwingkreis anzuregen, indem es den Tastkopf, der eine Spule mit einer Windung bildet, durchsetzt. Am geschlossenen Ende der Lecher-Leitung bildet sich ein Schwingungsbauch der magnetischen Feldstärke, da dort ein Strom fließen kann. Am geschlossenen Ende wird das Magnetfeld ohne Phasensprung reflektiert, während am offenen Ende ein Phasensprung um π erfolgt. ◂

Damit ist das vollständige Bild von stehenden elektromagnetischen Wellen bekannt (**Abb. 104.2**).

> Bei stehenden elektromagnetischen Wellen kann eine elektrische und eine magnetische Feldkomponente nachgewiesen werden. Die Schwingungsbäuche des elektrischen und des magnetischen Feldes sind um $\lambda/4$ gegeneinander verschoben.

5.2.2 Ausbreitung elektromagnetischer Wellen

Aus den Beobachtungen bei stehenden Wellen kann auf die Eigenschaften von laufenden elektromagnetischen Wellen geschlossen werden: Elektrischer Feldvektor $\vec{E}$ und magnetischer Feldvektor $\vec{B}$ stehen ebenso wie bei der stehenden Welle senkrecht zueinander, sind aber bei der laufenden Welle in Phase (**Abb. 104.3**). Die Ausbreitungsrichtung, die senkrecht auf $\vec{E}$ und $\vec{B}$ steht, kann mit einer *Drei-Finger-Regel* ermittelt werden: Zeigt der rechte Daumen in $\vec{E}$-, der Zeigefinger in $\vec{B}$-Richtung, so gibt der abgespreizte Mittelfinger die Richtung der Ausbreitungsgeschwindigkeit $\vec{c}$ an.

Diese Eigenschaften der elektromagnetischen Wellen sind in Übereinstimmung mit den sogenannten Maxwell'schen Gleichungen, die die Erscheinungen elektrischer und magnetischer Felder in einer einheitlichen Theorie zusammenfassen. Nach der Maxwell'schen Feldtheorie ist die Ausbreitungsgeschwindigkeit der Wellen $c = \frac{1}{\sqrt{\varepsilon_0 \mu_0}}$ gleich der Lichtgeschwindigkeit und für die Feldstärke E bzw. die Flussdichte B gilt die Beziehung $E = B\,c$.

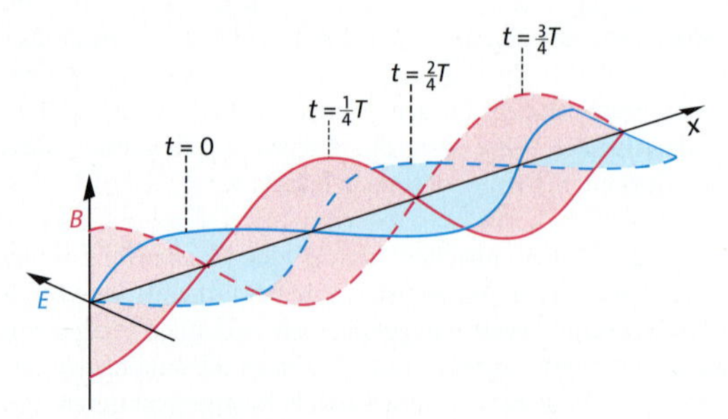

104.2 Elektrisches und magnetisches Feld einer stehenden elektromagnetischen Welle

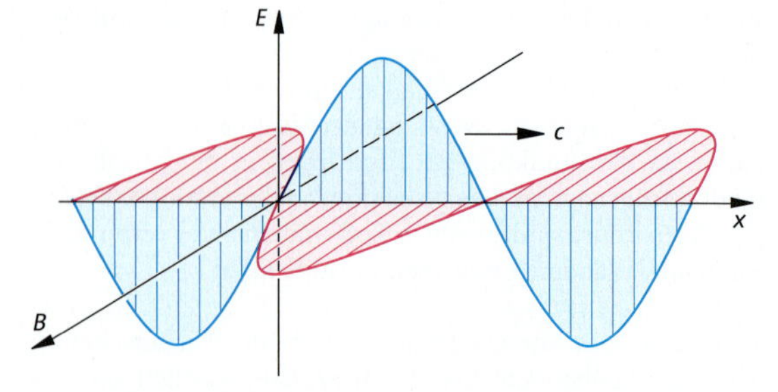

104.3 Elektrische Feldstärke E und magnetische Flussdichte B einer nach rechts laufenden elektromagnetischen Welle

In **Abb. 105.1 a)** sind Bilder von elektrischen und magnetischen Feldlinien wiedergegeben, wie sie zuerst von Heinrich HERTZ gezeichnet wurden. Zur Zeit $t = t_0$ fließt ein hochfrequenter Wechselstrom i mit maximaler Stärke in einem Dipolstab nach oben. Dieser Strom, der von einem magnetischen Feld B umgeben ist, hat nach einer Viertelschwingungsdauer die Stabenden aufgeladen. Von den unterschiedlich aufgeladenen Enden geht ein elektrisches Dipolfeld E aus, das sich ebenso wie das magnetische Feld vom Dipol mit Lichtgeschwindigkeit c entfernt. Nach einer weiteren Viertelschwingungsdauer sind die Stabenden wieder ungeladen, dafür fließt jetzt der maximale Strom in umgekehrter Richtung. Obwohl es nun keine Ladungen mehr gibt, ist das elektrische Feld nicht verschwunden: Das elektrische Feld hat sich vom Dipol abgeschnürt und bildet *geschlossene* Feldlinien, wie sie vom induzierten Feld bekannt sind (→ 4.1.3). Auch das zuerst erzeugte magnetische Feld ist nach der Stromumkehr nicht verschwunden, sondern bleibt erhalten und entfernt sich zusammen mit dem elektrischen Feld: Eine elektromagnetische Welle hat sich gebildet und breitet sich mit Lichtgeschwindigkeit aus. **Abb. 105.1 b)** zeigt die Strahlungscharakteristik des Dipols.

Gekoppelte elektrische und magnetische Felder, die sich zeitlich und räumlich sinusförmig ändern, bilden eine **elektromagnetische Welle.**
Elektromagnetische Wellen breiten sich im Vakuum mit Lichtgeschwindigkeit c aus. Dabei stehen die zueinander senkrechten Feldvektoren $\vec{E}$ und $\vec{B}$ senkrecht zur Ausbreitungsrichtung. Für die Beträge E und B der Feldvektoren gilt in jedem Moment und an jedem Ort die Beziehung

$$E = B\,c.$$

Lichtgeschwindigkeit c, elektrische Feldkonstante ε_0 und magnetische Feldkonstante μ_0 sind durch folgende Gleichung miteinander verbunden:

$$c = \frac{1}{\sqrt{\varepsilon_0 \mu_0}}$$

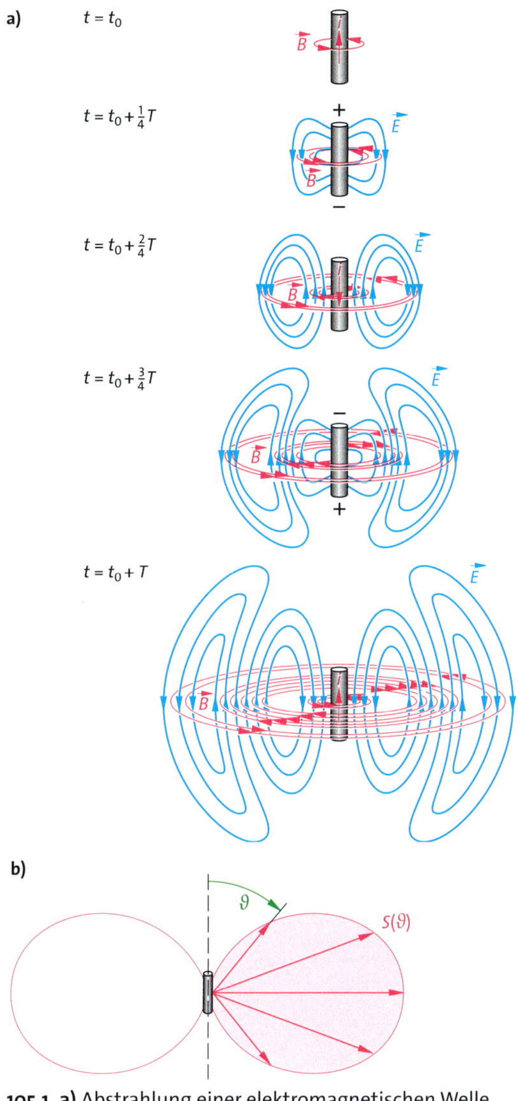

105.1 a) Abstrahlung einer elektromagnetischen Welle durch einen Hertz'schen Dipol (Die Bilder sind rotationssymmetrisch zur Dipolachse zu denken.)
b) Strahlungscharakteristik eines Hertz'schen Dipols: Die Länge der Pfeile gibt die Intensität S der Strahlung an, die der Dipol unter dem Winkel ϑ zur Dipolachse aussendet.

Aufgaben

1. Übertragen Sie die Drei-Finger-Regel auf die Abstrahlung eines Hertz'schen Dipols.
   a) In der Mitte des schwingenden Dipols ist ein Strommaximum. Erläutern Sie sein Zustandekommen.
   b) In der Mitte des schwingenden Dipols ist ein Spannungsminimum. Erläutern Sie dessen Zustandekommen.
   c) Beschreiben Sie, wie die „Spannungswelle" am Ende des Dipols reflektiert wird.
2. Bei Fernseh- und UKW-Antennen werden Hertz'sche Dipole verwendet. Berechnen Sie die Länge eines Hertz'schen Dipols, der auf den UKW-Kanal 11 ($f = 90{,}3$ MHz) abgestimmt ist.
3. Stellen Sie in einem dreidimensionalen Koordinatensystem B und E für eine sich nach links ausbreitende elektromagnetische Welle dar.
4. Stellen Sie den Verlauf von Stromstärke und Spannung bzw. Ladung längs eines schwingenden Dipols dar.

5.2.3 Mikrowellen

Versuche mit Mikrowellen sind geeignet, die Eigenschaften von elektromagnetischen Wellen zu untersuchen. Der benutzte Generator erzeugt elektrische Schwingungen mit einer Frequenz von etwa $f = 10$ GHz (1 Gigahertz = 10^9 Hz).

Versuch 1 – Erzeugung: An den Generator ist eine trichterförmige Hornantenne angeschlossen. Vor der Antenne befindet sich in einigen Metern Abstand eine Hochfrequenzdiode (HF-Diode), die mit einem Strommesser (μ A-Bereich) verbunden ist (**Abb. 106.1**).
Beobachtung: Das Messgerät zeigt einen Ausschlag, der sich bei Annäherung der HF-Diode an die Hornantenne vergrößert. Wird die aufrecht stehende Diode um die von der Hornantenne zur Diode gerichtete Achse gedreht, nimmt der Ausschlag ab und wird null bei einer Drehung um 90°.
Erklärung: Der Generator sendet über die Hornantenne eine elektromagnetische Welle aus (→ 5.2.2). Die HF-Diode besteht aus einem kleinen Drahtstück, das mit einer Spitze auf einen Halbleiter aufgesetzt ist. Die Kontaktstelle wirkt wie ein Gleichrichter. Ist der Draht parallel zum elektrischen Feldvektor gerichtet, induziert das elektromagnetische Feld im Draht einen hochfrequenten Wechselstrom. An der Kontaktstelle wird der Wechselstrom gleichgerichtet, sodass das Messgerät einen Gleichstrom anzeigt.
Wird die HF-Diode um 90° gedreht, steht der elektrische Feldvektor senkrecht zum Draht und die elektromagnetische Welle kann keinen Strom induzieren. Damit ist gezeigt, dass der Oszillator über die Hornantenne eine polarisierte Transversalwelle abstrahlt, deren Feldlinienbild in **Abb. 106.1** dargestellt ist. ◂

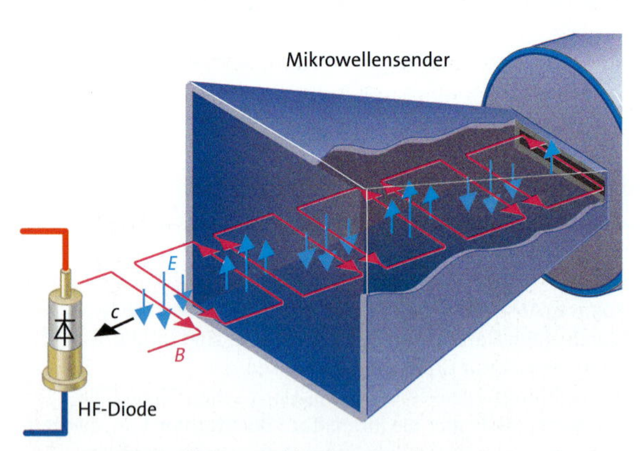

106.1 Ein HF-Oszillator strahlt über eine Hornantenne eine Mikrowelle ab, deren elektromagnetisches Feld in einer Hochfrequenz-Diode einen Strom induziert.

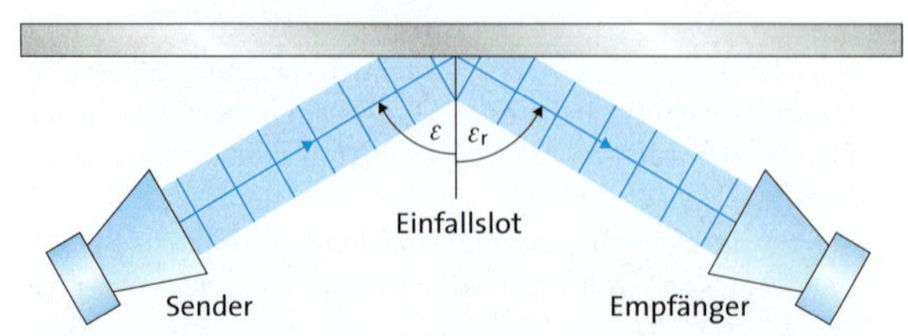

106.2 Reflexion einer Mikrowelle, die in einer Ebene senkrecht zu einer dünnen, ebenen Metallwand einfällt: Einfallswinkel ε und Ausfallswinkel ε_r sind gleich $\varepsilon = \varepsilon_r$.

Versuch 2 – Empfang: Eine HF-Diode, die in eine Hornantenne eingebaut ist, wird als Empfänger dem Oszillator gegenübergestellt (wie **Abb. 107.3 a)** ohne Gitter).
Beobachtung: Das Strommessgerät zeigt einen größeren Strom als zuvor an.
Erklärung: Die Hornantenne des Empfängers leitet die gesamte auf die Öffnung einfallende Mikrowelle zur Diode. ◂

Versuch 3 – Reflexion: Die Mikrowelle wird unter dem Winkel ε auf eine dünne, ebene Metallwand gerichtet. Schräg vor der Metallwand steht die Antenne des Empfängers (**Abb. 106.2**).
Beobachtung: Wie in Versuch 1 wird eine Mikrowelle empfangen, wobei der Einfallswinkel ε gleich dem Reflexionswinkel ε_r ist. Bei der Reflexion an der Metallwand liegen einfallende Welle, reflektierte Welle und Einfallslot in einer Ebene (wie bei der Reflexion von Licht an einem ebenen Spiegel). Die Anordnung stellt das Prinzip einer Radaranlage dar.
Erklärung: Die Mikrowelle wird an der Metallwand reflektiert. Dies geschieht dadurch, dass in der Metallwand wie zuvor beim Draht in der HF-Diode ein hochfrequenter Wechselstrom von der elektromagnetischen Welle induziert wird. Dieser Wechselstrom stellt einen großflächigen Oszillator dar, der eine elektromagnetische Welle abstrahlt. Hinter der Metallwand kann keine Welle nachgewiesen werden. Dies zeigt, dass der Wechselstrom nicht in der gesamten Platte fließt: Bei hohen Frequenzen verhindert die Induktion ein tieferes Eindringen der Welle in das Metall (*Skineffekt*). ◂

Die Einhaltung des Reflexionsgesetzes $\varepsilon = \varepsilon_r$ kann mithilfe des Huygens'schen Prinzips erklärt werden (**Abb. 107.1**).

Huygens'sches Prinzip
Jeder Punkt einer Wellenfront kann als Ausgangspunkt von Elementarwellen betrachtet werden. Die neue Wellenfront entsteht durch Überlagerung dieser Elementarwellen.

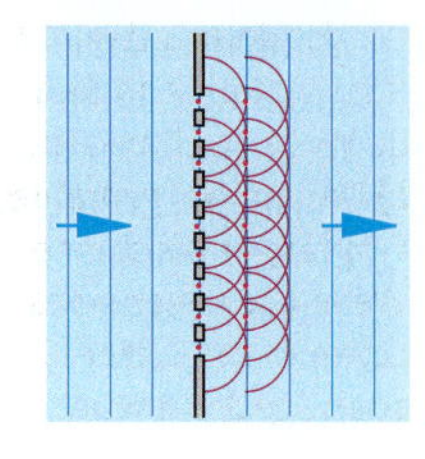

Versuch 4 – Stehende Welle: Die Mikrowelle wird senkrecht ($\varepsilon = \varepsilon_r = 0$) an einer Metallplatte reflektiert. Die Empfangsantenne wird zwischen Sender und Metallwand gebracht (**Abb. 107.2**).
Beobachtung: Vor der Wand zeigt die Empfangsantenne in unterschiedlicher Entfernung Maxima und Minima der Intensität an. Dabei ist der Abstand zwischen zwei Intensitätsmaxima bzw. -minima jeweils $\lambda/2$.
Erklärung: Die einfallende Welle und die reflektierte Welle überlagern sich. Die Reflexion an der Metallwand erfolgt dabei wie die Reflexion am festen Ende eines Seils mit dem Phasensprung π, sodass unmittelbar an der Metallwand ein Knoten des elektrischen Wechselfelds entsteht. Beim magnetischen Wechselfeld ergeben sich an den Knoten der elektrischen Feldstärke Bäuche der magnetischen Flussdichte. Dies erklärt sich daraus, dass das magnetische Wechselfeld ohne Phasensprung reflektiert wird. ◂

Versuch 5 – Polarisation: Zwischen die beiden gegenüberstehenden Hornantennen von Sender und Empfänger wird ein Gitter aus Metallstäben gebracht. Das Gitter wird in der Gitterebene gedreht (**Abb. 107.3**).
Beobachtung: Stehen die Stäbe horizontal und damit senkrecht zum elektrischen Feldvektor, zeigt sich kein Einfluss auf die Anzeige des an die HF-Diode angeschlossenen Strommessers. Stehen die Gitterstäbe vertikal und damit parallel zum elektrischen Feldvektor, wird hinter dem Gitter wie bei einer glatten Metallwand keine Mikrowelle empfangen.

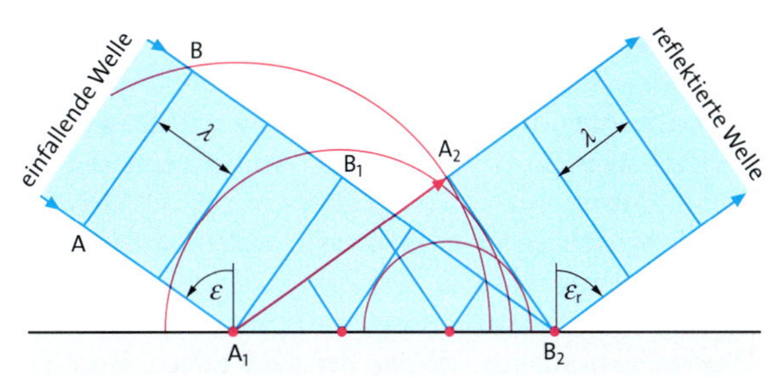

107.1 Trifft die ebene Wellenfront der Mikrowellen unter dem Winkel ε auf die Metallwand, so erreichen nicht alle Punkte der Wellenfront A_1B_1 zur selben Zeit die Grenzfläche. Während der äußerste Punkt B_1 noch nach B_2 fortschreitet, geht von jedem Punkt auf der Grenzfläche zwischen A_1 und B_2 eine Elementarwelle aus. Die Front der reflektierten Welle wird von der Einhüllenden dieser Elementarwellen gebildet. Wenn der B-Wellenrand den Punkt B_2 erreicht hat, ist die von A_1 ausgehende Elementarwelle bereits um die Strecke $\overline{A_1A_2}$ fortgeschritten. Bei gleicher Ausbreitungsgeschwindigkeit von einfallender und reflektierter Welle gilt $\overline{B_1B_2} = \overline{A_1A_2}$. Wegen der Kongruenz von $\Delta A_1B_1B_2$ und $\Delta A_1A_2B_2$ sind auch die Winkel ε und ε_r gleich.

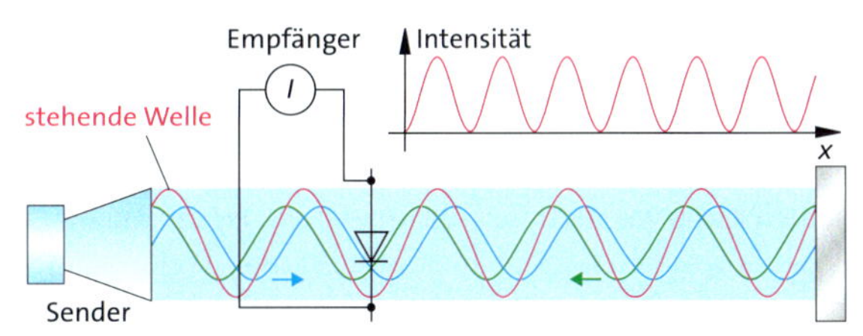

107.2 Die einfallende (blau) und die reflektierte (grün) Mikrowelle überlagern sich zu einer stehenden Welle (rot).

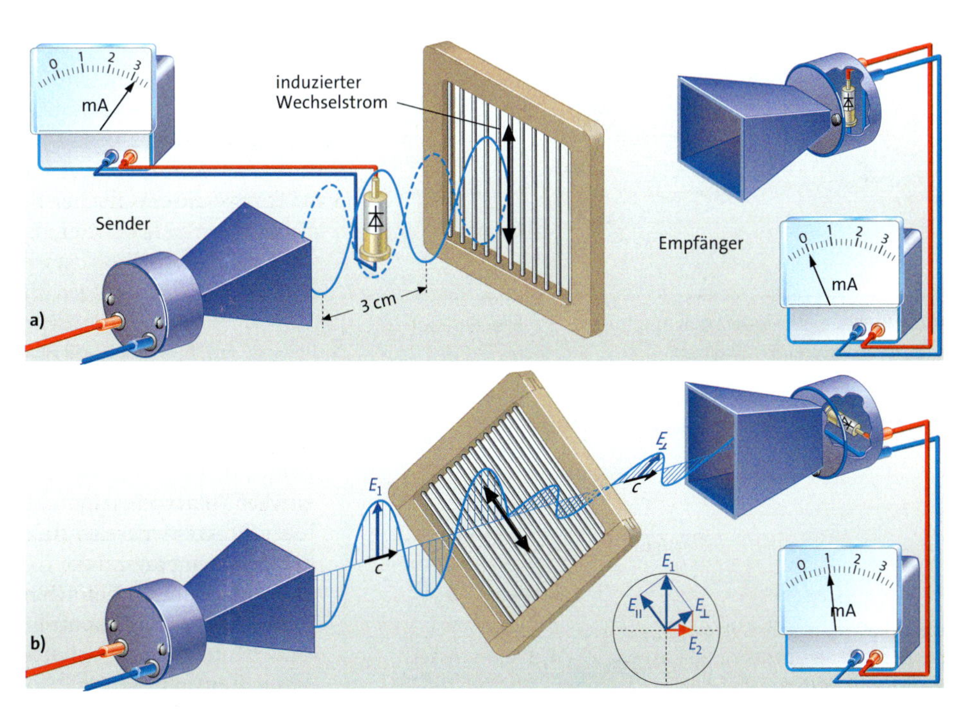

107.3 Einem Mikrowellensender mit Hornantenne steht ein Empfänger gegenüber. Zwischen beide Antennen wird ein Holzrahmen mit Metallstäben gebracht.
a) Die vertikal stehenden Gitterstäbe reflektieren die einfallende Mikrowelle, wenn deren elektrischer Feldvektor ebenfalls vertikal ausgerichtet ist. Vor dem Gitter lässt sich eine stehende Welle nachweisen.
b) Der um 90° gedrehte Empfänger weist eine Welle nach, wenn das Gitter in der Gitterebene gedreht wird.

Vor den Gitterstäben können mit einer beweglichen HF-Diode Intensitätsmaxima und -minima nachgewiesen werden, wobei die Maxima einen Abstand von 1,5 cm haben. Bei den Gitterstäben tritt ein Intensitätsminimum auf.

Erklärung: Die elektromagnetische Welle induziert bei Parallelstellung mit dem E-Vektor in den Stäben hochfrequente Wechselströme, sodass die Stäbe als Hertz'sche Dipole elektromagnetische Wellen abstrahlen (→ 5.2.1). Einfallende und zurückgestrahlte Wellen überlagern sich wie bei der Lecher-Leitung zu einer stehenden Welle. Die Intensitätsmaxima (Schwingungsbäuche) haben einen Abstand von einer halben Wellenlänge. Aus der Messung $\lambda/2 = 1{,}5$ cm folgt für die Wellenlänge der Mikrowelle $\lambda = 3$ cm. Mit der Frequenz $f = 10$ GHz kann die Ausbreitungsgeschwindigkeit der Welle berechnet werden:

$$c = f\lambda = 10 \cdot 10^9 \text{ Hz} \cdot 0{,}03 \text{ m} = 3 \cdot 10^8 \text{ m/s}$$

Es ist das gleiche Ergebnis, das sich in → Kap. 5.2.1 mit UKW-Wellen von $\lambda = 70$ cm ergab: Elektromagnetische Wellen breiten sich mit Lichtgeschwindigkeit aus.

Warum kann hinter den Gitterstäben keine Welle nachgewiesen werden, obwohl die Hertz'schen Dipole auch nach hinten abstrahlen? An den Gitterstäben tritt ein Schwingungsknoten der elektrischen Feldstärke auf, d. h. die von den Gitterstäben ausgesandte Welle hat gegenüber der ankommenden Welle den Phasensprung π. Hinter den Gitterstäben hat die ankommende und zum Teil durch die Stäbe hindurchtretende Welle mit der von den Stäben abgestrahlten Welle die Phasendifferenz π, sodass sich die beiden Wellen auslöschen. ◂

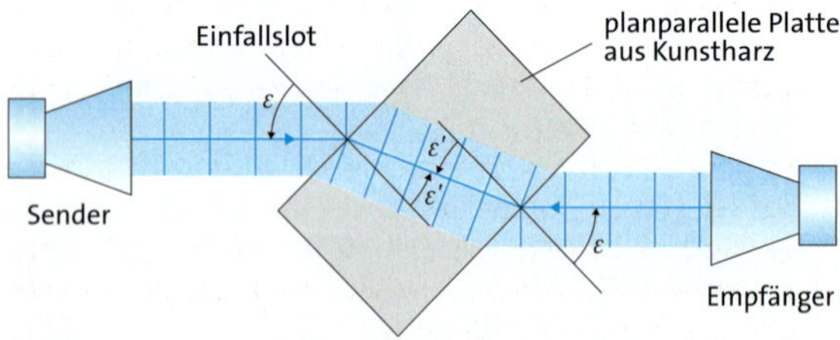

108.1 Brechung bei Mikrowellen

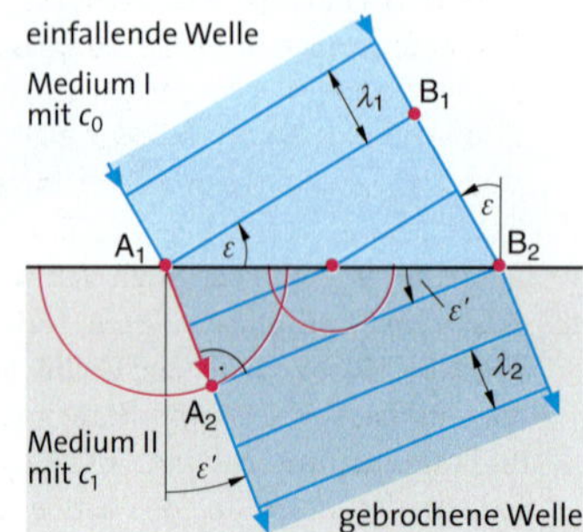

108.2 Entstehung der gebrochenen Welle nach HUYGENS

Versuch 6: Der Versuchsaufbau ist der gleiche wie in Versuch 3, die Empfängerantenne ist jedoch um 90° gedreht (**Abb. 107.3 b**).

Beobachtung: Weder bei vertikaler noch bei horizontaler Stellung der Gitterstäbe kann ein Signal nachgewiesen werden. Wird das Gitter in der Gitterebene von der vertikalen in die horizontale Stellung gedreht, ändert sich der Ausschlag am Strommesser von null bei 0° über einen maximalen Wert bei 45° wieder auf null bei 90°.

Erklärung: Die einfallende Mikrowelle kann mit einem hochfrequent schwingenden elektrischen Feldvektor $\vec{E}_1$ beschrieben werden, der in zwei Komponenten $\vec{E}_\parallel$ und $\vec{E}_\perp$ parallel und senkrecht zu den Gitterstäben zerlegt wird. Die parallele Komponente $\vec{E}_\parallel$ wird hinter dem Gitter entsprechend Versuch 4 ausgelöscht. Die senkrechte Komponente $\vec{E}_\perp$ tritt unbeeinflusst durch das Gitter. Der um 90° gedrehte Empfänger weist von $\vec{E}_\perp$ die Komponente $\vec{E}_2$ nach, die parallel zur Empfängerdiode gerichtet ist.

Versuch 7 – Brechung: Zwischen Sender und Empfänger wird eine planparallele Platte aus Kunstharz gebracht (**Abb. 108.1**).

Beobachtung: Die Mikrowellen werden durch die planparallele Platte parallel zur ursprünglichen Richtung verschoben – wie Licht.

Erklärung: Wie bei der Reflexion entsteht die neue Front der gebrochenen Welle als Einhüllende der Elementarwellen (**Abb. 108.2**). Im Kunstharz breitet sich die elektromagnetische Welle langsamer aus:

$$c_1 = \frac{1}{\sqrt{\mu\,\varepsilon}} = \frac{1}{\sqrt{\mu_r \mu_0 \varepsilon_r \varepsilon_0}} = \frac{1}{\sqrt{\varepsilon_r \mu_r}}\, c_0$$

Die gebrochene Welle schreitet in derselben Zeit, in der die einfallende Welle von B_1 nach B_2 gelangt, von A_1 nach A_2 fort. Die zurückgelegten Wege verhalten sich demnach wie die entsprechenden Geschwindigkeiten:

$$\frac{\overline{B_1 B_2}}{\overline{A_1 A_2}} = \frac{c_0}{c_1}$$

$\overline{B_1 B_2}$ und $\overline{A_1 A_2}$ lassen sich durch $\overline{A_1 B_2} \sin\varepsilon$ bzw. $\overline{A_1 B_2} \sin\varepsilon'$ ersetzen (**Abb. 108.2**); daraus ergibt sich das

Brechungsgesetz: $\dfrac{\sin\varepsilon}{\sin\varepsilon'} = \dfrac{c_0}{c_1}$

Beim Übergang vom dünneren ins dichtere Medium werden Mikrowellen zum Lot (auf der Grenzfläche) hin gebrochen, da sich die Ausbreitungsgeschwindigkeit verringert.

Die Ausbreitungsrichtungen von einfallender und gebrochener Welle und das Lot liegen in einer Ebene.

Die Frequenz ändert sich beim Übergang vom einen Medium ins andere nicht.

Versuch 8 – Beugung: Sende- und Empfangsdipol werden parallel gestellt und in ca. 50 cm Abstand so ausgerichtet, dass die vom Sender ausgehende Mikrowelle im Empfänger nicht mehr nachgewiesen werden kann. Dann werden zwischen Sender und Empfänger zwei Metallplatten mit einem Abstand von ca. 3 cm gebracht (**Abb. 109.1**).

Beobachtung: Nachdem die beiden Platten zwischen Sender und Empfänger stehen, registriert der Empfänger hinter dem Spalt ein Signal.

Erklärung: Wie bei Wasserwellen tritt aus dem Spalt eine Kreiswelle (Elementarwelle) mit gleicher Wellenlänge aus. Diese Erscheinung heißt **Beugung;** sie wurde bereits in Klassenstufe 10 bei Wasserwellen beobachtet.

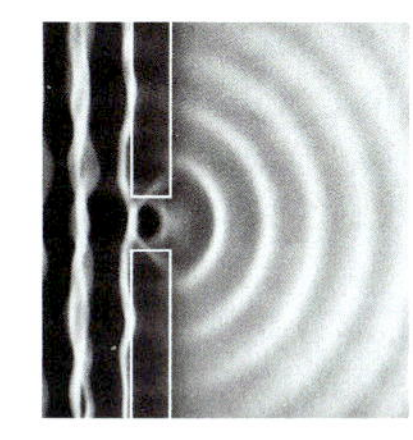

Versuch 9 – Interferenz: Drei Metallwände werden vor dem Sender so aufgestellt, dass sie zwei Spaltöffnungen von ca. 3 cm Breite freilassen, wobei ein Abstand der Spaltmitten von ca. 6 cm entsteht. Der Empfangsdipol wird so montiert, dass er in ca. 1 m Abstand vom Doppelspalt um den Punkt D drehbar ist (**Abb. 109.2**).

Beobachtung: Auf dem Halbkreis, den der Empfänger hinter dem Doppelspalt beschreibt, werden Intensitätsmaxima und -minima nachgewiesen.

Erklärung: Durch die Überlagerung von zwei Elementarwellen (Huygens'sches Prinzip), die von den beiden Spaltmitten ausgehen, ergeben sich Verstärkung und Auslöschung.

Sind die beiden Wege von den Spalten bis zum Empfänger gleich groß oder unterscheiden sie sich um geradzahlige Vielfache von $\lambda/2$, so schwingen die beiden Wechselfelder an dieser Stelle gleichphasig und es ergibt sich ein Maximum der Empfangsstromstärke:

$$\Delta s = 2k\frac{\lambda}{2} \quad \text{mit } k \in Z$$
(Bedingung für Intensitätsmaxima)

Unterscheiden sich die Wege um ungeradzahlige Vielfache von $\lambda/2$, so schwingen die beiden Wechselfelder gegenphasig und es ergeben sich Minima der Empfangsstromstärke:

$$\Delta s = (2k-1)\frac{\lambda}{2} \quad \text{mit } k \in Z$$
(Bedingung für Intensitätsminima)

Mit $\Delta s = b \sin\alpha$ ergibt sich für Intensitätsmaxima

$$b \sin\alpha = k\lambda.$$ ◂

Mikrowellen, deren Wellenlängen λ die Größenordnung Zentimeter besitzen, zeigen die typischen Wellenmerkmale Polarisation, Brechung, Reflexion, Beugung und Interferenz.

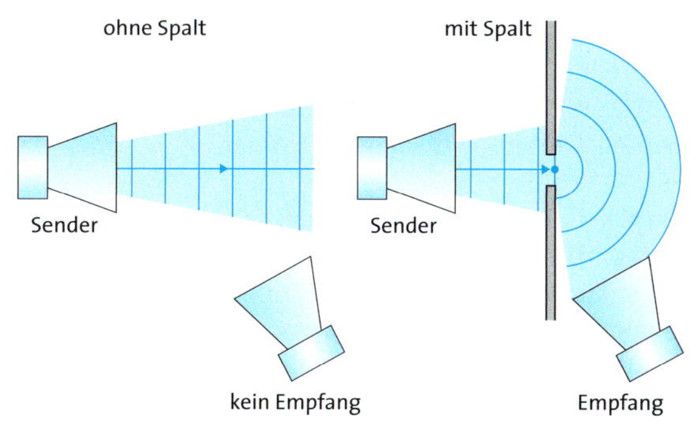

109.1 Beugung von Mikrowellen an einem schmalen Spalt

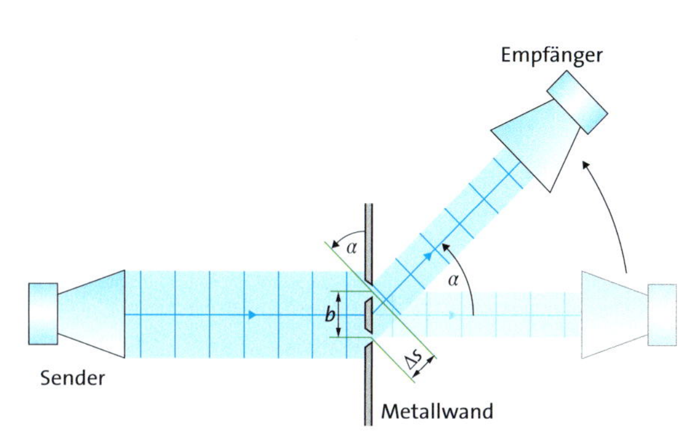

109.2 Interferenz von Mikrowellen

Aufgaben

1. Bei einer an einer Metallwand reflektierten Welle beträgt der Abstand der Intensitätsmaxima 1,24 cm. Berechnen Sie die Wellenlänge und die Frequenz der Mikrowelle.

*2. In → **Abb. 107.3 b)** sei α der Drehwinkel des Gitters gegenüber dem Vektor E_1 der einfallenden Welle. Geben Sie die nachgewiesene Feldkomponente E_2 als Funktion des Drehwinkels α und des Vektors E_1 an. Skizzieren Sie das Ergebnis in einem α-E-Diagramm.

3. Der Doppelspaltversuch dient als ein möglicher Nachweis für den Wellencharakter der Dipolstrahlung.
   a) Beschreiben Sie Anordnung und Durchführung des Doppelspaltversuchs. Welche Bedingungen müssen dabei Sende- und Empfangsdipol erfüllen?
   b) Leiten Sie für die Maxima der Empfangsstromstärke die Gleichung zur Berechnung der Wellenlänge der Dipolstrahlung in Abhängigkeit von den Messgrößen des Versuchs her. Erklären Sie an einer Zeichnung, in der diese Größen gekennzeichnet sind, wie die Maxima zustande kommen.
   c) Berechnen Sie den Winkel zwischen den Punkt Maxima 0 und 1. Ordnung bei einer Wellenlänge von 1,6 cm und einem Spaltabstand von 3,2 cm. Erläutern Sie, ob das Maximum 2. Ordnung noch nachgewiesen werden kann.

4. Auf ein optisches Gitter mit der Gitterkonstanten $b = 1{,}0 \cdot 10^{-5}$ m fällt senkrecht gelbes Natriumlicht der Wellenlänge $\lambda = 590$ nm. Berechnen Sie den Abstand des 1. Hauptmaximums von 0. Hauptmaximum auf einem Schirm, der $d = 3{,}5$ m vom Gitter entfernt ist.

5.2.4 Rundfunktechnik

Mit elektromagnetischen Wellen können Radio- und Fernsehprogramme übertragen werden.

Versuch 1: Einem Hochfrequenzoszillator in Dreipunktschaltung (→ **Abb. 101.2**) ist ein Modulationsteil hinzugefügt (**Abb. 110.1**). Mit dem Drehkondensator kann die Sendefrequenz des Oszillators auf Werte zwischen 650 und 1000 kHz eingestellt werden. In einem auf die Sendefrequenz eingestellten Mittelwellenradio rauscht der Lautsprecher.

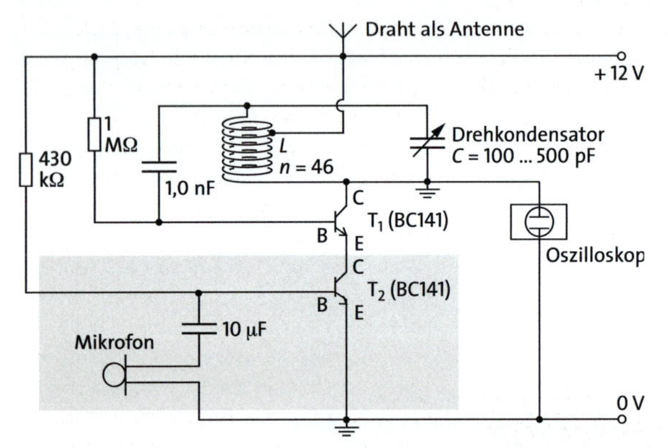

110.1 Dem Hochfrequenzoszillator in Dreipunktschaltung (→ **Abb. 101.2**) ist eine Modulationsschaltung hinzugefügt (grau unterlegt).

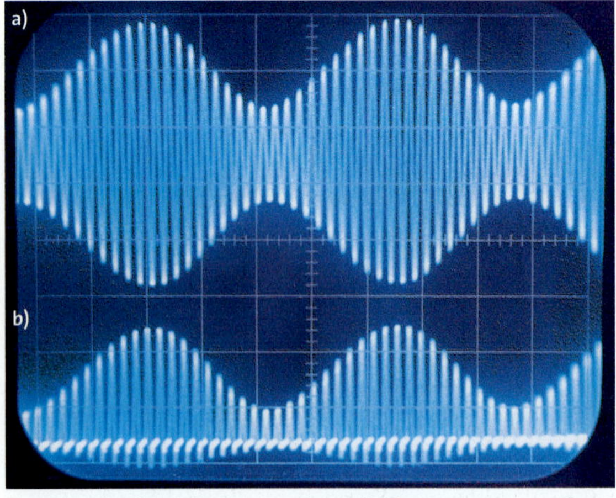

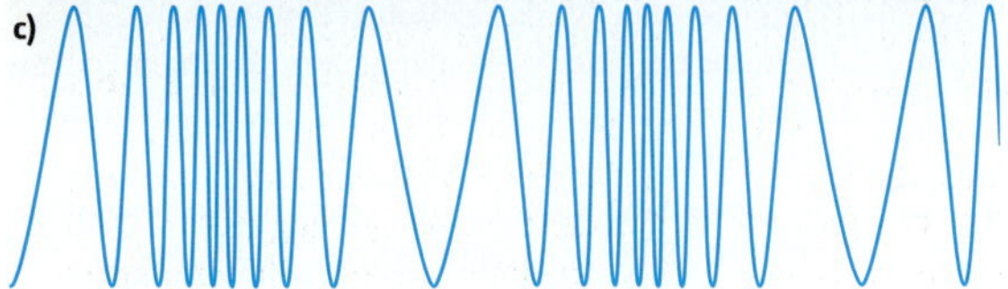

110.2 a) Amplitudenmodulierte Schwingung
b) Gleichgerichtete amplitudenmodulierte Schwingung
c) Frequenzmodulierte Schwingung

Beobachtung: Wird in das Mikrofon des Modulationsteils gesprochen, ist die Stimme im Rundfunkempfänger zu hören. Das Oszilloskop zeigt, dass die Amplitude der Oszillatorschwingung nicht mehr konstant ist, sondern sich mit der Sprache ständig ändert.
Erklärung: Der Oszillator sendet eine elektromagnetische Welle aus, die das Radiogerät empfängt. Die Welle ist *amplitudenmoduliert*, wie das Beispiel in **Abb. 110.2 a)** zeigt. Dabei wird die Amplitude der sogenannten *Trägerwelle* von einer akustischen Schwingung periodisch verändert. Im Versuch wird dies erreicht, indem das Modulationsteil die am Oszillator anliegende Gleichspannung periodisch verändert: Im Mikrofon wird eine Wechselspannung induziert, die einen Wechselstrom über den 10 µF-Kondensator und die (BE)-Strecke des Transistors T_2 fließen lässt. Dadurch wird der Widerstand der (CE)-Strecke und damit die Spannung U_{CE} über dem Transistor T_2 periodisch verändert. Ist U_{CE} groß, so ist die Spannung am Oszillator klein und umgekehrt, denn die Summe beider Spannungen ergibt die angelegte Gleichspannung. Mit der periodischen Änderung der Spannung am Oszillator ändert sich periodisch die abgestrahlte Leistung.
Im Rundfunkempfänger regt die mit einer Antenne empfangene elektromagnetische Welle einen auf die Frequenz der Trägerwelle abgestimmten Schwingkreis zu hochfrequenten Schwingungen an. Nach Gleichrichten der hochfrequenten Wechselspannung des Schwingkreises ergibt sich die in **Abb. 110.2 b)** aufgezeichnete Spannung. Wird die gleichgerichtete Spannung mit einem Kondensator *geglättet*, so verschwinden die hochfrequenten Änderungen und die verbleibende niederfrequente Wechselspannung kann verstärkt und mit einem Lautsprecher hörbar gemacht werden. ◂

Die Amplitudenmodulation (AM) wird bei Langwellen (Wellenlänge 10 km – 1 km), Mittelwellen (1 km – 100 m) und Kurzwellen (100 m – 10 m) sowie bei Fernsehwellen (Wellenlänge etwa 1 m) angewandt. Ultra-Kurz-Wellen (UKW), deren Wellenlängen von 3,4 m bis 2,8 m reichen, werden *frequenzmoduliert* (FM), indem die *Trägerfrequenz* im Takt der Tonschwingung vergrößert und verkleinert wird (**Abb. 110.2 c**).

Aufgaben

1. Im Langwellenbereich (148 bis 283 kHz) und im Mittelwellenbereich (526 kHz bis 1606 kHz) muss ein Störabstand von 10 kHz eingehalten werden. Bestimmen Sie die maximale Anzahl der in einem bestimmten Gebiet möglichen Sender in den beiden Sendebereichen.
2. Erklären Sie, weshalb die Frequenzmodulation von Intensitätsschwankungen weniger beeinträchtigt wird als die Amplitudenmodulation.

Exkurs

Rundfunk und Fernsehen in Deutschland

Die Geschichte des Rundfunks begann 1888, als HERTZ durch Funkenentladungen die von MAXWELL theoretisch vorhergesagten elektromagnetischen Wellen erzeugte. Im Jahre 1901 stellte der italienische Funktechniker G. MARCONI die erste Funkverbindung über den Atlantik her. Auf Neufundland (Kanada) konnte er Morsezeichen empfangen, die in England ausgesandt wurden. 1917 führten H. BREDOW und A. MEISSNER die ersten Versuche mit Röhrensendern durch und 1923 konnte die Eröffnung des deutschen Rundfunks erfolgen. Erstmals strahlte die *Deutsche Stunde, Gesellschaft für drahtlose Belehrung und Unterhaltung mbH* regelmäßig ein Programm aus.

Lang-, Mittel- und Kurzwellen haben wegen ihrer eingeschränkten Übertragungsqualität ihre frühere Bedeutung verloren. Bei einer Hörfunksendung sollte der Sender mit dem gesamten akustischen Frequenzbereich von etwa 25 Hz bis 20 kHz moduliert werden. Der Sender strahlt dann aber nicht mehr allein Wellen mit der Trägerfrequenz f aus, sondern sendet ein *Frequenzband* der Breite (f – 20 kHz) bis (f + 20 kHz). Damit stellt sich das Problem, dass Sender genügend große *Bandabstände* haben müssen, um sich nicht gegenseitig zu stören. Wegen der großen Anzahl von Sendern, die in Europa ihren Betrieb aufnahmen, wurden in internationalen *Wellenplänen* die Trägerfrequenzen festgelegt und die *Kanalbandbreite* auf 9 kHz beschränkt. Damit beträgt die höchste akustische Modulationsfrequenz 4,5 kHz, womit Sendungen nach heutiger *High Fidelity Norm* nicht möglich sind.

Bei Ultra-Kurz-Wellen (UKW), deren Band von 87,5 MHz bis 108 MHz reicht, besteht dieses Problem nicht, da die festgelegte Kanalbandbreite 300 kHz beträgt. Diese Kanalbreite ist möglich, weil sich UKW-Sender weniger gegenseitig stören. UKW-Wellen werden nicht wie Langwellen als Bodenwelle um die Erde gebeugt und nicht wie Kurzwellen an der elektrisch leitenden D-Schicht der Ionosphäre reflektiert. Der UKW-Empfang endet an der Horizontlinie ebenso wie der Empfang der noch kürzeren Fernsehwellen.

Für die Ausstrahlung von Fernsehprogrammen stehen in Deutschland die Frequenzen 174 MHz bis 224 MHz (1,7 m – 1,3 m, Kanäle 5 – 12) und die Frequenzen 470 MHz bis 790 MHz (0,64 m – 0,38 m, Kanäle 21 – 61) zur Verfügung. Die Kanalbreite beträgt wegen der hohen Übertragungsrate 8 MHz. Bei der PAL-Norm mit 576 Zeilen und 720 Linien hat das Fernsehbild eine Wiederholrate von 25 Bilder/s. Damit sind $576 \cdot 720 \cdot 25$ Impulse/s = 10 368 000 Impulse/s zu übertragen, entsprechend 10,4 MHz.

Das Mobilfunknetz wird bei noch höheren Frequenzen betrieben; das D-Netz bei 900 MHz (λ = 33,3 cm) und das E-Netz bei 1800 MHz (16,7 cm).

Nach dem Zweiten Weltkrieg wurde im Jahre 1950 der regelmäßige Fernsehbetrieb aufgenommen, 1967 wurde das Farbfernsehen eingeführt.

Neben der ursprünglichen *terrestrischen* Ausstrahlung und dem Empfang über Antenne erfolgte seit 1978 der Ausbau des Kabelnetzes. Größere Bedeutung hat inzwischen die Ausstrahlung über geostationäre Satelliten erlangt. Als *Transponder* empfangen diese in 36 000 km Höhe Sendungen von Bodenstationen, um sie verstärkt über ganze Erdteile auszustrahlen. Das für den deutschen Sprachraum zuständige ASTRA-Satelliten-System besteht aus acht Satelliten, die alle auf der Orbitalposition 19,2° Ost kopositioniert sind. Dadurch können alle mit nur einer Parabolantenne empfangen werden.

Einer Revolution kam die Entwicklung der *digitalen* Übertragungstechnik gleich. Dabei werden die kontinuierlichen Schwingungen eines Bild- oder Tonsignals in schneller Folge abgetastet. Die jeweilige Höhe der Schwingung wird an der betreffenden Stelle gemessen und durch Zahlenfolgen dargestellt, die dann ähnlich wie Computerdaten übertragen werden.

Durch *Datenkompression* und *Datenreduktion* kann die Übertragungsbandbreite wesentlich reduziert werden. Durchgesetzt hat sich ein von der *Motion Picture Expert Group* (MPEG), einer internationalen Expertengruppe aus Universitäten und Firmen, vorgeschlagenes Verfahren. Es überträgt nicht jedes der 25 Bilder/s neu, sondern beschreibt möglichst viele Bildteile allein durch die *Differenz* des Bildinhaltes zum vorherigen Bild. Damit wird eine Datenreduktion erreicht, die es möglich macht, eine größere Anzahl von Sendern in einem bestimmten Frequenzband unterzubringen. Während ein analoger Sender einen ganzen Fernsehkanal benötigt, finden mit der Digitaltechnik bis zu zehn Fernsehprogramme darin Platz. Werden nur drei oder vier Programme untergebracht, kann deren Übertragungsqualität erhöht werden, sodass Fernsehen in DVD-Qualität möglich wird. Auch das 2005 gestartete hochauflösende HDTV (High Definition Television) mit 1080 Zeilen und 1920 Linien und damit über 2 Mio. Bildpunkten (415 000 bei PAL) kann nur mit der Digitaltechnik realisiert werden.

Mit der Einführung des DVB-T (Digital Video Broadcasting-Terrestrial) hat auch die Digitalisierung des terrestrischen Übertragungswegs begonnen. Da nun je Fernsehkanal mehrere Programme übertragen werden können, kann künftig das vergrößerte Programmangebot überall auch über Antenne empfangen werden. Dies ist notwendige Voraussetzung, um wie von der Bundesregierung geplant 2010 das gesamte analoge Rundfunknetz abschalten zu können.

5.2.5 Licht als elektromagnetische Welle

Die Optik galt lange Zeit als selbstständiges Gebiet der Physik. Heute ist die Optik – genauer die Wellenoptik – ein Teilgebiet der Elektrizitätslehre, so wie die Akustik ein Teilgebiet der Mechanik ist. Dass Licht als Welle aufgefasst werden kann, muss durch Beobachtung typischer Welleneigenschaften wie Interferenz, Beugung oder Polarisation belegt werden.

Die Lichtgeschwindigkeit

Ein Lichtstrahl stellt einen kontinuierlichen Energiestrom dar, der zunächst keinerlei Hinweis auf eine endliche Ausbreitungsgeschwindigkeit des Lichtes liefert. Nur durch eine Unterbrechung des Strahls kann erkannt werden, ob die damit verbundene Änderung der Intensität beim Beobachter sofort oder verzögert auftritt.
Olaf ROEMER benutzte 1667 die Unterbrechungen des Lichts vom innersten Jupitermond Jo, die es bei seinen Verfinsterungen erfährt. Als Messstrecke stand ihm dabei der ganze Durchmesser der Erdbahn um die Sonne zur Verfügung.

Um die Messung der Lichtgeschwindigkeit c mit irdischen Maßstäben durchführen zu können, müssen die Unterbrechungen mit höherer Frequenz erfolgen. Hippolyte FIZEAU ließ 1849 hierzu einen Lichtstrahl durch die Lücken eines Zahnrades laufen, Leon FOUCAULT benutzte 1869 zum selben Zweck einen schnell rotierenden Spiegel. Heute lässt sich eine solche Unterbrechung elektronisch erzeugen.

Versuch 1: In einer modernen Version des Fizeau-Versuchs sendet eine rote Leuchtdiode regelmäßig sehr kurze Lichtpulse aus (**Abb. 112.1**). Sie werden durch eine Linse gebündelt und teilweise von einem nahen Spiegel und teilweise von einem entfernten Spiegel reflektiert. Das reflektierte Licht fällt dann über einen Strahlteiler auf die Empfangsdiode. Mit einem Oszilloskop lässt sich die Zeitdifferenz zwischen beiden Pulsen messen und zusammen mit dem Abstand der Spiegel die Lichtgeschwindigkeit bestimmen. Ihr Wert erweist sich dabei als ebenso groß wie die Ausbreitungsgeschwindigkeit elektromagnetischer Wellen (→ 5.2.1). ◄

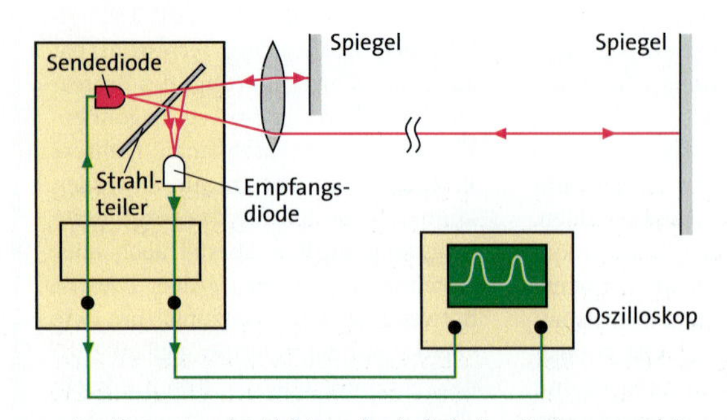

112.1 Bestimmung der Lichtgeschwindigkeit mit einer gepulsten Leuchtdiode. Die Laufzeit des Lichtes zwischen den beiden Spiegeln lässt sich direkt messen.

Die Ausbreitungsgeschwindigkeit elektromagnetischer Wellen und des Lichtes im Vakuum ist heute eine der am genauesten bekannten Naturkonstanten. Seit 1983 ist der Wert der Lichtgeschwindigkeit durch den Kongress für Maße und Gewichte als unveränderliche Konstante *festgelegt* – und zwar ohne Fehlerangabe. Damit soll einerseits vermieden werden, dass die Entfernungsangaben in der Astronomie, die über die Laufzeit des Lichtes gemessen werden, bei jeder neuen Messung der Lichtgeschwindigkeit aktualisiert werden müssten. Andererseits konnte damit die SI-Einheit Meter, die nicht wie die Sekunde über Naturkonstanten definiert werden kann, über die Lichtgeschwindigkeit und die Zeit definiert werden.

> Die Ausbreitungsgeschwindigkeit von elektromagnetischen Wellen und von Licht im Vakuum ist gleich groß. Ihr durch Festlegung definierter Wert ist
>
> $c = 299\,792\,458\ \frac{\text{m}}{\text{s}}$.

Die Lichtgeschwindigkeit ist nach der Relativitätstheorie die größte Geschwindigkeit, die in der Natur auftreten kann. In einer Sekunde könnte das Licht ca. $7\frac{1}{2}$-mal um den Erdäquator oder fast einmal bis zum Mond laufen.
Dieser Wert von c war der erste Hinweis darauf, dass auch das Licht eine elektromagnetische Welle ist. Im Weiteren wird untersucht werden, ob die Eigenschaften des Lichtes durch das Wellenmodell hinreichend beschrieben werden können.

Aufgaben

1. In Versuch 1 wird bei einem Spiegelabstand von 6,35 m eine Zeitdifferenz von 42 ns zwischen den beiden Signalen gemessen. Berechnen Sie die Lichtgeschwindigkeit c.
2. In der Astronomie werden die Strecken, die das Licht in bestimmten Zeiten zurücklegt, als Längenmaße verwendet. Berechnen Sie die Strecken „Lichtsekunde", „Lichtstunde" und „Lichtjahr". Bestimmen Sie in diesen Einheiten die Entfernungen von der Erde zur Sonne, sowie von der Sonne zum Jupiter, zum Pluto und zum nächsten Fixstern Proxima Centauri (α Centauri; $e = 4{,}04 \cdot 10^{16}$ m).

*3. Die Übertragung eines Basketballspiels erfolgt per Satellit von USA nach Deutschland. Die Nachricht legt dabei einen Weg von 14 800 km zurück. Berechnen Sie die Zeit, die das Signal von USA nach Europa benötigt.

Polarisiertes Licht

Elektromagnetische Wellen sind Transversalwellen, die sich mit Lichtgeschwindigkeit ausbreiten (→ 5.2.2). Wenn auch Licht eine elektromagnetische Welle ist, muss sich auch die Polarisation der Lichtwellen nachweisen lassen.

Versuch 1: Ein paralleles Lichtbündel fällt auf einen Schirm durch zwei Polarisationsfilter. Diese müssen so aufgestellt sein, dass sie um die optische Achse des Lichtbündels drehbar sind (**Abb. 113.1**).
Beobachtung: Stehen beide Filter in ihrer Drehrichtung parallel zueinander – kenntlich an den Zeigern –, so ist die Intensität des durchgelassenen Lichts maximal. Wird dann eines der Filter gedreht, so sinkt die Intensität. Das Licht wird ausgelöscht, wenn die Zeiger gekreuzt sind. Steht das zweite Filter parallel zum ersten, bleibt die Vorzugsrichtung erhalten. Wird das zweite Filter gegenüber dem ersten um 90° gedreht, gelangt das Licht nicht mehr durch das Filter.
Deutung: Offenbar besitzt das Licht nach dem Durchgang durch das erste Filter senkrecht zu seiner Ausbreitungsrichtung eine Vorzugsrichtung. Wäre das Licht eine Longitudinalwelle, dann dürfte die Stellung des zweiten Filters keine Auswirkung auf die Durchlässigkeit haben. Folglich ist das Licht ein transversaler Wellenvorgang. ◂

Erklärung: Von vorne betrachtet nimmt die Richtung des Schwingungsvektors in sehr schneller Folge alle möglichen Werte an (**Abb. 113.1 a**). Der Schwingungsvektor ist der Vektor der elektrischen Feldstärke.
Licht wird von einzelnen Atomen erzeugt, die unabhängig voneinander Lichtwellen in den verschiedensten Schwingungsebenen erzeugen. Sobald ein Atom beginnt, Licht auszusenden oder die Aussendung beendet, ändert sich die Lage des resultierenden Schwingungsvektors undefiniert. Im Licht üblicher Lichtquellen erfolgen diese Änderungen so schnell (etwa alle 10^{-8} s), dass normale Lichtempfänger und auch das Auge diesen Änderungen nicht folgen können.

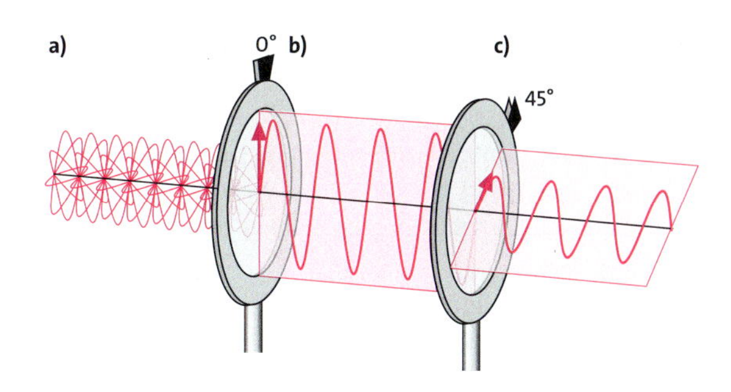

113.1 a) In natürlichem Licht ändert sich die Richtung der Schwingungsvektoren in schneller Folge. **b)** Ein Polarisationsfilter („Polarisator") lässt nur eine Komponente von ihnen, und zwar insgesamt deren Summe, durch. **c)** Ein zweites Polarisationsfilter („Analysator") lässt davon wiederum nur eine einzige Komponente des neuen Schwingungsvektors passieren.

Ein Polarisationsfilter lässt immer nur die Komponente eines Schwingungsvektors passieren, die in Richtung einer durch die Struktur des Filters vorgegebenen Vorzugsrichtung („Polarisationsrichtung") liegt (**Abb. 113.1 b, c**). Das Licht ist daher nach dem Durchgang in dieser Richtung linear polarisiert.
Bei den entsprechenden Versuchen mit Mikrowellen (→ **Abb. 107.3**) wirkt das erste Filter als **Polarisator,** das zweite als **Analysator.** Stehen Polarisator und Analysator senkrecht zueinander, kann kein Licht mehr durch die Anordnung gelangen.

> Licht ist ein transversaler Wellenvorgang. Im Licht einer normalen Lichtquelle sind die Schwingungsebenen der verschiedenen Wellen regellos über alle Richtungen verteilt.

Wird Versuch 1 mit einem Laser durchgeführt, so genügt ein Polarisationsfilter.

> Laserlicht ist in der Regel linear polarisiert.

Exkurs

Polarisationsfolien – Das Polaroid®-Verfahren

Die Polarisationsfolien, die heute meistens zur Herstellung von polarisiertem Licht benutzt werden, beruhen auf einer Erfindung von E. L. LAND (Polaroid®, 1938).
Bei ihrer Herstellung wird eine Plastikfolie, die aus langen, kettenförmigen Kohlenwasserstoffmolekülen besteht, in einer Richtung stark auseinandergezogen. Dadurch richten sich die Moleküle in Richtung der Dehnung parallel aus. Dann wird die Folie in eine Iod-Lösung getaucht. Das Iod heftet sich an die Moleküle an und macht sie in ihrer Längsrichtung elektrisch leitfähig. Senkrecht zur Molekülrichtung kann hingegen kein Strom fließen. Die Anordnung ähnelt somit einem Drahtgitternetz, wie es in → **Abb. 107.3** beim analogen Versuch mit Mikrowellen verwendet wurde.

Wie bei den Mikrowellen wird die elektrische Feldkomponente in Richtung der Molekülachsen absorbiert, senkrecht dazu aber kaum abgeschwächt.

5.2.6 Beugung und Interferenz am Doppelspalt

Mit seinem berühmten Doppelspaltversuch hat Thomas Young (1773–1812) die von ihm vermutete Welleneigenschaft des Lichts 1802 erstmals experimentell bestätigen können.

Versuch 1: Der aufgeweitete Strahl des roten Lichts eines Lasers fällt auf einen Doppelspalt und von dort auf einen in einiger Entfernung stehenden Schirm.
Beobachtung: Auf dem Schirm entsteht das für den Laser typische Interferenzmuster aus roten Lichtflecken in gleichen Abständen, deren Intensität nach außen geringer wird (**Abb. 114.2 a**). ◄

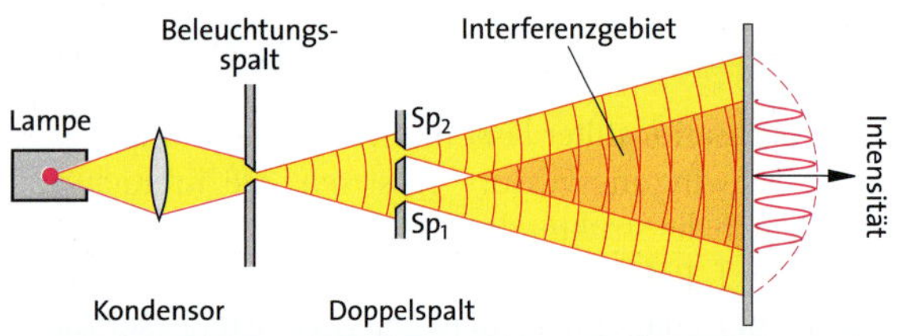

114.1 Schematische Darstellung des Young'schen Doppelspaltversuchs. Der Kondensor leuchtet den Beleuchtungsspalt aus.

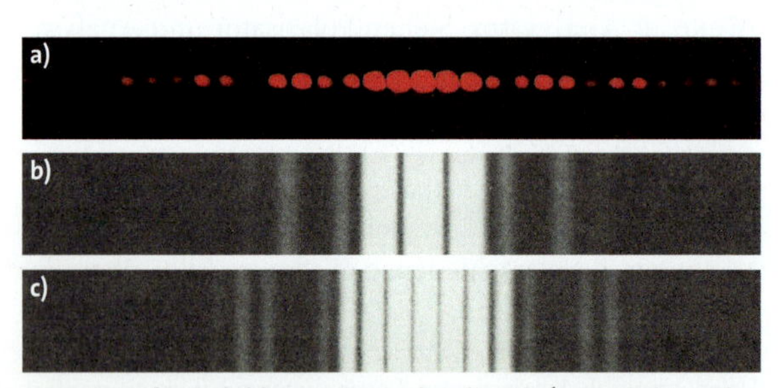

114.2 Interferenzbilder am Doppelspalt mit **a)** Laserlicht und **b), c)** weißem Licht. Die Interferenzbilder sind abhängig vom Abstand der beiden Spalte und von ihrer Breite.

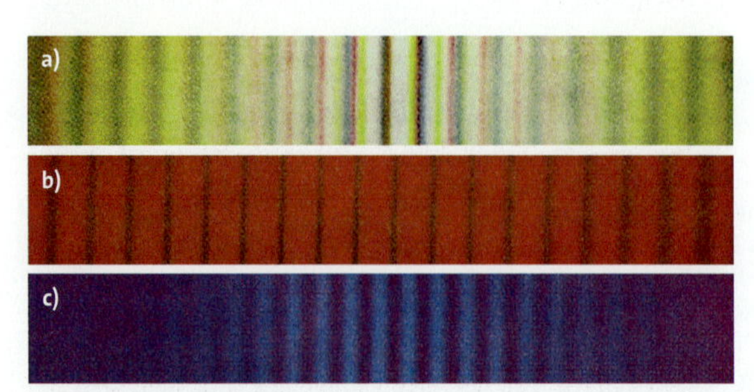

114.3 Interferenzbilder am Doppelspalt unter gleichen geometrischen Bedingungen bei Verwendung von **a)** weißem, **b)** rotem und **c)** blauviolettem Licht. Das Streifenmuster würde in **Abb. 114.2** im hellen Mittelteil liegen.

Versuch 2: Der Versuch wird mit einer Lichtquelle von „weißem" Licht wiederholt (**Abb. 114.1**). Das Licht fällt von dem durch einen Kondensor beleuchteten Beleuchtungsspalt auf den Doppelspalt.
Beobachtung: Das ursprünglich scharfe Bild des Beleuchtungsspaltes ist beim Einfügen des Doppelspaltes stark verbreitert und nicht mehr scharf begrenzt. Der helle Bereich in der Mitte ist in breitere helle und schmalere dunkle Streifen von je gleichem Abstand eingeteilt (**Abb. 114.2 b), c)**). Je kleiner der Abstand der Öffnungen des Doppelspalts (Spaltabstand) ist, desto weiter liegen die Streifen auseinander. Bei genauerer Betrachtung des hellen Bereichs haben die hellen Streifen im weißen Licht farbige Ränder (**Abb. 114.3 a**). Bei Verwendung eines Farbfilters sind die blauen Streifen schmaler als die roten (**Abb. 114.3 b),c)**). ◄

Erklärung: Im **Wellenmodell** findet der Young'sche Doppelspaltversuch seine Erklärung. Die Verbreiterung des erwarteten Spaltbildes kommt durch *Beugung* zustande, die abwechselnd hellen und dunklen Streifen entstehen durch *Interferenz.*

Damit lässt sich dem Licht eine (wenn auch sehr kleine) Wellenlänge zuordnen. Sie ist für blaues Licht kleiner als für rotes, denn die blauen Interferenzstreifen liegen enger beieinander als die roten. Da weißes Licht eine Mischung aus allen Farben ist, überlagern sich hier die Interferenzfiguren der verschiedenen Farben. Die Mitte der Interferenzstreifen, wo sich alle Farben überlagern, bleibt weiß, nach außen sind die Ränder rot, weil die Interferenzstreifen des rotes Lichtes weiter auseinanderliegen, innen sind sie dagegen bläulich grün.

Es handelt sich um die gleichen Interferenzvorgänge wie bei ähnlich verlaufenden Versuchen mit Wasserwellen, mit Schallwellen oder mit Mikrowellen. Die Wellen unterscheiden sich lediglich in der Größenordnung der Wellenlänge und in der Art ihrer Entstehung.

> Licht zeigt die üblichen Welleneigenschaften wie Beugung und Interferenz. Licht breitet sich als elektromagnetische Welle aus.

Im Young'schen Doppelspaltversuch gehen aus den beiden Öffnungen des Doppelspalts räumlich gesehen Zylinderwellen aus (**Abb. 115.1**). In der Zeichenebene, die die optische Achse der Versuchsanordnung enthält und senkrecht zu den Spalten liegt, stellen sie sich in einem durch Beugung begrenzten Bereich als Kreiswellen dar (**Abb. 114.1** und **Abb. 115.1**).
Die Öffnungen Sp_1 und Sp_2 des Doppelspalts sind gleichphasig schwingende Erregerzentren von Kreiswellen. Da der Abstand e zwischen Doppelspalt und Schirm sehr

viel größer ist als der Abstand b der beiden Spalte (**Abb. 115.2**), verlaufen die Wellenstrahlen s_1 und s_2 (fast) parallel unter dem Winkel $\alpha = \alpha_n$ zur optischen Achse und treffen sich im Punkt $P = P_n$ auf dem Schirm im Abstand a_n von der Mitte. Dort erzeugen sie zwei Schwingungen, die sich wegen der i. Allg. ungleichlangen Wege mit einer Phasendifferenz $\Delta\varphi$ überlagern. Die Phasendifferenz hängt mit dem Gangunterschied $\Delta s = s_2 - s_1$ über $\Delta\varphi / 2\pi = \Delta s / \lambda$ zusammen. Für den Gangunterschied gilt die Näherung:

$$\sin\alpha = \frac{\Delta s}{b} \quad \text{oder} \quad \Delta s = b \sin\alpha$$

Sind die Gangunterschiede ganzzahlige Vielfache von λ und damit die Phasendifferenzen ganzzahlige Vielfache von 2π, so verstärken sich die beiden Schwingungen in P maximal; sie löschen sich aus bei ungeradzahligen Vielfachen von π bzw. $\lambda/2$.

Beim Doppelspalt treten für den Gangunterschied Δs unter dem Winkel α_n zur optischen Achse auf:
Maxima (konstruktive Interferenzen) für
$\Delta s = n\lambda = b \sin\alpha_n, \quad n = 0, 1, 2, \ldots n,$
und **Minima** (destruktive Interferenzen) für
$\Delta s = (2n - 1)\lambda/2 = b \sin\alpha_n, \quad n = 1, 2, \ldots n.$
n sind die Ordnungen der Maxima bzw. Minima.

Zur Mitte des Interferenzbildes sind die Wege beider Wellen gleich lang, also ist $\Delta s = 0$ und $\Delta\varphi = 0$. Es ergibt sich das Maximum 0. Ordnung. Zu den beiden benachbarten hellen Streifen ist $\Delta s = \lambda$ und $\Delta\varphi = 2\pi$. Es ist das Maximum 1. Ordnung. Für das Maximum n-ter Ordnung ist $\Delta s = n\lambda$ und $\Delta\varphi = n\,2\pi$ usw.

Messung der Wellenlänge

Für $\alpha = \alpha_n$ ergibt sich aus dem Abstand $d = d_n$ des Punktes $P = P_n$ von der Mitte und aus der Entfernung $l = \sqrt{a^2 + d_n^2}$ des Doppelspalts vom Punkt P_n (**Abb. 115.2**):

$$\sin\alpha_n = \frac{d_n}{l} = \frac{d_n}{\sqrt{a^2 + d_n^2}}$$

Im Allgemeinen ist d_n sehr viel kleiner als e und daher $a \approx l$, sodass $\sin\alpha_n = d_n/a$ gesetzt werden kann. Liegt P_n im Maximum n-ter Ordnung, gilt $n\lambda/b = d_n/a$. Der Abstand Δd zweier benachbarter Maxima ergibt sich aus $d_n = n\lambda a/b$ und $d_{n+1} = (n+1)\lambda a/b$.

Beim Doppelspalt errechnet sich die Wellenlänge des Lichts aus Spaltabstand b, Entfernung des Schirms a und Abstand d_n des n-ten Maximums zu

$$n\lambda = b\frac{d_n}{a} \quad \text{oder} \quad \lambda = \frac{b\,d_n}{n\,a}.$$

Die Abstände benachbarter Maxima sind stets gleich:

$$\Delta d = d_{n+1} - d_n = \lambda a/b$$

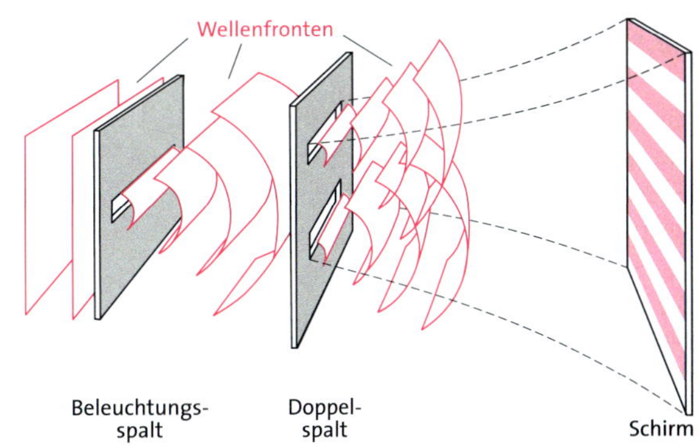

115.1 Räumliche Darstellung des Young'schen Doppelspaltversuchs, von oben gesehen

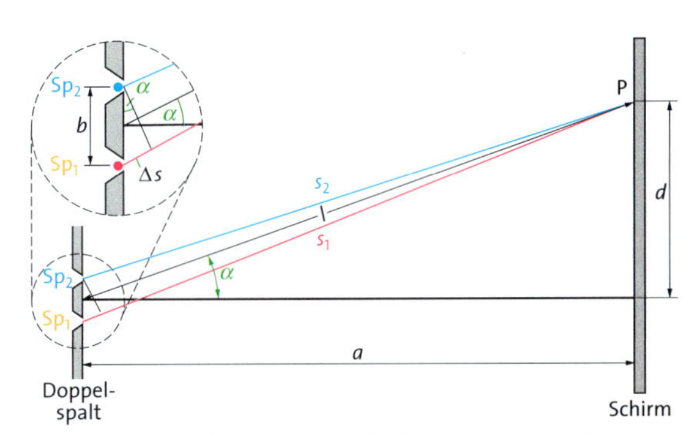

115.2 Zum Doppelspaltversuch: Da der Abstand e des Doppelspalts vom Schirm groß ist im Vergleich zum Spaltabstand d, können die Wellenstrahlen s_1 und s_1 als nahezu parallel angesehen werden (Ausschnitt), sodass gilt $\Delta s/b = \sin\alpha$. Für einen Punkt P auf dem Schirm im Abstand a vom Maximum nullter Ordnung gilt ferner $d/A\sqrt{a^2 + d^2} = \sin\alpha$

Messbeispiel: Im roten Licht wird für den Abstand zweier heller Streifen $\Delta d_{rot} = 0{,}5$ cm und weiter $a = 2{,}81$ m, $b = 0{,}34$ mm gemessen. Also ist

$$\lambda = \frac{b\,\Delta d_{rot}}{a} = \frac{0{,}34 \cdot 10^{-3}\ \text{m} \cdot 0{,}50 \cdot 10^{-2}\ \text{m}}{2{,}81\ \text{m}} = 605\ \text{nm}.$$

Aufgaben

1. Ein Doppelspalt mit dem Spaltabstand 1,2 mm wird mit einer Quecksilberlampe beleuchtet. Auf dem 2,73 m entfernten Schirm werden für jeweils 5 Streifenabstände im grünen Licht 6,2 mm und im blauen Licht 4,9 mm beobachtet. Berechnen Sie die Wellenlängen.

***2.** In einem Doppelspaltversuch werden die Abstände auf einem 4,950 m entfernten Schirm von einem hellen Streifen zum übernächsten hellen bei rotem Licht zu 3,9 cm, bei gelbem zu 3,2 cm und bei grünem zu 2,7 cm gemessen. Zur Bestimmung des Spaltabstandes wird der Doppelspalt mit einer Linse, die 33,5 cm vor dem Doppelspalt aufgestellt wird, auf den Schirm projiziert, der Abstand der Spalte dort ist 2,5 mm. Fertigen Sie für beide Versuche eine Skizze an und berechnen Sie die Wellenlängen.

5.2.7 Beugung und Interferenz am Gitter

Zur genauen Wellenlängenmessung dienen **optische Gitter.** Ein Gitter besteht aus N engen parallelen Spalten gleicher Breite. Der immer gleiche Abstand benachbarter Spaltmitten ist die **Gitterkonstante** g.

Versuch 1: Der gut ausgeleuchtete Beleuchtungsspalt befindet sich in der Brennebene der Linse L_1, sodass das Gitter mit parallelem Licht durchstrahlt wird. Mit der langbrennweitigen Linse L_2 wird der Beleuchtungsspalt auf dem Schirm abgebildet. (**Abb. 116.1**).
Beobachtung: Im weißen Licht erscheinen neben einem hellen Spaltbild in der Mitte farbige Bänder wachsender Breite in den Spektralfarben, die nach außen lichtschwächer werden und sich überlagern (**Abb. 116.2**). Mit einem Farbfilter im Strahlengang verschwinden die Bänder bis auf mehr oder weniger einfarbige Streifen in etwa gleichen Abständen. Im monochromatischen Licht (Natrium-, Quecksilberdampflampe oder Laser) entstehen statt der breiten Farbbänder einfarbige scharfe Linien (**Abb. 116.2**), die Spektrallinien. Sie sind umso schärfer, je höher die Zahl N der Gitteröffnungen ist. Offenbar entstehen die breiten Farbbänder im weißen Licht aus der Aneinanderreihung einfarbiger Linien, wie Versuche mit verschiedenen Farbfiltern zeigen. ◂

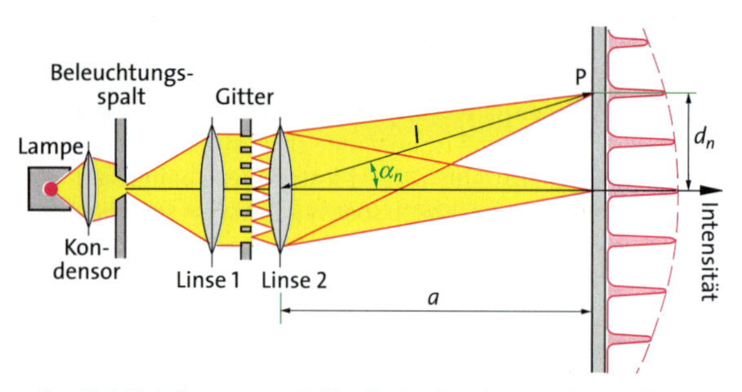

116.1 Der Kondensor sorgt für die Ausleuchtung des Spaltes. Linse 1 erzeugt paralleles Licht, mit dem das Gitter durchstrahlt wird. Linse 2 bildet den Spalt auf dem Schirm ab.

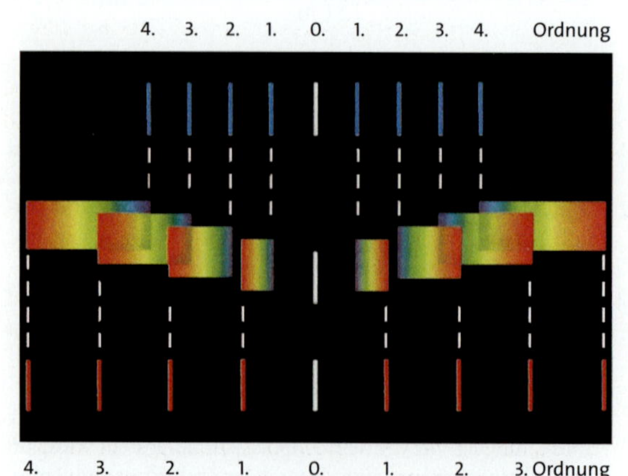

116.2 Gitterspektren. Die Überlagerung der Gitterspektren höherer Ordnung, die versetzt gezeichnet sind, ist aus der Lage der Linien im blauen und roten Licht zu ersehen.

> Ein Gitter erzeugt im weißen Licht neben einem weißen Streifen in der Mitte eine Reihe von nach außen hin breiter werdenden Farbbändern, die die reinen Spektralfarben von Violett (innen) nach Rot (außen) enthalten. Es sind die (kontinuierlichen) Gitterspektren 1., 2., … *n*. Ordnung. Im monochromatischen Licht entsteht eine Reihe von scharfen Linien, den **Spektrallinien** 1., 2., … *n*. Ordnung.

Erklärung: Ähnlich wie beim Doppelspalt gehen von den N Spalten des Gitters phasengleiche Wellen (räumlich: Zylinderwellen) aus. Dabei sind es jeweils N parallele Wellenstrahlen in Richtung α_n, deren phasenverschobene Schwingungen sich in einem Punkt P auf dem Schirm überlagern und dort je nach ihrem Gangunterschied interferieren (**„Vielstrahlinterferenz“**).
Die Intensität ist maximal, wenn sich *alle* N Wellenstrahlen in P gegenseitig verstärken. Das ist genau dann der Fall, wenn die Wellenstrahlen aus benachbarten Gitteröffnungen einen Gangunterschied $\Delta s = n\lambda$ haben und damit die durch sie erzeugten Schwingungen in P eine Phasendifferenz $\Delta\varphi = n\,2\pi$ aufweisen ($n = 0, 1, 2, \ldots$). Bei diesem Gangunterschied sind in Richtung α_n die hellen Streifen, die *Hauptmaxima*, zu erwarten. Aus **Abb. 117.1** folgt für den Gangunterschied zweier benachbarter Strahlen $\Delta s = b \sin\alpha_n$.

> Beim Gitter mit der Gitterkonstanten b liegen die Hauptmaxima für Licht der Wellenlänge λ in den Richtungen α_n, für die gilt:
>
> $n\lambda = b \sin\alpha_n \quad \text{mit} \quad n = 0, 1, 2, \ldots$
>
> (n Ordnungszahl der Hauptmaxima)

Schon in einer geringfügig anderen Richtung besteht die Möglichkeit, dass sich zu einem beliebigen Wellenstrahl ein anderer Parallelstrahl mit einem Gangunterschied von einem ungeradzahligen Vielfachen einer halben Wellenlänge findet und sich die von ihnen auf dem Schirm erzeugten Schwingungen gegenseitig auslöschen. Solche Kombinationen jeweils zweier Wellenstrahlen finden sich umso mehr, je größer N ist, sodass bei großem N zwischen den Hauptmaxima fast völlige Auslöschung herrscht. – Und je größer N ist, reicht zu einer Auslöschung schon eine immer geringere Abweichung von der Richtung zu den Hauptmaxima. Die Hauptmaxima werden mit wachsendem N immer schärfer. **Abb. 117.2** lässt diese Entwicklung schon bei einer Erhöhung der Gitteröffnungen von $N = 2$ zu $N = 4$ erkennen.

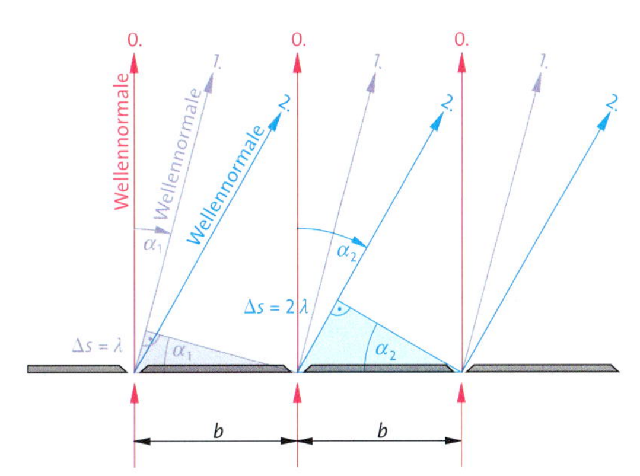

117.1 Die Hauptmaxima ergeben sich, wenn der Gangunterschied benachbarter Strahlen null oder ein ganzzahliges Vielfaches der Wellenlänge ist. Der Gangunterschied $\Delta s = 0, \lambda, 2\lambda, \ldots$ benachbarter Strahlen bestimmt die Ordnung des Maximums.

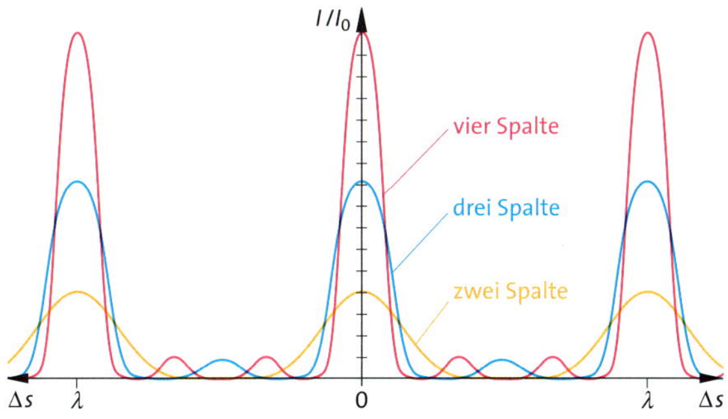

117.2 Die Intensität bei Gittern mit $N = 2$ (gelb), 3 (blau) und 4 (rot) Spalten in Abhängigkeit vom Gangunterschied Δs. Bei zwei Spalten ergeben sich keine, bei drei ein Nebenmaximum und bei vier zwei Nebenmaxima, die immer kleiner werden, während die Hauptmaxima schnell anwachsen: Die Hauptmaxima werden mit steigender Gitterzahl schmaler und schärfer, zwischen ihnen geht die Intensität immer weiter zurück.

Zur Wellenlängenmessung werden der Abstand a_n vom 0. bis zum n. Hauptmaximum auf dem Schirm und die Entfernung a Gitter–Schirm gemessen. Für λ gilt dann (**Abb. 116.1** und **117.1**):

$$n\lambda = b \sin\alpha_n = \frac{b\,d_n}{l} = \frac{b\,d_n}{\sqrt{a^2 + d_n^2}}$$

Für die Wellenlänge des roten Lichts des He-Ne-Lasers z. B. ergibt sich $\lambda = 632{,}8$ nm und für das gelbe Licht einer Natriumdampflampe $\lambda = 589$ nm. **Tab. 117.3** zeigt die Wellenlängen der Spektralfarben des sichtbaren Lichts.

Das **sichtbare Spektrum** reicht von $\lambda_{\text{rot}} = 780$ nm bis etwa $\lambda_{\text{violett}} = 390$ nm (**Tab. 117.3**). Verschiedenfarbiges Licht unterscheidet sich in der Wellenlänge λ bzw. in der Frequenz f nach $c = \lambda f$. Nach dem Wellenmodell ist dabei die Frequenz das unveränderliche Kennzeichen einer Welle bzw. Farbe.

Mechanisch geteilte Gitter mit 4 bis 3000 Linien/mm werden durch Gitterteilungsmaschinen und in jüngster Zeit mit 40 bis 6400 Linien/mm holografisch durch Aufzeichnen eines feinen Laser-Interferenzfeldes in einer Fotolackschicht hergestellt.

Optische Gitter sind ein hervorragendes Mittel zur genauen Wellenlängenbestimmung. Zur Messung wird wegen der Überschneidung höherer Ordnungen meist nur das Spektrum 1. Ordnung gewählt.

Viele Elemente senden unter geeigneten Bedingungen Licht aus, das aus ganz charakteristischen Wellenlängen besteht (→ **Abb. 122.1**). Die Analyse solcher Spektren, die von Bunsen und Kirchhoff 1859 entwickelte *Spektralanalyse*, stellt oft (z. B. in der Astrophysik) die einzige Möglichkeit dar, über die stoffliche Zusammensetzung des strahlenden Körpers Erkenntnisse zu gewinnen.

Farbe	**Wellenlänge** in nm	**Frequenz** in 10^{14} Hz
Rot	660–780	4,55–3,85
Orange	595–660	5,04–4,55
Gelb	575–595	5,22–5,04
Grün	490–575	6,12–5,22
Blau	440–490	6,82–6,12
Indigo	420–440	7,14–6,82
Violett	390–420	7,69–7,14

117.3 Farbbereiche im Spektrum des sichtbaren Lichts. Das unveränderliche Kennzeichen einer Farbe ist die Frequenz f des Lichts, die mit λ über $c = \lambda f$ zusammenhängt.

Aufgaben

1. Auf einem Schirm im Abstand $a = 2{,}55$ m vom Gitter (250 Linien pro Zentimeter) wird im monochromatischen Licht der Abstand der Maxima 1. Ordnung (links und rechts vom Hauptmaximum 0. Ordnung) zu 8,2 cm, der der 2. Ordnung zu 16,6 cm und der der 3. Ordnung zu 24,8 cm gemessen. Berechnen Sie die Wellenlänge.

2. Die beiden Maxima 1. Ordnung der grünen Hg-Linie $\lambda = 546{,}1$ nm haben auf einem $a = 3{,}45$ m entfernten Schirm einen Abstand von 18,8 cm. Berechnen Sie die Gitterkonstante und die Zahl der Gitterspalte auf 1,0 cm.

3. Ein Gitter besitzt 20 000 Linien auf 4,0 cm.
a) Berechnen Sie die Winkel, unter denen das sichtbare Spektrum 1. und 2. Ordnung erscheint. **b)** Bestimmen Sie den Winkelabstand zwischen beiden Spektren.

***4.** Durch ihre feine Rillenstruktur bedingt lässt sich eine CD-ROM als Reflexionsgitter benutzen. Wird das rote Licht eines He-Ne-Lasers ($\lambda = 632{,}8$ nm) von einer solchen CD reflektiert, dann bildet sich zwischen dem Hauptmaximum 0. und 1. Ordnung ein Winkel von 22°. Berechnen Sie den Abstand der Rillen. Bestimmen Sie den Abstand zwischen aufeinanderfolgenden Bits, wenn auf der CD zwischen $r = 2{,}2$ cm und $r = 5{,}5$ cm 600 Megabyte Daten gespeichert sind.

5.2.8 Interferenzen an dünnen Schichten

Interferenzen an dünnen Schichten können an Ölschichten auf Wasser, an Seifenlamellen, an Luftschichten, in Sprüngen von Glas und als „Anlauf"-Farben auf erhitztem Metall beobachtet werden. Die prächtigen Farben vieler Insekten, z. B. der Schmetterlinge (→ **Abb. 94.1**), aber auch des Perlmutts, kommen auf gleiche Weise zustande.

Versuch 1 – Newton'sche Ringe: Eine plankonvexe Linse, die mit ihrer schwach konvexen Seite eine ebene Glasplatte berührt, wird mit senkrecht auf die Linse einfallendem weißem Licht beleuchtet. Die entstehenden Interferenzen werden sowohl in Reflexion als auch in Durchsicht mit einer Linse auf dem rückseitig befindlichen Schirm abgebildet (**Abb. 118.1**).
Beobachtung: In beiden Fällen bildet sich ein System von farbigen konzentrischen Kreisringen, in der Mitte in Reflexion mit einem dunklen Fleck (**Abb. 118.2 a**), in Durchsicht mit einem hellen Fleck.
Erklärung zur Beobachtung in der Reflexion: Die Ringe kommen durch Interferenz zwischen den an der Unterseite der Linse und den an der Oberseite der Glasplatte reflektierten Wellen zustande (**Abb. 118.2 b**). Deren Gangunterschied beträgt $\Delta s_n = 2\,d_n + \lambda/2$, Letzteres wegen des Phasensprunges $\Delta\varphi = \pi$ an der Plattenoberfläche. d_n berechnet sich nach dem Höhensatz aus $r_n^2 = d_n(2R - d_n) \approx d_n \cdot 2R$, also $d_n = r_n^2/2R$. Für einen dunklen Ring ist $\Delta s_n = (2n+1)\lambda/2$. Die Wellenlänge wird aus der Abstandsdifferenz zweier (dunkler) Ringe d_m und d_n berechnet zu $\lambda = (r_m^2 - r_n^2)/(m-n)R$. ◂

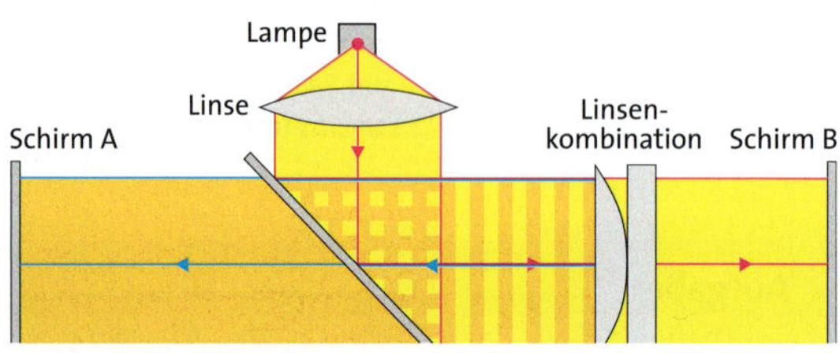

118.1 Versuchsaufbau Newton'sche Ringe. Die schräge Glasscheibe reflektiert das parallele Lichtbündel auf die Kombination von sphärischer und ebener Glasfläche. Die farbigen Ringe werden auf dem Schirm A im reflektierten und auf dem Schirm B im durchgehenden Licht beobachtet.

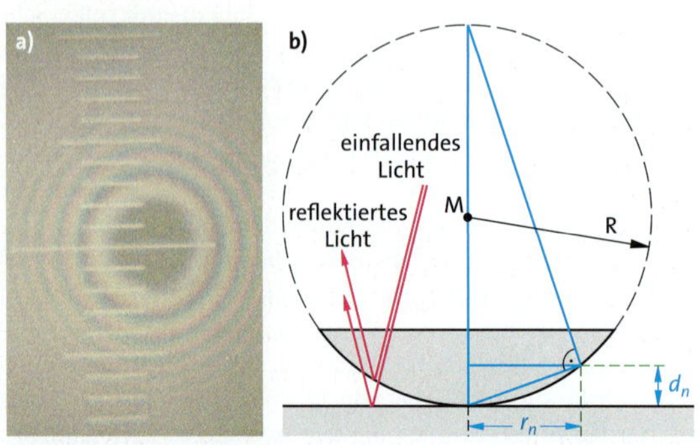

118.2 Newton'sche Ringe: **a)** Interferenzen von weißem Licht in der Reflexion; **b)** die beiden reflektierten Wellen interferieren im Auge des Beobachters bzw. auf dem Schirm.

Das Auftreten des schwarzen Flecks bei der Beobachtung in Reflexion in der Mitte ist ein direkter Beweis dafür, dass das Licht bei der Reflexion am dichteren Medium der Glasplatte einen Phasensprung von π erfährt (→ 5.2.3). Die hier reflektierte Welle interferiert destruktiv mit der an der Unterseite der Linse ohne Phasensprung reflektierten Welle.

Weitere Interferenzphänomene

Auf der Überlagerung des an der Vorder- und Rückseite dünner Schichten reflektierten Lichtes beruht die Entstehung von **Interferenzfarben** bei Seifenblasen. In **Abb. 118.3** überspannt eine dünne, mit weißem Licht beleuchtete *Seifenhaut* eine Drahtschlinge. Das Foto wurde gemacht, nachdem sich die Dicke der Seifenhaut im oberen Teil auf weniger als ein Viertel der Wellenlänge verringert hatte. Dort beträgt der Phasenunterschied der beiden an Vorder- und Rückseite reflektierten Wellen π, da die an der Vorderseite reflektierte Welle am dichteren, die an der Rückseite reflektierte am dünneren Medium reflektiert wird. Die beiden Wellen löschen sich unabhängig von der Wellenlänge aus: Der obere Teil der Seifenhaut erscheint schwarz. – In dem darunterliegenden dickeren Teil treten Streifen aus Interferenzfarben auf. Die Farbe der Streifen hängt in erster Linie davon ab, welche Farben aus dem Spektrum sich auslöschen; die restlichen Farben bilden die Interferenzfarben. Im roten Licht (**Abb. 118.3** rechts) löscht sich das Licht der roten Wellenlängen in den dunklen Streifen aus.

Ebenfalls auf der Interferenz an dünnen Schichten beruht die **Vergütung** von Linsen für Brillengläser, Kameras und andere optische Geräte. Für die reflexmindernde Schicht wird Material mit einer Brechzahl verwendet, die zwischen der der Luft und der des Glases liegt wie z. B. Kryolith ($n = 1{,}33$) oder Magnesiumfluorid ($n = 1{,}38$). So führt eine $\lambda/4$-Schicht zu deutlicher Reflexverminderung und Erhöhung des durchgehenden Lichtanteils, da sich die an der Vorder- und Rückseite der Schicht reflektierten Wellen wegen des Gangunterschiedes von $\lambda/2$ auslöschen. Beide Anteile werden am dichteren Medium reflektiert und erhalten daher einen gleichen Phasensprung von π. Vollständige Auslöschung kann mit einer einzigen Schicht nur für eine Wellenlänge erreicht werden. Hierfür wird meist das gelbe Licht gewählt, sodass vergütete Linsen diese Farbe bevorzugt durchlassen. Im reflektierten Anteil fehlt das Gelbe, daher sehen solche Linsen bläulich aus. Durch Aufdampfen mehrerer Schichten kann das Reflexionsvermögen für einen größeren Spektralbereich herabgesetzt werden.

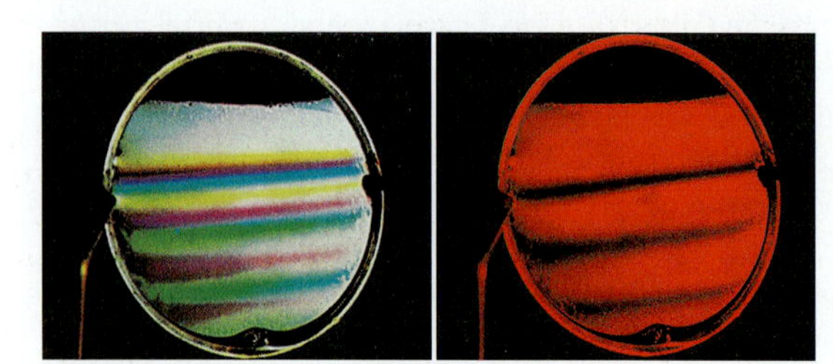

118.3 Interferenzen an einer Seifenhaut in weißem und rotem Licht. Die Seifenhaut überspannt eine Drahtschlinge und wird von oben nach unten immer dicker.

Exkurs

Geschichte der Optik

Zwei Hypothesen über die physikalische Natur des Lichtes standen sich zu Beginn der Neuzeit gegenüber.
In seiner **Wellentheorie** nahm HUYGENS (1629–1695) an, dass der leere Raum mit einem elastischen **Äther** erfüllt sei und alle durchsichtigen Körper aus kleinsten schwingungsfähigen Teilchen beständen. Wie die Schallwellen durch die Luft, so sollten sich auch hier die Störungen von der Lichtquelle aus in Form von longitudinalen Wellen mit endlicher Geschwindigkeit durch den Raum ausbreiten.
Als Begründer der **Korpuskulartheorie** gilt NEWTON (1643–1727). Nach seiner Theorie geht von allen selbstleuchtenden Körpern ein Strom kleinster Teilchen **(Korpuskeln)** aus, die sich nach den Gesetzen der Mechanik mit endlicher Geschwindigkeit durch das Vakuum und alle durchsichtigen Körper zu bewegen vermögen. Im Auge rufen sie je nach ihrer Größe verschiedene Lichtreize und Farbwirkungen hervor.

Beide Theorien konnten die wichtigsten damals bekannten optischen Erscheinungen erklären: Für die *Korpuskulartheorie* war die geradlinige Lichtausbreitung die stärkste Stütze. Auch das Reflexionsgesetz, das schon im Altertum bekannt war, verstand sich nach NEWTON ganz von selbst: Die elastischen Korpuskeln prallen auf die elastische Spiegelfläche und werden unter demselben Winkel, unter dem sie auftreffen, reflektiert. Schwieriger war schon das Brechungsgesetz zu erklären, besonders die beobachtete teilweise Reflexion. NEWTON half sich mit den „Anwandlungen", wonach die Korpuskeln beim Auftreffen auf die Grenzfläche verschieden reagieren sollten. Das Brechungsgesetz selbst erklärte er durch die unterschiedlichen Gravitationswirkungen an der Grenzfläche. Solange sich ein Teilchen in einem homogenen Medium bewegt, heben sich die Gravitationskräfte der Umgebung auf, das Teilchen bewegt sich mit konstanter Geschwindigkeit. An der Grenzfläche zweier Medien jedoch sollte eine resultierende Kraft entstehen, die in das dichtere Medium hinein gerichtet ist und das Teilchen in der kurzen Zeit Δt des Übergangs von einem Medium zum anderen beschleunigt (**Abb. a**). Die daraus folgende Geschwindigkeitsänderung $\Delta c = F\Delta t/m$ setzt sich mit der bisherigen Geschwindigkeit c_1 zu der neuen Geschwindigkeit c_2 zusammen. Man entnimmt der Abbildung (**Abb. b**):

$$n = \frac{\sin\varepsilon}{\sin\varepsilon'} = \frac{\overline{A_1B_1}}{\overline{CB_1}} : \frac{\overline{A_2B_2}}{\overline{CB_2}} = \frac{c_2}{c_1}$$

also $c_2 = n\,c_1$, sodass die Geschwindigkeit im optisch dichteren Medium also um den Faktor n *größer* als im optisch dünneren sein muss.
Nach der Huygens'schen *Wellentheorie* gilt jedoch

$$n = \frac{\sin\varepsilon}{\sin\varepsilon'} = \frac{c_1}{c_2}, \quad \text{also} \quad c_2 = \frac{c_1}{n},$$

sodass sich das Licht im optisch dichteren Medium um den Faktor n *langsamer* als im optisch dünneren bewegen müsste.

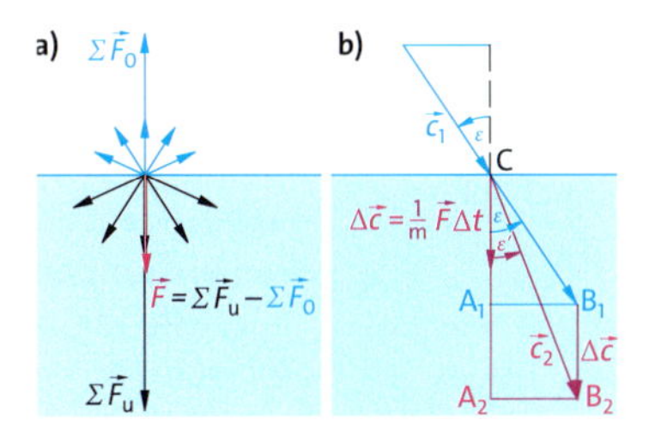

Die Dispersion, für die HUYGENS keine Erklärung geben konnte, erklärte NEWTON durch die unterschiedliche Masse der Lichtteilchen verschiedener Farbe. Damit war im Prinzip die Möglichkeit gegeben, durch die Messung der Lichtgeschwindigkeit den Streit zwischen beiden Theorien zu entscheiden. Dafür fehlten damals jedoch die technischen Voraussetzungen. Entschieden wurde der Streit erst zu Anfang des 19. Jahrhunderts durch die Entdeckung von Interferenz und Beugung 1802 durch Thomas YOUNG (1773–1829) und der Polarisation 1808 durch Etienne-Louis MALUS (1775–1812) – Erscheinungen, für die die Korpuskulartheorie NEWTONS keine befriedigende Erklärung liefern konnte.

Um die Mitte des 19. Jahrhunderts bestanden keine Zweifel mehr an der Richtigkeit der Wellentheorie. Ihre endgültige Bestätigung hatten damals zwischen 1849 und 1862 die Messungen der Lichtgeschwindigkeit in verschiedenen Medien durch Hippolyte FIZEAU (1819–1896) und Jean Bernard León FOUCAULT (1819–1868) gebracht.
Damit trat jedoch das Problem des *Äthers* in den Mittelpunkt der wissenschaftlichen Diskussion. Schon 1821 hatte Augustin Jean FRESNEL (1788–1827) darauf hingewiesen, dass transversale Schwingungen sich nur in einem Medium ausbreiten könnten, das die Eigenschaften fester Körper besäße. Es bereitete große Schwierigkeiten, sich einen Äther vorzustellen, der transversale Wellen mit großer Geschwindigkeit übertragen kann, zum anderen aber die Himmelskörper in ihrem Lauf nicht hemmt.
Die Lichtwellen mussten daher auf andere als auf mechanische Art erklärt werden. James Clark MAXWELL (1831–1879) brachte 1867 die Klärung: Auf dem Feldgedanken Michael FARADAYS (1791–1867) aufbauend, entwickelte er, verbrämt mit mechanischen Vorstellungen, seine elektromagnetische Theorie, nach der es elektromagnetische Wellen mit den Lichtwellen als einem begrenzten Teil dieser Wellenfamilie geben müsse, woraus sich erst allmählich die eigentliche Maxwell'sche Theorie herauskristallisierte.
Die experimentelle Bestätigung der Maxwell'schen Ideen erbrachte 1888 Heinrich HERTZ (1857–1894) mit einer langen Reihe von Einzelversuchen über die weitgehende Analogie zwischen Licht und elektromagnetischen Wellen. Damit schien am Ende des 19. Jahrhunderts die Deutung des Lichtes abgeschlossen. Die elektromagnetische Wellentheorie des Lichtes erklärte alle damals bekannten Phänomene.

Neu entfacht wurde die Diskussion über die Natur des Lichtes um 1900 durch Max PLANCK (1858–1947) und Albert EINSTEIN (1879–1955), die zeigten, dass das Licht neben seiner Wellennatur auch Teilcheneigenschaften hat. Erst die Quantentheorie konnte diesen Widerspruch auflösen.

5.3 Das elektromagnetische Spektrum

Neben den elektrischen Wellen und dem Licht gibt es noch andere Arten von Strahlung, die sich vom Licht nur durch ihre Wellenlänge bzw. ihre Frequenz unterscheiden. Sie bilden in ihrer Gesamtheit das **elektromagnetische Spektrum.**

5.3.1 Überblick über das elektromagnetische Spektrum

Die bisherigen Untersuchungen haben gezeigt, dass sich Licht wie eine Welle verhält. Dass es sich um elektromagnetische Wellen handelt, belegen folgende Beobachtungen, die hier zusammengefasst sind:

- Die *Ausbreitungsgeschwindigkeiten* von Licht und elektromagnetischen Wellen sind gleich groß. Sie lassen sich mit der aus der *Maxwell'schen Theorie* hergeleiteten Formel $c = 1/\sqrt{\varepsilon_0 \varepsilon_r \mu_0 \mu_r}$ exakt berechnen. Diese Formel gilt nicht nur für das Vakuum, sondern beschreibt auch die Lichtausbreitung in Medien mit bekannten elektrischen und magnetischen Eigenschaften zutreffend. Auch der Einfluss magnetischer und elektrischer Felder (*Faraday*- und *Kerr-Effekt*) wird durch die Formel richtig beschrieben.

- Die *Polarisation des Lichts* zeigt, dass Licht ebenso wie die elektromagnetischen Wellen eine Transversalwelle ist.

- Die elektromagnetischen Wellen benötigen wie das Licht zur Fortpflanzung keinen materiellen Träger. Im Gegensatz zu anderen Wellen, wie z. B. den mechanischen Wellen, die feste, flüssige oder gasförmige Stoffe als Träger der Wellen brauchen, breiten sie sich auch im leeren Raum aus.

Licht hat die Eigenschaften elektromagnetischer Wellen. Es unterscheidet sich nur durch die kleinere Wellenlänge von den durch elektrische Schwingkreise erzeugten Wellen. Die Gesamtheit der elektromagnetischen Wellenerscheinungen wird als **elektromagnetisches Spektrum** bezeichnet. Die Maxwell'sche Theorie beschreibt alle diese Wellen als einheitliche Vorgänge.

Im gesamten elektromagnetischen Spektrum gelten daher grundsätzlich dieselben Gesetze. Das unterschiedliche physikalische Verhalten jeder Wellenart lässt sich allein durch ihre unterschiedlichen Wellenlängen bzw. Frequenzen erklären. Die Wellenarten unterscheiden sich aber auch in der Art ihrer Erzeugung und ihres Nachweises (**Abb. 120.1**).

Elektrische Wellen

Die auf elektrischem Wege erzeugten elektromagnetischen Wellen werden auch als **elektrische Wellen** bezeichnet. Sie umfassen den großen Bereich von einigen Hz bis zu 10^{12} Hz oder Wellenlängen von einigen Kilometern bis zu Bruchteilen von Millimetern. Niedrige Frequenzen werden mit Schwingkreisen aus Induktivitäten und Kapazitäten unter Verwendung von Elektronenröhren oder Transistoren erzeugt. Für höhere und höchste Frequenzen ($f > 100$ MHz) werden spezielle Röhren (Klystrons, Magnetrons oder Wanderfeldröhren) verwendet.

Im Bereich der **Niederfrequenz** liegen die technischen Wechselströme mit Frequenzen zwischen 16 Hz und 400 Hz. Dazu gehört auch der Netzwechselstrom mit 50 Hz ($\lambda = 6 \cdot 10^6$ m).

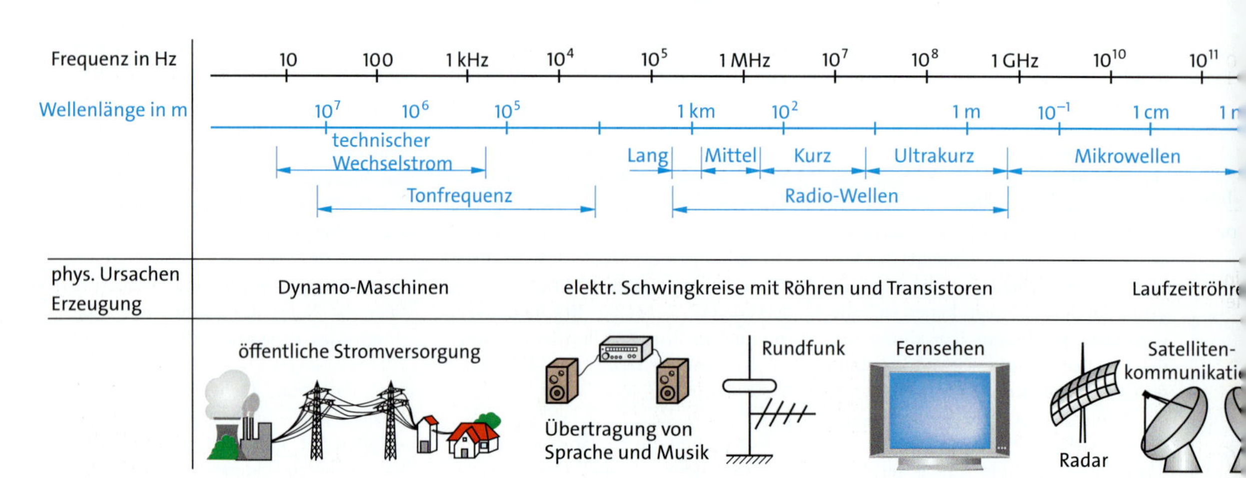

120.1 Das Spektrum der elektromagnetischen Wellen umfasst einen Wellenlängenbereich von über 25 Zehnerpotenzen. Das vom

Hieran schließt sich das Gebiet der **tonfrequenten Wechselströme** an, das bis 15 000 Hz ($\lambda = 2 \cdot 10^4$ m) reicht. Sie werden in der Nachrichtentechnik zur Übertragung von Sprache oder Musik benutzt.
Es folgen die Wellen der **Hoch- und Höchstfrequenzen,** die bis 10^{12} Hz ($\lambda = 3 \cdot 10^{-4}$ m) reichen. Rundfunk und Fernsehen benutzen davon den Frequenzbereich von 150 kHz bis 960 MHz mit den Langwellen (2000 m–1053 m), Mittelwellen (571,5 m–186,5 m), Kurzwellen (50,42 m–11,49 m), Ultrakurzwellen (7,32 m–0,31 m) und Mikrowellen (0,3 m–0,3 mm).
Die **Ausbreitung der elektrischen Wellen** hängt stark von ihrer Wellenlänge ab. Die kurzen Wellenlängen lassen sich wie Lichtstrahlen bündeln. Sie breiten sich dann nahezu geradlinig („quasioptisch") aus. Ihre Reichweite ist daher praktisch auf den Horizont beschränkt. Die Lang- und Mittelwellen lassen sich nicht bündeln. Sie breiten sich kugelförmig aus und können durch Beugung größere Hindernisse überwinden. Die große Reichweite der Kurzwellen erklärt sich dadurch, dass sie zwischen den hohen Schichten der Atmosphäre (F-Schicht) und der Erdoberfläche hin und her reflektiert werden und so die ganze Erde umlaufen können.
Neben den technisch erzeugten Wellen sind für die Radioastronomie die kosmischen Radiowellen mit Wellenlängen zwischen 2 cm und 20 m, dem Durchlassbereich der Erdatmosphäre, bedeutsam.

Der optische Bereich

Die optischen (Licht-)Wellen entstehen durch die Strahlung erhitzter Körper („thermische Strahlung"), durch elektrische Entladungen in Gasen, durch Fluoreszenz, Phosphoreszenz und chemische Umwandlungen. Alle nicht durch die Temperatur verursachten Leuchterscheinungen werden unter dem Begriff **Lumineszenz** als „kaltes Licht" zusammengefasst. Die Quantentheorie erklärt die Lichtaussendung durch Elektronenübergänge in der äußeren Atomhülle sowie Schwingungen und Drehungen von Atomen in Molekülen oder Festkörpern.
Die **Infrarot-(IR-)Strahlung** reicht von $3 \cdot 10^{11}$ Hz bis $4 \cdot 10^{14}$ Hz und damit von Wellenlängen über 1 mm bis zum roten Teil des sichtbaren Spektrums.
Es folgt der schmale Bereich des **sichtbaren Lichts** von $4 \cdot 10^{14}$ Hz bis $8{,}2 \cdot 10^{14}$ Hz (780 nm $\geqq \lambda \geqq$ 390 nm).
Hieran schließt sich die **Ultraviolett-(UV-)Strahlung** an, die Frequenzen von $8{,}2 \cdot 10^{14}$ Hz bis 10^{17} Hz ($3 \cdot 10^{-7}$ m $\geqq \lambda \geqq 3 \cdot 10^{-9}$ m) umfasst.

Röntgen- und Gammastrahlung

Zum Teil überlappt sich das Gebiet des UV-Lichtes mit dem der **Röntgenstrahlung,** deren Frequenzen sich von 10^{16} Hz bis 10^{22} Hz erstrecken ($3 \cdot 10^{-6}$ m $\geqq \lambda \geqq$ $3 \cdot 10^{-14}$ m). Röntgenstrahlen entstehen durch die Abbremsung schneller geladener Teilchen und durch Elektronenübergänge in der inneren Atomhülle.
Es folgt der Bereich der **Gammastrahlung,** die bei der Umordnung von Atomkernen oder beim radioaktiven Zerfall auftritt und der Frequenzen zwischen 10^{18} und 10^{23} Hz zuzuordnen sind (10^{-10} m $\geqq \lambda \geqq 10^{-15}$ m). Gammastrahlung kann als **Synchrotronstrahlung** in Elektronenbeschleunigern aufgrund der starken Beschleunigung geladener Teilchen erzeugt werden. Auf diese Weise entsteht z. T. auch die kosmische Strahlung.

Elektromagnetische Strahlung entsteht immer dann, wenn geladene Teilchen beschleunigt werden, sei es durch den hochfrequenten Wechelstrom eines Hertz'schen Dipols oder in einem Synchrotron.

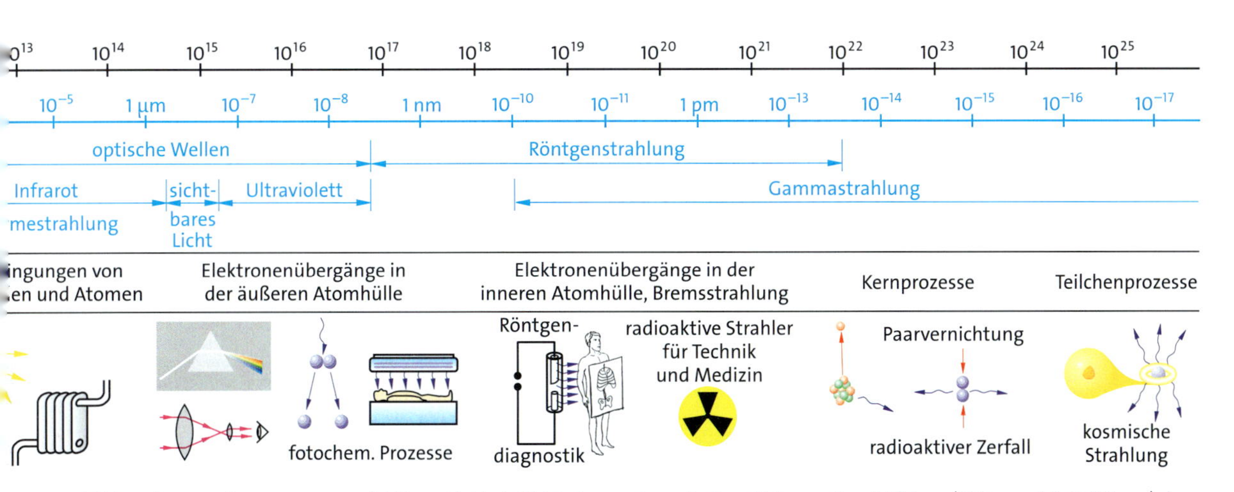

menschlichen Auge wahrgenommene sichtbare Licht stellt hierin nur den winzigen Teil von etwa 1 Oktave (390 nm $\leqq \lambda \leqq$ 780 nm) dar.

5.3.2 Das optische Spektrum

Optische Spektren werden mit Gittern (→ 5.2.7) oder Prismen untersucht. Bei der Untersuchung verschiedener Lichtquellen ergeben sich folgende Arten von Spektren:

- Die Glühlampe und der Kohlebogen senden ebenso wie die Sonne ein **kontinuierliches Spektrum** aus, in dem alle Wellenlängen vertreten sind (**Abb. 122.1 a**).
- Mit Spektrallampen, das sind mit Edelgasen oder Metalldämpfen gefüllte Entladungsröhren, werden Spektren erzeugt, die nur aus einzelnen, durch dunkle Zwischenräume getrennte **Spektrallinien** bestehen **(Linienspektrum).** Die Wellenlängen der dabei ausgesandten Linien sind für das leuchtende Gas charakteristisch (**Abb. 122.1 b**).
- Bei den Spektren von Molekülen, z. B. von N_2, O_2 und H_2, häufen sich die Linien an bestimmten Stellen, den **Bandenköpfen,** sodass diese Teile des Spektrums fast kontinuierlich aussehen. Besonders ausgeprägt sind sie im N_2-Spektralrohr zu beobachten **(Bandenspektrum, Abb. 122.1 d**, außerhalb des Sichtbaren, daher nichtfarbig).

Eingehende Untersuchungen haben gezeigt, dass jeder leuchtende Stoff ein für ihn charakteristisches Spektrum aussendet. Hierauf beruht die von Gustav Robert KIRCHHOFF (1824–1887) und Robert Wilhelm BUNSEN (1811–1899) begründete **Spektralanalyse,** die den Nachweis selbst kleinster Mengen eines Elements oder einer Verbindung und damit die Untersuchung des Aufbaus der Licht aussendenden Körper gestattet. Sie ist für die Chemie und für die Astronomie ein unentbehrliches Hilfsmittel.

Das Spektrum des von einem leuchtenden Körper unmittelbar ausgehenden Lichtes ist ein **Emissionsspektrum** (→ S. 136). **Absorptionsspektren** ergeben sich, wenn Licht mit einem kontinuierlichen Spektrum durch den zu untersuchenden Körper geht. Der Körper absorbiert dann bestimmte Spektralbereiche, die ebenfalls für seinen Aufbau und seine Zusammensetzung charakteristisch sind. Die dunklen Bereiche kommen so zustande: Nach der Wellentheorie können die Gasteilchen der absorbierenden Schichten als Resonatoren angesehen werden, die durch die eingestrahlten Wellen zu Resonanz angeregt und zu Ausgangszentren gleichfrequenten Lichts werden, das sie nach *allen* Seiten aussenden. Daher ist die Lichtintensität für die Frequenz dieser Resonatoren in der ursprünglichen Ausbreitungsrichtung vermindert und die Frequenzbereiche erscheinen im Vergleich mit den Nachbarbereichen dunkel.
Das Sonnenlicht besteht aus einem kontinuierlichen Spektrum mit einer großen Anzahl von Absorptionslinien, den **Fraunhofer'schen Linien** (**Abb. 122.1 c**) und (→ S. 133). Sie entstehen durch Absorption der kontinuierlichen Sonnenstrahlung aus der Fotosphäre durch die Sonnenatmosphäre (Chromosphäre).

Die Begrenzung des sichtbaren Spektrums ist nur durch die Empfindlichkeit des Auges bedingt, wie die folgenden Beobachtungen zeigen.

Versuch 1 – Ultraviolettes Licht: An das kurzwellige Ende eines hellen kontinuierlichen Spektrums wird ein Zinksulfidschirm, ein Stück weißes Papier oder ein T-Shirt mit „Weißmacher" gehalten.
Beobachtung: Die Gegenstände leuchten auch jenseits des Violetten, im **Ultravioletten** auf. ◂

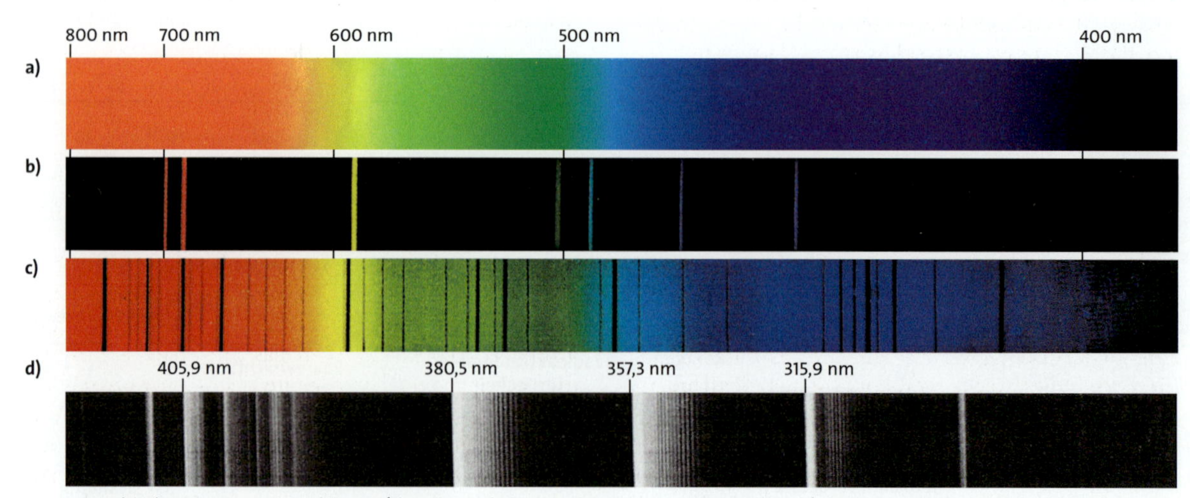

122.1 Verschiedene Arten von Spektren: **a)** kontinuierliches Spektrum einer Glühlampe; **b)** Emissionsspektrum des Helium; **c)** Absorptionsspektrum des Sonnenlichtes mit den Fraunhofer'schen Linien; **d)** (nichtfarbiges) Bandenspektrum des N_2-Moleküls

123.1 Wie UV-Strahlung und FCKW die Ozonschicht zerstören: UV-Licht setzt Chlor aus FCKW frei. Das Chlor reagiert mit Ozon und Stickstoffdioxid zu $ClONO_2$ und HCl. An den Eispartikeln der polaren stratosphärischen Wolken wird im Polarwinter Cl_2 freigesetzt. Im Frühjahr spaltet UV-Licht das Cl_2. In dem nun einsetzenden katalytischen Kreislauf (rot) kann jedes Chloratom Tausende von Ozonmolekülen zerstören.

Versuch 2: Mit einer Hg-Höchstdrucklampe und einer Quarzlinse wird auf einem Zinksulfidschirm ein Gitterspektrum entworfen.
Beobachtung: Im kurzwelligen Teil des Spektrums leuchten Spektrallinien auf, die ohne den Zinksulfidschirm nicht zu erkennen sind.
Erklärung: An den violetten Teil des sichtbaren Spektrums schließt sich der Bereich des (unsichtbaren) ultravioletten (UV-)Lichtes an. Im Versuch muss eine Quarzlinse verwendet werden, weil Glas UV-Licht nur bis etwa 340 nm durchlässt. Bei der Leuchterscheinung auf dem Schirm handelt es sich nicht um eine Reflexion, sondern das UV-Licht wird in sichtbares Licht umgewandelt. Die im Versuch beobachtete Wellenlängen- oder Frequenzumwandlung, die mit sofortiger Wiederausstrahlung verbunden ist, nennt man **Fluoreszenz.** Ist die Strahlung noch längere Zeit nach dem Abschalten der Lichtquelle zu beobachten, so wird dies als **Phosphoreszenz** bezeichnet. Auf diese Weise kann UV-Licht sichtbar gemacht werden. ◂

Viele anorganische (z.B. Uransalze) und organische Stoffe (z.B. Farbstoffe) weisen im UV-Licht eine charakteristische **Fluoreszenzstrahlung** auf. Die dadurch ermöglichte *Fluoreszenzanalyse* wird u.a. bei der Untersuchung von Mineralien, von Kunstgegenständen und Geldscheinen angewandt, denen zur Erhöhung der Fälschungssicherheit besonders auffällig fluoreszierende Farbstoffe zugesetzt werden. Der hohe Anteil an UV-Licht in Gasentladungen wird in Leuchtstoffröhren durch Fluoreszenz in sichtbares Licht umgewandelt, weil die Wandungen mit einer fluoreszierenden Schicht versehen sind. Intensive technische UV-Quellen sind Hg-Hochdrucklampen. Extrem hohe UV-Intensitäten für Forschungszwecke werden in einem Synchrotron erzeugt, in dem die dort beschleunigten Elektronen UV-Licht abstrahlen. Die Sonne ist Quelle einer starken UV-Strahlung. Sie ionisiert die Luftschichten oberhalb von 80 km **(Ionosphäre).** Langwelliges UV-Licht (**UVA** mit $400\ \text{nm} \geqq \lambda \geqq 320\ \text{nm}$) bräunt die Haut, kurzwelliges (**UVB** mit $320\ \text{nm} \geqq \lambda \geqq 290\ \text{nm}$ und **UVC** mit $290\ \text{nm} \geqq \lambda \geqq 10\ \text{nm}$) ruft Entzündungen und Verbrennungen (Sonnenbrand) und in hohen Dosen Hautkrebs hervor. Kurzwelliges UV-Licht spaltet Moleküle, tötet Bakterien und bei längerer Einwirkung alle lebenden Zellen. Das Ozon (O_3) der Atmosphäre absorbiert UV-Strahlung mit $\lambda \leqq 350\ \text{nm}$ fast vollständig und ist daher für das Leben an Land unentbehrlich. Der schützende Ozon-Mantel der Erde entsteht durch das UV-Licht selbst, das O_2-Moleküle spaltet und so die Bildung von Ozon ermöglicht. Natürlicherweise stellt sich ein dynamisches Gleichgewicht zwischen Auf- und Abbau von Ozon ein. Seit einiger Zeit jedoch hat der Einfluss von Fluorkohlenwasserstoff (FCKW) zu einem besorgniserregenden Schwund der Ozonschicht beigetragen (**Abb. 123.1**).

Versuch 3 – Infrarotes Licht: Die Intensität eines kontinuierlichen Spektrums wird mit einer Thermosäule oder einem Fotowiderstand aufgezeichnet.
Beobachtung: Die Intensität steigt zum roten Bereich an und ist noch weit außerhalb des sichtbaren Spektrums nachzuweisen.
Erklärung: An das rote Ende des sichtbaren Spektrums schließt sich der weite Bereich der **infraroten (IR-) Strahlung (Wärmestrahlung)** an. ◂

Jeder erwärmte Gegenstand, auch unser Körper, sendet Infrarotstrahlung aus. Elektronische Detektoren ermöglichen den empfindlichen Nachweis dieser Wärmestrahlung und werden daher in Alarmanlagen, Nachtsichtgeräten (insbesondere zur Erfassung von Lebewesen) und automatischen Lichtschaltern verwendet. Wegen seiner größeren Wellenlänge wird das infrarote Licht durch die Trübungen der Atmosphäre viel weniger gestreut als das sichtbare. Darauf beruht die Infrarotfotografie von Satelliten aus. Spezielle IR-Leuchtdioden werden auch für die Fernbedienungen elektronischer Geräte benutzt. In den schnellen Lichtpulsen dieser Geräte ist die gedrückte Taste wie ein Morsesignal kodiert.

Grundwissen Elektromagnetische Schwingungen und Wellen

Elektrischer Schwingkreis

In einem Schwingkreis aus einer Spule der Induktivität L und einem Kondensator der Kapazität C entstehen elektrische Schwingungen mit der **Eigenfrequenz** f:

$$f = \frac{1}{2\pi\sqrt{LC}} \qquad \text{Thomson'sche Gleichung}$$

Energieverluste lassen die Amplitude einer elektrischen Schwingung abnehmen. **Rückkopplungsschaltungen** können ungedämpfte Schwingungen erzeugen.

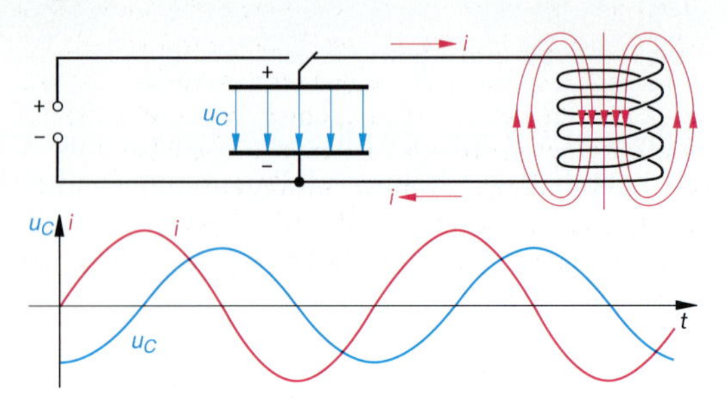

Elektromagnetische Wellen

Hochfrequente elektrische Schwingkreise mit Eigenfrequenzen von $f \approx 30$ kHz bis $f \approx 300$ GHz strahlen elektromagnetische Wellen mit Wellenlängen zwischen $\lambda = 10$ km (Langwellen) bis $\lambda = 1$ mm ab. Im Vakuum breiten sich die Wellen mit Lichtgeschwindigkeit c aus. Es gelten die Gleichungen

$$c = f\lambda, \quad E = Bc \quad \text{und} \quad c = \frac{1}{\sqrt{\varepsilon_0 \mu_0}}.$$

Elektromagnetische Wellen bestehen aus einem elektrischen und einem magnetischen Feld. Die Feldvektoren von E und B sind senkrecht zueinander polarisiert.

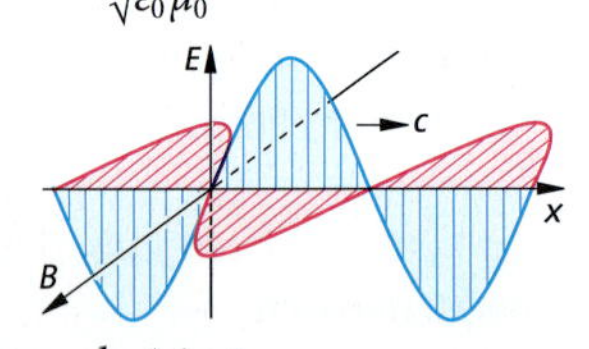

Mit Mikrowellen, deren Wellenlängen λ die Größenordnung Zentimeter besitzen, lassen sich die Eigenschaften von elektromagnetischen Wellen wie Ausbreitung, Polarisation, Reflexion und Überlagerung zu stehenden Wellen demonstrieren. Mit einem Gitter aus Metallstäben, die als Hertz'sche Dipole wirken, kann die Vektoreigenschaft des elektrischen Feldes untersucht werden.

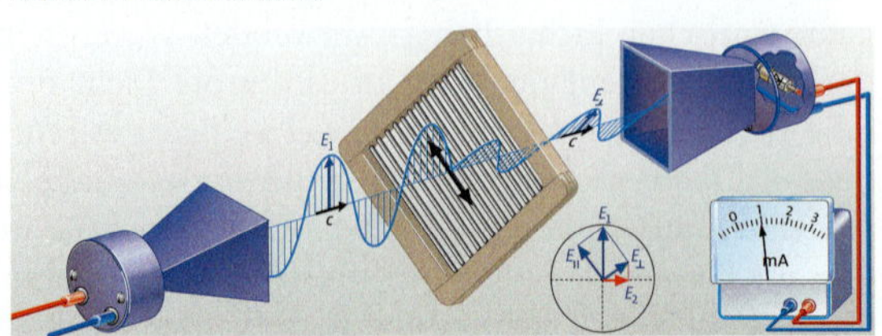

Licht als klassische Welle

Die Phänomene **Beugung** *(Eintreten der Wellen in den Schattenraum)* und **Interferenz** *(Überlagerung der Wellen mit gegenseitiger Verstärkung und Abschwächung)* beweisen die Welleneigenschaft des Lichts. Sowohl für Wellen als auch für **Lichtstrahlen** – das sind enge Bündel paralleler Lichtwellen – gelten:

- **Reflexionsgesetz:** Einfallswinkel = Reflexionswinkel
- **Brechungsgesetz:** $\frac{\sin\alpha}{\sin\beta} = \frac{c_1}{c_2} = n$
- **Interferenz**

am Doppelspalt: Durch die Überlagerung zweier von den beiden Spalten ausgehender Wellen entstehen für Winkel α_n zur optischen Achse Maxima mit $\sin\alpha_n = n\lambda/b$ und Minima mit $\sin\alpha_n = (2n-1)\lambda/(2b)$.

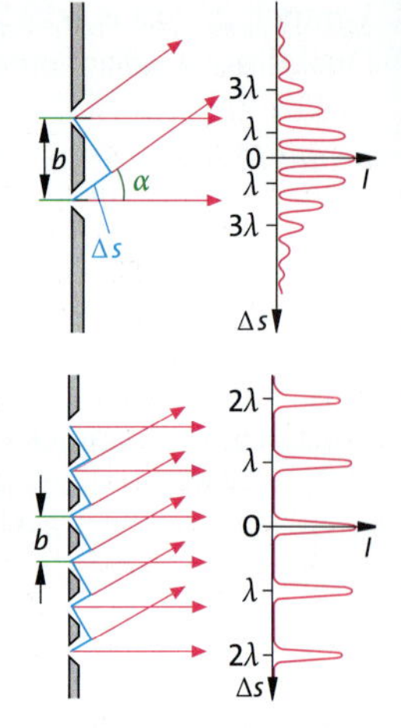

am Gitter: Durch Überlagerung der N aus den Spalten des Gitters austretenden Wellen entstehen für Winkel α_n sehr scharfe Maxima mit $\sin\alpha_n = n\lambda/b$. Damit lassen sich Wellenlängen exakt messen.

an dünnen Schichten entsteht durch Überlagerung der an den beiden Begrenzungsflächen reflektierten Wellen. Sie bewirkt Farberscheinungen an Seifenblasen, Ölfilmen und Luftspalten, auf erhitztem Metall, auf Insektenflügeln und Perlmutt.

- **Polarisation**

Die Erscheinung der Polarisation zeigt, dass Licht eine **Transversalwelle** ist. Aus natürlichem Licht, bei dem sich die Schwingungsrichtung des elektrischen Feldes zeitlich sehr schnell ändert, entsteht beim Durchgang durch einen **Polarisator** Licht einer einzigen Schwingungsrichtung, d. h. **linear polarisiertes** Licht.

Das elektromagnetische Spektrum

Das elektromagnetische Spektrum reicht von der **Gammastrahlung** über die **Röntgenstrahlung** bis zum **ultravioletten** und dem **sichtbaren Licht** und erstreckt sich jenseits vom Licht von den **infraroten Strahlen** über die **Mikrowellen** bis zu den **Radiowellen.**

Alle **elektromagnetischen Wellen** breiten sich im Vakuum mit derselben **Geschwindigkeit** c aus:

Wissenstest Elektromagnetische Schwingungen und Wellen

1. Ein elektrischer Schwingkreis besteht aus einem Kondensator der Kapazität $C = 22\ \text{nF}$ und einer Spule mit $n = 1000$ Windungen der Länge $l = 0{,}30\ \text{m}$ und der Querschnittsfläche $A = 31\ \text{cm}^2$.

a) Zeichnen Sie das Schaltbild des Schwingkreises mit den Messgeräten für Stromstärke und Spannung und erklären Sie das Zustandekommen der Schwingung ausgehend vom geladenen Kondensator.

b) Berechnen Sie die Induktivität der Spule und den Maximalwert der Stromstärke, wenn der Maximalwert der Spannung 4,0 V beträgt.

c) Beschreiben Sie den Einfluss, den ein Auseinanderziehen der Spule auf die Frequenz und die maximale Stromstärke hat.

2. Bei einem Schwingkreis ist momentan die gesamte Energie $E = 160\ \mu\text{J}$ bei einer Stromstärke von $I = 245\ \text{mA}$ in der Spule gespeichert.

a) Berechnen Sie die Kapazität C des Schwingkreiskondensators, wenn $\Delta t = 3{,}8\ \text{ms}$ später die Energie im Kondensator gespeichert ist.

b) Berechnen Sie die maximale Ladung Q und die maximale Spannung U des Kondensators.

3. In einem Schwingkreis mit der Kapazität $C = 6{,}0\ \mu\text{F}$ sei der Scheitelwert der Spannung am Kondensator $\hat{u} = 1{,}8\ \text{V}$ und der Scheitelwert des Stroms in der Spule $\hat{i} = 45\ \text{mA}$.

a) Berechnen Sie die Induktivität L der Spule.

b) Ermitteln Sie die Frequenz f der Schwingung.

c) Berechnen Sie die Zeitspanne Δt, in welcher der Strom von null auf seinen maximalen Betrag anwächst.

4. Mit einem ersten Schwingkreis der Eigenfrequenz 800 kHz wird ein zweiter zu erzwungenen Schwingungen angeregt. Der zweite Schwingkreis enthält einen Kondensator der Kapazität 500 pF.

a) Bestimmen Sie die Induktivität, die der zweite Kreis haben muss, damit Resonanz auftritt.

b) Berechnen Sie die Kapazität des ersten Schwingkreises, wenn seine Induktivität doppelt so groß ist wie die des zweiten.

5. Das Beugungsspektrum 1. Ordnung, das durch ein Strichgitter erzeugt wird, erscheint auf einer Mattscheibe mit Millimeterteilung, die sich in $e = 1000\ \text{mm}$ Entfernung parallel zur Gitterebene befindet. Die grüne Hg-Linie mit $\lambda_1 = 546\ \text{nm}$ hat einen Abstand $\Delta s_1 = 226\ \text{mm}$ vom Maximum 0. Ordnung und eine rote Linie unbekannter Wellenlänge den Abstand $\Delta s_2 = 306\ \text{mm}$. Berechnen Sie die Gitterkonstante g und die Wellenlänge λ_2 der roten Linie.

6. Auf einem Schirm, der sich im Abstand a von einem optischen Gitter mit der Gitterkonstanten g befindet, kann die Zerlegung weißen Lichts beobachtet werden. Die auf der gleichen Seite des 0. Maximums liegenden Hauptmaxima 1. Ordnung, die zu den Wellenlängen λ_1 bzw. λ_2 gehören, haben voneinander den Abstand l.

a) Leiten Sie eine Beziehung zwischen den fünf Größen a, g, l, λ_1 und λ_2 her.

b) Erläutern Sie anhand der in **a)** gewonnenen Beziehung Möglichkeiten, den Abstand l zu vergrößern.

c) Bei welchem Gitter würde auf einem 3,0 m entfernten Schirm der Abstand der Natriumlinien ($\lambda_1 = 589{,}6\ \text{nm}$ und $\lambda_2 = 589{,}0\ \text{nm}$) 1,0 mm betragen.

7. Ein Gitter mit 570 Spalte je Millimeter, das an der Vorderseite eines teilweise mit Wasser gefüllten Aquariums befestigt ist, wird mit dem Licht einer Hg-Lampe bestrahlt, sodass die Beugungs- und Interferenzfiguren der Quecksilberlinien sowohl oberhalb als auch unterhalb der Wasseroberfläche an der Rückseite des Aquariums zu sehen sind. Die Entfernung von Vorder- zur Rückseite beträgt 32,0 cm. Gemessen werden für den Abstand $2a_1$ der grünen Linie der 1. Ordnung oberhalb der Wasseroberfläche 20,8 cm, in Wasser 15,3 cm. Berechnen Sie

a) die Wellenlänge in Luft und in Wasser;

b) die Brechungsindizes in Luft und in Wasser;

c) die Geschwindigkeit des Lichtes der grünen Quecksilberlinie in Wasser.

8. In der Anordnung rechts trifft Laserlicht der Wellenlänge 633 nm auf ein Kreuzgitter (eine Kombination aus zwei optischen Gittern, die direkt aufeinandergelegt sind und deren Spalte senkrecht aufeinander stehen). Die Gitter haben 250 bzw. 500 Spalte pro Zentimeter.

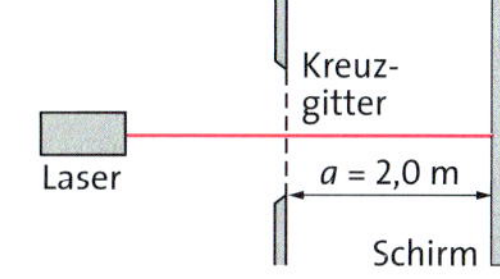

a) Auf dem Schirm entsteht die Interferenzfigur rechts. Erläutern Sie ihr Zustandekommen.

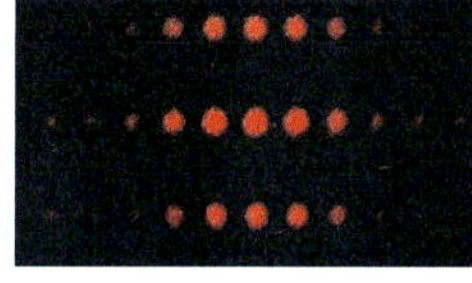

b) Berechnen Sie die Seiten eines Rechtecks, dessen Ecken von vier dem zentralen Fleck unmittelbar benachbarten Interferenzmaxima gebildet werden.

c) Geben Sie an, wie sich die Interferenzfigur ändert, wenn weißes Licht auf das Gitter fällt.

9. Fällt ein Laserstrahl streifend unter dem Winkel α auf die Millimetereinteilung (Spaltabstand b) einer Schieblehre (Abbildung unten), so zeigt die gegenüberliegende Wand die Interferenzfigur eines Gitters. Zeigen Sie, dass sich zwei benachbarte Strahlen in der Richtung β_n des Maximums n. Ordnung verstärken, wenn $n\lambda = b(\cos\alpha - \cos\beta_n)$ gilt, und geben Sie an, wie daraus mithilfe der Versuchsgrößen der Abbildung die Wellenlänge bestimmt werden kann.

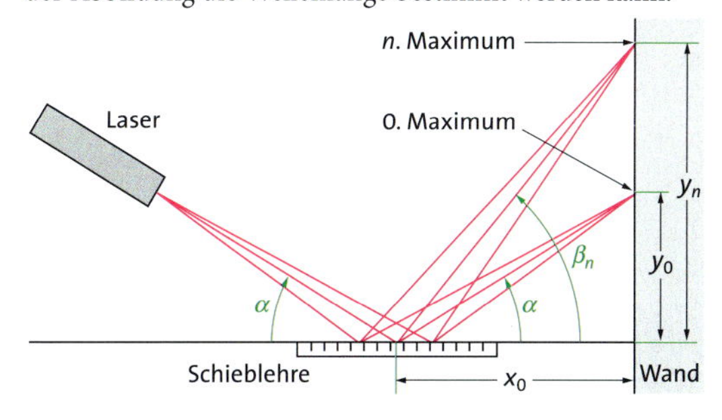

Musteraufgaben mit Lösungen

Potentielle Energie dreier Ladungen (S. 23)

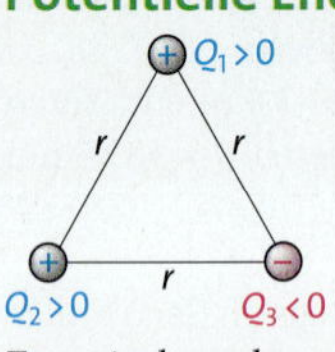

Drei Ladungen sind in den Eckpunkten eines gleichseitigen Dreiecks fixiert. Berechnen Sie die potentielle Energie des Dreiecks für $Q_1 = 200$ nC, $Q_2 = 100$ nC, $Q_3 = -150$ nC und $r = 4{,}0$ cm, indem Sie die von den Ladungen aufgenommene Energie berechnen, wenn sie nacheinander ins Unendliche entfernt werden.

Lösung

Die Gesamtenergie eines Ladungssystems ist gleich der Summe der einzelnen Energiewerte: $W_{\text{pot, ges}} = W_{\text{pot 1,2}} + W_{\text{pot 1,3}} + W_{\text{pot 2,3}}$.

Für die Einzelenergien gilt $W_{\text{pot}} = \frac{1}{4\pi\varepsilon_0}\frac{qQ}{r}$, also

$$W_{\text{pot 1,2}} = \frac{1}{4\pi\varepsilon_0}\frac{Q_1 Q_2}{r},\ W_{\text{pot 1,3}} = \frac{1}{4\pi\varepsilon_0}\frac{Q_1 Q_3}{r},\ W_{\text{pot 2,3}} = \frac{1}{4\pi\varepsilon_0}\frac{Q_2 Q_3}{r}.$$

Einsetzen der Werte ergibt

$$W_{\text{pot, ges}} = 4{,}5 \cdot 10^{-3}\ \text{J} + (-3{,}4 \cdot 10^{-3}\ \text{J}) + (-6{,}7 \cdot 10^{-3}\ \text{J}) = -5{,}6 \cdot 10^{-3}\ \text{J}$$

Um dieses System von Ladungen auseinander zu nehmen, wird eine Energie von $5{,}6 \cdot 10^{-3}$ J benötigt.

Ablenkung von Elektronen im elektrischen Feld (S. 40)

Ein Elektronenstrahl wird in x-Richtung in die Mittelebene eines Plattenkondensators geschossen (Plattenlänge $l = 4{,}0$ cm, Plattenabstand $d = 12$ mm). Die Elektronen wurden mit einer Spannung $U_B = 120$ V beschleunigt.

Berechnen Sie die Ablenkspannung U_A, die höchstens an die Ablenkplatten gelegt werden kann, damit die Elektronen gerade noch den Kondensator verlassen können (Elektronenmasse $m_e = 9{,}1 \cdot 10^{-31}$ kg, Elektronenladung $e = 1{,}6 \cdot 10^{-19}$ As).

Lösung

Die Elektronen treten in das homogene Feld des Plattenkondensators mit der Geschwindigkeit v_0 ein, die sich aus der Umwandlung der potentielle Energie $e\,U_B$, mit der die Elektronen beschleunigt werden, in kinetische Energie $\frac{1}{2}m_e v^2$ der Elektronen ergibt. Aus der Gleichung $\frac{1}{2}m v_0^2 = eU_B$ folgt:

$$v_0 = \sqrt{2\frac{e}{m_e}U_B} = \sqrt{2\frac{1{,}6 \cdot 10^{-19}\ \text{As}}{9{,}1 \cdot 10^{-31}\ \text{kg}} \cdot 120\ \text{V}} = 6{,}5 \cdot 10^6\ \frac{\text{m}}{\text{s}}$$

Im homogenen elektrischen Feld zwischen den Platten überlagert sich die Bewegung mit konstanter Geschwindigkeit v_0 parallel zu den Platten nach $x = v_0 t$ mit einer beschleunigten Bewegung senkrecht zu den Platten nach $y = \frac{1}{2}a t^2$. Während der Zeit Δt durchlaufen die Elektronen die Plattenlänge l; für Δt gilt:

$$\Delta t = \frac{l}{v_0} = \frac{0{,}040\ \text{m}}{6{,}5 \cdot 10^6\ \text{m/s}} = 6{,}16 \cdot 10^{-9}\ \text{s}$$

Während dieser Zeit Δt dürfen sie senkrecht zu den Platten durch die ablenkende Kraft $F = e\,E$ des elektrischen Feldes der Stärke $E = U_A/d$ höchstens um den halben Plattenabstand $s = 6$ mm abgelenkt werden. Daraus ergibt sich eine Obergrenze für die Ablenkspannung U_A, die sich mit der Beschleunigung $a = F/m_e$ über

$a < \frac{2s}{t^2}$ und $a = \frac{F}{m_e} = \frac{eE}{m_e} = \frac{eU_A}{m_e d}$ zu

$$U_A < \frac{2\,s}{(\Delta t)^2}\frac{d\,m_e}{e} = \frac{2 \cdot 6 \cdot 10^{-3}\ \text{m}}{(6{,}16 \cdot 10^{-9}\ \text{s})^2} \cdot \frac{12 \cdot 10^{-3}\ \text{m} \cdot 9{,}1 \cdot 10^{-31}\ \text{kg}}{1{,}6 \cdot 10^{-19}\ \text{As}} = 21\ \text{V}$$

berechnet. Die Ablenkspannung darf also 21 V nicht überschreiten.

Massenbestimmung bei schnellen Elektronen (S. 55)

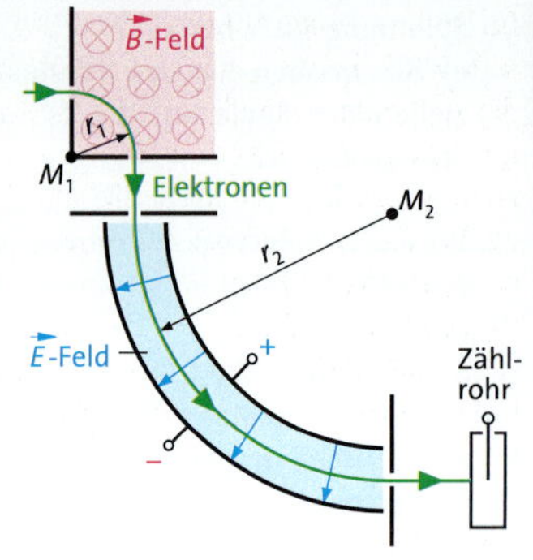

Mithilfe der abgebildeten Versuchsanordnung soll die Masse von Elektronen bestimmt werden. Dazu werden die magnetische Flussdichte B und die elektrische Feldstärke E so eingestellt, dass die Elektronen im homogenen Magnetfeld einen Viertelkreis mit dem Radius $r_1 = 0{,}50$ m und im zylindrischen elektrischen Feld einen Viertelkreis mit dem Radius $r_2 = 2{,}0$ m durchlaufen.

a) Begründen Sie, dass die Elektronenbahnen in beiden Feldern Teile von Kreisen sind.

b) Leiten Sie einen allgemeinen Term für die Geschwindigkeit und die Masse der Elektronen her, der nur die Größen r_1, r_2, E und B enthält und berechnen Sie für die Flussdichte $B = 7{,}8$ mT und die Spannung $U = 10{,}7$ kV, die an den kreisförmig gebogenen Platten mit einem Abstand $d = 2{,}0$ cm anliegt, die Masse der Elektronen.

c) Berechnen Sie, welcher Wert sich relativistisch für die Ruhemasse der Elektronen aus diesem Versuch ergibt und bestimmen Sie deren kinetische Energie.

Lösung

a) Die Elektronen treten senkrecht zu den Feldlinien in das Magnetfeld ein, sodass die Lorentzkraft senkrecht zur Richtung der Geschwindigkeit und zur Richtung der Flussdichte steht. Also bleibt der Betrag der Geschwindigkeit der Elektronen unverändert; die Lorentzkraft ist die Zentripetalkraft für die Kreisbewegung.

Da sich die Elektronen auch im elektrischen Zylinderfeld stets senkrecht zu den Feldlinien bewegen, bleibt auch hier der Betrag der Geschwindigkeit konstant: Die vom elektrischen Feld auf die Elektronen ausgeübte Kraft ist ebenfalls Zentripetalkraft.

b) Im magnetischen Feld gilt $m v^2/r_1 = e v B$, also

$v = e r_1 B/m$, und im elektrischen Feld $m v^2/r_2 = eE$, also

$m = eEr_2/v^2$. Einsetzen des Terms für die Masse in den Term für die Geschwindigkeit ergibt

$v = (e r_1 B/eEr_2)\,v^2$ oder $v = Er_2/Br_1$ und für die Masse

$m = eB^2 r_1^2/Er_2$. Damit wird $E = \frac{10{,}7 \cdot 10^3\ \text{V}}{0{,}020\ \text{m}} = 5{,}4 \cdot 10^5\ \frac{\text{V}}{\text{m}}$,

$v = \frac{5{,}4 \cdot 10^5\ \text{V/m} \cdot 2{,}0\ \text{m}}{7{,}8 \cdot 10^{-3}\ \text{T} \cdot 0{,}5\ \text{m}} = 2{,}7 \cdot 10^8$ m/s und

$$m = \frac{1{,}6 \cdot 10^{-19}\,\text{As} \cdot (7{,}8 \cdot 10^{-3}\,\text{T})^2 \cdot 0{,}50^2\,\text{m}^2}{5{,}4 \cdot 10^5\,\text{V/m} \cdot 2{,}0\,\text{m}} = 2{,}3 \cdot 10^{-30}\,\text{kg}.$$

c) Relativistisch gilt $m = m_0/\sqrt{1 - v^2/c^2}$ oder mit Werten $m_0 = 2{,}3 \cdot 10^{-30}\,\text{kg} \cdot \sqrt{1 - (2{,}7/3{,}0)^2} = 1{,}0 \cdot 10^{-30}$ kg und für die kinetische Energie über $E = E_0 + E_{\text{kin}}$ mit $m c^2 = m_0 c^2 + E_{\text{kin}}$:

$$E_{\text{kin}} = (m - m_0)\,c^2 = (2{,}3 - 1{,}0) \cdot 10^{-30}\,\text{kg} \cdot (3{,}0 \cdot 10^8)^2\,(\text{m/s})^2 = 1{,}2 \cdot 10^{-13}\,\text{J} = 7{,}3 \cdot 10^5\,\text{eV}.$$

Induktionsversuch mit zwei Zylinderspulen (S. 79)

Im Innern einer langen zylindrischen Spule (Windungszahl $n_1 = 1\,000$, Länge $l_1 = 20$ cm, Durchmesser $d_1 = 5{,}0$ cm) befindet sich eine zweite kleinere zylindrische Spule mit $n_2 = 500$, $l_2 = 12$ cm, $d_2 = 4{,}0$ cm. Beide Spulenachsen verlaufen parallel zueinander. Die äußere Spule ist mit einer regelbaren Stromquelle, die innere Spule mit einem empfindlichen Spannungsmessgerät verbunden.

Berechnen Sie die Spannung, die an der inneren Spule entsteht, wenn die Stromstärke $I = 2{,}4$ A in der äußeren Spule innerhalb von 60 ms gleichmäßig auf Null heruntergeregelt wird.

Lösung

Im Inneren der äußeren Spule wird ein homogenes Magnetfeld der Flussdichte $B_1 = \mu_0\, n_1\, I/l_1$ erzeugt, die sich beim gleichmäßigen Herunterregeln der Stromstärke I vom Wert B_1 auf null um $\Delta B = 0 - B_1 = -B_1$ ändert. In der zweiten Spule wird dadurch eine Spannung induziert, deren Größe von der Änderung des magnetischen Flusses $\Delta\Phi$ und ihrer Querschnittsfläche $A_2 = \pi\,(d_2/2)^2$ abhängt. Die Änderung des magnetischen Flusses in der zweiten Spule ist dann $\Delta\Phi_2 = \Delta B\, A_2 = -B_1\, A_2$. Nach dem Induktionsgesetz $U_{\text{ind}} = -n\, d\Phi/d\,t$ ist die induzierte Spannung dann $U_{\text{ind}} = -n_2\, \Delta\Phi_2/\Delta t$. Es wird

$\Delta B = -B_1 = -\mu_0\, n_1\, I/l_1$, also

$$B_1 = -4\pi \cdot 10^{-7}\,\frac{\text{Vs}}{\text{Am}}\,\frac{1000 \cdot 2{,}4\,\text{A}}{0{,}20\,\text{m}} = -0{,}015\,\text{T}.$$

Mit $A_2 = \pi\,(d/2)^2 = \pi \cdot 0{,}020^2\,\text{m}^2 = 1{,}26 \cdot 10^{-3}\,\text{m}^2$ ergibt sich

$$\Delta\Phi_2 = -B_1\, A_2 = -0{,}015\,\text{T} \cdot 1{,}26 \cdot 10^{-3}\,\text{m}^2 = -1{,}9 \cdot 10^{-5}\,\text{Vs}.$$

Damit ist die induzierte Spannung

$$U_{\text{ind}} = -n_2\,\frac{\Delta\Phi_2}{\Delta t} = -500\,\frac{(-1{,}9 \cdot 10^{-5}\,\text{T}\,\text{m}^2)}{60 \cdot 10^{-3}\,\text{s}} = 0{,}16\,\text{V}.$$

Erzeugung einer elektromagnetischen Schwingung (S. 97)

Ein Kondensator mit der Kapazität $C = 10$ nF und eine Spule ohne Eisenkern mit der Induktivität L bilden einen Schwingkreis. Die Spule hat $n = 10\,000$ Windungen, die Querschnittsfläche $A = 16\,\text{cm}^2$ und die Länge $l = 7{,}5$ cm.

a) Zeichnen Sie das Schaltbild eines Schwingkreises, in dem die Spannung am Kondensator und die Stromstärke gemessen werden, und stellen Sie den zeitlichen Verlauf von Spannung und Stromstärke in einem Diagramm dar.

Erläutern Sie unter Vernachlässigung ohmscher Widerstände das Zustandekommen einer Schwingung.

b) Berechnen Sie die Induktivität der Spule und die Frequenz der Schwingung.

Lösung

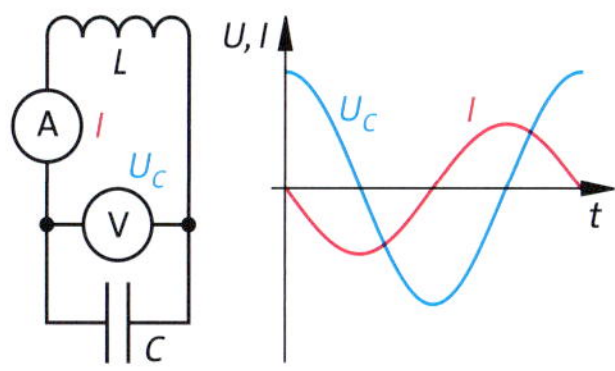

a) Der geladene Kondensator entlädt sich über die Spule. Wegen des mit dem Strom verbundenen und sich ändernden Magnetfeldes wird in der Spule eine Spannung induziert, die zu jedem Zeitpunkt gleich der Spannung am Kondensator ist. Der Kondensator ist entladen und folglich die Spannung gleich null, wenn die Stromstärke maximal ist. Durch das nun zusammenbrechende Magnetfeld wird in der Spule eine Spannung induziert, die ihrer Ursache entgegenwirkt, also den Strom in ursprünglicher Richtung aufrecht zu halten versucht. Dadurch wird der Kondensator in entgegengesetzter Polung wieder aufgeladen. Dieser Ablauf wiederholt sich periodisch.

b) Die Induktivität der Spule berechnet sich nach $L = \mu_0\, n^2\, A/l$:

$$L = 4\pi \cdot 10^{-7}\,\frac{\text{Vs}}{\text{Am}} \cdot 10\,000^2 \cdot \frac{16 \cdot 10^{-4}\,\text{m}^2}{7{,}5 \cdot 10^{-2}\,\text{m}} = 2{,}7\,\frac{\text{Vs}}{\text{A}}.$$

Für die Schwingungsdauer gilt

$T = 2\pi\sqrt{LC} = 2\pi\sqrt{2{,}7 \cdot 10 \cdot 10^{-9}}\,\text{s} = 1{,}0$ ms, also $f = 1000$ Hz.

Interferenzen am Doppelspalt (S. 115)

Die folgende Abbildung zeigt die Interferenzstreifen zweier Doppelspaltversuche A und B im roten Laserlicht mit zwei Doppelspalten von verschiedenem Spaltabstand b bei gleichem Abstand a Doppelspalt–Schirm.

a) Erklären Sie die Entstehung der Interferenzstreifen zur Bestimmung der benutzten Wellenlänge allgemein.

b) Begründen Sie, weshalb die Streifen in A bzw. in B jeweils gleiche Abstände haben, und vergleichen Sie diese untereinander.

Lösung

a) Die beiden Öffnungen des Doppelspalts wirken als gleichphasige Lichtquellen, deren Licht sich durch Beugung überlagert und aufgrund unterschiedlich langer Wege interferiert. Nach → **Abb. 115.2** gilt dann für den Abstand d_n eines hellen Streifens von der Mittelachse, in dem sich zwei Wellenstrahlen mit der Wegdifferenz $\Delta x = n\lambda$ verstärken, $\Delta x/b = \sin\alpha$ und $d_n/a = \tan\alpha$ mit dem Winkel α zur Mittelachse. Im Allgemeinen sind Spaltabstand b gegenüber dem Abstand a Doppelspalt–Schirm und damit der Winkel α sehr klein, so dass gilt $\sin\alpha \approx \tan\alpha$ und damit $\Delta x/b = d_n/a$. Damit wird unter der gemachten Voraussetzung die Wellenlänge des benutzten (einfarbigen) Lichts zu $n\lambda = d_n\, b/a$ bestimmt.

b) Für den n-ten Streifen ergibt sich $d_n = n\lambda\, a/b$ und damit für den Abstand zweier benachbarter Interferenzstreifen

$$\Delta d = d_{n+1} - d_n = ((n+1) - n)\,\frac{\lambda a}{b} = \frac{\lambda a}{b}$$

Die Abstände Δd sind konstant und wegen $\Delta d_A : \Delta d_B = b_B : b_A \approx 2 : 1$ sind die Abstände der Streifen umgekehrt proportional zu denen der Doppelspalte.

Vernetzende Aufgaben

Elektrisches Feld der Erde (Kap. 1)

An der Erdoberfläche wird als Stärke des elektrischen Erdfeldes $E = 100$ V/m gemessen.

a) Berechnen Sie die Ladung Q, die auf der Erdoberfläche sitzt. (Erdradius: 6368 km)

b) Luft isoliert nicht vollständig, sodass sich deshalb über die gesamte Erdoberfläche ein Entladungsstrom von $I = 2000$ A ergibt. Bestimmen Sie die Zeit, nach der die Erdoberfläche entladen wäre.

c) Recherchieren Sie in geeigneten Büchern oder im Internet, wodurch der „Erdkondensator" wieder geladen wird, und schildern Sie die Vorgänge in der Atmosphäre, die einem Gewitter vorangehen.

Energie des elektrischen Feldes (Kap. 1)

Ein Plattenkondensator mit der Plattenfläche $A = 10\ \mathrm{dm}^2$ und dem Plattenabstand $d_0 = 5{,}0$ mm wird an ein Hochspannungsnetzgerät mit der Ausgangsspannung $U_0 = 10$ kV angeschlossen. Parallel zu den Kondensatorplatten wird ein Elektroskop mit vernachlässigbarer Kapazität geschaltet. Der Abstand der Kondensatorplatten kann verändert werden.

a) Berechnen Sie die Flächenladungsdichte σ auf den Platten sowie den Energiegehalt W und die Energiedichte ρ_{el} des Kondensatorfeldes.

b) Der Kondensator wird vom Netzgerät getrennt und der Plattenabstand auf $d = 2\,d_0$ vergrößert. Berechnen Sie erneut die Größen W und ρ_{el}.

c) Erklären Sie die Herkunft der hinzugewonnenen Energie des Kondensatorfeldes. Erläutern Sie, welche Veränderungen am Elektroskop bei diesem Versuch zu beobachten sind.

d) Nun wird der Versuch aus b) wiederholt; allerdings bleibt diesmal der Kondensator mit dem Ausgang des Netzgerätes verbunden. Berechnen Sie nochmals die Größen σ, W und ρ_{el}.

e) Geben Sie eine Erklärung, weshalb trotz der für das Auseinanderziehen der Platten erforderlichen Energiezufuhr die Feldenergie im Kondensator abnimmt, und erläutern Sie, wohin die Energie „verschwunden" ist.

Kondensator-Mikrofon (Kap. 1)

Ein Kondensatormikrofon ist nichts anderes als ein Plattenkondensator, der mittels einer Spannung von z. B. $U = 48$ V aufgeladen wurde: Einer festen kreisförmigen Gegenelektrode ($r = 13$ mm) steht in geringem Abstand d als zweite Elektrode die gleich große Membran gegenüber. Schallsignale verändern den Abstand d. Die daraus resultierende Kapazitätsänderung wird durch eine passende Elektronik in ein elektrisches Signal umgewandelt.

a) Berechnen Sie die Änderung der Kapazität (in Prozent), wenn der Membranabstand um 30 % abnimmt.

b) Auf den Elektroden sitze eine Ladung von $Q = 1{,}0 \cdot 10^{-10}$ As. Berechnen Sie die Kapazität C, den Plattenabstand d sowie die im Kondensator herrschende Feldstärke.

c) Ein *Elektret-Kondensatormikrofon* muss nicht durch eine äußere Spannung aufgeladen werden, die Ladung ist bei einem solchen Mikrofon permanent auf der Membran bzw. auf der Gegenelektrode gespeichert. Es kann deshalb wie ein Kondensator behandelt werden, der von der Spannungsquelle abgetrennt ist. Zeigen Sie, dass in diesem Fall der Energieinhalt des Kondensators proportional zum Membranabstand d ist.

d) An das Elektretmikrofon sei ein Spannungsmessgerät angeschlossen. Beschreiben Sie, was zu beobachten ist, sobald eine Schallwelle die Membran in Richtung Gegenelektrode drückt. Geben Sie eine kurze Begründung unter Verwendung entsprechender Formeln.

Paul-Falle (Kap. 1)

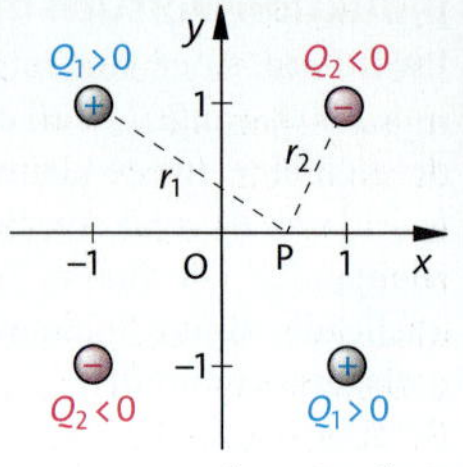

Der Physiker Wolfgang PAUL (1913–1993) erfand eine Anordnung von Elektroden, mit der sich Ionen in einem sogenannten *Quadrupolfeld* fangen lassen. Sie sollen nun ein solches Feld untersuchen: Vier Ladungen bilden ein Quadrat der Kantenlänge 2.

a) Stellen Sie die Formel für das Gesamtpotential im Punkt P auf und vereinfachen Sie diese. (P liegt auf der x-Achse; r_1 und r_2 müssen Sie nicht weiter ausdrücken; das Potential im Unendlichen ist null.)

b) Erläutern Sie, welche Eigenschaft alle Punkte haben, die sich auf der x-Achse befinden.

c) Skizzieren Sie den Feldlinienverlauf innerhalb des Quadrates.

d) Schildern Sie kurz, in welcher besonderen Situation sich ein Ion am Ursprung O befindet.

e) Bestimmen Sie, in welche Richtung eine positive Probeladung gezogen wird, welche sich im Punkt P befindet.

Flugzeit-Massenspektrometer (Kap. 1)

In einem Flugzeit-Massenspektrometer durchlaufen Ionen aus einer Probe, welche durch gepulste Bestrahlung freigesetzt wurden, eine Beschleunigungsspannung U_{B}. Aus der Flugzeit der Ionen bis zum Detektor, die sehr genau gemessen werden kann, lässt sich auf deren Masse m schließen. Die Anfangsgeschwindigkeit der Ionen werde vernachlässigt, ihr Flug wird unterteilt in eine Beschleunigungsphase und in eine Driftphase mit konstanter Geschwindigkeit.

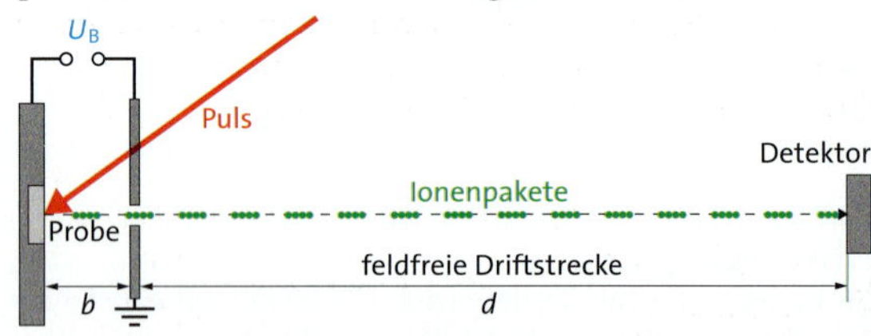

a) Berechnen Sie die Beschleunigungszeit t_{B}.

b) Zeigen Sie, dass für die gesamte Flugzeit t_{ges} bis zum Detektor gilt: $t_{\mathrm{ges}} = \sqrt{\frac{2\,m}{q\,U_{\mathrm{B}}}}\left(b + \frac{d}{2}\right)$

c) Bei einer Messung benötigen N_2^+-Ionen, die durch die Spannung $U_{\mathrm{B}} = 1450$ V beschleunigt werden, für die gesamte Flugstrecke mit $b = 9{,}00$ mm und $d = 2{,}350$ m eine Flugzeit von $t_{\mathrm{ges}} = 23{,}69\ \mu$s. Berechnen Sie daraus die Masse der N_2^+-Ionen.

d) Berechnen Sie die prozentuale Abweichung der Flugzeit, die sich für ein N_2^+-Ion ergibt, das ein ^{15}N-Atom enthält.

Ablenkung eines Elektronenstrahls im elektrischen und magnetischen Feld (Kap. 1, 3)

In einer Elektronenstrahlröhre wird ein in x-Richtung eingeschossener Elektronenstrahl im durch die Ablenkspannung U_A erzeugten elektrischen Feld eines Plattenkondensators (Plattenfläche $A_P = 30\ \text{cm}^2$, Plattenabstand $d = 5{,}0$ cm, Länge der Anordnung $l = 2d = 10{,}0$ cm) vertikal in y-Richtung abgelenkt. Der Kondensator, dessen untere Platte geerdet ist, trägt zunächst die Ladung Q.

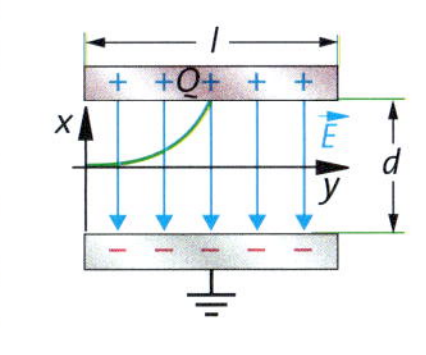

Die Elektronen haben eine Beschleunigungsspannung von $U_B = 1{,}0$ kV durchlaufen, bevor sie mittig in das elektrische Feld des Kondensators eintreten.

a) Leiten Sie Gleichung $y(x) = \frac{U_A}{4\,d\,U_B}x^2$ der Bahnkurve der Elektronen im elektrischen Feld her.

b) Bestimmen Sie die Ladung Q, die der Kondensator trägt, wenn der Elektronenstrahl wie in der Abbildung bei $x = 5{,}0$ cm auf die obere Kondensatorplatte trifft.

c) Begründen Sie, dass die Ablenkung des Elektronenstrahls immer schwächer wird, wenn der Ablenkkondensator von der Spannungsquelle getrennt wird.

d) Zeigen Sie, dass der Elektronenstrahl für $U_A = U_B/2$ den Kondensator gerade verlassen kann, die Elektronen also nicht mehr auf die obere Platte treffen.

e) Dem elektrischen Feld des Kondensators wird für $U_A = U_B$ ein Magnetfeld einer langgestreckten rechteckigen Spule (1200 Windungen, Länge $l_S = 20$ cm, Spulenquerschnitt $A_Q = 50\ \text{cm}^2$) so überlagert, dass der Elektronenstrahl die Anordnung unabgelenkt passiert. Bestimmen Sie die Stromstärke in der Spule.

f) Erläutern Sie, ob es möglich ist, dass der Strahl den Kondensator passieren kann, wenn der Ablenkkondensator entladen, die Spule jedoch nach wie vor vom Strom durchflossen wird.

g) Erläutern Sie Gemeinsamkeiten und Unterschiede der Kräfte aus den Teilaufgaben d) und f) und erklären Sie damit die unterschiedlichen Strahlverläufe.

Kontinuierlicher Tintenstrahldrucker (Kap. 1, 3)

Für industrielle Beschriftungen werden Tintenstrahldrucker mit einem nahezu kontinuierlichen Strahl aus feinen Tintentröpfchen verwendet, der durch ein Piezoelement erzeugt wird.

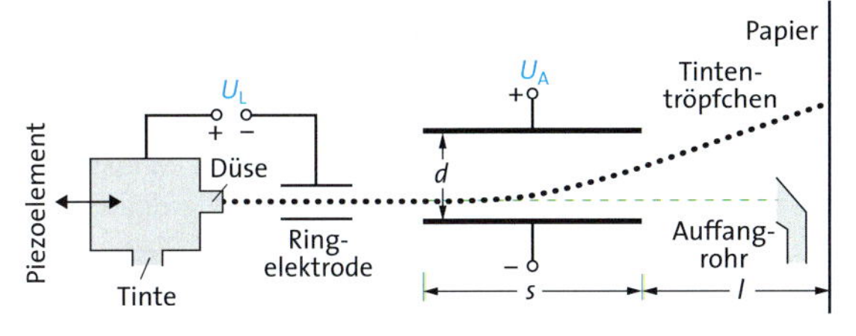

Ein Ultraschall-Tröpfchengenerator mit Piezoelement erzeugt kugelförmige Tröpfchen mit der Dichte $\rho = 1{,}1 \cdot 10^3\ \text{kg/m}^3$, dem Radius $r = 20\ \mu\text{m}$ und der Geschwindigkeit $v_0 = 17$ m/s. Zwischen Düse und Ringelektrode liegt die Spannung $U_L = 200$ V. Beim Ablösen von der Düse erhalten die Tröpfchen die positive Ladung $q = 4{,}5 \cdot 10^{-13}$ As. Nicht benötigte Tröpfchen gelangen über ein Auffangrohr wieder ins Tintenreservoir.

a) Erklären Sie anhand einer Skizze, weshalb die Tröpfchenladung von U_L bestimmt wird.

b) Zeigen Sie, dass sich die kinetische Energie der Tröpfchen durch die Beschleunigung zwischen Düse und Ringelektrode nur unwesentlich ändert.

c) Nach der Ringelektrode treten die Tröpfchen in das homogene Querfeld eines Ablenkkondensators (Plattenabstand $d = 8{,}0$ mm, Länge $s = 2{,}0$ cm) ein, an dessen Platten eine zwischen 0 und + 3,0 kV einstellbare Spannung U_A liegt. Für die Flugbahnbestimmung wird ein Koordinatensystem eingeführt: Die x-Achse zeige in Richtung der unabgelenkten Tröpfchen, die y-Achse vertikal nach oben, der Ursprung liege beim Eintritt in das Ablenkfeld des Kondensators. Das Feld sei homogen und auf den Innenraum beschränkt.
Berechnen Sie zunächst die maximale Querbeschleunigung a_y für ein Tintentröpfchen im Ablenkkondensator. (*Zur Kontrolle:* $a_y = 4{,}6 \cdot 10^3\ \text{m/s}^2$)

d) Beschreiben und skizzieren Sie qualitativ die Bahn der Tröpfchen vom Koordinatenursprung bis zum Auftreffpunkt P auf dem Papier und zeigen Sie, dass für die y-Koordinate von P gilt:

$$y_P = \frac{a_y s}{v_0^2}\left(\frac{s}{2} + l\right)$$

Berechnen Sie, wie groß der Abstand l des Ablenkkondensators vom Papier sein muss, damit die maximale Buchstabengröße 9,0 mm beträgt. (*Hinweis:* Der Kondensator wird nicht umgepolt.)

e) Berechnen Sie die vertikale Ablenkung der Tröpfchen durch Gravitation bei einer waagerechten Flugweite von 6,0 cm. Erläutern Sie, ob oder gegebenenfalls wie sich diese Ablenkung auf die Schriftqualität auswirkt.

Sektorfeld-Massenspektrometer (Kap. 1, 3)

Wasserstoffkerne mit kontinuierlicher Geschwindigkeitsverteilung treten in das elektrische Feld eines Plattenkondensators ein. Der gesamte Raum rechts von der Lochblende L_2 wird von einem homogenen Magnetfeld der Flussdichte B durchsetzt. Am anderen Ende des Kondensators befindet sich ein Auffangschirm mit der Lochblende L_3.

a) Erläutern Sie, warum durch geeignete Wahl der beiden Felder erreicht werden kann, dass nur H-Kerne einer bestimmten Geschwindigkeit den Kondensator geradlinig passieren und danach nach oben abgelenkt werden. Geben Sie dazu die Orientierung des magnetischen Feldes und die Polung des Kondensators an.

b) Die Geschwindigkeit der geradlinig durchfliegenden H-Ionen beträgt $v = 5{,}15 \cdot 10^5$ m/s, für die Flussdichte gilt $B = 75{,}0$ mT. Berechnen Sie die Feldstärke E im Kondensator und die Entfernung vom Loch der Blende L_3, in der die Protonen bzw. die Deuteronen auf dem Schirm auftreffen.

Vernetzende Aufgaben

Zyklotron (Kap. 3)

Durch ein klassisches Zyklotron, bei dem eine Wechselspannung konstanter Frequenz zwischen den beiden D-förmigen Elektroden anliegt, lassen sich geladene Teilchen nur auf nichtrelativistische Geschwindigkeiten beschleunigen.

a) Erläutern Sie die Wirkungsweise eines solchen Zyklotrons anhand einer Zeichnung.

b) Beim sogenannten Synchrozyklotron wird die Frequenz des beschleunigenden Wechselfeldes an die Umlauffrequenz des Teilchens angepasst. Leiten Sie zunächst eine Formel für die Umlauffrequenz f_0 bei einem klassischen Zyklotron her und bestimmen Sie anschließend, um wie viel Prozent die Synchrozyklotronfrequenz von diesem Wert abweichen muss, wenn darin Elektronen der Geschwindigkeit 0,5 c umlaufen.

Tandembeschleuniger (Kap. 1, 3)

In Linearbeschleunigern durchlaufen Ionen aus einer Ionenquelle (IQ) ein starkes elektrisches Feld. Die Besonderheit des Tandembeschleunigers besteht darin, die zur Verfügung stehende Beschleunigungsspannung U_B durch Umladung an einer Folie in der Mitte des Beschleunigers zweimal auszunutzen (→ 3.3.2). Beim Tandembeschleuniger von LMU und TUM in Garching wird mit einem Van-de-Graaff-Bandgenerator die Beschleunigungsspannung $U_B = 2 \cdot 14$ MV erzeugt.

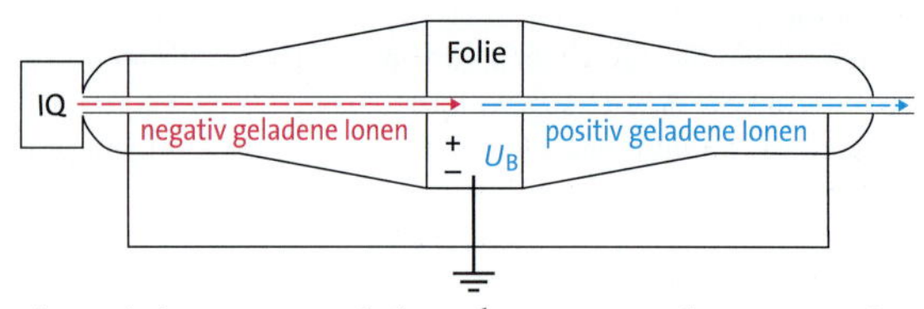

a) Einfach negativ geladene $^1H^-$-Ionen gelangen in den Beschleuniger und verlieren an der Folie beide Elektronen. Berechnen Sie relativistisch die Geschwindigkeit der Ionen am Ende der Beschleunigungsstrecke.

b) Goldionen werden in Garching auf kinetische Energien von bis zu 230 MeV beschleunigt. Erklären Sie, wie diese Energie bei 14 MV Generatorspannung erreicht werden kann, und berechnen Sie die Geschwindigkeit v der Goldionen. (*Zur Kontrolle:* $v = 0{,}05$ c)

c) Begründen Sie: Mit leichten Ionen können hohe Geschwindigkeiten erreicht werden, mit schweren Ionen hohe Energien.

d) Die Goldionen aus Teilaufgabe b) sind an der Folie 15-fach positiv geladen worden. Berechnen Sie die magnetische Flussdichte im Ablenkmagneten, der die Goldionen auf einer Viertelkreisbahn mit Radius $r = 1{,}50$ m um 90° ablenkt.

Versuch von Bucherer (Kap. 3)

Im Jahr 1905 schickte Albert Einstein eine kleine Formel als Nachtrag zu einer seiner Arbeiten an die Fachzeitschrift „Annalen der Physik". Der Nachtrag unter dem Titel „Ist die Trägheit eines Körpers von seinem Energieinhalt abhängig?" wurde zur berühmtesten Formel der Physik: $E = mc^2$.

a) Ein radioaktives Präparat sendet Elektronen mit einer maximalen Gesamtenergie von $E = 0{,}77$ MeV aus. Berechnen Sie die Masse m und die Geschwindigkeit v dieser Elektronen. (*Zur Kontrolle:* $v = 0{,}75\,c$)

b) In einem Magnetfeld der Flussdichte $B = 4{,}0 \cdot 10^{-5}$ T laufen die Elektronen auf einer Kreisbahn. Berechnen Sie den Radius r und die Umlaufdauer T.

c) 1908 wies Bucherer die Geschwindigkeits-Abhängigkeit der Masse durch den abgebildeten Versuch nach: Er befestigte das radioaktive Präparat im Zentrum eines Geschwindigkeitsfilters. Die magnetische Flussdichte sei weiterhin $B = 4{,}0 \cdot 10^{-5}$ T. Berechnen Sie die elektrische Feldstärke E, für welche die Elektronen mit $v = 0{,}75\,c$ nicht abgelenkt werden. Geben Sie an, wie der Kondensator gepolt sein muss.

d) Außerhalb des Plattenkondensators laufen die Elektronen auf einer Kreisbahn und treffen im Punkt A auf eine Photoplatte. Nach dem Umpolen beider Felder ergibt sich als Auftreffort C. Als Abstand der beiden Punkte A und C wird $d = 4{,}0$ mm gemessen, der Schirmabstand ist $s = 44{,}0$ cm. Formulieren Sie den geometrischen Zusammenhang zwischen s, d und r. Berechnen Sie damit den Radius r der Kreisbahn und vergleichen Sie mit dem von Einstein vorausgesagten Wert aus Teilaufgabe b).

Induktionsspule auf Rollwagen (Kap. 4)

Auf einem reibungsfrei beweglichen Wagen ist eine rechteckige Spule befestigt. Die Spule hat $n = 10$ Windungen, ihr Querschnitt hat die Maße $b = 5{,}0$ cm und $l = 10$ cm. Ihr ohmscher Widerstand beträgt $R = 0{,}20\ \Omega$. Der Wagen hat zusammen mit der Spule die Masse $m = 0{,}120$ kg. Direkt vor der Spule beginnt ein nach rechts unbegrenztes homogenes Magnetfeld der Flussdichte $B = 800$ mT, das senkrecht zur Spulenfläche von oben nach unten (in die Blattebene hinein) gerichtet ist.

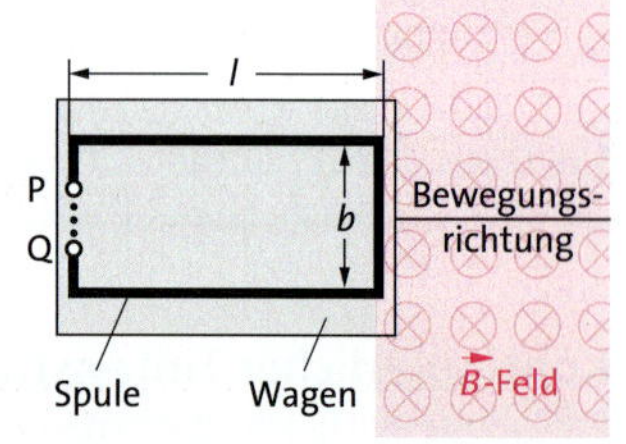

a) Der Wagen fährt ab dem Zeitpunkt $t_0 = 0$ s mit der konstanten Geschwindigkeit $v_0 = 20$ cm/s nach rechts in das Magnetfeld hinein. Leiten Sie eine Gleichung zur Berechnung des Betrags der Induktionsspannung U_{ind} zwischen den beiden Punkten P und Q her. Berechnen Sie den sich einstellenden Spannungswert und geben Sie die Polung von P und Q an.

b) Bestimmen Sie den Zeitpunkt, ab dem keine Induktionsspannung mehr auftritt. Geben Sie dafür eine Begründung.

c) Ab dem Zeitpunkt 1,0 s (die Spule befindet sich zu diesem Zeitpunkt vollständig im Feld) wird die Flussdichte innerhalb des Zeitraums $\Delta t = 0{,}40$ s gleichmäßig auf null reduziert. Berechnen Sie die Induktionsspannung während der Zeitspanne $1{,}0\ \text{s} \le t \le 1{,}4$ s und geben Sie eine Begründung für die nun vorliegende Polung von P und Q.

d) Zeichnen Sie das t-U_{ind}-Diagramm für $0\ \text{s} \le t \le 2$ s.

e) Werden die Punkte P und Q leitend miteinander verbunden, so wird der Wagen beim Hineinfahren in das Magnetfeld abgebremst. Erklären Sie diese Beobachtung.

f) Der Wagen wird wieder in die Ausgangsposition gebracht und fährt nun aus seiner Ruheposition heraus mit konstanter Beschleunigung in das Magnetfeld hinein. Die Flussdichte hat wieder den konstanten Wert $B = 800$ mT. Entscheiden Sie, durch welches der folgenden t-U_{ind}-Diagramme diese Situation beschrieben wird, und geben Sie eine stichhaltige Begründung.

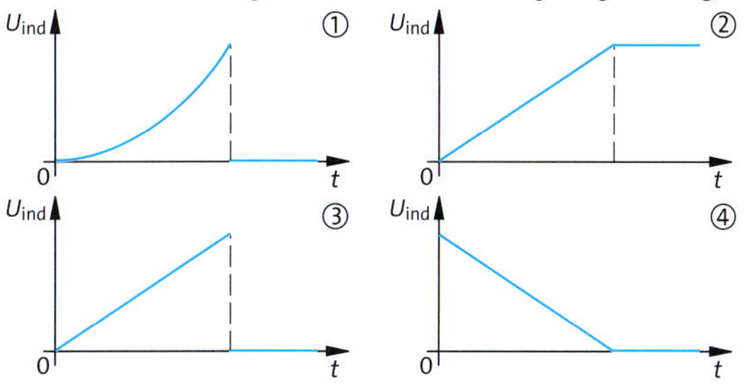

Induktionsspule in Form eines Kreissektors (Kap. 4)

Eine Leiterschleife OPQ hat die Form eines Kreissektors mit dem Mittelpunktswinkel 90° und dem Radius r. Sie rotiert mit der konstanten Winkelgeschwindigkeit $\omega = \Delta\varphi/\Delta t$ im Uhrzeigersinn um den Punkt O (siehe Abbildung). Unterhalb der x-Achse befindet sich ein homogenes Magnetfeld mit der magnetischen Flussdichte B. Zur Zeit $t = 0$ ist $\varphi = 0$, die Umlaufdauer ist T.

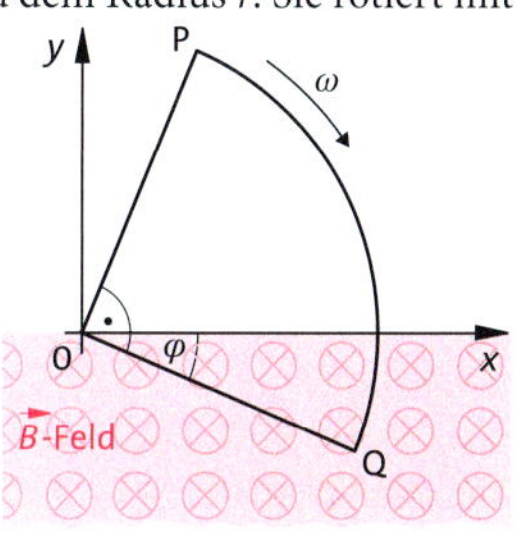

a) Bestimmen Sie die Richtung des Induktionsstromes beim Eintauchen in das Magnetfeld.

b) Entscheiden Sie begründet, welches der folgenden t-U_{ind}-Diagramme den Vorgang korrekt beschreibt.

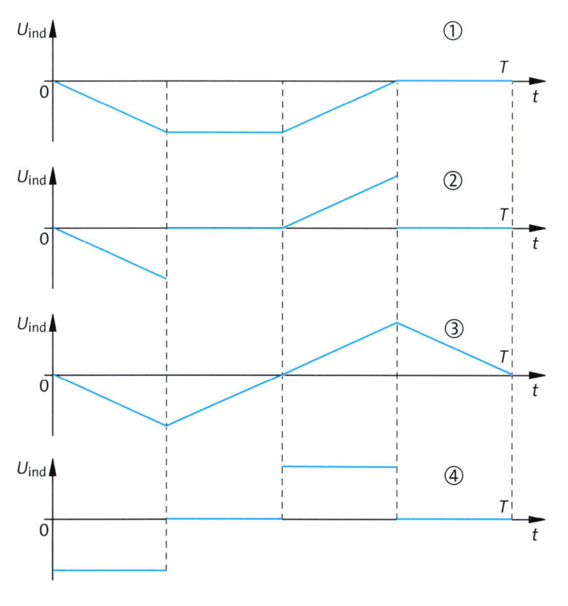

Spule im Magnetfeld (Kap. 4)

Auf einer schiefen Ebene mit Neigungswinkel 30° befindet sich ein Wagen, auf den eine rechteckige Spule mit den Anschlüssen A und B montiert ist (Gesamtmasse des Wagens inkl. Spule: $m = 300$ g, Höhe der Spule: $h = 6{,}5$ cm, Windungszahl: $n = 300$, Wicklungswiderstand: $R = 4{,}0\ \Omega$). Beim Hinabrollen passiert der Wagen einen Bereich, der von einem homogenen Magnetfeld der Flussdichte $B = 120$ mT durchsetzt wird.

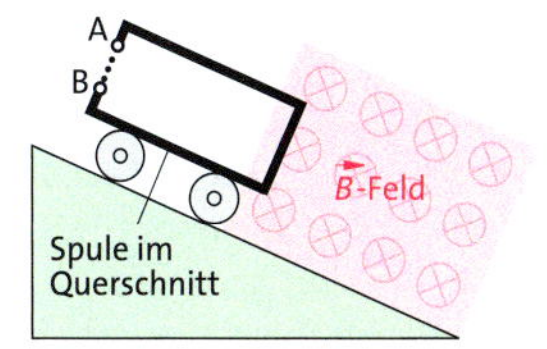

a) Wird zwischen A und B eine Batterie mit geeigneter Spannung angeschlossen, so kann verhindert werden, dass der Wagen die schiefe Ebene hinabrollt. Ermitteln Sie, wo der Pluspol dieser Batterie liegen muss und wie groß die notwendige Batteriespannung ist.

b) Die Batterie wird entfernt, A und B durch ein Stück Draht verbunden und der Wagen losgelassen. Schildern Sie, was beim Eintauchen der Spule in das Magnetfeld beobachtet werden kann, und begründen Sie Ihre Antwort. Geben Sie an, in welche Richtung dabei der Induktionsstrom fließt.

c) Das Drahtstück wird wieder entfernt, sodass die beiden Anschlüsse A und B der Spule nicht miteinander verbunden sind. Die Diagramme rechts zeigen die Geschwindigkeit v des Wagens bzw. die induzierte Spannung U, die an den Anschlüssen abgegriffen werden kann, in Abhängigkeit von der Zeit t. Beschreiben und erklären Sie das Zustandekommen der Diagramme.

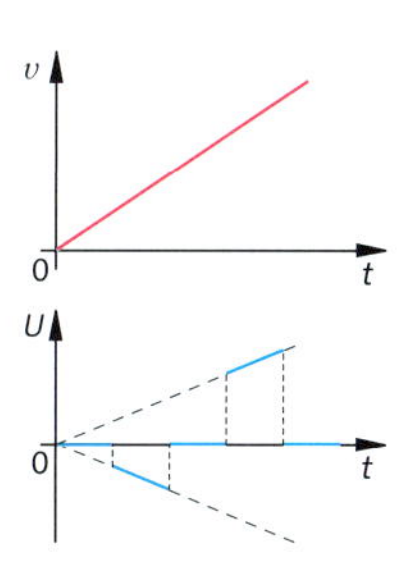

Bestimmung der magnetischen Feldkonstante μ_0 und der Feldstärke des Erdmagnetfeldes (Kap. 4)

a) Im Innern einer großen Spule von $l = 34$ cm Länge und $n_1 = 530$ Windungen befindet sich eine kleine quadratische Spule von $a = 4{,}5$ cm Kantenlänge mit $n_2 = 150$ Windungen, sodass beide Spulenachsen übereinstimmen. Wird die große Spule von einem 50 Hz-Wechselstrom der Stärke $I_{eff} = 2{,}0$ A durchflossen, so liegt an der kleinen Spule eine Wechselspannung von 0,34 V.

Leiten Sie die Formel $U_{eff} = \mu_0 \frac{n_1}{l} n_2 A \cdot 2\pi f I_{eff}$

für die induzierte Wechselspannung her und bestimmen Sie die magnetische Feldkonstante μ_0.

b) Eine kreisförmige Spule vom Durchmesser $d = 0{,}40$ m mit $n = 10$ Windungen ist um eine vertikale Achse drehbar. Erfolgt die Drehung mit einer Frequenz von $f = 5{,}0$ Hz, so ist auf einem angeschlossenen Oszilloskop eine Wechselspannung zu sehen, die einen Scheitelwert von $\hat{u} = 0{,}76$ mV hat.
Wird dieselbe Spule mit derselben Frequenz um eine horizontale Achse gedreht, die in Nord-Süd-Richtung liegt, so wird eine Wechselspannung mit dem Scheitelwert $\hat{u} = 1{,}74$ mV gemessen. Bestimmen Sie die Horizontal- und die Vertikalkomponente des Erdmagnetfeldes am Ort der Messung.

Vernetzende Aufgaben

Elektrische Tonfrequenz-Schwingungen (Kap. 1, 4, 5)

Mithilfe der abgebildeten Schaltung eines Schwingkreises sollen die Töne c′ (264 Hz), e′ (330 Hz) und g′ (396 Hz) des C-Dur-Dreiklangs nacheinander erzeugt werden. Die Kapazität des Kondensators C_1 beträgt 10,0 µF.

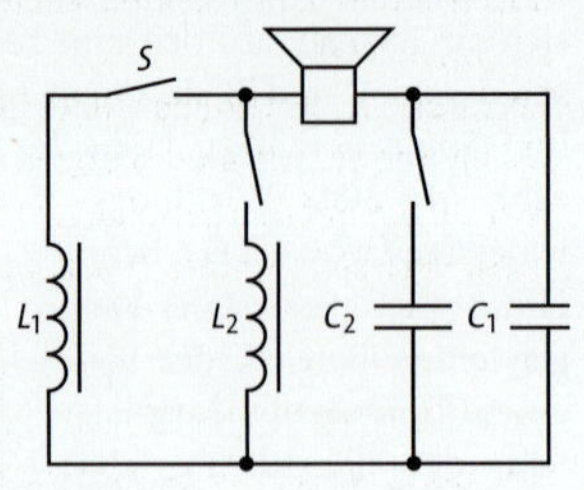

Hinweis zur Schaltung von Kondensatoren und Spulen (ohne Herleitung): Bei Parallelschaltung sind die Einzelkapazitäten bzw. die Kehrwerte der Induktivitäten zu addieren:

$$C_{ges} = C_1 + C_2 \quad \text{bzw.} \quad \frac{1}{L_{ges}} = \frac{1}{L_1} + \frac{1}{L_2}$$

a) Beim Schließen des Schalters *S* soll der Ton *e′* erzeugt werden. Berechnen Sie die Induktivität L_1.

b) Durch zusätzliches Schließen eines der beiden Schalter vor der Spule L_2 bzw. vor dem Kondensator C_2 soll entweder der Ton c′ oder der Ton g′ erzeugt werden. Berechnen Sie die dazu notwendigen Größen L_2 bzw. C_2.

Ungedämpfter Schwingkreis (Kap. 5)

Ein Kondensator und eine Spule bilden einen Schwingkreis mit vernachlässigbarem ohmschen Widerstand. Die Periodendauer sei *T*. Zum Zeitpunkt $t = 0$ s befindet sich auf der rechten Kondensatorplatte die maximale, positive Ladung Q_0.

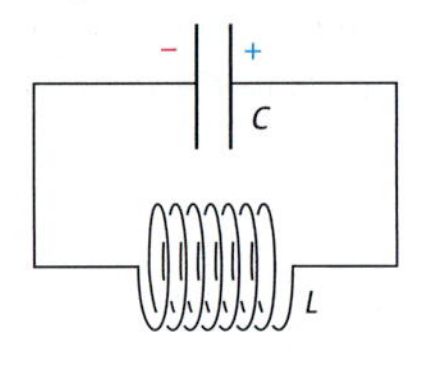

a) Beschreiben Sie das elektrische Feld zwischen den Kondensatorplatten und das magnetische Feld im Inneren der Spule zu den Zeitpunkten $t = 0$ s, $t = T/4$ und $t = T/2$ mithilfe von drei getrennten Bildern.

b) Berechnen Sie die Induktivität *L* der Spule, wenn die Kapazität des Kondensators $C = 1{,}0 \cdot 10^{-9}$ F und die Frequenz des Schwingkreises $f_0 = 5{,}0 \cdot 10^3$ Hz betragen.

c) Berechnen Sie den Scheitelwert der Stromstärke, wenn zum Zeitpunkt $t = 0$ s die Spannung am Kondensator $\hat{u} = 100$ V beträgt.

d) Beschreiben Sie die Energieumwandlungen in einem ungedämpften Schwingkreis in Abhängigkeit von der Zeit.

e) Zeichnen Sie einen beschrifteten Schaltplan einer Schaltung zur Erzeugung ungedämpfter elektromagnetischer Schwingungen durch Rückkopplung mithilfe eines Transistors. Erläutern Sie das Prinzip der Rückkopplung für diesen Fall unter Verwendung der maßgeblichen Fachbegriffe.

f) Mit dieser Schaltung wird ein Lautsprecher zu Schwingungen der Frequenz $f_0 = 5{,}0 \cdot 10^3$ Hz angeregt. Er strahlt Schallwellen ab, deren Wellenfronten parallel zu einer feststehenden, schallreflektierenden Wand sind. Wird ein Mikrofon senkrecht zur Wand auf den Lautsprecher zu bewegt, so ergeben sich benachbarte Lautstärkemaxima im Abstand von 3,3 cm.
Erläutern Sie das Zustandekommen dieser Lautstärkemaxima und bestimmen Sie mithilfe der im Text angegebenen Daten die Schallgeschwindigkeit.

Dualband-Handy (Kap. 5)

Nebenstehende Schaltung soll die Funktionsweise eines Dualband-Handys für das D-Netz (900MHz) und das E-Netz (1,80GHz) simulieren. Die Spule besitzt die Windungszahl $n = 8$, die Länge $l = 8{,}0$ mm und die Querschnittsfläche $A = 4{,}0\ \text{mm}^2$. Betrachten Sie den Kondensator als ideal und die Spule als langgestreckt. Verwenden Sie als Formel für die Induktivität einer langgestreckten Spule $L = \mu_0 A\, n^2/l$.

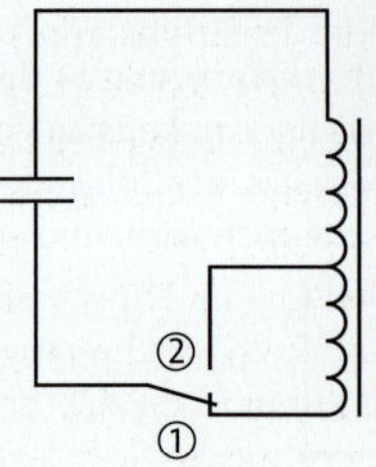

a) Leiten Sie die Differentialgleichung der freien ungedämpften elektromagnetischen Schwingung im *LC*-Kreis her. Verwenden Sie als Variable die Ladung *Q* und bestimmen Sie allgemein mit einem geeigneten Lösungsansatz die Thomson-Formel für die Schwingungsfrequenz f_0.

b) Begründen Sie, dass die Schalterstellung ① für das D-Netz gilt, und berechnen Sie die Kapazität *C* des Kondensators.

c) Geben Sie an, wie viele der 8 Windungen der Spule in Schalterstellung ② abgegriffen werden müssen, damit sich das Handy auf das E-Netz umstellen lässt, und geben Sie für Ihre Antwort eine kurze quantitative Begründung.

d) Mit einem Dipol werden die elektromagnetischen Wellen beider Netze abgestrahlt. Verdeutlichen Sie anhand von Skizzen die Stromstärkeverteilungen für die Grundschwingung sowie für die 1. und 2. Oberschwingung auf einem Hertz'schen Dipol. Erläutern Sie, wie das Dualband-Handy mit einer einzigen Antenne auskommen kann. Berechnen Sie ihre kleinste mögliche Länge. Erklären Sie, warum die induktive Anregung nicht in der Mitte des Dipols erfolgen darf, wenn die Antenne für beide Frequenzen verwendbar sein soll.

Elektromagnetische Wellen (Kap. 5)

Der Grundgedanke der Rundfunktechnik besteht darin, akustische Schwingungen in elektromagnetische Schwingungen umzuwandeln und als elektromagnetische Welle drahtlos zu übertragen. Das Signal wird über eine geeignete Empfangsantenne aufgenommen.

a) Erläutern Sie das Prinzip der Modulation und erklären Sie, weshalb das akustische Signal für die drahtlose Übertragung moduliert werden muss.

b) Bei UKW-Empfang wird das ankommende elektrische Feld genutzt, bei MW-Empfang das magnetische. Erörtern Sie, welche der beiden abgebildeten Antennentypen für welche Technik besser geeignet ist.

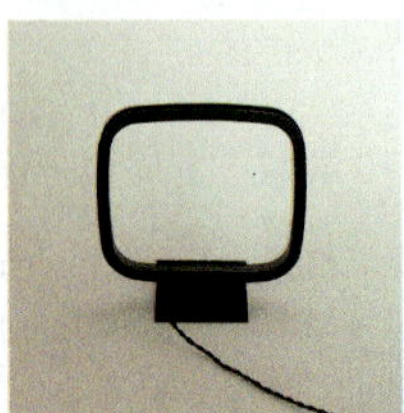

c) In einem Empfängerkreis mit $L = 0{,}55\ \mu\text{H}$ und $C = 4{,}9$ pF, der als idealer Schwingkreis mit Eigenfrequenz schwingt, wird der Scheitelwert der Wechselspannung zu $\hat{u} = 0{,}60$ V gemessen. Berechnen Sie den Scheitelwert der Stromstärke.

d) Berechnen Sie die Gesamtenergie im Schwingkreis sowie die die Stromstärke zu einem Zeitpunkt, an dem die elektrische Energie den Wert $5{,}0 \cdot 10^{-13}$ J hat.
e) Ein UKW-Programm wird auf der Frequenz 98,5 MHz gesendet. Geben Sie die Länge einer geeigneten $\lambda/2$-Sendeantenne an und fertigen Sie eine Skizze mit der Ladungsverteilung im Dipol während einer Schwingungsperiode an.
f) Zwei gleichphasig schwingende Dipole aus d) sind in einem Abstand von $\lambda/2$ parallel nebeneinander angeordnet. Erläutern Sie, weshalb eine solche Anordnung als *Richtantenne* bezeichnet wird und in welcher Richtung der Empfang maximal bzw. minimal ist.

Gestörter Rundfunkempfang (Kap. 5)

Die Liegewiese eines Schwimmbads wird von einer Metallwand begrenzt, welche als Sichtschutz dient. Vor der Metallwand liegt ein Badegast mit einem Kofferradio, hinter der Metallwand geht ein Mädchen mit ihrem Ghetto-Blaster. Beide Personen haben denselben Abstand d zur Metallwand und ihr Radio auf denselben UKW-Sender eingestellt, welcher sich in größerer Entfernung vor der Metallwand befindet.

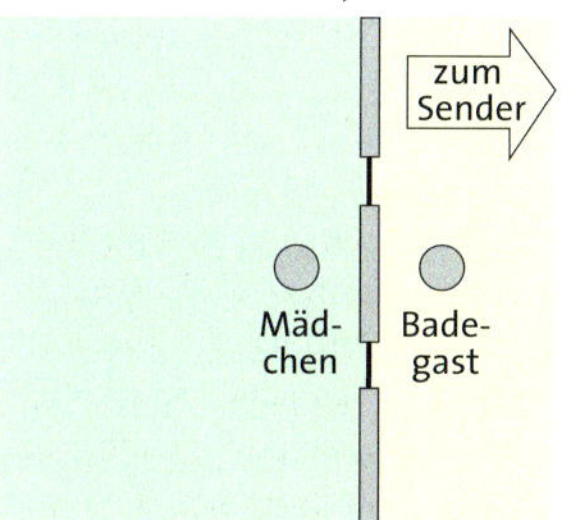

a) Trotz optimal eingestellter Empfänger haben beide Personen einen sehr schlechten Radioempfang, doch kann einer der beiden durch eine geringfügige Veränderung des Abstands zur Wand die Empfangssituation deutlich verbessern, der andere nicht.
Erläutern Sie, warum beide Personen schlechten Radioempfang hatten und warum die Abstandsänderung nur bei einem der beiden zu einer Empfangsverbesserung führt.
b) In der Metallwand befinden sich zwei Türen, welche vom Bademeister geöffnet werden. Nach dem Öffnen der Türen kann das Mädchen hinter dem Zaun im Punkt P den UKW-Sender optimal empfangen (Maximum 1. Ordnung). Berechnen Sie unter Zuhilfenahme der Zeichnung die Wellenlänge und die Frequenz des Senders. Die Breite eines Kästchens in der Zeichnung entspricht 2 m in der Natur.

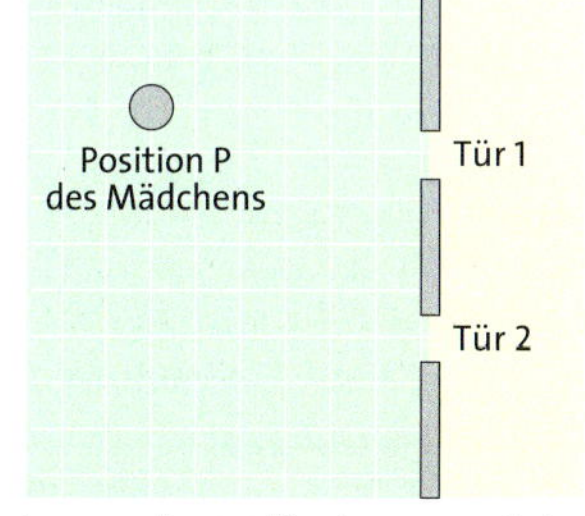

c) Nicht nur im Punkt P lässt sich der Sender nun optimal empfangen, sondern in einiger Entfernung vom Zaun auch unter anderen Interferenzwinkeln α. Bestimmen Sie, wie viele Maxima für den Empfang hinter dem Zaun beobachtet werden können.
d) Bestimmen Sie eine mögliche Länge eines optimal abgestimmten Sendedipols.
e) Bestimmen Sie eine mögliche Entfernung des Badegastes von der Metallwand, bei der der Badegast optimalen Empfang hat.
f) Im Rahmen von Umbaumaßnahmen wird die Metallwand durch einen Zaun aus parallelen, vertikal stehenden Metallstäben ersetzt.
Erklären Sie, warum das Mädchen auch in dieser Situation den UKW-Sender nicht empfangen könnte. Schildern Sie die Auswirkungen auf den Empfang, wenn die Metallstäbe des Zaunes nicht vertikal, sondern horizontal verlaufen würden.

Vom Doppelspalt zum Spektrum (Kap. 5)

Ein aufgeweiteter Laserstrahl ($\lambda = 633$ nm) trifft auf einen Doppelspalt. Im Abstand $a = 10{,}0$ m vom Spalt ist das abgebildete Interferenzmuster vom −1. bis zum 1. Maximum zu beobachten (Maßstab 1 : 1).

a) Berechnen Sie den Abstand der Spaltmitten.
b) Der Doppelspalt wird durch einen 10-fach-Spalt ersetzt, wobei der Abstand benachbarter Spaltmitten unverändert bleibt. Übertragen Sie das abgebildete Interferenzmuster auf ein Blatt und skizzieren Sie darunter das zu erwartende Interferenzmuster des 10-fach-Spaltes.
c) Das Laserlicht aus Aufgabe a) wird nun durch weißes Glühlicht ersetzt, das parallel auf den 10-fach-Spalt trifft. Skizzieren Sie mit Farbstiften das hierbei zu erwartende Interferenzmuster.

Spektrum einer Quecksilberdampflampe (Kap. 5)

Das Spektrum einer Quecksilberdampflampe enthält im Bereich von 405 nm bis 578 nm Licht folgender Wellenlängen: $\lambda_{\text{violett}} = 405$ nm, $\lambda_{\text{blau}} = 436$ nm, $\lambda_{\text{grün}} = 546$ nm, $\lambda_{\text{gelb}} = 578$ nm. Das Quecksilberlicht fällt senkrecht auf ein Gitter mit der Gitterkonstante $g = 9{,}60 \cdot 10^{-6}$ m. Ein 10 cm breiter, ebener Schirm ist 25,0 cm vom Gitter entfernt und parallel zu diesem aufgestellt. Auf dem Schirm ist ein Interferenzmuster zu beobachten, dessen Maximum 0. Ordnung in der Schirmmitte liegt.
a) Erklären Sie das Zustandekommen des Interferenzmusters und leiten Sie anhand einer Skizze eine Formel zur Berechnung der Beugungswinkel her, unter denen Maxima zur Wellenlänge λ auftreten.
b) Durch Verwendung eines geeigneten Filters wird erreicht, dass nur Licht der Wellenlänge λ_{gelb} das optische Gitter durchsetzt. Berechnen Sie den Abstand der Minima 3. Ordnung auf dem Schirm.
c) Die beiden Maxima 4. Ordnung zur Wellenlänge λ_{gelb} sollen jeweils im Abstand 1,0 cm vom Rand entfernt auf dem Schirm erscheinen. Berechnen Sie, in welchem Abstand vom optischen Gitter dazu der Schirm aufgestellt werden müsste.
d) Der Filter wird abgenommen; der Schirm wird wieder in seine ursprüngliche Entfernung zum Gitter (25,0 cm) gebracht. Am Schirm wird nun ein Spektrum aus diskreten Linien beobachtet. Untersuchen Sie, ob das Spektrum 3. Ordnung vollständig auf dem Schirm beobachtet werden kann, wenn das Maximum 0. Ordnung wieder in der Schirmmitte liegt.

Vernetzende Aufgaben

e) Wird anstelle des gewöhnlichen Schirms ein Schirm verwendet, der mit fluoreszierendem Zinksulfid beschichtet ist, so erscheint eine weitere Linie im Quecksilberspektrum. Geben Sie an, welchem Teil des elektromagnetischen Spektrums diese Linie zugeordnet werden kann und wo sie auf dem Schirm erscheint.

f) Ein halbkreisförmiger Schirm, in dessen Mittelpunkt das Gitter steht, tritt nun an die Stelle des ebenen Schirms. Die Bereiche der Spektren aufeinanderfolgender Ordnung können sich überlagern. Bestimmen Sie die kleinste Ordnung, bei der dies eintreten kann. Zeigen Sie, dass dieses Ergebnis nicht von der Gitterkonstante g abhängt. Begründen Sie, warum bei einem Gitter mit $g = 1{,}0 \cdot 10^{-6}$ m eine Überlagerung dennoch nicht beobachtet werden kann. Berechnen Sie die Bedingung, die die Gitterkonstante erfüllen muss, damit λ_{gelb} in der dritten Ordnung gerade noch beobachtet werden kann.

Interferenz am Reflexionsgitter (Kap. 5)

Bei der Betrachtung einer Compact-Disc (CD) fällt auf, dass sie einfallendes Licht spektral zerlegt. Ihre Oberfläche enthält winzige Rillen, die ein Reflexionsgitter bilden. Das Licht eines Lasers ($\lambda = 633$ nm) wird senkrecht auf eine CD gerichtet. Das Interferenzmaximum zweiter Ordnung tritt dann gerade unter dem Winkel 37,7° bezüglich der Rillenebene der CD auf.

a) Fertigen Sie eine Skizze, mit deren Hilfe der Gangunterschied der von benachbarten Rillen ausgehenden Strahlen bestimmt werden kann, und berechnen Sie mit den gegebenen Daten den Abstand g benachbarter Rillen.

b) Erklären Sie das Auftreten von Farben bei der Betrachtung einer CD, die mit weißem Licht bestrahlt wird.

Das subjektive Verfahren (Kap. 5)

In einer vertikal orientierten Spektralröhre befindet sich atomarer Wasserstoff, welcher durch eine Spannung zum Leuchten angeregt wird. Hinter der Spektralröhre ist ein Maßstab angebracht. Die Spektralröhre und der dahinter angebrachte Maßstab können mit bloßem Auge durch ein Gitter mit 300 Strichen auf den Millimeter beobachtet werden, das $l = 50$ cm vor dem Maßstab angebracht ist. Dabei erscheinen seitlich um die Strecke d verschobene Bilder der Wasserstoffröhre in verschiedenen Farben.

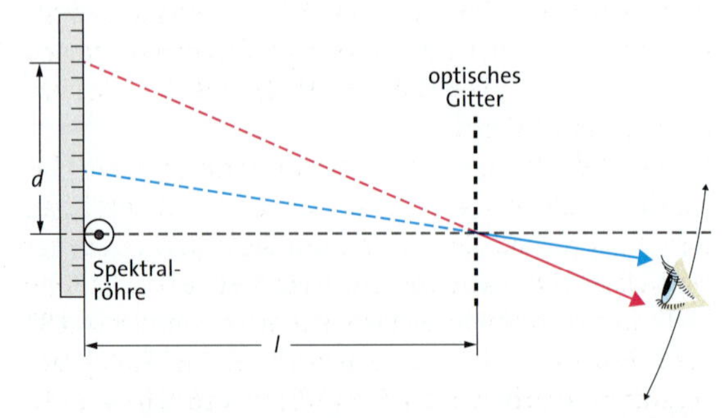

a) Erklären Sie anhand einer Skizze, wie die farbigen Abbilder der Wasserstoffröhre bei Betrachtung durch das Gitter zustande kommen.

b) Bei $d = 10{,}0$ cm ist die erste rote Linie zu sehen, bei $d = 7{,}5$ cm die erste türkisfarbene und bei $d = 6{,}5$ cm die erste blaue. Berechnen Sie die drei zugehörigen Wellenlängen aus dem Wasserstoffspektrum.

c) Eine rote und eine blaue Linie erscheinen nahezu unter dem gleichen Beugungswinkel. Ermitteln Sie die Ordnung der beiden Interferenzmaxima und berechnen Sie den zugehörigen Abstand d.

Michelson-Interferometer (Kap. 3, 5)

MICHELSON entwickelte ein extrem empfindliches optisches Interferometer: Ein Laserstrahl mit Licht der Wellenlänge $\lambda = 633$ nm trifft auf einen halbdurchlässigen Spiegel A. Das Licht geht hierbei zum Teil durch A hindurch, zum Teil wird es an A reflektiert. Dadurch wird es in zwei Strahlen aufgeteilt, die an den Spiegeln S_1 bzw. S_2 reflektiert werden. Der an S_2 reflektierte Strahl ② gelangt durch A hindurch im Punkt E auf den Schirm; der von S_1 kommende Strahl ① wird an A reflektiert und gelangt ebenfalls nach E.

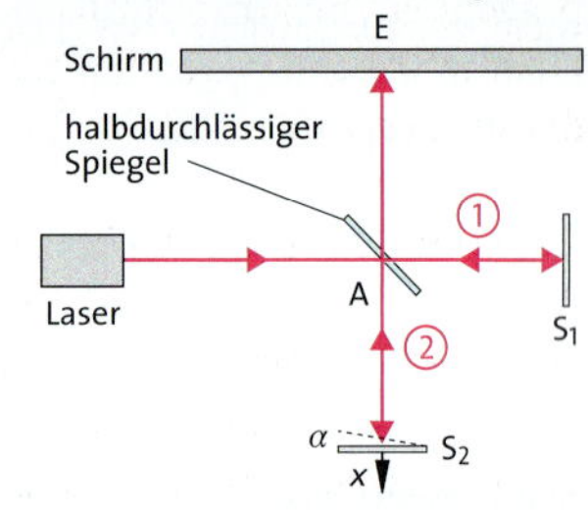

Nehmen Sie an, dass $\overline{AS_1} = \overline{AS_2}$ und die Spiegel S_1 und S_2 perfekt vertikal bzw. horizontal ausgerichtet sind. Dann wird wegen der Gleichphasigkeit von Strahl ① und Strahl ② im Punkt E ein heller Punkt registriert.

a) Geben Sie an, wie weit S_2 in x-Richtung verschoben werden müsste, damit sich die beiden Strahlen im Punkt E zum ersten Mal auslöschen.

b) Nun wird der ursprüngliche Zustand wieder hergestellt, der Laserstrahl aufgeweitet und der Spiegel S_2 um den sehr kleinen Winkel α geneigt. Erklären Sie das Zustandekommen der zu beobachtenden Interferenzstreifen.

c) Gäbe es ein Medium für Licht, den sogenannten *Äther*, dann hätte die Bewegung der Erde durch diesen Äther hindurch einen Einfluss auf die Laufzeit der Lichtsignale (*Ätherwind*).

Berechnen Sie unter der Annahme klassischer Geschwindigkeitsaddition die Laufzeit t_1 von Strahl ① für die Strecke $s_1 = \overline{AS_1}$ mit dem Ätherwind der Geschwindigkeit v im Rücken und zurück zu A gegen den Ätherwind.

Berechnen Sie die Laufzeit t_2 von Strahl ② für die Strecke $s_2 = \overline{AS_2}$ mit dem Ätherwind der Geschwindigkeit v von der Seite und zurück zu A.

Begründen Sie, dass sich selbst für $s_1 = s_2$ unterschiedliche Laufzeiten ergeben.

d) Erklären Sie, wie sich dies beim Michelson-Experiment auswirken würde, wenn die Apparatur so gedreht wird, dass einmal Strahl ①, dann Strahl ② parallel zum Ätherwind läuft.

Die Elektrizitätslehre – Motor der technischen Entwicklung

Die Elektrizitätslehre des 19. Jahrhunderts von OERSTEDT und AMPÈRE, von FARADAY und LENZ, von MAXWELL und HERTZ, von der (neben der Relativitätstheorie) auch dieses Buch handelt, ist die Grundlage der Elektrotechnik. Die Umsetzung ihrer Ergebnisse in die industrielle Produktion leitete mit dem Aufstieg der Chemie und der Konstruktion des Verbrennungsmotors die zweite industrielle Revolution in der letzten Hälfte des 19. Jahrhunderts ein.

Diese klassische Elektrizitätslehre ist auch heute noch wesentliche Grundlage der modernen, unsere Welt prägenden Elektrotechnik – zusammen mit der sie vielfach durchdringenden Elektronik, die ein Produkt der modernen Physik des 20. Jahrhunderts ist.

Gründungsväter der Elektroindustrie des 19. Jahrhunderts waren Pioniere wie Werner von SIEMENS (1816–1892) oder Thomas Alva EDISON (1818–1893).
Der Elektromotor, in technisch brauchbarer Form 1834 erfunden, erlangt erst praktische Bedeutung, als SIEMENS im Jahre 1866 das dynamoelektrische Prinzip entdeckt. Diesem Prinzip zufolge benötigt der Elektromagnet eines Generators keine besondere Spannungsquelle, sondern kann seinen Strom aufgrund des immer vorhandenen Restmagnetismus selbst erzeugen. Die siemenschen Elektromotoren eignen sich wie kein anderes Aggregat zur Motorisierung von Werkzeugmaschinen, Webeautomaten, Drehbänken, später auch von Transferstraßen und Fließbändern. Im Haushalt tauchen die Elektromotoren in Staubsaugern (um 1870), Kühlschränken (1876 Carl von LINDE) und Waschmaschinen (1901) auf.
1878 entwirft SIEMENS seine erste, noch kleine elektrische Lokomotive. 1881 fährt die erste elektrische Straßenbahn von SIEMENS durch Berlin-Lichterfelde. 1890 wird in London die erste elektrisch betriebene U-Bahnstrecke, ebenfalls durch SIEMENS, errichtet.

Schon 1854 baut der nach Amerika ausgewanderte Heinrich GOEBEL eine elektrische Glühlampe mit einer verkohlten Bambusfaser als lichtaussendendem Element; GOEBELS Erfindung gerät allerdings nach seinem Tod in Vergessenheit. 25 Jahre später erfindet EDISON die elektrische Glühlampe neu mit seiner ersten Kohlefadenlampe. 1882 errichtet er in New York das erste öffentliche Elektrizitätswerk zur Versorgung der elektrischen Lampen. Mit der Umstellung der Beleuchtung von Gas auf elektrische Energie beginnt die Stromversorgung durch Kraftwerke.

Auf der Internationalen Elektrizitätsausstellung in München 1882 zeigt Oskar von MILLER erstmals, dass eine elektrische Energieübertragung über mehr als 50 km möglich ist. Neun Jahre später beginnt mit der Übertragung vom Flusskraftwerk Lauffen/Neckar nach Frankfurt/Main jene Entwicklung, die zu den Hochspannungsnetzen führt, die heute alle Länder und Kontinente durchziehen. 1890 werden die ersten Mehrphasen-Wechselstromgeneratoren gebaut. Um 1925 wird in Deutschland das erste größere 100 kV-Verbundnetzt installiert, 1926 die erste 220 kV-Freileitung. Die Netze werden mit Wechselstrom betrieben, da mit ihm der Wirkungsgrad bei der Energieübertragung höher ist als mit Gleichstrom. Ab 1975 werden Hochspannungs-Gleichstrom-Übertragungsleitungen (HGÜ) installiert, die bei sehr großen Entfernungen (mehrere tausend Kilometer) Vorteile gegenüber den mit Wechselstrom betriebenen haben.

Als weiterer Zweig der frühen Elektrotechnik entsteht die Telegrafie, Telefonie und später die drahtlose Nachrichtenübertragung durch Funk. 1833 bauen Carl Friedrich GAUSS und Wilhelm WEBER den ersten benutzbaren Nadeltelegraf. 1837 führt Samuel MORSE seinen elektrischen Schreibtelegrafen vor. 1847 schafft Werner von SIEMENS den ersten Typentelegrafen. 1850 wird die erste Telegrafenleitung von Dover nach Calais verlegt, 1858 die durch den Atlantik.
1872 entwickelt Samuel BELL sein Telefon. Heinrich HERTZ (1857–1894) legt mit seinen Forschungen und Versuchen die Grundlage für die drahtlose Telegrafie. Guiglielmo MARCONI stellt 1899 die erste drahtlose Verbindung zwischen England und Frankreich her, 1902 eine erste über den Atlantik.

Die Elektrotechnik hat sich am Ende des 19. Jahrhunderts zu einem bedeutenden Wirtschaftsfaktor entwickelt. 1907 stehen bei den zwei großen Elektrofirmen Deutschlands, AEG und SIEMENS, 150 000 Arbeitnehmer unter Vertrag.
Heute ist die Bedeutung der Elektroindustrie, die – bis auf die Elektronik – nach wie vor auf den Grundlagen der Wissenschaft des 19. Jahrhunderts beruht, weiter gewachsen. Die deutsche Elektroindustrie beschäftigte 2008 knapp 830 000 Mitarbeiter und generierte 182 Mrd. Euro Umsatz. Das entspricht einem Anteil am gesamten verarbeitenden Gewerbe von 16 % bzw. 13 %. Damit ist die Elektroindustrie die zweitgrößte Industriebranche Deutschlands, am Umsatz gemessen die drittgrößte.

Sachverzeichnis

Namenverzeichnis

Bildquellenverzeichnis

Astrofoto, Sörth: 46.1; 46.2; 47.2; 111.1 (Bocing) – F. Bell, München: 130.4 a) – Bridgemanart, Berlin: 72.1 – R. J. Celotta, D. T. Price, „Polarized Electron Probes of Magnetic Surfaces", Science 234 (1986), Seite 333: 34 c) – CERN, Genf: 43.1; 62.1 – Conrad Electronic SE: 130.4 b) – dfd, Berlin: 9.2 – Education Development Center, Inc., Newton: 29.1 – Focus, Hamburg: 37.1 (SPL/Lawrence Berkeley Laboratory) – Fundamental Photographs, NYC: 95.2 – GNU Free Documentation License: 101.3 (IP83) – Hammer, Knauth, Kühnel, „Physik 12", Oldenbourg Schulbuchverlag GmbH, München: 125.1 b) – Keystone: 94.2 (Jochen Zick) – Dr. A. Kratzer, München: 53.2 – LD Didactic, Hürth: 39.3 a); 39.3 b); 44.1; 46.3; 70.2; 83.2; 114.2 a); 114.2 b); 114.2 c); 118.2 a) – Maier-Leibnitz-Laboratorium, tum München: 52.1 – Mauritius, Mittenwald: 94.1 a) (Phototake) – mediacolors: Titelbild (Miller) – National Geographic Vol. 184/Heft 1, 1993, National Geographic Society, Washington USA: 9.1 – NOAA: 7.1 – Okapia, Frankfurt/Main: 6.1 – Philips Research: 34.1 d) (Dr. J. Kools) – picture-alliance, Frankfurt: 45.2 (dpa-Fotoreport) – PSSC, Friedr. Vieweg & Sohn, Braunschweig: 114.3 a); 114.3 b); 114.3 c); 118.3 a); 118.3 b) – Dr. H. K. Schmidt, Darmstadt: 98.1 – M. Schwamberger, Göttingen: 34 d) – Siemens AG KWU, Erlangen: 87.1 – Silit-Werke GmbH & Co. KG, Riedlingen: 81.1 – E. Stade, Kiel: 46.4 – H. Tegen, Hambühren: 10.2 a); 10.2 b); 10.2 c); 10.2 d); 15 a); 15 b); 15 c); 15 d); 15 e); 28.1; 109.1 – Tipler „Physik", Spektrum Akademischer Verlag, Heidelberg, Berlin, Oxford 1994: 81.2; 122.1 a); 122.1 b); 122.1 c); 122.1 d) – TopicMedia Service, Ottobrunn: 94.1